3ds Max工业场景建模与人物制作实例教程

编著

李　宏
刘继敏

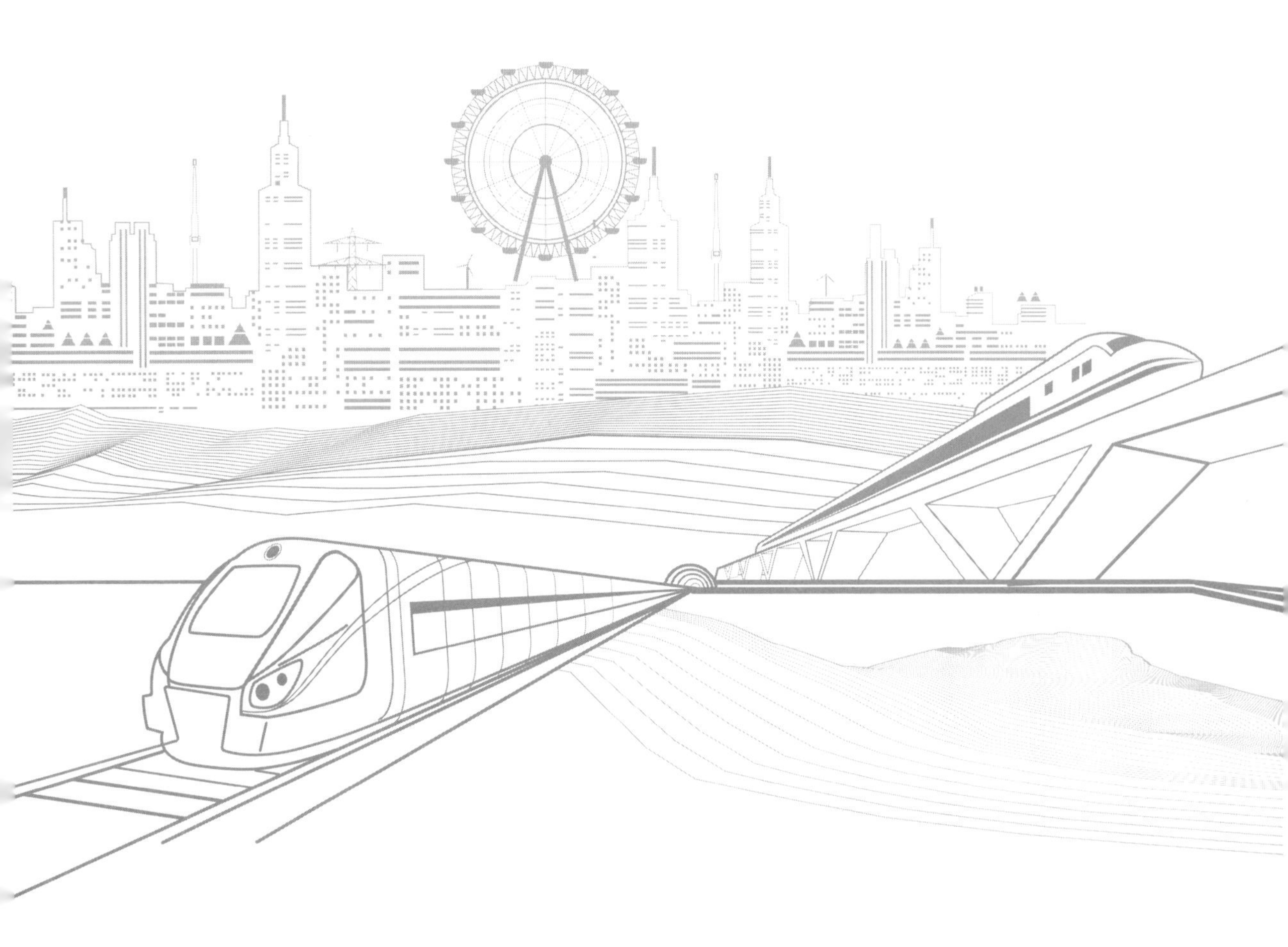

清華大學出版社
北　京

内容简介

本书以3ds Max工业场景建模和人物制作的典型案例为主线，采用项目驱动的编写方式，通过大量案例介绍了3ds Max工业场景设计方向的应用技术。本书旨在让学生通过案例的制作过程，逐渐熟悉3ds Max软件的功能和操作方法，掌握工业场景建模与人物制作的相关知识和技巧，从而全面提高学生的实践能力和创新设计能力。全书分为10个项目，内容涵盖了3ds Max操作基础、基本体建模、二维图形建模、复合对象建模、多边形建模、渲染器、灯光和摄像机、材质与贴图、人物建模和综合实践项目。

本书适合作为各高等职业院校虚拟现实技术、数字媒体技术、游戏设计、动漫设计等专业的教材，也可以作为培训机构人员或者3ds Max自学人员的参考用书。

图书在版编目（CIP）数据

3ds Max工业场景建模与人物制作实例教程 / 李宏，刘继敏编著. —北京：清华大学出版社，2024.1
ISBN 978-7-302-65027-0

Ⅰ.①3… Ⅱ.①李… ②刘… Ⅲ.①三维－工业产品－计算机辅助设计－应用软件－教材
Ⅳ.①TB472-39

中国国家版本馆CIP数据核字（2023）第230802号

责任编辑：郭丽娜
封面设计：曹 来
责任校对：李 梅
责任印制：杨 艳

出版发行：清华大学出版社
网　　址：https://www.tup.com.cn, https://www.wqxuetang.com
地　　址：北京清华大学学研大厦A座　　**邮　　编：**100084
社 总 机：010-83470000　　**邮　　购：**010-62786544
投稿与读者服务：010-62776969，c-service@tup.tsinghua.edu.cn
质量反馈：010-62772015，zhiliang@tup.tsinghua.edu.cn
课件下载：https://www.tup.com.cn，010-83470410
印 装 者：三河市铭诚印务有限公司
经　　销：全国新华书店
开　　本：185mm×260mm　　**印　　张：**17.25　　**字　　数：**417千字
版　　次：2024年1月第1版　　**印　　次：**2024年1月第1次印刷
定　　价：58.00元

产品编号：102487-01

前　言

习近平总书记在党的二十大报告中提出“加快建设国家战略人才力量，努力培养造就更多大师、战略科学家、一流科技领军人才和创新团队、青年科技人才、卓越工程师、大国工匠、高技能人才”，高等职业教育担负着培养高素质技术技能人才的重任。3ds Max 软件伴随着数字技术的日益发展，已经成为许多工业场景和人物建模领域的必备工具，本书正是基于帮助读者熟悉并掌握 3ds Max 软件的初衷而编写。

3ds Max 在很多领域有着广泛的应用，如室内外环境设计、游戏、影视方面，除此之外，3ds Max 具有全方位呈现工业产品的结构、颜色、质感等细节方面的功能，可以让工业产品设计变得更加真实，外观更加优美。虽然在工业机械设计建模中，也有像 ProE、SolidWorks 等软件，但这些软件只能作为绘图软件，由其设计的零部件、钣金、装配等，效果生硬、僵化。相比 ProE 和 SolidWorks，3ds Max 建模要求的技能更高，如布线、动作的制作，且对模型的比例把控全凭经验。另外，3ds Max 有大量的材质选项，可以划分 UV、绘制贴图，对个人的美学素养也有一定的要求。所以三维建模是一项技术，也是一门艺术，它用人们活跃的思维传达最直观的感受，将人们活跃思维神奇地转化成可活动的作品，并实现商业化。

目前市场上关于工业场景设计领域的基于 3ds Max 建模教材较为稀缺。一些以工科为主的高等职业院校非常需要一本更加贴近其专业背景的 3ds Max 建模教材，以帮助学生在掌握工业场景建模、人物制作的流程和技巧的同时，将创新和审美融入工业场景产品设计中。这样，才能培养出服务于我国工业产业持续升级，适应市场需求的变化的高级人才。

基于此，本书以项目为基础，通过详细的步骤和示例图解，带领学生逐步学习 3ds Max 工业场景建模与人物制作技术。本书主要包括以下内容。

（1）操作基础：3ds Max 的基本操作技巧，包括界面导航、选择和变换对象、使用视图和工具等。

（2）基本体建模：使用基本几何体（如立方体、圆柱体、球体等）进行建模的方法和技巧。

（3）二维图形建模：使用二维图形工具创建复杂的工业场景模型的方法，包括绘制线条、创建形状等。

（4）复合对象建模：使用复合对象工具创建更加复杂的场景模型的方法，学习使用布尔运算和形状合并等技术。

（5）多边形建模：多边形建模工具和技术，创建细节和复杂的模型的技术。

（6）渲染器：3ds Max 中的渲染器及其渲染设置方法，调整渲染参数和创建高质量渲染图像的方法。

（7）灯光和摄影机：灯光和摄影机的属性和调整方法，以及使用它们创建照明效果和渲染视角的方法。

（8）材质与贴图：创建和应用材质和纹理的方法，贴图的调整和映射技术。

（9）人物建模：人物建模的基本步骤和技巧，创建人物角色的基础模型和细节的方法。

（10）综合实践项目：结合前面学到的知识，完成一个综合的实践项目，涉及场景建模、大型工业设备等内容。

无论是学生、设计师、动画师还是工作中需要使用 3ds Max 的专业人士，本书都将为读者提供有价值的知识和实用的技巧。希望本书能够帮助读者掌握 3ds Max 的工业场景建模和人物制作技术，为读者创作和工作提供有力的支持。

因编著者水平有限，书中不妥之处在所难免，恳请专家和广大读者批评、指正。

编著者

2023 年 9 月

工程文件

目 录

Contents

项目1

3ds Max操作基础

项目引言

3ds Max 是由 Autodesk 公司推出的三维设计软件，是一款面向对象的智能化应用软件，具有集成化的操作环境和图形化的界面窗口。其前身是基于 DOS 操作系统下的 3D Studio 系列版本的软件，最初的 3D Studio 依靠较低的硬件配置要求和强大的功能优势，逐渐被人们广泛接受，并风靡全球。3D Studio 采用内部模块化设计，可存储 24 位真彩图像，命令简单，易于学习掌握。3ds Max 软件功能强大、易学易用，深受国内外工程设计人员和动画设计人员的喜爱，已经成为这些领域流行的软件之一。本项目我们将初步认识中文版 3ds Max 软件。

能力目标

- 熟悉 3ds Max 工业场景。
- 认识 3ds Max 工作界面内容。

相关知识与技能

- 基于 3ds Max 进行工业场景建模的原则。
- 3ds Max 工作界面的常规操作方法。

任务 1.1 基于 3ds Max 的工业场景建模概述

1.1.1 3ds Max 概述

传统的工业场景设计大都采用二维方式来表现各种物体，少数设计也只是提供局部的、静态的或线框形式的三维透视图，无法直观地表现设计的结果。没有相关知识经验的人难以获得直观的感受，因此，需要采用一种更加直观的方式来展现设计蓝图。目前，三维可视化技术已成为国际上的热门技术之一。通过对轨道交通设备等进行三维建模，再利用可视化技术，就可以在计算机上实现对轨道交通的模拟，从而制作出具有真实感的效果图和三维动画等。在此基础上，还可以对设计方案进行分析和评价，检测设计路线是否合理、与周围环境及景观是否协调等。

将创建的 3D 模型导入 3ds Max 软件，经过进一步处理后，用户可以获取相关模型的渲染影像、动画等，还可以对 3D 模型进行三维漫游浏览。这些成果在进行展示时将十分形象，更易理解，且用户可以对细节进行查看。3ds Max 主要应用在以下领域。

1. 影视特效制作领域

相比其他三维软件，3ds Max 具有更多的建模、纹理制作、动画制作和渲染解决方案，完美地集成了现有的影视特效工作流程，提供了脚本语言和 SDK 的深度开发能力。例如，著名电影《疯狂约会美丽都》是完全使用 3ds Max 软件制作的，《钢铁侠》《守望者》《51号星球》等影片中的重要特效也由 3ds Max 软件制作而成。

2. 游戏开发领域

3ds Max 软件广泛应用于游戏的设计、创建和编辑。该软件的易用性和用户界面的可配置性，能帮助设计师根据不同开发引擎和目标平台的要求进行个性化设置。

3. 建筑装潢领域

建筑装潢设计主要分为室内装潢设计和室外效果展示两个部分。在进行建筑施工和装饰之前，需要先出效果图，通过不同角度进行真实的渲染，逼真地模拟施工方案的最终效果。如果效果不理想，可以在正式施工之前进行方案更改，从而节约时间和资金。

4. 产品设计

产品设计人员通过 3ds Max 软件，可以对产品进行造型设计，直观地模拟产品的材质、造型、外观等，从而提高产品的研发速度，大大降低产品的研发成本。

1.1.2 使用 3ds Max 进行工业场景建模的原则

工业场景建模的主要原则如下。

1. 强调精确性

在建模时，首先借助 3ds Max 中的工具（如坐标值录入、捕捉等），利用对齐功能，进行精准对齐操作。尽量避免使用修改器中的命令，如“编辑二维线型”“编辑面片”和“贴

图坐标”命令等，因为这些命令虽然功能强大，但准确性差，不适合做框架模型，只能用来制作一些精度要求不高但表面繁杂的模型，如沙发、桌椅等。

2. 合理设置模型的点数和段数

点数和段数对于三维模型而言非常重要，它们的数量决定了三维模型的细腻程度。若点数和段数太少，则模型细化程度不够，不能产生良好的视觉效果；但点数和段数过多，就会降低机器运行速度，严重时会造成死机，影响工作效率。所以在满足项目要求的前提下，应尽可能地减少点数及段数，这样可以节省大量的内存空间，提高机器的运行速度。很多学生在开始学习时，觉得建筑模型越繁杂越好，没考虑点数和段数增加带来的问题，在教学中，教师应该引导学生学会合理地设置点数与段数，尽量压缩文件的大小，为下一步的工作带来方便。

3. 优选创建方法

3ds Max 的建模功能非常强大。在创建时，要从多方面进行综合权衡，一方面要在多种可选择的创建方法中，选择一种既准确又快捷的方法；另一方面要判断所创建的模型是否方便后续的编辑和修改。好的建模方法应该满足：在创建时准确快速，在以后修改时方便灵活，为后续工作打下坚实的基础。

另外，虚拟现实（Virtual Reality，VR）的建模和制作效果与动画的建模方法有很大的区别，主要体现在模型的精简程度上。VR 的建模方式和游戏的建模方式是相通的，做 VR 最好做简模，不然可能导致场景的运行速度很慢、运行出现卡顿甚至无法运行。

VR 建模的具体要求如下。

（1）做简模。尽量模仿游戏场景的建模方法，不推荐把效果图的模型拿过来直接用。VR 中的运行画面每一帧都是靠显卡和中央处理器（CPU）实时计算出来的，如果面数太多，会导致运行速度急剧降低，甚至无法运行。模型面数过多，还会导致文件容量增大，在网络上发布时，增加下载时间。

（2）模型的三角网格面尽量是等边三角形，不要出现长条形。在调用模型或创建模型时，尽量保证模型的三角面为等边三角形，不要出现长条形。这是因为长条形的面不利于实时渲染，还会出现锯齿、纹理模糊等现象。

（3）在表现细长条的物体时，尽量不用模型而用贴图的方式表现。在为虚拟现实仿真平台（Virtual Reality Platform，VRP）场景建立模型时最好不要将细长条的物体做成模型，如窗框、栏杆、栅栏等。这是因为这些细长条形的物体只会增加当前场景文件的模型数量，并且在实时渲染时还会出现锯齿与闪烁现象。对于细长条形的物体可以像游戏场景一样，利用贴图的方式来表现。其效果非常细腻，真实感也很强。

（4）重新创建简模比修改精模的效率更高。实际工作中，重新创建一个简模一般比在一个精模的基础上修改的速度快，因此推荐尽可能地新建模型。例如，从模型库调用的一个沙发模型，其扶手模型的面数为 1 310，而重新建立一个相同尺寸规格的简模的面数为 204，而且制作方法简单，速度也很快。

（5）模型的数量不要太多。如果场景中的模型数量太多会给后面的工序带来很多麻烦，如会增加烘焙物体的数量和时间、降低运行速度等。因此，建议一个完整场景中的模型数量控制在 2 000 个以内（根据个人机器配置调整）。用户可以通过虚拟现实仿真平台导出工具查看当前场景中的模型数量。

（6）合理分布模型的密度。模型的密度分布不合理对其后面的运行速度是有影响的，如果模型密度不均匀，会导致运行速度时快时慢。

（7）相同材质的模型，尽量合并；远距离模型中面数多的物体不要进行合并。在 VR 场景中，尽量合并材质类型相同的模型以减少物体个数，加快场景的加载时间和运行速度；如果该模型的面数过多且相隔距离很远，就不要将其进行合并，否则也会影响 VR 场景的运行速度。

注意：在合并相同材质模型时需要把握一个原则——合并后的模型面数不可以超过 10 万个，否则运行速度会很慢。

（8）保持模型面与面之间的距离。在 VRP 中，所有模型面与面之间的距离不要太近。推荐最小间距为当前场景最大尺度的两千分之一。例如，在制作室内场景时，物体面与面之间的距离不要小于 2 mm；在制作场景长（或宽）为 1 km 的室外场景时，物体面与面之间的距离不要小于 20 cm。如果物体的面与面之间贴得太近，在运行该 VR 场景时，会有两个面交替有的闪烁现象。

（9）删除看不见的面。VR 场景类似于动画场景，在建立模型时，看不见的地方不用建模，看不见的面也可以删除，这主要是为了提高贴图的利用率，降低整个场景的面数，以提高交互场景的运行速度。如盒子的底面、贴着墙壁的物体的背面等。

（10）对于复杂的造型，可以用贴图或实景照片来表现。为了得到更好的效果与更高效的运行速度，在 VR 场景中可以用 Plant 替代复杂的模型，然后靠贴图来表现复杂的结构。如植物、装饰物及模型上的浮雕效果等。

任务 1.2 认识 3ds Max 工作界面

只有将 3ds Max 的基本操作方法熟练掌握，才能提高制作模型的效率。本任务将介绍 3ds Max 的界面环境，从而为用户的实际操作打下基础。

1. 基本操作界面

当安装好 3ds Max 软件后，双击桌面上的 3ds Max 图标，即可启动该软件。

当系统初始化完毕后，即可进入它的操作界面。如图 1-1 所示，3ds Max 操作界面主要分为菜单栏、主工具栏、切换功能区（也叫石墨工具）、视口布局、场景管理器、视图区域（包括顶视图、前视图、左视图和透视图）、命令面板、关键帧滑块模块、状态栏、坐标系统、关键帧控制区和视图操作工具。

2. 菜单栏

和常见的应用软件相同，3ds Max 的菜单栏位于标题栏的下方，包括“文件”“编辑”“工具”“组”“视图”“创建”“修改器”“动画”“图形编辑器”“渲染”“自定义”脚本和“帮助”等 15 项。

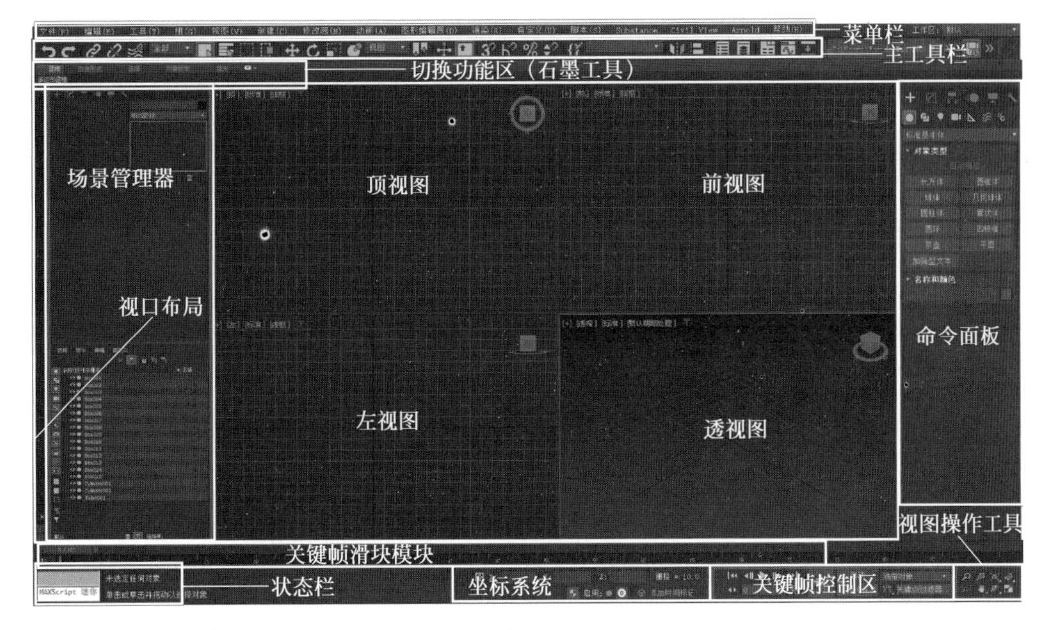

图 1-1

3. 主工具栏

工具栏位于菜单栏下方，包括“选择物体”按钮、“撤销操作”按钮、“选择并移动”按钮、“镜像”按钮、“阵列”按钮，以及“材质编辑器”按钮等一些常用的工具和操作按钮。

4. 切换功能区

切换切能区能快速有效地完成一系列 Poly 建模工作，提供复杂灵活的 Poly 子对象选择，有强大的模型辅助编辑工具、变换工具、UV 编辑工具、视口绘图工具等。大部分功能在“编辑多边形修改器”中也可使用。

5. 视口布局

默认情况下，3ds Max 的视图由 4 个均匀的部分组成。选择“视口配置”，单击布局，可以切换成 1～4 个视图等多种形态的布局，共 14 种。

6. 场景管理器

场景管理器能够进行查看、排序、过滤和选择对象等操作，同时也提供了其他功能，例如重命名，删除，隐藏和冻结对象，创建和修改对象层次，以及编辑对象属性等，帮助使用者快速对场景进行管理和编辑。

7. 视图区域

视图是操作的平台。通过系统提供的视图，可以快速了解一个模型各个部分的结构，以及执行修改命令后的效果。在默认状态下，工作视图由顶视图、前视图、左视图和透视图组成。其中，顶视图显示从上向下看到的物体的形状；前视图显示从前向后看到的物体的形状；左视图显示从左向右看到的物体的形状；透视图则可以从任何角度观测物体的形状。另外，顶视图、前视图与左视图属于正交视图，主要用于调整各物体之间的相对位置和对物体进行编辑；透视图则属于立体视图，主要用于观测效果。

在视图区域中可以根据需要切换视图，操作的方法：单击视图窗口左上角的视图名称，在弹出的二级菜单中选择需要切换的视图即可。

8. 命令面板

在 3ds Max 中，命令面板位于界面的最右侧。它的结构比较复杂，内容丰富，包括基本的建模工具、物体编辑工具及动画制作等工具，是 3ds Max 的核心工具之一。

在命令面板的顶部有 6 个选项卡，分别为“创建”面板、“修改”面板、“层次”面板、“运动”面板、“显示”面板和实用程序，每个选项卡代表 3ds Max 中的一类工具。当单击某一个选项卡时，系统将打开与该类型相近的所有命令。例如，当单击“运动”面板时，与运动相关的所有参数都将被打开。

通常一个命令面板包括多个卷展栏。卷展栏的最前端带有 + 或 -，表示该卷展栏下存在子选项。通过单击该符号可以展开或收缩其下方区域。此外，如果在卷展栏最前端显示 +，表示该卷展栏下方区域未展开；如果在卷展栏最前端显示 -，则表示该卷展栏的下方区域已被展开。

9. 关键帧滑块模块

拖动时间滑块到一定位置后可以设计动画，主要操作是在时间轴创建关键帧，即在选择好对象目标（物体）后对准下方的时间滑块右击。

10. 状态栏

状态栏是 3ds Max 窗口左下方包含的区域，提供有关场景和活动命令的提示和状态信息。

11. 坐标系统

坐标系统区域显示光标的位置或变换的状态，并且可以输入新的变换值。

12. 关键帧控制区

动画控制区域主要用来制作、播放动画和设置动画的播放时间等。其中，单击相应按钮，可以在打开的对话框中设置动画的播放时间和播放格式等内容；单击“自动关键点”按钮可以录制动画；单击“设置关键点”按钮可以设置帧的属性等。

13. 视图操作区域

视图操作区域位于整个界面的右下方。该区域主要用于改变视图中场景的观察方式（但它并不能更改视图中场景的结构）。可以通过视图控制区对视图显示的大小、位置进行调整。

拓展与提高

如果另存的文件与原文件放置在同一个目录下，则必须为另存的文件重新命名，否则另存文件将覆盖原文件。文件另存以后，程序将自动关闭原文件，并打开另存的文件。

思考与练习

1. 在 3ds Max 中，建模是制作作品的________，如果没有模型则以后的工作将无法继续。

2. 3ds Max 具有非常好的________，因此它现在拥有较多的第三方软件开发商，具有的成百上千种插件，极大地扩展了 3ds Max 的功能。

3. 3ds Max 不仅可以制作人物、动物等模型，还可以创建出极其复杂的________。

4. 新的________为用户提供标准化的启动配置，这有助于加快场景创建过程。

基本体建模

项目引言

使用 3ds Max 进行场景建模，需要先掌握基本体模型的创建方法，通过组合一些简单的模型就可以制作出比较复杂的三维模型。本项目将介绍 3ds Max 中常用几何体的创建和应用方法。

能力目标

- 掌握标准基本体的创建方法。
- 掌握扩展基本体的创建方法。

相关知识与技能

标准基本体的创建、物体的选择、物体的变换、物体的复制、启用捕捉功能、“对齐”工具、层次面板“轴”命令、扩展基本体的创建。

任务 2.1 列车餐桌的建模

使用“标准基本体”工具制作模型，利用“复制”“移动复制”命令组成“列车餐桌”模型。要求结构比例正确，面数控制在合理范围。

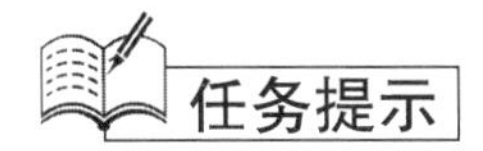

任务提示

观察实物照片，分析与各个部分相近的物体形状，创建标准基本体。

列车餐桌的建模 .mp4

2.1.1　标准基本体的创建

标准基本体是 3ds Max 中最基本的三维对象，在系统默认情况下，3ds Max 提供了 11 种标准基本体，本节将详细介绍其中 7 种标准基本体的创建方法和参数的修改方法。

1. 长方体

长方体的创建方法有两种，一种是在菜单栏中单击“创建”|“标准基本体”|“长方体”命令，然后将鼠标指针移动到当前视图窗口中，拖动鼠标，确定长方体的长和宽，松开鼠标并上下移动鼠标创建长方体的高，在适当的位置单击，完成创建，如图 2-1 所示。如果要创建底部造型为正方形的长方体，可以在创建时按住 Ctrl 键再拖动鼠标。

另一种是在“标准几何体”面板中单击“长方体”按钮，在“标准几何体”面板的下方会出现三个卷展栏。如图 2-2 所示，在“创建方法”卷展栏上，默认选中的是“长方体”单选按钮，如果选中“立方体”单选按钮，则在使用鼠标拖动创建的时候会直接生成立方体。在“键盘输入”卷展栏中，可以预先输入要创建长方体的长、宽、高的尺寸和位置坐标。单击“创建”按钮进行创建。创建一个长方体之后，可以在“参数”卷展栏下重新定义长方体的长、宽、高，以及长、宽、高的分段数量。

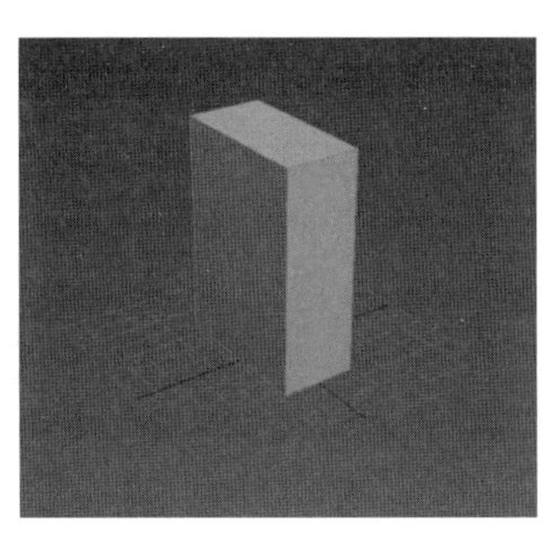

图　2-1

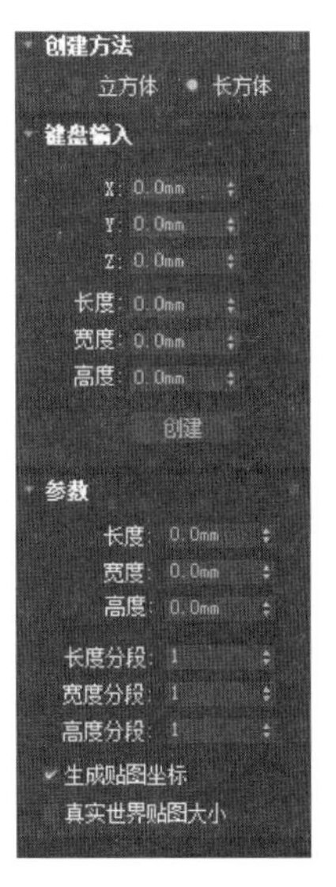

图　2-2

2. 圆柱体

（1）使用“圆柱体”按钮可以创建柱形物体（如桌子支柱、杯底等）。在“标准几何体”面板中单击“圆柱体”按钮，然后在视图窗口中拖动鼠标确定圆柱体的底面半径，松开并向上移动鼠标创建圆柱体的高，单击确定高度的位置。

（2）在圆柱体的“参数”卷展栏下，如图 2-3 所示，可以重新定义圆柱体的半径和高度，以及高度分段和端面分段的数量。圆柱体可以设置切片，还可以通过调整边数创建出三棱柱、四棱柱或者五棱柱等。图 2-4 所示是使用“圆柱体”工具创建的造型。

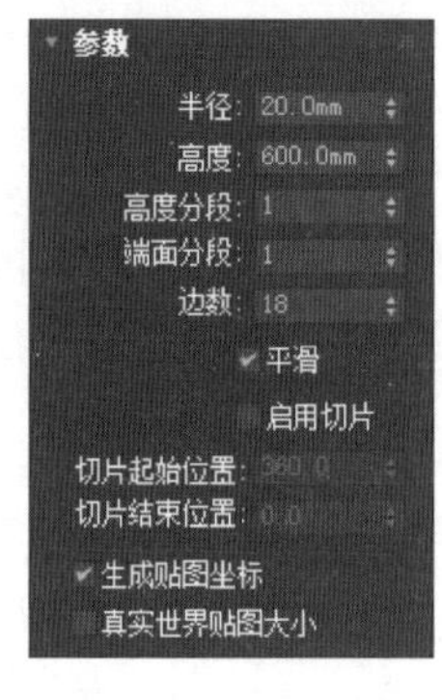

图 2-3

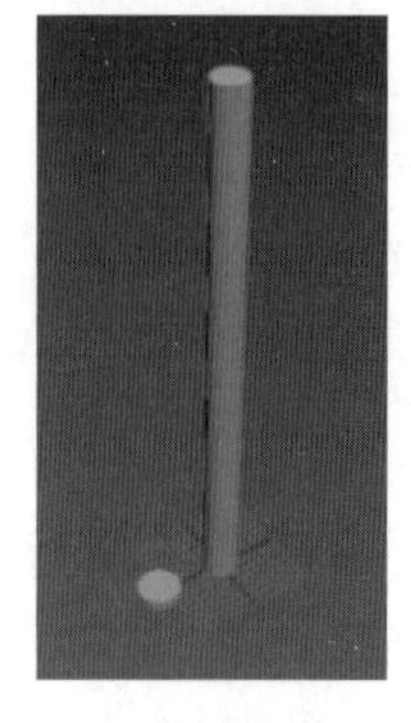

图 2-4

3. 圆锥体

使用“圆锥体”按钮可以创建锥形物体（桌子底座等），圆锥体通过改变边数可以变成四棱锥，不过它在段数划分上更为灵活。

（1）在“标准几何体”面板中单击“圆锥体”按钮，然后在视图窗口中拖动鼠标确定圆锥体的底面半径，松开并向上移动鼠标创建圆锥的高度，单击确定高度位置，再拖动创建顶面半径。

（2）如图 2-5 所示，圆锥体有两个半径参数，“半径 1”用来设置底面半径的大小，“半径 2”用来设置顶面半径的大小，调整这两个参数可以创建出不同形状的圆台。调整“端面分段”可以同时设置底面和顶面的分段数量。圆锥体可以像球体一样设置切片，图 2-6 所示是使用“圆锥体”工具创建出的不同形状。

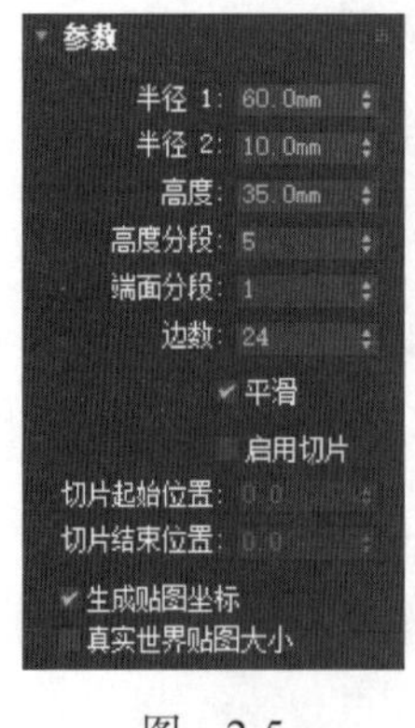

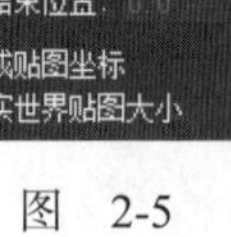

图 2-5

图 2-6

4. 管状体

（1）使用“管状体”按钮可以创建柱形物体（杯子、吸管等）：在“标准几何体”面板中单击“管状体”按钮，在视图窗口中拖动鼠标创建管状体的外半径，松开并移动鼠标创建内半径，单击确定内半径的位置，然后向上移动创建高度，单击确定高度的位置。

（2）管状体比圆柱体多了个内半径参数，在管状体的“参数”卷展栏下“半径 1”控制的是管状体的外半径，“半径 2”控制的是内半径。图 2-7 所示是“管状体”的参数卷展栏。

（3）管状体可以设置切片，还可以通过调整边数创建出三棱管、四棱管、五棱管、六棱管等。图 2-8 所示是使用“管状体”工具创建的各种造型。

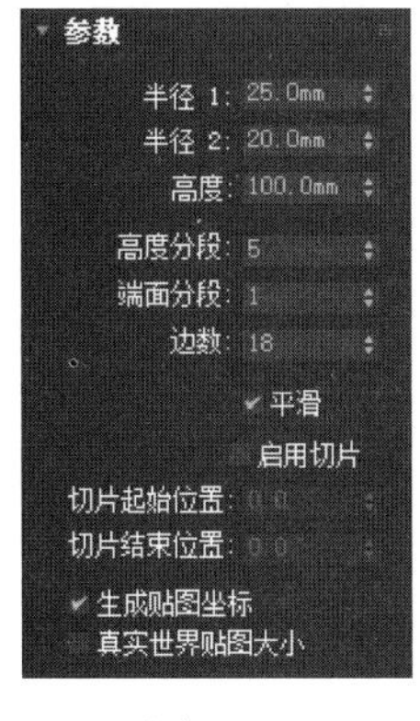

图 2-7

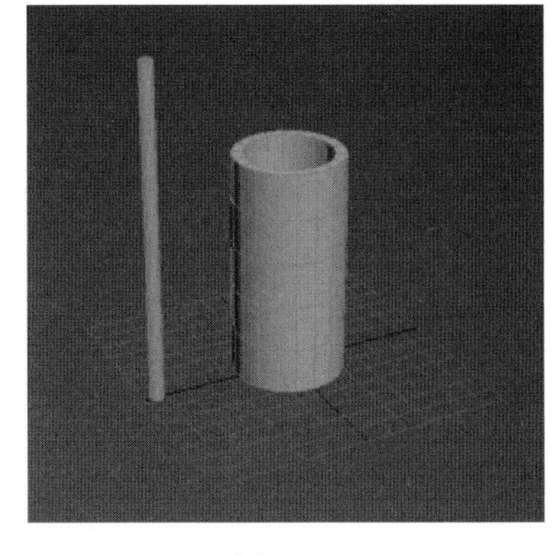

图 2-8

5. 圆环

使用“圆环”按钮可以创建出各种各样的环状物体（支架等），圆环的“参数”卷展栏下的各选项与其他标准几何体也有所不同，它可以创建出扭曲效果，并且可以用 4 种不同的方式处理圆环的表面，还可以像圆柱体一样设置切片。图 2-9 所示是圆环的“参数”卷展栏和调整各项参数得到的造型。

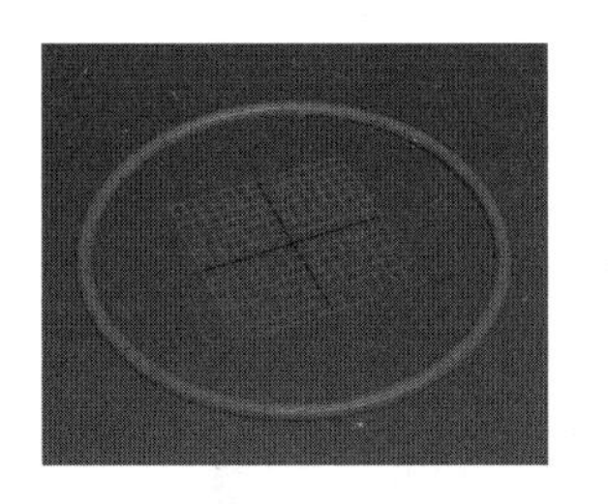

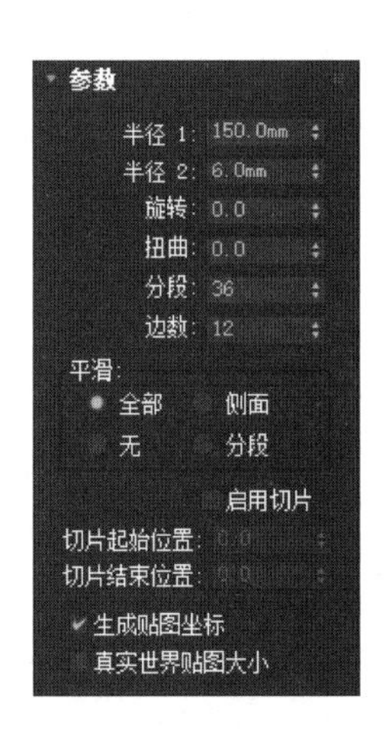

图 2-9

在“参数”卷展栏中，“半径 1”和“半径 2”分别控制圆环的外半径和内半径；“旋转”用来设置圆环表面的旋转，正值和负值将导致不同的旋转方向；“扭曲”控制圆环的扭曲程度，当段数比较少时效果比较明显。

在“平滑”区域中有 4 个单选按钮，其中，“全部”是指在圆环的所有表面进行光滑处理；“侧面”表示只光滑处理邻近段的边；“无”表示不进行任何光滑处理；“分段”表示只光滑处理分段部分。

6. 球体

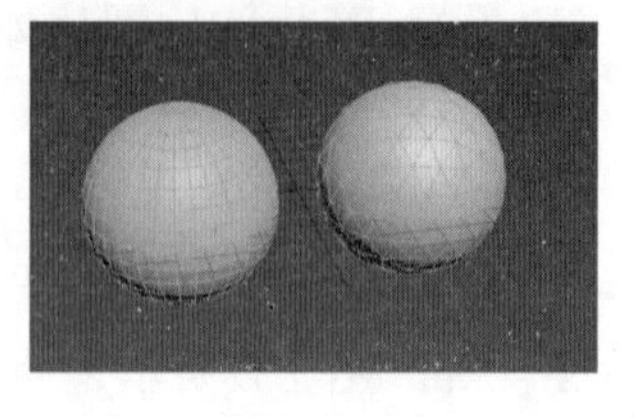
图 2-10

使用“球体”（也称经纬球体）或者“几何球体”按钮都可以创建球形物体（保温杯盖等），两者的区别在于，球体表面是由四边面构成的，几何球体的表面是由三角面构成的，如图 2-10 所示。

在“标准几何体”面板中单击“球体”按钮或者单击“几何球体”按钮，然后在视图窗口中单击并移动鼠标即可进行创建。

另外球体和几何球体的参数设置也有所不同，本节主要讲解球体的三个卷展栏，如图 2-11 所示。在“创建方法”卷展栏下选择“中心”单选按钮，这表示在创建球体时单击确定球体的中心、拖动鼠标确定球体的半径。如果选中“边”按钮则表示单击确定的是球体边沿的位置，拖动鼠标确定球体的直径。在球体的“参数”卷展栏下，默认情况下“平滑”复选框处于启用状态，它可以使球体的表面产生平滑效果，如果禁用该复选框，则在模型的分段处有明显的棱角，图 2-12 所示是两个相同的球体启用“平滑”复选框前后的效果对比。

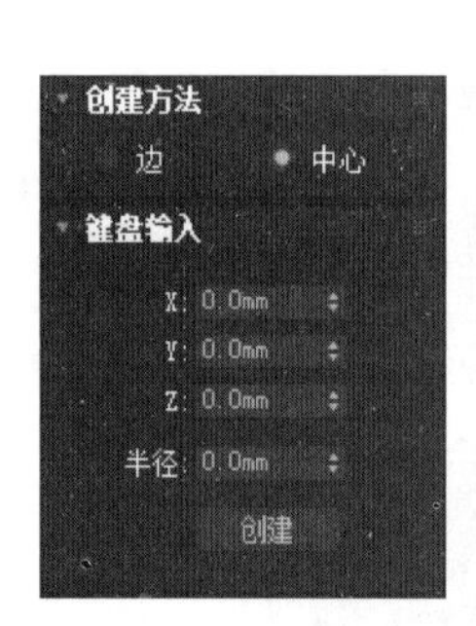

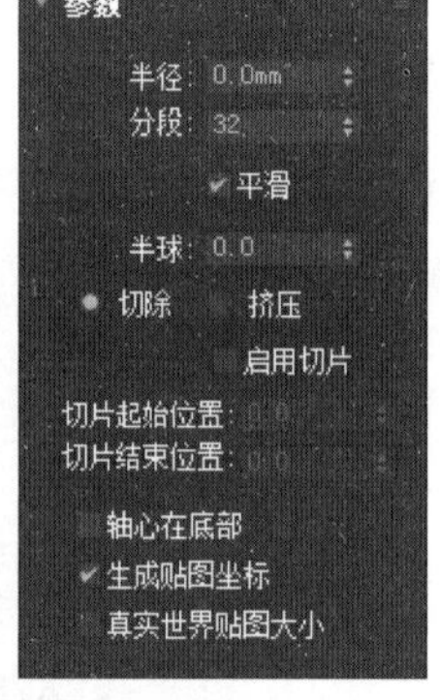

图 2-11

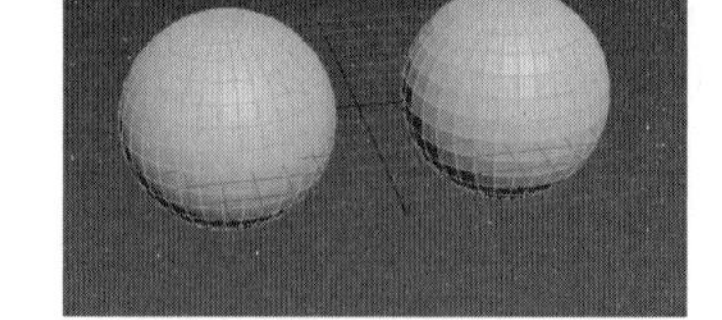
图 2-12

7. 茶壶

“茶壶”是 3ds Max 中一个比较特殊的标准几何体，其形状一直都被作为计算机图形中的经典造型，它经常被用来测试材质贴图、灯光的照射情况和渲染效果。茶壶的创建方法和球体一样，单击“茶壶”按钮后，在视图窗口中拖动即可。图 2-13 所示是茶壶“参数”卷展栏和创建的各个部件。

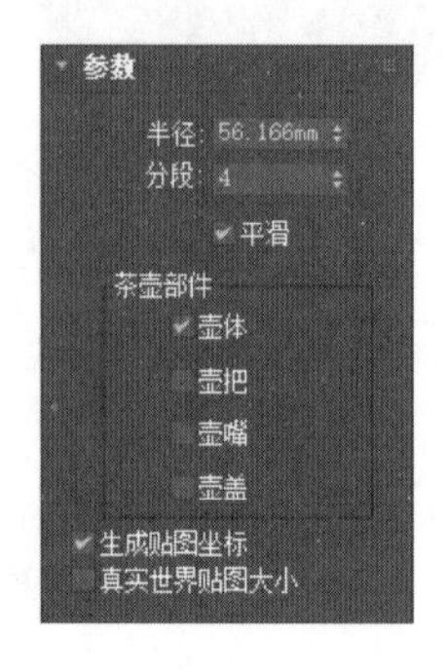

图 2-13

在“参数”卷展栏的“茶壶部件”区域中有 4 个复选框，这是茶壶特有的选项。在这里可以一次创建整个茶壶，也可以只创建其中几个部件（勾选哪个部件，哪个部件将被创建）。调整“分段”的值是对整个茶壶起作用。

2.1.2 物体的选择

3ds Max 提供了多种选择对象的工具，除了专门用于选择对象的“选择对象”工具外，还可以使用“按名称选择”命令方式来选择对象。下面介绍几种常用的选择对象的方法。

1. 直接选择

当需要选择视图中的对象时，可以直接单击工具栏上的“选择对象”按钮，此时视图中的光标变为可用来选择对象的十字光标。通过十字光标可以单击选择对象，也可以配合其他方式拖动光标形成一个区域来定义对象选择集，如果要取消选择对象，只需要在没有对象的视图空白区域单击即可。

提示：如果要选择多个对象，则可以通过按住 Ctrl 键并在视图中连续单击不同的对象，进行选择。

2. 多物体选择

多物体选择指的是一次性选择多个物体，或者在选择一些物体之后，在此基础上加选一些物体。

在 3ds Max 中，多物体选择分为单击选择、区域选择和“编辑”菜单三种类型。

1）单击选择

通常情况下，按住键盘上的 Ctrl 键，逐一单击要选择的物体，可以从选择集中增加物体；逐一单击要取消的物体，可以从选择集中取消物体。

2）区域选择

按住键盘上的 Ctrl 键，框选要选择的多个物体，可以向选择集中增加多个物体；减选要取消的多个物体时，可以按住 Alt 键从选择集中框选物体来取消多个物体。

3）“编辑”菜单

单击“编辑”|“全选”命令，可以选择视图中的所有物体。单击“全不选”命令，可以取消视图中所有被选择的物体。

3. 选择区域

利用鼠标直接选择对象的最大优点是选择灵活，但它也有其缺点，为此 3ds Max 还提供了区域选择方式，下面一一介绍它们的功能。

1）矩形选区

矩形区域选择是系统默认的选择方式，在该方式下可以使用鼠标拖动出一个矩形区域来进行选择。

2）圆形选区

圆形区域选择是以视图上的一点为圆心，拖动出一个圆形区域，松开鼠标则圆形区域内的物体即被选中。

3）围栏选区

任意多边形区域选择可以在视图上画出任意的多边形，当单击起点移动鼠标画出任意多边形后，再次单击多边形区域内的物体将被选中。

4）套索选区

套索选区的操作方式类似于矩形选区，但可以拖出极其特殊的形状区域。

5）绘制选区

绘制区域选择可以在视图上有选择性地选择物体，单击该按钮后，在视图上单击某个物体，则该物体上将出现一个圆形标记，这时拖动鼠标到其他要选择的物体上即可完成操作。

4. 按名称选择

除了上述选择方式外，3ds Max 还提供了一种精确选择物体的方法，即利用“场景资源管理”对话框，在列表框中选择物体的名称，就可以选中该物体。

相对于其他选择方式而言，这种选择方式最精确。当场景中物体比较多时，使用这种选择方式可以提高工作效率。

2.1.3 物体的变换

变换物体实际上就是改变物体在场景的外观，包括移动物体、旋转物体和缩放物体等。本节将重点介绍如何在 3ds Max 中实现物体的变换。

1. 移动

在创建场景时，有时需要移动物体把它们放置在合适的位置进行观察，这就要用到移动工具。下面介绍移动工具的使用。

在工具栏中单击“移动”按钮，选中一个对象，此时对象上出现移动变换轴。移动变换轴包括 X、Y、Z 三个轴向，分别显示为红色、绿色和蓝色箭头，将鼠标放置在某个轴上，这个轴即变为黄色显示，此时拖动鼠标便可以移动对象。

还可以通过输入数值的方式控制移动的距离。在视口中选中创建的对象，在工具栏中右击“移动”按钮，打开“移动变换输入”对话框。在这个对话框中，左侧一列数值为对象在场景空间中相对于原点的位置坐标，右侧的数值为相对于原来位置的改变值。

在对话框右侧“移动变换输入”一列数值中输入 X 轴移动量为 100 mm，然后按 Enter 键确认，此时长方体向右移动 100 mm。

2. 旋转

在视口中选中对象，在工具栏中单击“旋转”按钮，此时对象上出现旋转变换轴。旋转变换轴包括 X、Y、Z 三个轴向和一个屏幕轴，X、Y、Z 轴分别显示为红色、绿色和蓝色圆，屏幕轴则显示为灰色圆。

旋转与移动的操作方式一样，将鼠标放置在某个轴上，这个轴即变为黄色显示，此时拖动鼠标便可以旋转对象。

也可以通过输入数值的方式精确控制旋转的角度。在视图中选中创建的对象，在工具栏中激活旋转按钮，并在这个按钮上右击，打开“旋转变换输入”对话框。在对话框右侧

“绝对：世界”一列数值中设置 Z 轴旋转量为 60。然后按 Enter 键确认，此时选中的对象旋转 60°。

3. 缩放

在视口中选中对象，在工具栏中单击“缩放”按钮，此时对象上出现缩放变换轴。缩放变换轴包括 X、Y、Z 三个轴向，X、Y、Z 轴分别显示为红色、绿色和蓝色线。将鼠标放置在某个轴上，这个轴即变为黄色显示，此时拖动鼠标便可以缩放对象。

如果要等比例缩放选中对象，则需要将光标放置在三个轴的中心，三个轴的连线都显示为黄色时拖动鼠标。也可以使用输入数值的方式精确控制缩放的值，“缩放变换输入”对话框的使用方法和移动、旋转的使用方法类似，此处不再赘述。

2.1.4　物体的复制

在场景中有时需要创建大量的相同对象，为了避免重复操作，通常采用先创建其中一个对象，再通过对该对象进行复制的方法来完成其余相同对象的创建，常用的复制有直接复制、阵列复制、镜像复制和旋转复制。

1. 直接复制

在 3ds Max 中，物体直接的复制方法有两种：一种是使用“克隆”命令复制物体；另一种是在移动、旋转或缩放过程中复制物体。

1）使用“克隆”命令

在视图中选择需要复制的物体，然后依次选择“编辑”|“克隆”命令，打开“克隆选项”对话框，选择一种复制方式后，单击“确定”按钮完成物体的复制。

下面介绍几种常用的克隆复制方法。

（1）复制：该选项表明复制所得的物体与原物体之间是相互独立的，对其中一个物体进行编辑修改命令时，不会影响另一个物体。

（2）实例：该选项表明复制所得的物体与原物体之间是相互关联的，对其中一个物体进行编辑修改命令时，会影响另一个物体同时发生变换。

（3）参考：该选项表明复制所得的物体与原物体之间是参考关系单向关联，即当对原物体进行编辑修改时，复制物体同时会发生变换；当对复制物体进行编辑修改命令时，原物体则不会受到影响，仅作为原形态的参考。

2）在移动、旋转或缩放时复制物体

当需要创建两个或多个相同结构的对象时，就需要通过复制对象来完成。3ds Max 中最直接的复制对象的方法是使用变换工具配合 Shift 键来变换对象，以对选择对象进行复制。

在任意一个视图中选择需要复制的物体，单击工具栏上的“移动”按钮（使用旋转或缩放复制时则选择相应的按钮即可），按住 Shift 键不放并拖动鼠标，松开鼠标后打开“克隆选项”的对话框，选择复制方法即可。

提示：该对话框与直接使用“克隆”命令复制物体时所打开的对话框基本相同，只是该对话框中增加了一个“副本数”选项，用于设置复制的数量。

2. 阵列复制

使用“阵列”命令能够使选定对象通过一定的变换方式（移动、旋转和缩放），按照指定的维度进行重复性复制。依次选择“工具”|“阵列”命令打开“阵列”对话框，设置好相应参数后单击“确认”按钮即可。下面介绍阵列参数的功能。

1）“增量”选项区域

该选项区域用于决定原始对象的每个复制品之间的移动、旋转和缩放量。

2）“总计”选项区域

该选项区域与上一选项区域的使用原理是相同的，只是它所规定的移动、旋转和缩放量是所有阵列对象的移动、旋转和缩放量的总和，它对阵列复制后的对象的位置和方向执行整体管理。

3）“阵列维度”选项区域

阵列维度选项区域用于设置三个坐标轴的每个轴向上所产生的阵列对象的数量。1D 用于创建线性阵列，即创建后的阵列对象是一条直线；“数量”用于设置要阵列的对象个数；2D 用于在二维平面上产生阵列，该选项将同时在两个方向上阵列出平方的阵列对象个数；3D 用于在三维空间上产生阵列。

4）“预览”选项区域

“预览”选项区域用于预览阵列的效果。当设置好阵列参数后，单击该选项区域中的“预览”按钮即可预览当前的阵列效果。如果启用“显示为外框”复选框，则阵列物体将以方框的形式显示。

在使用阵列工具时，阵列前设置好阵列所需的坐标系和旋转中心是非常重要的。如果不对旋转中心的位置做好设置，则旋转出来的阵列将会产生错误。同样，如果对阵列的坐标系没有把握好，则阵列效果同样会产生错误。

3. 镜像复制

使用“镜像”工具可以使选定的对象沿着指定轴镜像翻转，也可以在镜像的同时复制原对象，创建出完全对称的两个对象。

镜像复制通常用于快速建模，例如，只创建一个圆锥，然后利用镜像工具复制另一个。要创建镜像物体，应首先选中已创建的物体，然后依次执行“工具”|“镜像”命令或在工具栏上单击“镜像操作”按钮，打开“镜像：世界坐标”对话框。在“镜像：世界坐标”对话框中，利用“镜像轴”选项选择镜像轴或镜像平面，利用“偏移”可设置镜像偏移量，利用“克隆当前选择”选项区域可设置镜像选择。

4. 旋转复制

旋转复制可以实现物体在一定曲线角度多重复制的效果，具体实现方法如下：首先，确定好被复制物体的中心轴的位置；其次，单击工具栏的“旋转按钮”工具，按快捷键 A 打开角度捕捉按钮；最后，选择被旋转复制的对象，按住 Shift 键用鼠标旋转复制即可。

2.1.5 “捕捉”工具

使用“捕捉”工具可以将选中的源对象按照指定的方式，对齐到一个目标点或者栅格

中。在捕捉工具栏中可以设置位移捕捉、角度捕捉、百分比捕捉、微调器捕捉，以便用户操作。下面将通过具体操作来讲解“捕捉”工具的使用方法。

1. 捕捉

在工具栏上，单击“捕捉开关”会弹出下拉框，可以设置位移捕捉的方式，有二维捕捉、2.5 维捕捉和三维捕捉。

二维捕捉主要是对在同一平面的物体进行设置的，若两个物体不在同一平面内则不能用二维捕捉。此时可以使用 2.5 维捕捉或三维捕捉。

右击“捕捉开关”按钮，打开“栅格和捕捉设置”对话框。可以勾选捕捉的元素，“选项”选项卡可以设置是否“启动轴约束”来更好地操作。当勾选“启动轴约束”复选框时，表示启动了轴约束，只能在 X、Y、Z 某一方向上移动物体，当不启用时，可以在任何方向上移动（此项的功能，只能在位移捕捉功能下起作用）。

2. 角度捕捉

在工具栏上单击“角度捕捉切换”按钮，开启角度捕捉。开启此功能后，旋转物体时，每次只能旋转固定的角度。右击此按钮，打开“栅格和捕捉设置”对话框，可以在“角度”选项中设置每次旋转的角度。

3. 百分比的捕捉

百分比捕捉是与缩放工具一起使用的，其和角度捕捉的功能类似。右击“百分比捕捉切换”按钮，打开“栅格和捕捉设置”对话框，可以在“百分比”选项中设置每次缩放的比例。

4. 微调器捕捉

在工具栏上右击“微调器捕捉切换”按钮，打开“首选项设置”对话框，在微调器选项区域“精度”选项中可以设置捕捉的精度。

2.1.6 “对齐”工具

使用“对齐”工具可以将选中的源对象按照指定的轴或方式与一个目标对象进行对齐。下面将通过具体操作来讲解对齐对象的操作方法。

选择源对象，单击“工具”|“对齐”工具栏中的按钮，激活对齐命令，当鼠标变成对齐光标的时候，单击右边的“物体”，在弹出的“对齐当前选择”对话框中设置参数。

2.1.7 层次面板的“轴”命令

在选中物体的状态下依次单击命令面板中的“层次”|“轴”|“仅影响轴”按钮。在此状态下可以通过手动调整物体的坐标轴，也可以使用“对齐”选项下的“居中到对象”“对齐到对象”“对齐到世界”及“轴”选项下的“重置轴”按钮对物体的坐标轴进行调整。

2.1.8 任务实施：列车餐桌模型的制作

本节将使用“标准基本体”所创建的内容制作“列车餐桌”模型，通过“列车餐桌”

模型制作，使读者熟练地掌握“平移”“旋转”“缩放”工具，以及“对齐”“克隆”等命令的使用方法。具体操作步骤如下。

（1）将“圆锥——桌子底座”移动到适当位置，如图 2-14 所示。

（2）选择“圆柱体——桌子支柱”，单击“对齐”按钮，对齐到“圆锥——桌子底座”的轴心上，如图 2-15 所示。

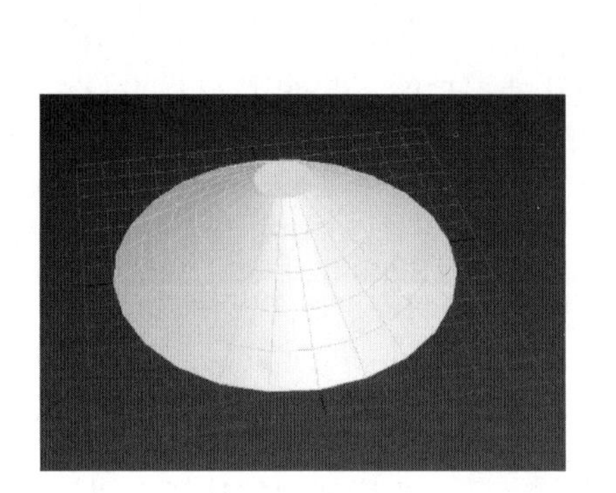

图 2-14

图 2-15

（3）将“圆柱体——桌面”对齐到“圆柱体——支柱”的轴心上，在“对齐当前选择”对话框中取消勾选“Z 位置”复选框，如图 2-16 所示。

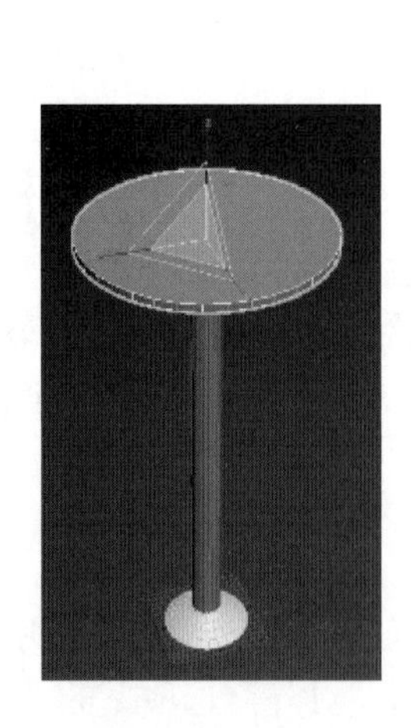

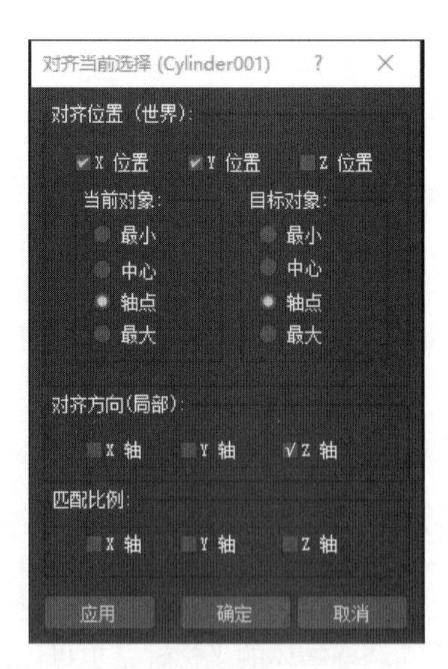

图 2-16

（4）将“圆环——支架”对齐到“圆柱体——桌面”的轴心上，并向下移动一定的距离，如图 2-17 所示。

（5）创建一个半径 3.5 mm、高度 170 mm 的圆柱体，并旋转 Y 轴 120°。使用“对齐”命令对齐到“圆环——支架”的轴心，使用“移动”工具移动到适当的位置，如

图 2-18 所示。右击“角度捕捉切换”按钮，打开“栅格和捕捉设置”对话框，设置角度为 90°，如图 2-19 所示。选择创建的圆柱体，并切换到“旋转”工具，按住 Shift 键旋转 Z 轴，弹出“克隆选项”对话框，副本数设置为“3”，单击“确定”按钮，复制出另外 3 个“圆柱——体支架”，如图 2-20 所示。

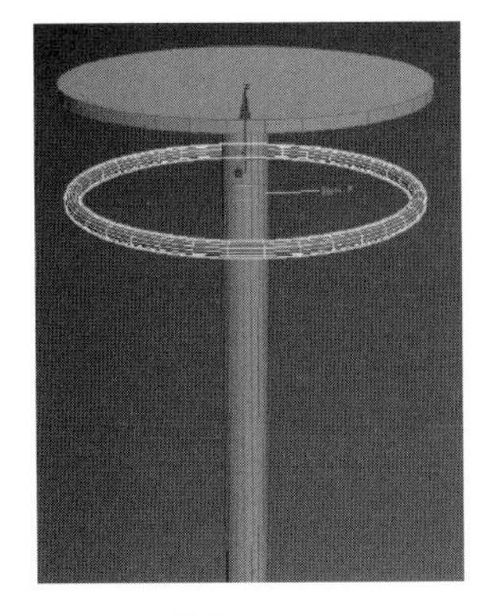

图 2-17

图 2-18

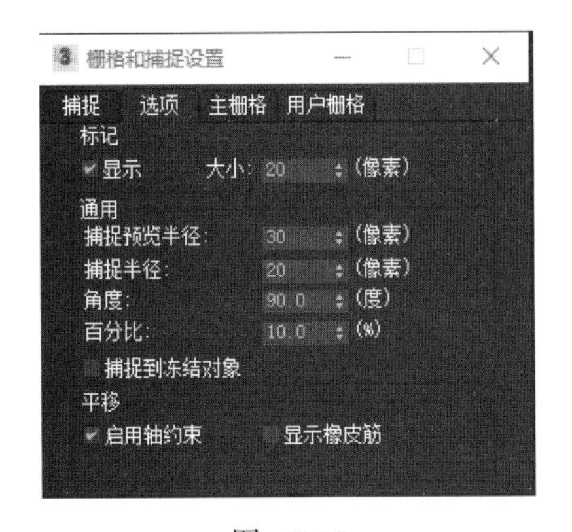

图 2-19

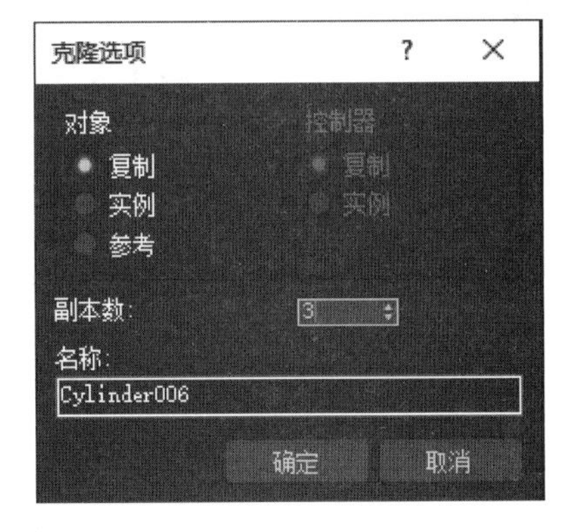

图 2-20

（6）将圆环向下复制一个，并调整“参数”半径 1 为 80 mm，如图 2-21 所示。

（7）创建一个圆柱体，半径为 3.5 mm，高度为 80 mm，旋转 Y 轴 90°。对齐到圆环的轴心，并旋转 90° 复制出另外 3 个圆柱体，如图 2-22 所示。

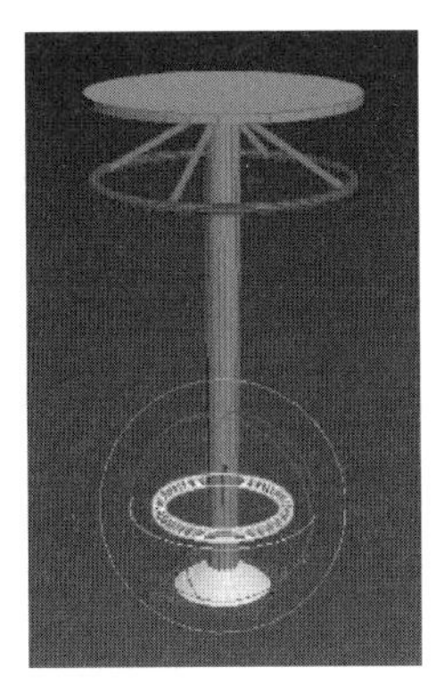

图 2-21

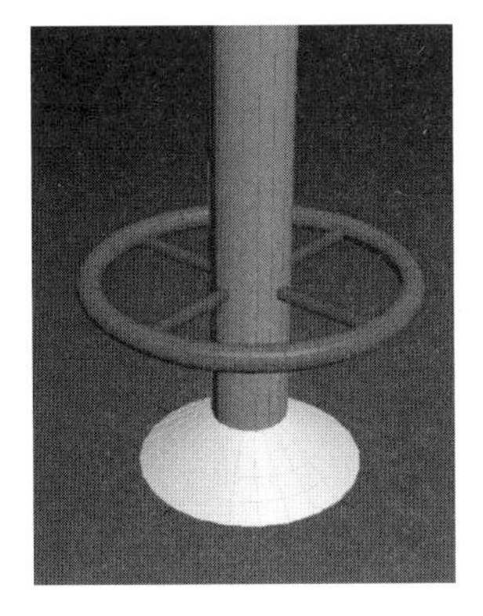

图 2-22

（8）选择“圆柱体——桌面”，按住 Ctrl 键加选“圆环——支架”的所有部分。切换到缩放工具，按住 X 轴向并向外拖动适当距离，把所选模型修改成椭圆形，如图 2-23 所示。

（9）最后将“茶壶”“杯子”“饮料盒子”移动到桌面上适当位置，可使用“平移”“选择”“缩放”工具调整模型的形态位置和大小，如图 2-24 所示。

图 2-23

图 2-24

（10）至此，“列车餐桌”模型就制作完成了，如图 2-25 所示。

图 2-25

任务评价

任务评价如表 2-1 所示。

表 2-1 “列车餐桌”任务评价表

序号	工作步骤	评 分 项	评 分 标 准	得 分		
				自评	互评	师评
1	课前学习评价（30 分）	完成课前任务作答（10 分）	规范性 30% 准确性 70%			
		完成课前任务信息收集（5 分）				
		完成任务背景调研 PPT（5 分）				
		完成线上教学资源的自主学习及课前测试（10 分）				

续表

序号	工作步骤	评分项	评分标准	得分		
				自评	互评	师评
2	课堂评价与技能评价（40分）	积极主动，答题清晰（10分）	表现积极主动、踊跃回答问题，5分 协助教师维护良好课堂秩序的，5分			
		熟练掌握课堂所讲知识点内容（10分）	根据知识点掌握程度酌情扣分，熟练10分，一般8分，需要协助6分			
		熟练操作完成课堂练习（14分）	根据软件操作熟练程度酌情扣分，熟练14分，一般11分，需要协助8分			
		实现案例模型的创建（6分）	独立实现案例模型创建，实现三个点满分，少一个点扣2分			
3	态度评价（30分）	良好的纪律性（10分）	课堂考勤3分 服从管理4分 敬业认真3分			
		主动探究，能够提出问题和解决问题（10分）	态度积极5分 独立思考3分 乐于创新2分			
		团队协作能力（10分）	参与讨论2分 承担责任2分 乐于分享3分 领导能力3分			
合计				10	20	70

任务2.2 高铁闸口的建模

任务描述

使用“扩展基本体”工具制作模型，利用“复制”“移动复制”组成“列车餐桌”模型。要求结构比例正确，面数控制在合理范围。

高铁闸口的建模.mp4

任务提示

观察实物照片，分析出与各个部分相近的物体形状创建扩展基本体。

2.2.1 扩展基本体的创建

扩展基本体是标准基本体的延伸，都是一些相对复杂的几何体。在“创建”面板中的“几何体”面板下拉列表中选择“扩展基本体”，这时在“几何体”面板中会显示出创建扩展基本体的“对象类型”卷展栏，其中包括13种扩展基本体。扩展基本体的创建方法和标准基本体大同小异，这里不再赘述。下面介绍扩展基本体的一些重要参数。

2.2.2 切角长方体、切角圆柱体

切角长方体和切角圆柱体是扩展基本体中最常用的几何体类型，因为在现实生活中几

乎所有的物体都有切角或者圆角，它们的使用频率甚至要高过标准基本体中的长方体、圆柱体。

与标准基本体相比，切角圆柱体和切角圆柱体多了“圆角”和“圆角分段”两个参数，“圆角”用来控制切角的大小，“圆角分段”用来控制切角的细分程度，随着数值的增高，切角逐渐向圆角过渡。

2.2.3 胶囊

胶囊对象其实是圆柱体的一种扩展，其造型是模仿现实生活中的胶囊而来。在“胶囊”的“参数”卷展栏中，调整“高度分段”可以控制对象中间部分的分段数量。

2.2.4 FFD 修改器

“FFD 修改器”即“自由变形式变形器”，是一种特殊的晶格变形修改，其全称为 free-form deformation，是“自由变形”的意思，在 Maya 和 Softimage 软件中被称为 lattice。它可以使用少量的控制点来调节表面的形态，产生均匀平滑的变形效果。它的优点在于能保护模型不发生局部的撕裂。此外，在 3ds Max 中，FFD 修改器既是一种直接的修改加工工具，也可以作为一种隐含的空间扭曲影响工具。

在 3ds Max 中，FFD 修改器被分为许多种类型，常见的有 FFD 2×2×2、FFD 3×3×3、FDD 4×4×4、FFD（长方体）和 FFD（圆柱体）等。虽然它们的类型不同，并且作用的对象也有一定的区别，但是它们的参数设置是相同的。下面将以 FFD（长方体）为例介绍 FFD 修改器的参数功能。

FFD（长方体）修改器有三个次级修改，分别是“控制点”“晶格”“设置体积”。通常情况下，对模型的修改是在“控制点”下进行的；“晶格”和“设置体积”没有参数，只能用于在视图中对 FFD 晶格和控制点的位置进行修改。

（1）“晶格”：绘制连接控制点的线条以形成栅格。

（2）“源体积”：控制点和晶格会以未修改的状态显示。如果在“晶格”子层级时，可以启用该复选框来帮助我们摆放源体积位置。

（3）“仅在体内”：只有位于源体积内的顶点会变形。

（4）“所有顶点”：将所有顶点变形，不管它们位于源体积的内部还是外部。

（5）“重置”：将所有控制点返回到它们的原始位置。

（6）“全部动画”：为指定的所有顶点添加动画控制器，从而使它们在轨迹视图中显示出来。

（7）“与图形一致”：在对象中心控制点位置之间沿直线延长线将每一个 FFD 控制点移到修改对象的交叉点上，从而增加一个由“偏移”选项指定的偏移距离。

注意：将“与图形一致”应用到规则图形效果很好，如基本体等。它对退化（长、窄）面或锐角效果不佳，这些图形不可使用这些控件，因为它们没有相交的面。

（8）“内部点”/“外部点”：“内部点”仅控制受“与图形一致”影响的对象内部点；“外部点”仅控制受“与图形一致”影响的对象外部点。

（9）“偏移”：受“与图形一致”影响的控制点偏移对象曲面的距离。

FFD 修改器虽然子类型比较多，但是它们的操作方法和参数使用方法大都相同，读者可以直接将本节的内容应用于其他的 FFD 修改器上。

2.2.5 “弯曲”修改器

“弯曲”修改器用来改变对象的形状。该工具是以围绕单一轴弯曲 360° 的方式使几何体产生均匀弯曲的非线性变形修改器。这种方式非常直观方便，很适合创建山地等模型，它可以对几何体的一段限制弯曲，可以在任意一个轴上控制弯曲的角度和方向。在场景中选择一个三维物体，然后在“修改”命令面板中为其添加“弯曲”命令，就可以使用该修改器。

1.“弯曲”选项区域

“弯曲”选项区域中的“角度”用于设置弯曲的度数，“方向”用于设置模型在指定的轴向上弯曲的方向。

2.“弯曲轴”选项区域

“弯曲轴”选项区域用于设置模型弯曲所绕的轴向，默认设置为 Z 轴，要改变轴向只需选中相应的 X、Y、Z 单选按钮即可。

“限制”选项区域精确到毫米，将弯曲限制约束在模型的某个位置，其中包括“上限”和“下限”两个选项，超出部分则不受修改器影响。

在使用弯曲修改器更改模型外观时，要注意模型在弯曲方向上一定要有足够的段数，否则可能使弯曲创建失败，或者模型表面产生错误。

此外，在制作弯曲效果时也可以直接利用修改器堆栈中的“中心”和 Gizmo 来调整模型的形状。

2.2.6 任务实施：高铁闸口建模

高铁闸口建模操作步骤如下。

（1）创建一个长方体，并设置参数如图 2-26 所示。

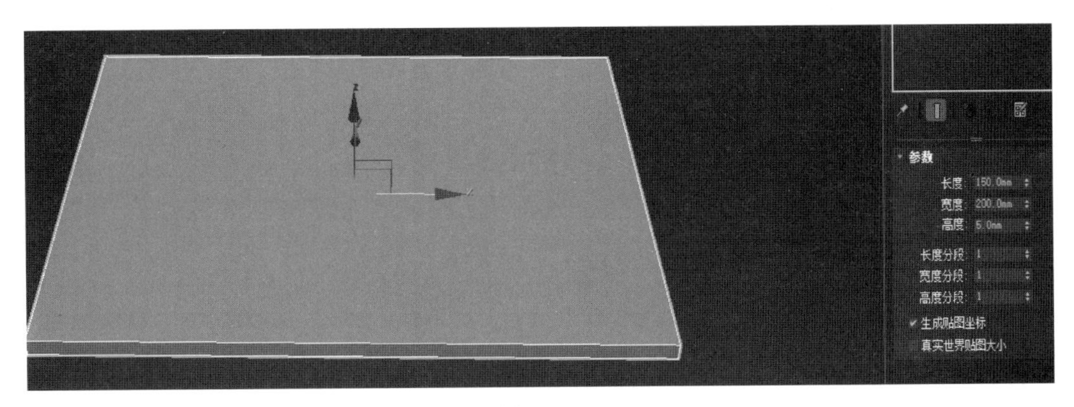

图 2-26

（2）右击将其转换为“可编辑多边形”，在“可编辑多边形”卷展栏中单击“边”层级，选择两条边，效果如图 2-27 所示。

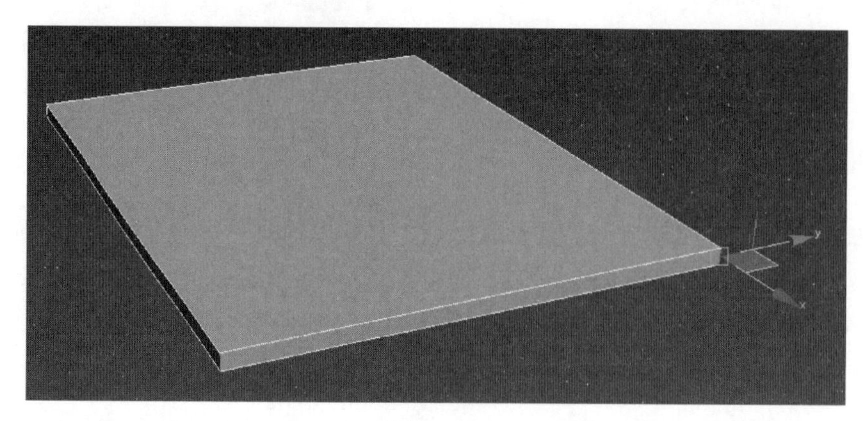

图 2-27

（3）单击“编辑边”下的“切角”命令，效果如图 2-28 所示。

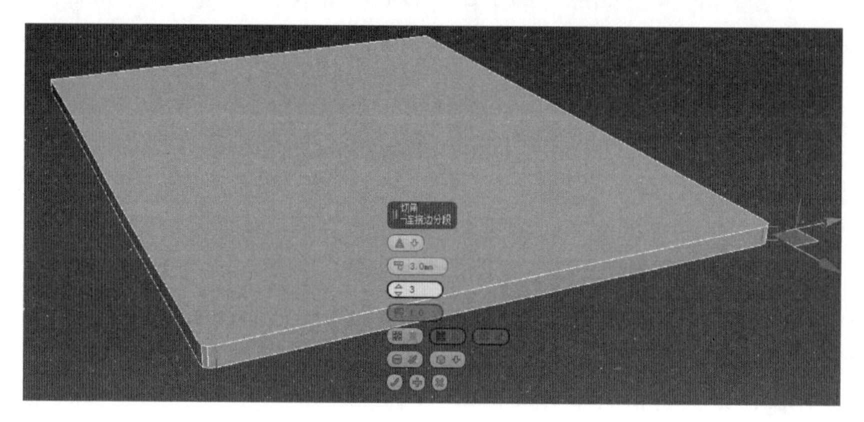

图 2-28

（4）创建一个长方体，并移动到适当位置，效果如图 2-29 所示。

（5）选中长方体，右击将其转换为“可编辑多边形”，选择“面”层级，并单击“插入”，效果如图 2-30 所示。

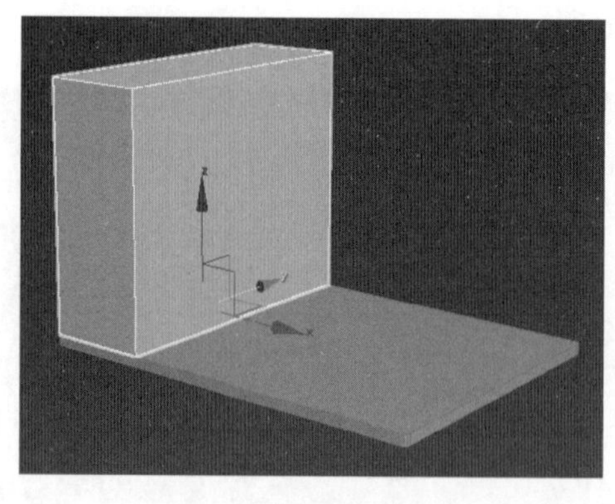

图 2-29

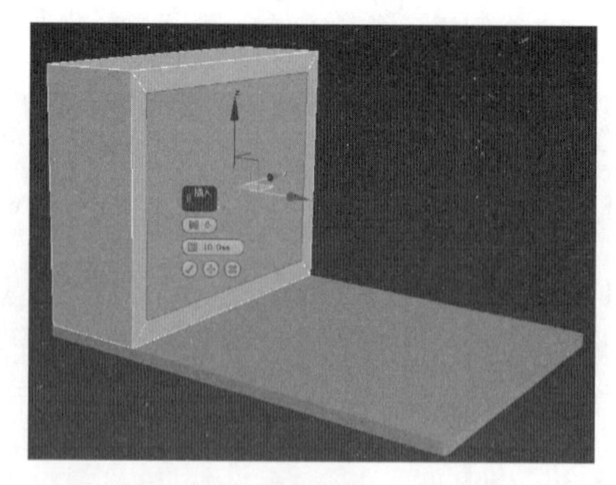

图 2-30

（6）单击“挤出”命令，右击模型，单击“缩放”图标，打开“缩放变换输入”对话框在“偏移：世界”下方输入数字 70，效果如图 2-31 所示。

（7）选中顶面，单击“挤出”命令，参数设置如图 2-32 所示。

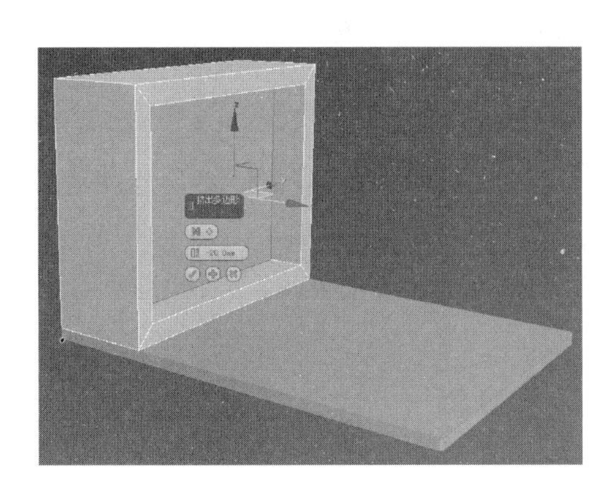

图 2-31

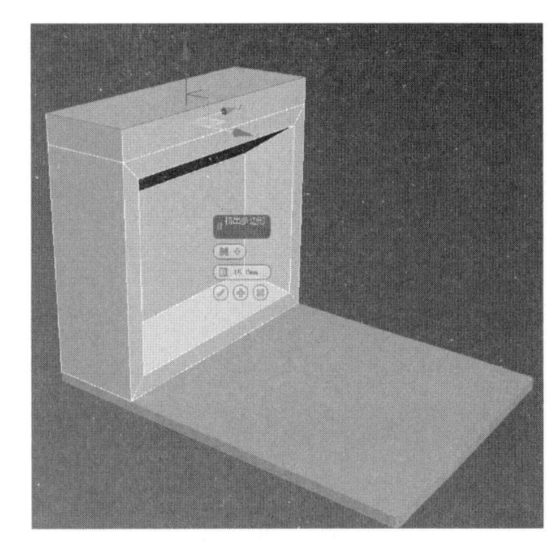

图 2-32

（8）选中顶面的四根线，单击“切角”命令，效果如图 2-33 所示。

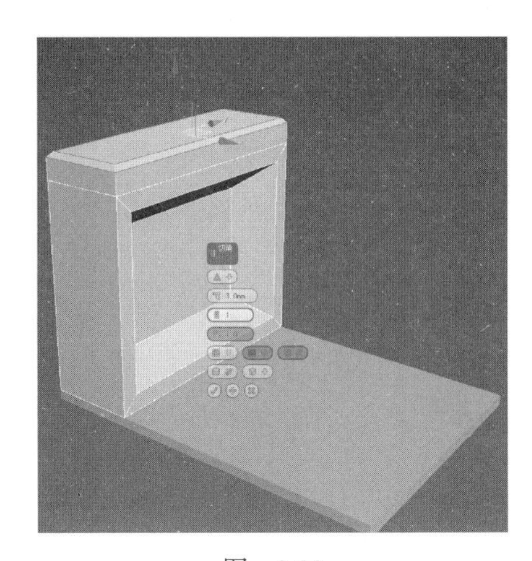

图 2-33

（9）创建一个圆柱体，效果如图 2-34 所示。

图 2-34

（10）选中圆柱体，右击后将其转换为“可编辑多边形”，向下移动中间的边，并缩放顶面，效果如图 2-35 所示。

图　2-35

（11）创建一个胶囊体，效果如图 2-36 所示。

（12）将胶囊对齐到圆柱体上，并在 X 轴向上旋转 45°，效果如图 2-37 所示。

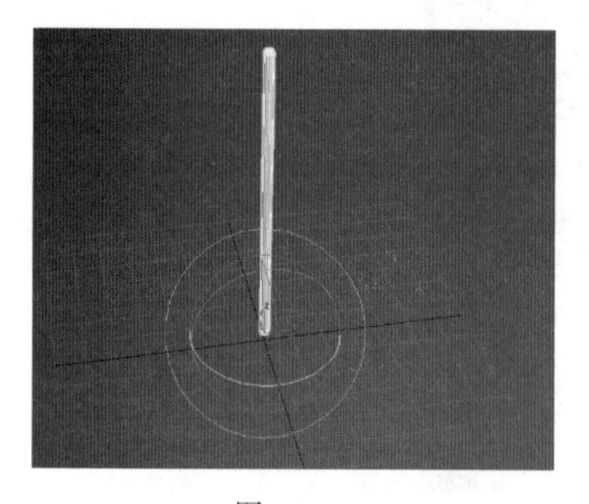

图　2-36

图　2-37

（13）右击“角度捕捉开关”按钮，打开“栅格和捕捉设置”对话框，设置角度 120°，如图 2-38 所示。

（14）按住 Shift 键，在 Z 轴向旋转克隆两个圆柱体，效果如图 2-39 所示。

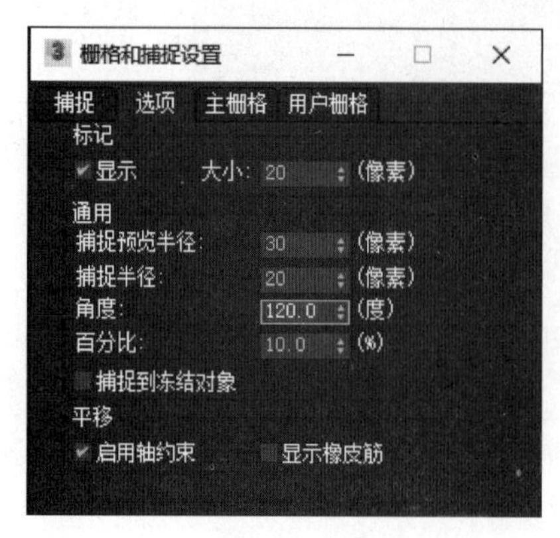

图　2-38

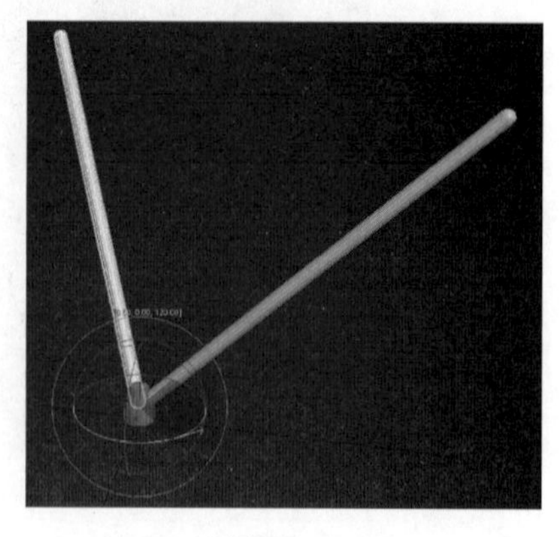

图　2-39

（15）选中圆柱体，使用附加命令将胶囊附加到一起，并将模型旋转 120°，移动到合适的位置上，如图 2-40 所示。

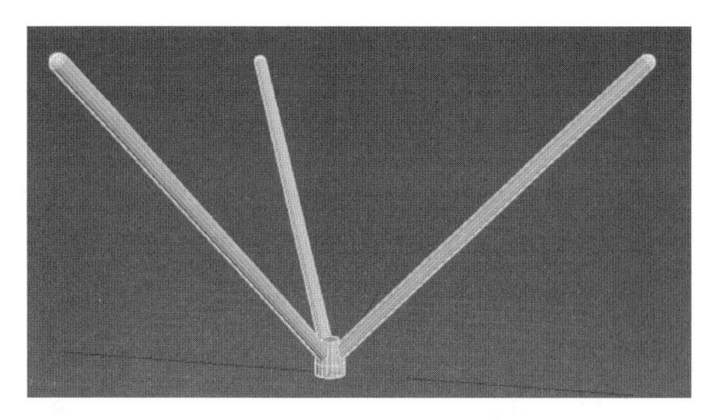

图 2-40

（16）切换到左视图，创建一个矩形，效果如图 2-41 所示。

（17）单击选中矩形，右击将其转换为“可编辑样条线”，选择“线段”层级并删除下边，效果如图 2-42 所示。

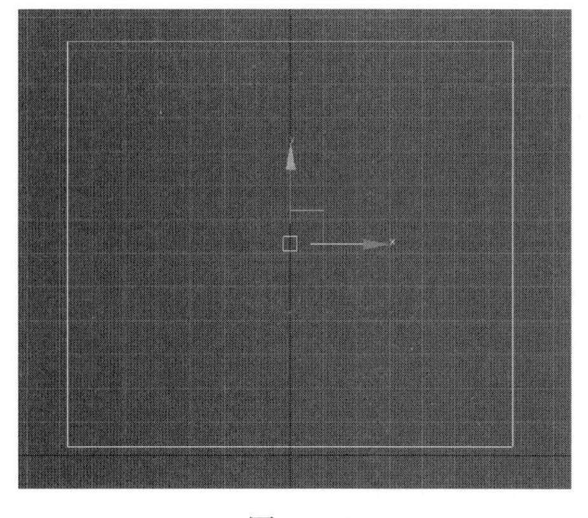

图 2-41

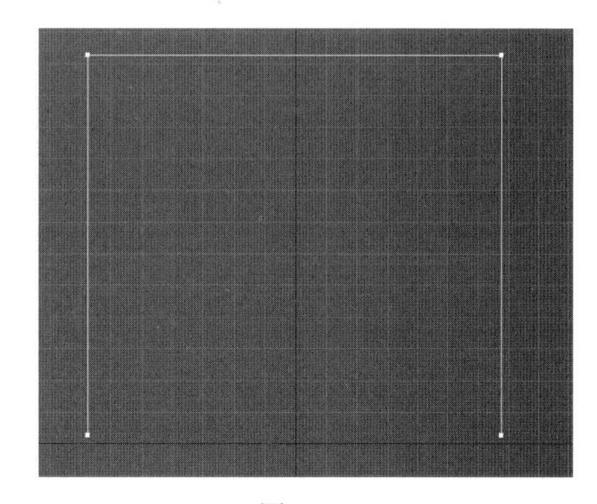

图 2-42

（18）选择“顶点”层级，选中矩形上面的两个顶点，使用“圆角”命令圆滑两个顶点，效果如图 2-43 所示。

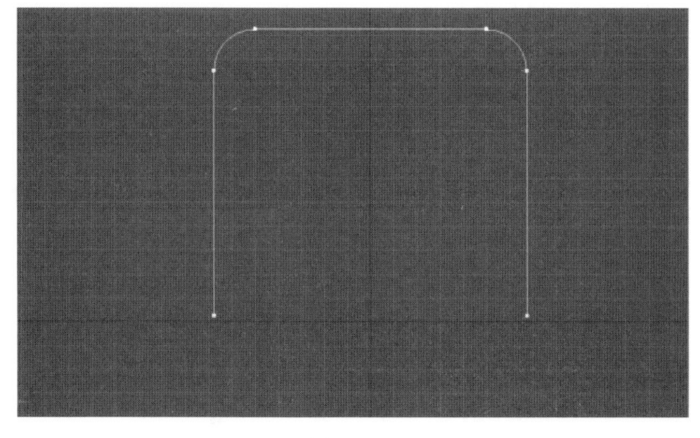

图 2-43

（19）勾选“渲染”卷展栏“在渲染中启用”和“在视口中启用”复选框，并将模型移动到适当的位置，效果如图 2-44 所示。

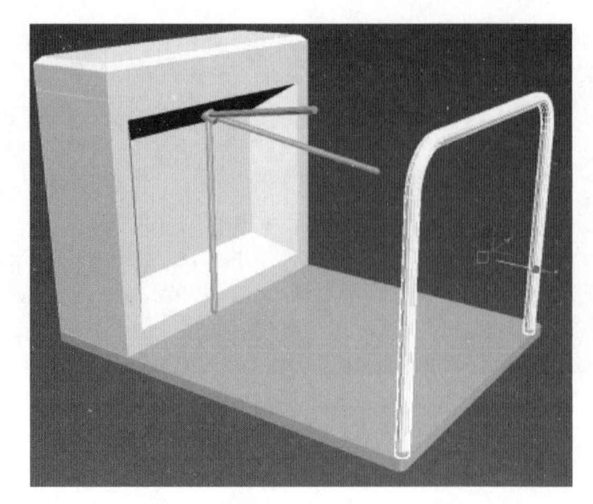

图 2-44

（20）创建一个长方体，并移动到适当的位置，效果如图 2-45 所示。

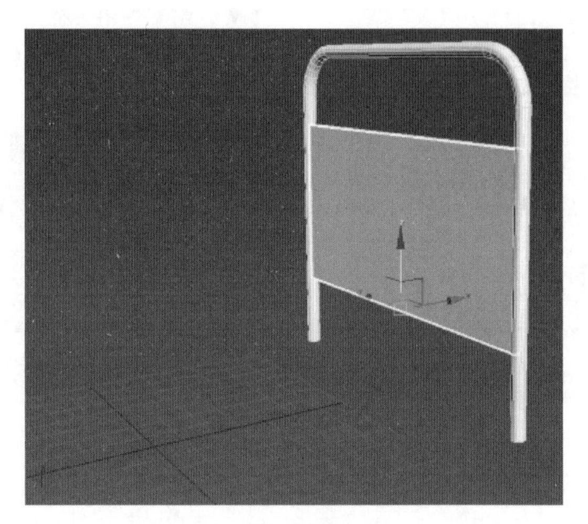

图 2-45

（21）至此“高铁闸口”模型制作完成，效果如图 2-46 所示。

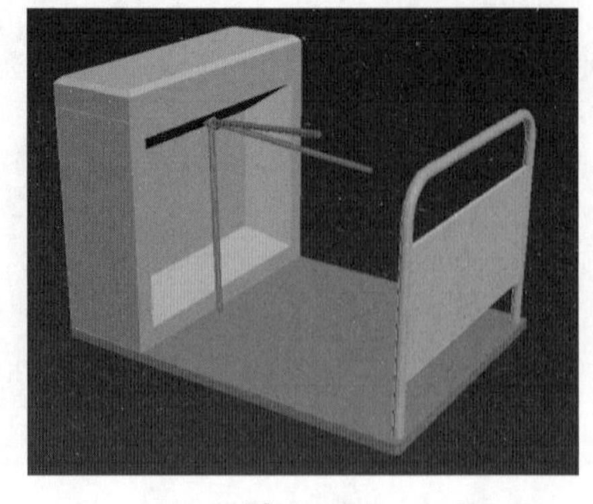

图 2-46

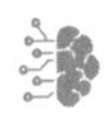

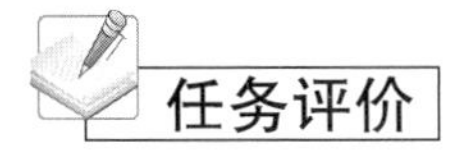

任务评价

任务评价如表 2-2 所示。

表 2-2 “高铁闸口”任务评价表

序号	工作步骤	评分项	评分标准	得分		
				自评	互评	师评
1	课前学习评价（30 分）	完成课前任务作答（10 分）	规范性 30% 准确性 70%			
		完成课前任务信息收集（5 分）				
		完成任务背景调研 PPT（5 分）				
		完成线上教学资源的自主学习及课前测试（10 分）				
2	课堂评价与技能评价（40 分）	积极主动，答题清晰（10 分）	表现积极主动、踊跃回答问题，5 分 协助教师维护良好课堂秩序的，5 分			
		熟练掌握课堂所讲知识点内容（10 分）	根据知识点掌握程度酌情扣分，熟练 10 分，一般 8 分，需要协助 6 分			
		熟练操作完成课堂练习（14 分）	根据软件操作熟练程度酌情扣分，熟练 14 分，一般 11 分，需要协助 8 分			
		实现案例模型的创建（6 分）	独立实现案例模型创建，实现三个点满分，少一个点扣 2 分			
3	态度评价（30 分）	良好的纪律性（10 分）	课堂考勤 3 分 服从管理 4 分 敬业认真 3 分			
		主动探究，能够提出问题和解决问题（10 分）	态度积极 5 分 独立思考 3 分 乐于创新 2 分			
		团队协作能力（10 分）	参与讨论 2 分 承担责任 2 分 乐于分享 3 分 领导能力 3 分			
合计				10	20	70

课后作业

火车座椅的设计（效果图见图 2-47），运用本项目所学知识点，完成高铁火车座椅模型的制作。

图 2-47

拓展与提高

在 3ds Max 中，物体的缩放形式分为三种："选择并均匀缩放""选择并非均匀缩放"和"选择并挤压"。要在不同的缩放工具之间切换，可以将鼠标移动至工具栏上的"缩放"按钮，按住鼠标左键不放，在打开的下拉列表中选择即可。

思考与练习

1. 在"创建"面板中每种创建类型的下面都有两个卷展栏，分别是________和"名称和颜色"卷展栏。

2. 如果要创建底部造型为正方形的长方体，可以在创建时按住________键再拖动鼠标。

3. 使用"球体"或者"几何球体"都可以创建球形物体，两者的区别是：球体表面是由四边面构成的，几何球体的表面是由________构成的。

4. 软管是个能连接两个物体的弹性对象，在其"软管形状"选项区域中为用户提供了几种不同的软管形态，分别是圆形、长方形和________。

5. 当将曲线转换成"可编辑样条线"后，曲线顶点有 4 种顶点编辑方式，分别是线性、Bezier、平滑和________。

二维图形建模

项目引言

二维图形的绘制与编辑是制作出精美三维物体的基础。本项目主要讲解绘制与编辑二维图形的方法和技巧，通过本项目内容的学习，读者可以绘制出需要的二维图形，还可以通过使用相应的编辑和修改命令对绘制的二维图形进行调整和优化，并将其应用于设计中。

能力目标

- 了解二维图形的用途。
- 掌握二维图形的创建和编辑方法。

相关知识与技能

- 样条线的创建与编辑。
- 二维图形常用的修改器。

任务 3.1 车厢行李架的建模

任务描述

使用可渲染的“线”工具结合使用“可编辑样条线”修改器制作车厢行李架模型，要求结构比例正确，面数控制在合理范围。

车厢行李架的建模.mp4

任务提示

管状部件可以使用“在视口中渲染”创建，玻璃部件可以使用“壳”修改器创建。

3.1.1 样条线的创建与编辑

1. 线

线是样条线中最基本也是最重要的一种类型，它的创建方法很简单，在正视图窗口中单击“创建”|“图形”|“线”即可开始创建样条线。当单击“线”按钮后，在“图形”面板的下方会出现各种线的设置卷展栏。

样条曲线是由系列的点定义的曲线，样条上的点通常被称为节点。每个节点包含定义它的位置坐标的信息，以及曲线通过节点的方式的信息。样条曲线中连接两个相邻节点的部分称为“线段”。

默认情况下，在某个节点处单击并立即释放鼠标可创建“角”（表明下一线段为直线）类型的顶点；如果在某个节点处单击并拖动可创建 Bezier 类型的顶点（表示该顶点前后线段均为曲线），此时可首先通过拖动调整该顶点一个线段的曲度。松开鼠标后移动光标，可创建一段曲线。另外，在使用“线”命令绘制直线时，如果按下 Shift 键，可绘制出水平或者竖直的直线。

2. 圆、椭圆、圆弧和圆环

1）圆

圆为一种常用的样条线，它的绘制方法非常简单，在“图形”面板中单击“圆”按钮后，在视图窗口中拖动，即可确定圆心和半径。

在绘制圆的过程中，利用卷展栏可以精确绘制图形。和线的卷展栏相似，当单击“圆”按钮后，将激活 5 个卷展栏，其中“渲染”卷展栏和“插值”卷展栏与“样条线”工具相同，其余的卷展栏稍有不同，接下来分别对这些卷展栏做介绍。

（1）“创建方法”卷展栏。在该卷展栏中有两个单选按钮，选中“边”单选按钮，可以根据圆的边界绘制圆，这种方式可以创建出两个相切的圆。选中“中心”单选按钮，则在创建圆时，以鼠标指定的点为圆心向周围扩展创建出圆形。

（2）“键盘输入”卷展栏和“参数”卷展栏。在“键盘输入”卷展栏中输入圆的坐标和半径，然后单击“创建”按钮进行创建。在“参数”卷展栏中可以控制圆半径的大小。

2）椭圆

椭圆的创建方法与圆相同，只是在拖动鼠标时控制的是椭圆的长度和宽度，而不是半径。在椭圆的“参数”卷展栏中可以精确调整椭圆的长度和宽度。另外，在创建的时候配合 Ctrl 键也可以创建出正圆。

要想创建出椭圆形的多边形，在椭圆的“插值”卷展栏下将“步数”值改小即可。当“步数”值为 0 时，椭圆就会变成菱形。

3）圆弧

圆弧可以说是圆的特殊类型，在创建圆弧时有两种方法：一是通过指定圆弧的两个端点和圆弧的中点绘制圆弧；二是通过指定圆弧的圆心和圆弧的两个端点确定圆弧。

在“键盘输入”卷展栏和“参数”卷展栏中，“半径”决定圆弧的半径，“从”和“到”分别决定圆弧的起始和结束角度，勾选“饼形切片”复选框将在圆弧的基础上产生一个扇形，勾选“反转”复选框将调换弧的起始点和结束点的位置。

4）圆环

圆环曲线的创建方法和标准几何体中圆环的创建方法相同。圆环的“参数”卷展栏中的“半径 1”和“半径 2”分别控制圆环外半径和内半径的大小。

3. 矩形、多边形和星形

矩形、多边形和星形都是由直线构成的图形，3ds Max 为用户提供了多种编辑方法，使操作更为灵活。

1）矩形

矩形是现实生活中经常见到的一种四边形，它的创建方法与圆和椭圆的创建方法是相同的。在其“参数”卷展栏中，除了“长度”和“宽度”两个参数外，还多了一个“角半径”参数，调整该值可以使矩形产生圆角。

2）多边形

使用“多边形”工具可以创建任意边数的多边形，该工具通常应用在一些复杂模型的起形阶段。在其“参数”卷展栏中“内接”和“外接”单选按钮用于控制圆是多边形的内切圆还是外接圆，而“半径”表示内切圆或者外接圆的半径。“角半径”的含义和矩形相同。另外，当在“参数”卷展栏中勾选“圆形”复选框时，会直接生成一个圆形。

3）星形

“星形”工具可以创建出多角星形，还可以通过参数的变化产生各种奇特的形状。

在“参数”卷展栏中，“点”用于控制星形的顶点数量；“扭曲”可以使“半径 2”所控制的顶点绕星形局部坐标系的 Z 轴旋转，正值为逆时针旋转，负值为顺时针旋转。

4. 文本

在 3ds Max 中使用“文本”工具可以创建出多种文字的效果，通常结合“倒角”修改器制作出三维立体文字。在选择字体的时候，3ds Max 会列出系统中所拥有的字体以供选择。

在改变文本的设置数值之前，在“参数”卷展栏中勾选“手动更新”复选框，激活“更新”按钮。此时，若改变文字的设置参数，在视图窗口中不再同步更改，而是当所有的设置更改完毕后，单击“更新”按钮，视图中的文字才进行相应的修改。

5. 螺旋线和截面

螺旋线和截面是二维图形中两个比较特殊的图形，使用“螺旋线”可以很方便地创建出弹簧模型或者扭曲的钢丝等。而使用“截面”可以通过网格对象基于横截面切片生成其他形状。

1）螺旋线

创建螺旋线的方法：在“图形”面板中单击“螺旋线”按钮，回到视图窗口中拖动鼠标定义螺旋线的底面半径，松开鼠标并上下移动定义高度，再次单击后移动鼠标定义顶面半径。

在螺旋线的“参数”卷展栏中,“半径 1”和“半径 2”分别代表螺旋线的上下面半径；“偏移”用于改变螺旋线的疏密程度，取值范围在 -1～1；“顺时针”和“逆时针”单选按钮主要用于定义螺旋线旋转的方向。

2）截面

截面的创建方法和矩形相同。创建出的截面对象显示为相交的矩形，只需将其移动并旋转即可对一个或多个网格对象进行切片，然后单击“创建图形”按钮即可基于二维相交生成一个形状。创建并使用截面图形，可通过以下操作进行。

（1）创建或打开包含一个或多个网格对象的场景。

（2）在“创建”面板上，单击“图形”。

（3）在“对象类型”卷展栏中，单击“截面”。

（4）在视口中拖动一个矩形，并且要在该视口中定向平面。例如，要平行于 XY 主栅格放置截面对象，需要在“顶”视口中创建样条线。截面对象显示为一个简单的矩形，交叉线表示其中心。使用默认设置，矩形只用于显示，因为截面对象的效果将贯穿其平面扩展到整个场景范围。

（5）移动并旋转截面，以便其平面与场景中的网格对象相交。黄色线条显示截面平面与对象相交的位置。

（6）在“修改”“截面参数”卷展栏上，单击“创建图形”按钮，在出现的对话框中输入名称，然后单击“确定”按钮。将基于显示的横截面创建可编辑样条线。

3.1.2 样条线的参数面板

1.“渲染”卷展栏

默认情况下，绘制的曲线在渲染图形时是不可见的，通过该卷展栏可以设置曲线的渲染参数及可视性能。勾选“在渲染中启用”复选框后，在视口中绘制的图形能够进行渲染；勾选“在视口中启用”复选框，可以在当前视图中显示图形的特征。

在该区域面板有“径向”和“矩形”两种显示和渲染类型，选中“径向”单选按钮时，模型的横截面是圆形，可以设置厚度（也就是直径）、表面边数和表面的旋转角度。当选中“矩形”单选按钮时，模型的横截面将是矩形，可以设置长、宽、纵横比等参数。“阈值”可以控制模型表面的光滑程度。

2.“插值”卷展栏

该卷展栏中是有关曲线“步数”的一些设置，步数越高曲线越平滑。在该参数的下面有两个复选框，勾选“优化”复选框，系统将从直线段上删除不必要的步数，从而优化样条线。通过使用“优化”功能可以有效地降低模型的点数，从而达到节省资源的目的。勾选“自适应”复选框后，系统将自动设置每个样条线的步数，以产生平滑曲线。

3.“创建”方法卷展栏

该卷展栏中的选项用于决定曲线节点的类型，在“初始类型”区域中控制的是曲线的节点类型，使用“角点”类型创建的节点会产生一个尖端，点的两边都是线性的；使用“平滑”类型可以创建出有曲率的曲线，但节点不可调节。在“拖动类型”区域中控制的是拖动鼠标创建曲线的类型，使用Bezier类型可以创建出带有控制手柄的节点，通过调整手柄可以控制曲线的曲率。

4.“选择”卷展栏

该卷展栏下的选项用于对曲线各次对象的选择操作，曲线的次对象包括顶点、线段、样条线。在“选择”卷展栏下单击任何一个次对象按钮，就可以使用3ds Max的选择工具，在场景中选择该层对象和变换操作。当在该卷展栏中单击“顶点”按钮，即可进入顶点编辑状态，这时有关顶点的选项也被激活。

如果在“显示”区域勾选“显示顶点编号”复选框，将在视图中显示从起始点到结束点的顶点编号。

进入样条线的次层级编辑模式的方法有三种：第一种是在“选择”卷展栏下单击各次层级按钮；第二种是在修改堆栈中单击“可编辑样条线”前面的+将其展开，然后选择次层级；第三种是在右键快捷菜单中进行选择，此方法比较快捷。

5.“软选择”卷展栏

使用“软选择”工具可以以衰减的方式对曲线的次对象进行选择，在高级建模中这种选择方式经常用到。在此以顶点次对象为例进行具体参数含义的讲解。

进入顶点编辑状态，在“软选择”卷展栏勾选“使用软选择”复选框，现在选择曲线的一个或部分顶点，它会影响一个区域，通过调整“衰减”值可以定义影响区域的距离，3ds Max以颜色的方式显示衰减的范围，红色表示完全影响，然后依次向蓝色递减，移动选择的顶点即可看到效果。

6.“几何体”卷展栏

“几何体”卷展栏包括多种曲线编辑工具，当在卷展栏下选择不同的次对象时，该卷展栏中所显示的编辑工具也不相同。接下来将根据不同的次对象分别介绍各编辑工具的用法。

（1）新顶点类型。该选项区域中包含了4种顶点编辑方式，分别是“线性”“Bezier”“平滑”和“Bezier角点”，它们代表图形的4种顶点属性。

如果需要使用其中的一种方式，只需选中相应的单选按钮即可。另外，还可以在选择了一个顶点后，选择右键快捷菜单中的相应命令进行转换。

当使用Bezier或“Bezier角点”方式时，可以通过调整控制手柄来控制样条线的曲率。在选中控制手柄的同时，按F8键可以切换要操作的轴向。

（2）拆分。在“线段”层级，该工具可以将选定的一个或多个线段拆分。例如，在选中一个线段后，将“拆分”后面的参数设置为3，这时线段就被添加了3个顶点，被拆分成4段。

（3）附加。“附加”是一种比较重要的工具，它不仅可以在“可编辑样条线”中使用，还可以在“可编辑网格”和“可编辑多边形”中使用。“附加”工具会将多个图形合并为一个图形。

（4）优化。“优化”工具可以在当前的图形上添加顶点。在顶点层级，单击“优化”按钮，可以在线段上添加顶点。

（5）焊接。将曲线上的两个或多个开口的顶点焊接为一个顶点。选中需要焊接的两个顶点，在“焊接”右侧的微调框中输入一个合适的数值，单击“焊接”按钮即可。

（6）连接。使用该工具可以连接两个顶点以生成一条线性线段。单击“连接”按钮，从一个顶点拖动到另一个顶点上松开鼠标即可创建一条线段。

（7）“圆角”和“切角”。这两个工具可以在顶点处创建圆角和切角，使用后面的微调框调整圆角或切角的大小。

（8）轮廓。“轮廓”工具只在样条线级别时可以使用，它可以将一条线分离为两条线。

3.1.3 任务实施：车厢行李架模型的制作

本节使用二维图形制作“车厢行李架”模型，实物照片如图 3-1 所示，在制作的过程中将涉及二维图形的创建、“圆角”命令工具、“轮廓”命令工具以及样条线的渲染等知识点。通过本节的学习读者可以掌握二维图形的建模方法。

图 3-1

（1）在左视图创建一个矩形，效果如图 3-2 所示。

（2）右击将其转换为“可编辑样条线”，选择“样条线”层级，在“轮廓”选项后的输入框中输入 50，效果如图 3-3 所示。

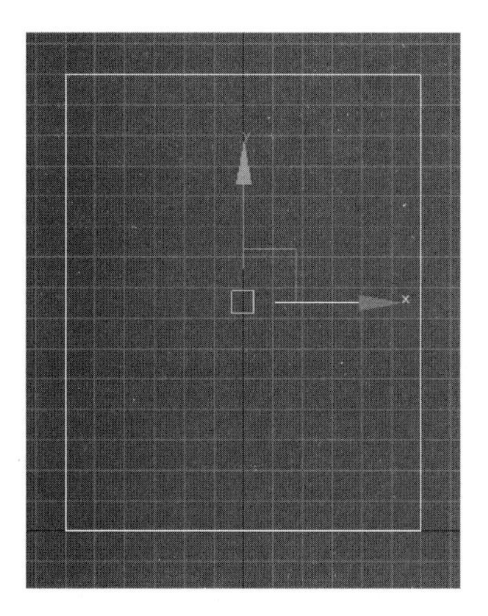

图 3-2

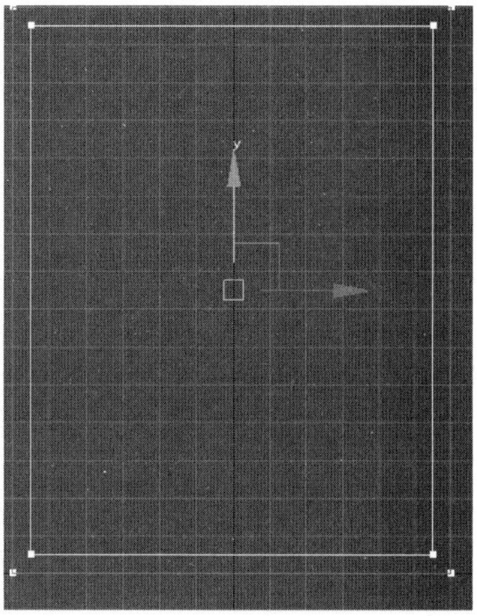

图 3-3

（3）选择顶点层级，选中全部顶点，使用“圆角”工具圆滑顶点，效果如图3-4所示。

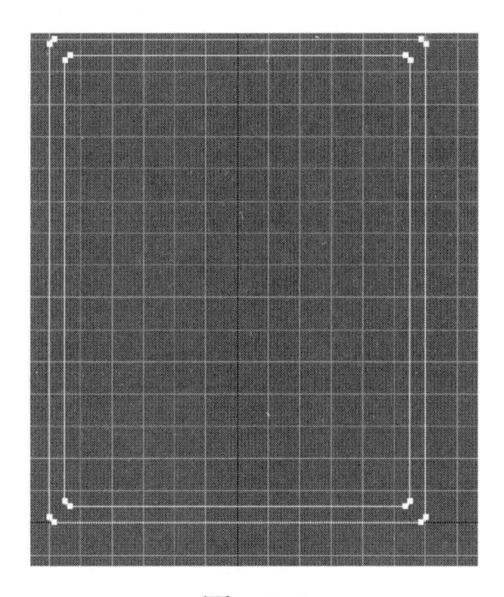

图 3-4

（4）添加“壳”修改器，“外部量”设为 50.0 mm，效果如图 3-5 所示。

（5）创建长方体，并移动到适当位置，效果如图 3-6 所示。

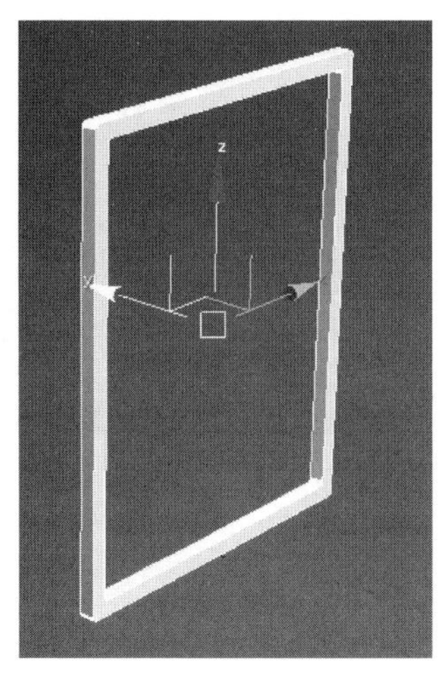

图 3-5

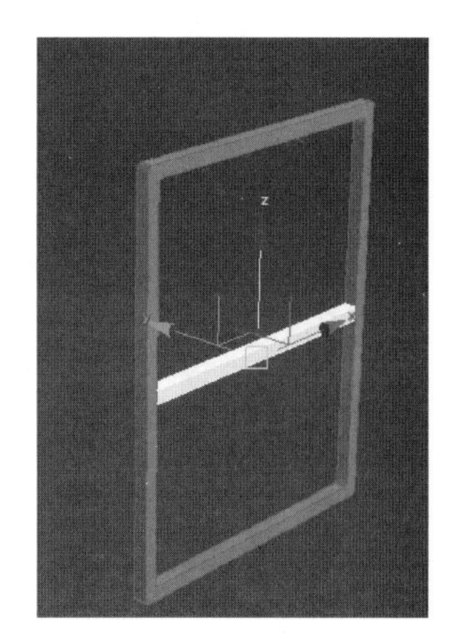

图 3-6

（6）在左视图创建一个矩形，效果如图 3-7 所示。

（7）将矩形转换为“可编辑样条线”，使用“圆角”工具圆滑右边的顶点，效果如图 3-8 所示。

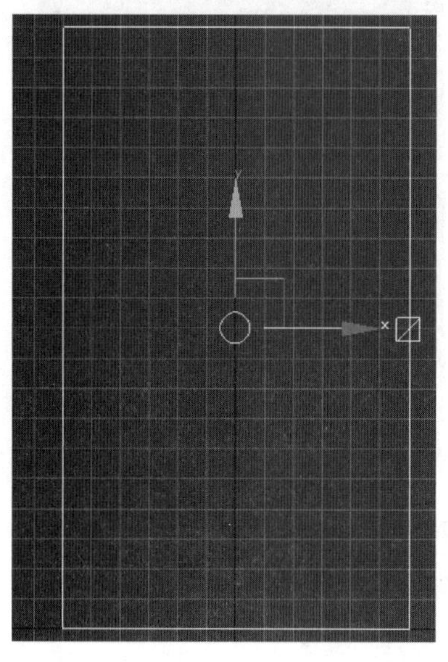

图 3-7

图 3-8

（8）右击，选择“细化”命令，双击样条线上边和左边，为样条线添加三个顶点，效果如图 3-9 所示。

（9）选中左边的点，右击，选择“角点”命令，把选中的顶点设置为角点，效果如图 3-10 所示。

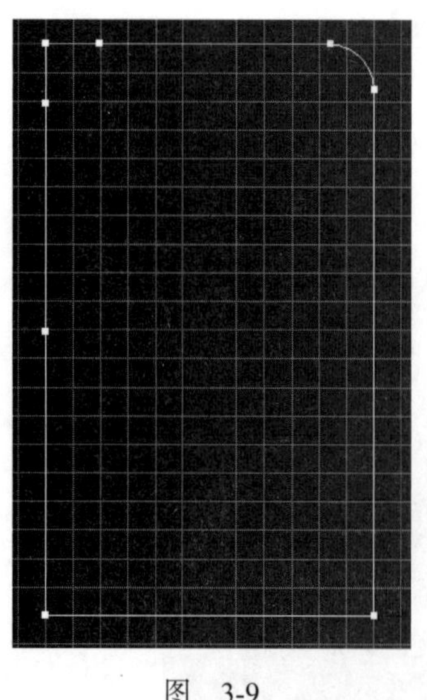

图 3-9

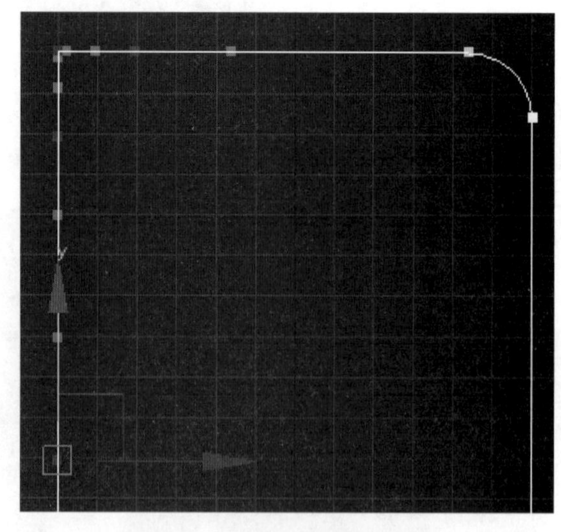

图 3-10

（10）选择左上角顶点，单击“捕捉开关”打开 2.5D 捕捉，将该点移动到如图 3-11 所示位置。

（11）为图形添加“壳”修改器，内部量设置为 20 mm，参数设置如图 3-12 所示。

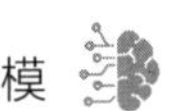

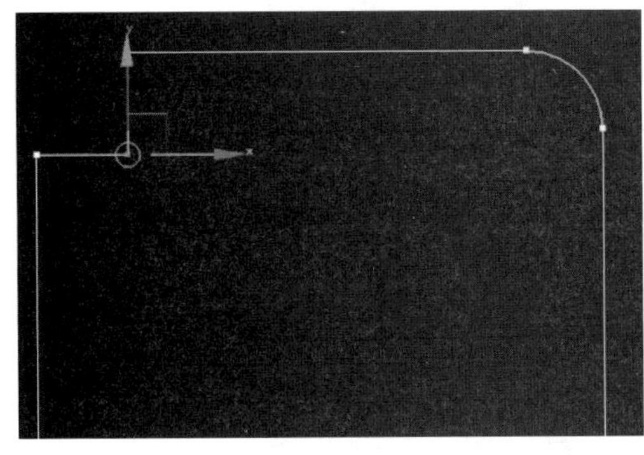

图 3-11

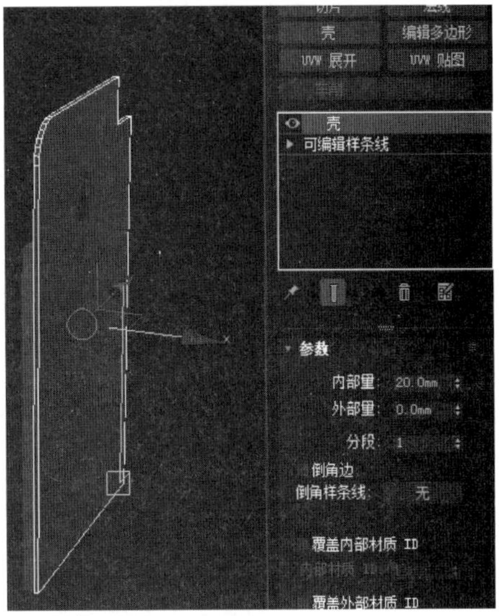

图 3-12

（12）选中创建的模型，单击“镜像”按钮以 X 轴为镜像轴复制一个模型，并向左移动一定的距离，参数设置如图 3-13 所示。

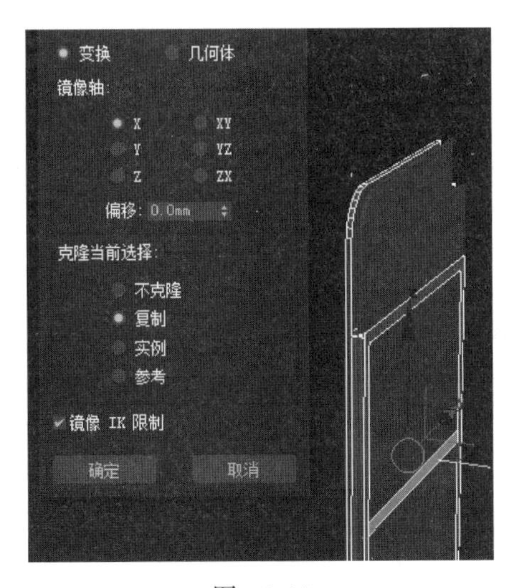

图 3-13

（13）在顶视图使用“捕捉”功能，在两个模型间画一条直线，效果如图 3-14 所示。

图 3-14

（14）选中直线在“修改”命令面板中勾选“在渲染中启用”和“在视口中启用”复选框，并将“厚度”设置为 40 mm。将模型移动到合适位置，参数设置如图 3-15 所示。

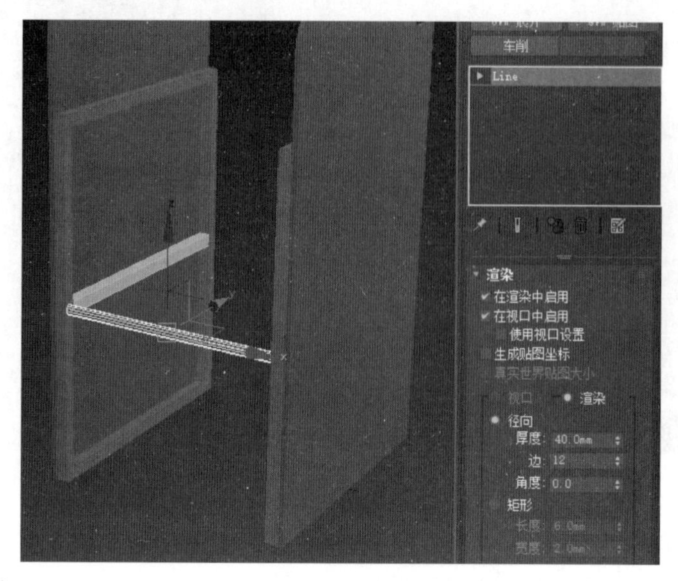

图　3-15

（15）在左视图中，使用移动复制，将样条线复制 7 个，参数设置如图 3-16 所示。

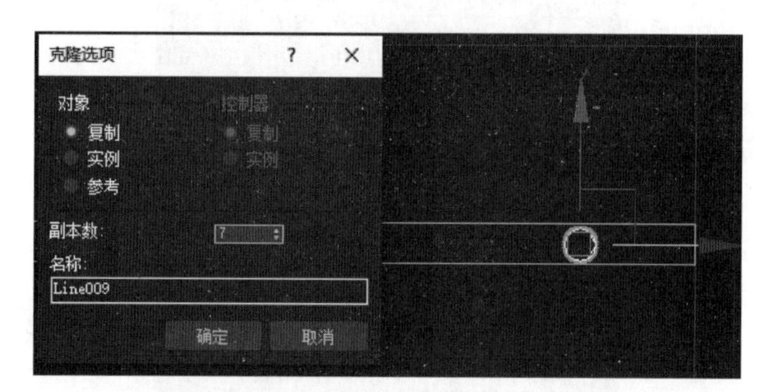

图　3-16

（16）选中样条线，将其向上复制到适当位置，效果如图 3-17 所示。

图　3-17

（17）创建一个圆柱体，半径 20 mm，高度 10 mm。使用变换工具移动并复制到图 3-18 中相应的位置。至此，“车厢行李架”模型就制作完成了，效果如图 3-18 所示。

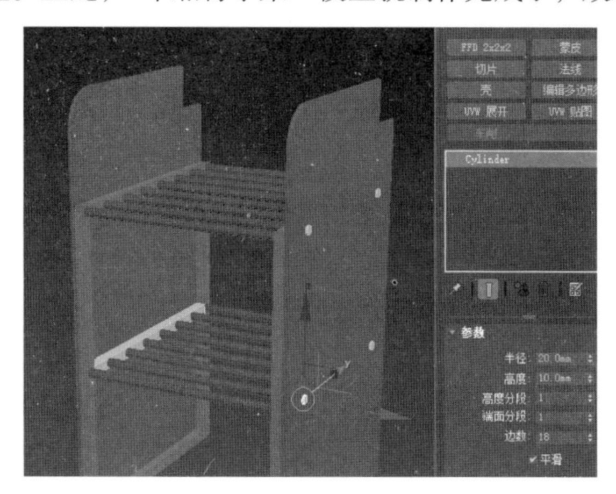

图 3-18

任务评价

任务评价如表 3-1 所示。

表 3-1 “车厢行李架”任务评价表

序号	工作步骤	评 分 项	评 分 标 准	得 分		
				自评	互评	师评
1	课前学习评价（30 分）	完成课前任务作答（10 分）	规范性 30% 准确性 70%			
		完成课前任务信息收集（5 分）				
		完成任务背景调研 PPT（5 分）				
		完成线上教学资源的自主学习及课前测试（10 分）				
2	课堂评价与技能评价（40 分）	积极主动，答题清晰（10 分）	表现积极主动、踊跃回答问题，5 分 协助教师维护良好课堂秩序的，5 分			
		熟练掌握课堂所讲知识点内容（10 分）	根据知识点掌握程度酌情扣分，熟练 10 分，一般 8 分，需要协助 6 分			
		熟练操作完成课堂练习（14 分）	根据软件操作熟练程度酌情扣分，熟练 14 分，一般 11 分，需要协助 8 分			
		实现案例模型的创建（6 分）	独立实现案例模型创建，实现三个点满分，少一个点扣 2 分			
3	态度评价（30 分）	良好的纪律性（10 分）	课堂考勤 3 分 服从管理 4 分 敬业认真 3 分			
		主动探究，能够提出问题和解决问题（10 分）	态度积极 5 分 独立思考 3 分 乐于创新 2 分			
		团队协作能力（10 分）	参与讨论 2 分 承担责任 2 分 乐于分享 3 分 领导能力 3 分			
合 计				10	20	70

任务 3.2 火车轨道的建模

火车轨道的建模 .mp4

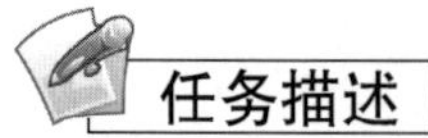

使用“扫描”修改器制作火车轨道模型。要求结构比例正确，面数控制在合理范围。

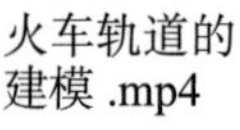

根据“扫描”修改器的使用方法，思考哪个部分更适合使用该修改器制作。

3.2.1 “扫描”修改器

“扫描”修改器用于沿着基本样条线或 NURBS 曲线路径挤出横截面，可以处理一系列预制的横截面，如角度、通道和宽法兰，也可以使用自己的样条线或 NURBS 曲线作为自定义截面。

创建结构钢细节、建模细节或在任何需要沿着样条线挤出截面的情况时，该修改器也非常有用。类似于“放样”复合对象，但它是一种更有效的方法。

3.2.2 “挤出”修改器

“挤出”修改器能在二维剖面上添加厚度，与创建的三维物体不同的是，在使用该修改器前需要创建一个二维剖面图形。打开“挤出”修改器的方法很简单，可以选择已经编辑好的二维图形，展开“修改器列表”下拉菜单，选择其中的“挤出”选项即可。

3.2.3 “组”的命令

组命令用于将当前选择的多个物体定义为一个组，以后的各种编辑、变换等操作都针对整个组中的物体。在场景中单击成组内的物体将选择整个成组。

3.2.4 任务实施：火车轨道建模

本节使用“对象”修改器制作“火车轨道”模型，火车轨道属于细长物体，在制作比例上会很难把握，对于这种有标准尺寸的物体，在制作之前可以先收集资料，方便后续的模型制作。本节将使用以下数据制作：①铁轨：高度为 152 mm，底宽为 132 mm，头宽为 70 mm，腰厚为 15.5 mm，长度为 10 000 mm，轨距为 1435 mm；②普通枕木：宽度为 220 mm，长度为 2500 mm，厚度为 160 mm。

制作火车轨道模型操作步骤如下。

（1）在制作前，先设置单位。依次单击菜单栏上的“自定义 | 单位设置”按钮，弹出“单位设置”对话框，如图 3-19 所示。单击“系统单位设置”按钮打开“系统单位设置”对话框，将系统单位比例设置为“毫米”后单击“确定”按钮。在“单位设置”对话框的“显示单位比例”选项区域选中“公制”单选按钮，在下拉列表框中选择“毫米”，单击

“确定”按钮。

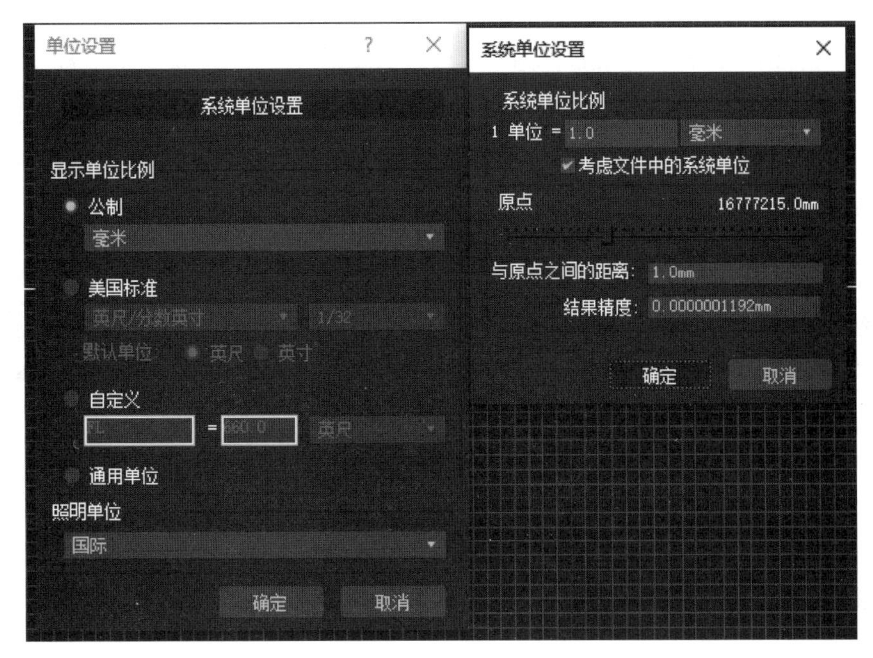

图 3-19

（2）依次单击“创建”|“图形”|“线”按钮，在“键盘输入”卷展栏中的 X 的输入框输入“-5000”，单击“添加点”按钮。在 X 的输入框再次输入数值“5000”，单击“添加点”按钮，最后单击“完成”按钮。这样我们就创建了一个长度为 10 000 mm 的样条线，效果如图 3-20 所示。

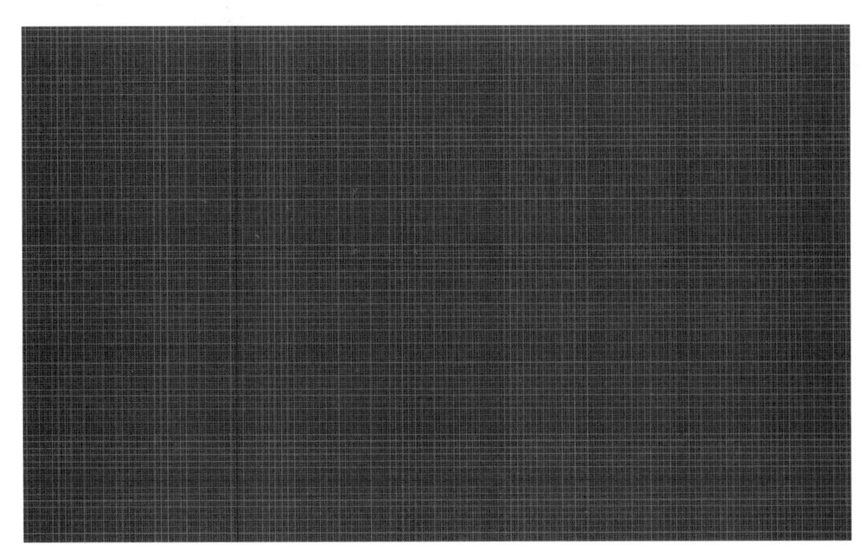

图 3-20

（3）创建一个平面，并为这个平面赋予一个材质。在“漫反射贴图”通道中添加“位图”，指定一张参考图，单击“视口中显示明暗处理材质”按钮。然后将平面沿 X 轴旋转 90°，沿 Z 轴旋转 90°，如图 3-21 所示。

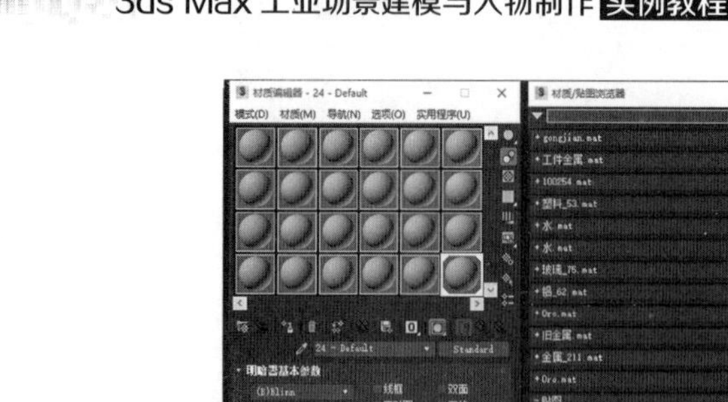
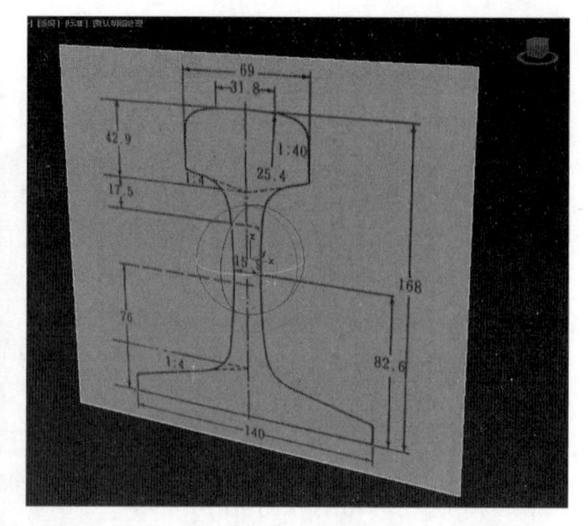

图 3-21

（4）将参考图切换到左视图，按 F3 键改变视口显示模式。然后创建一个矩形，长度为 168 mm，宽度为 140 mm。使用变换工具调整参考图的位置和大小，效果如图 3-22 所示。

（5）选中矩形，右击将其转换为“可编辑样条线”，打开“2.5D 捕捉开关”，右击矩形，在弹出的快捷菜单中选择“细化”命令，为上下两条“样条线”的中点各添加一个顶点，效果如图 3-23 所示。

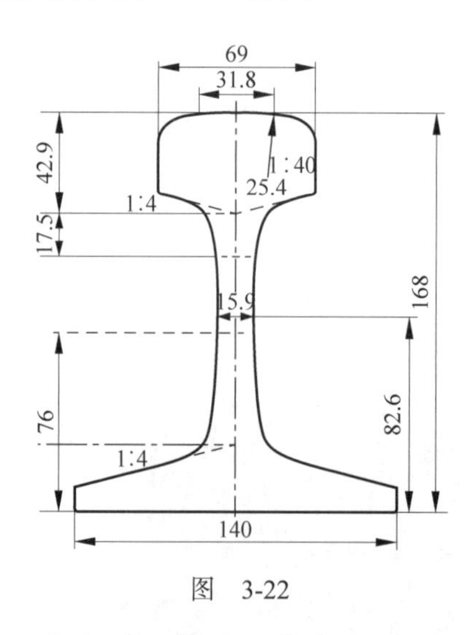

图 3-22

图 3-23

（6）在“修改”命令面板的“选择”卷展栏中单击“线段”层级，选中左边的样条线，删除选中的样条线，效果如图 3-24 所示。

（7）单击“顶点”层级，使用“优化”命令添加顶点并参考底图（即工字钢的截面图）调整顶点位置，效果如图 3-25 所示。

（8）单击“镜像”按钮，以 X 轴为镜像轴镜像复制出一个样条线，效果如图 3-26 所示。

（9）单击“附加”按钮，附加另一个样条线。单击“顶点”层级选择所有顶点并单击“焊接”按钮，焊接断开

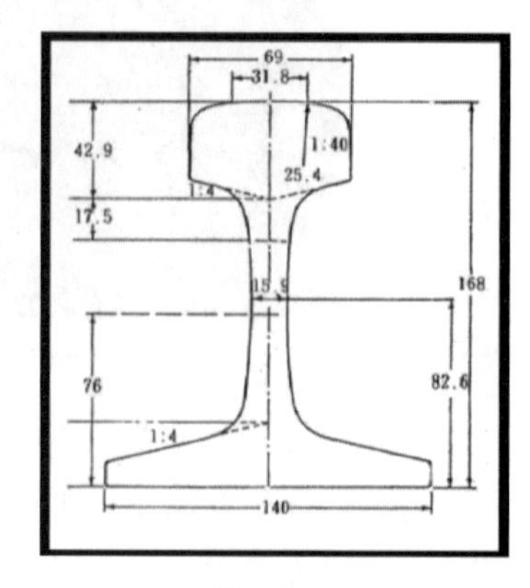

图 3-24

的顶点。钢轨的截面制作完成，效果如图 3-27 所示。

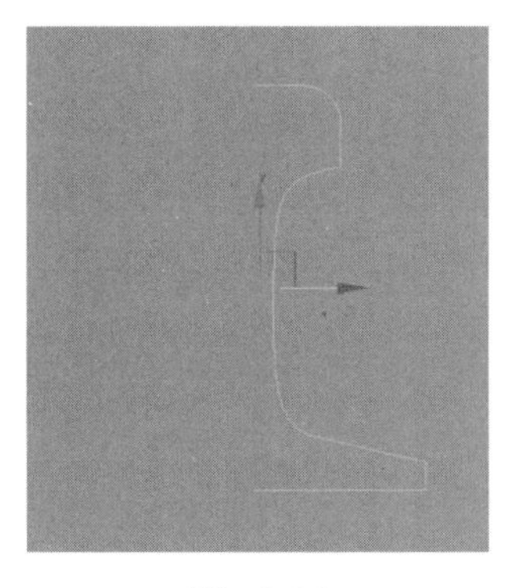

图 3-25

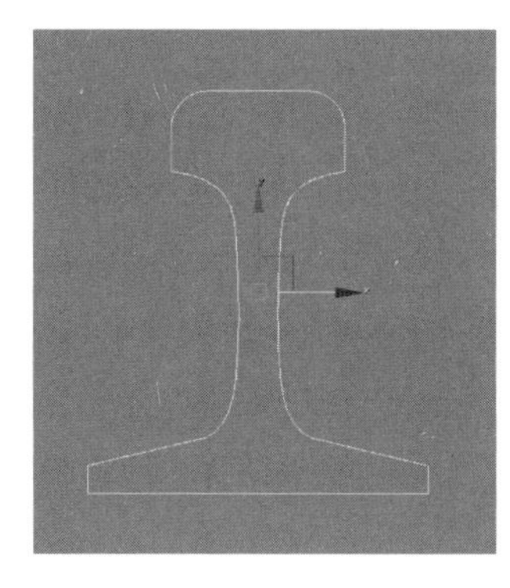

图 3-26

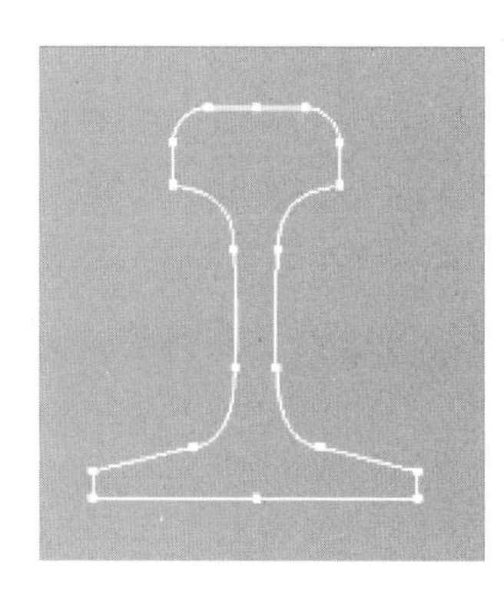

图 3-27

（10）单击“线段”层级选中直线，并为其添加“扫描”修改器，在“截面类型”卷展栏中选中“使用自定义截面”单选按钮，单击“拾取”按钮，拾取“工”字形样条线，效果如图 3-28 所示。

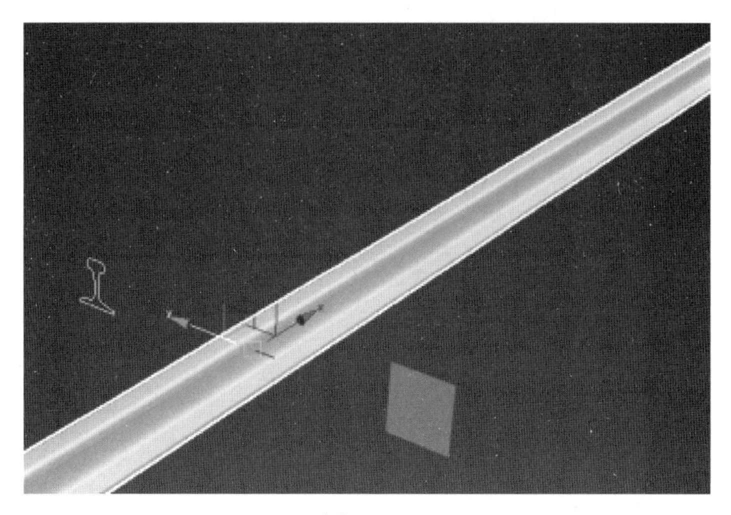

图 3-28

（11）创建一个长度为 2 500 mm、宽度为 220 mm、高度为 160 mm 的长方体作为枕木。复制出一个长方体并修改其长度为 1 435 mm 的，作为轨距的参考，效果如图 3-29 所示。

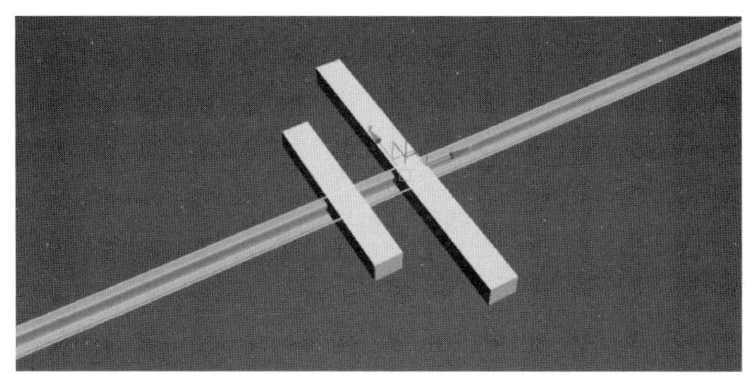

图 3-29

（12）复制出另一个钢轨，并将钢轨移动至相应的位置，效果如图 3-30 所示。

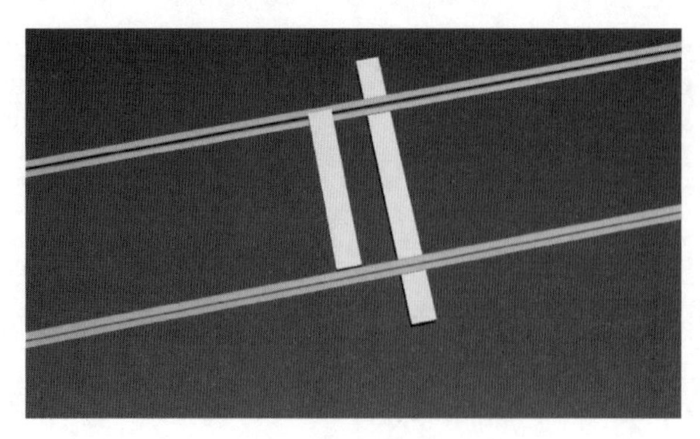

图 3-30

（13）使用“移动复制”命令复制枕木铺满轨道，删除其他不必要的物体。至此，“火车轨道”的模型就制作完成了，效果如图 3-31 所示。

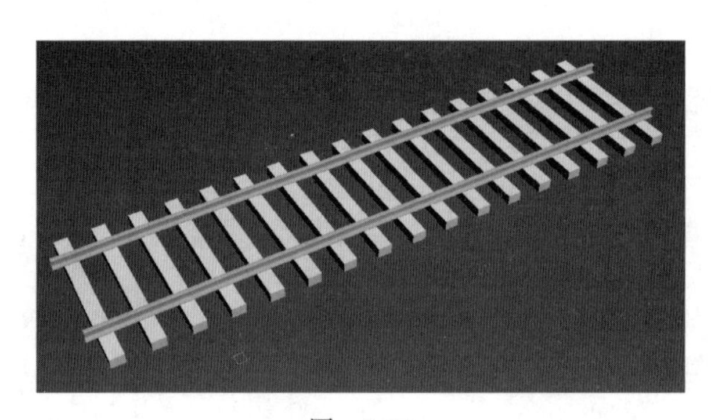

图 3-31

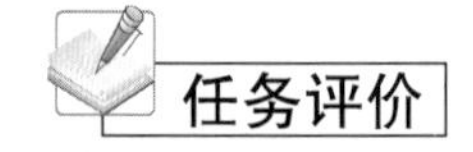

任务评价

任务评价如表 3-2 所示。

表 3-2 “火车轨道”任务评价表

序号	工作步骤	评分项	评分标准	得分		
				自评	互评	师评
1	课前学习评价（30 分）	完成课前任务作答（10 分）	规范性 30% 准确性 70%			
		完成课前任务信息收集（5 分）				
		完成任务背景调研 PPT（5 分）				
		完成线上教学资源的自主学习及课前测试（10 分）				
2	课堂评价与技能评价（40 分）	积极主动，答题清晰（10 分）	表现积极主动、踊跃回答问题，5 分 协助教师维护良好课堂秩序的，5 分			
		熟练掌握课堂所讲知识点内容（10 分）	根据知识点掌握程度酌情扣分，熟练 10 分，一般 8 分，需要协助 6 分			
		熟练操作完成课堂练习（14 分）	根据软件操作熟练程度酌情扣分，熟练 14 分，一般 11 分，需要协助 8 分			
		实现案例模型的创建（6 分）	独立实现案例模型创建，实现三个点满分，少一个点扣 2 分			

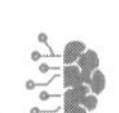

续表

序号	工作步骤	评分项	评分标准	得分		
				自评	互评	师评
3	态度评价（30分）	良好的纪律性（10分）	课堂考勤3分 服从管理4分 敬业认真3分			
		主动探究，能够提出问题和解决问题（10分）	态度积极5分 独立思考3分 乐于创新2分			
		团队协作能力（10分）	参与讨论2分 承担责任2分 乐于分享3分 领导能力3分			
合计				10	20	70

任务3.3 接触网立柱的建模

任务描述

接触网立柱一般作为接触网的基本单元。本项目将制作接触网立柱，要求结构比例正确，面数控制在合理范围。

接触网立柱的建模.mp4

任务提示

思考制作各个组件时分别应使用的修改器。

3.3.1 “车削”修改器

所谓的“车削”实际上就是我们所说的“旋转”。利用一个二维图形，通过某个轴向进行旋转可以产生一个三维几何体，这是一种常用的建模方法，例如，使用这种方法可以制作一个苹果、茶杯等具有轴对称特性的物体。

“车削”修改器要求首先创建一个二维图形，在“修改”面板中添加“车削”修改器，之后设置其参数。

下面介绍“车削”修改器的参数，“车削”修改器可以通过对二维图形的旋转制作出三维物体，例如，平时生活中经常看到的花瓶、酒瓶、杯子等物体。要利用“车削”修改器创建模型，可以事先定义一个二维截面，然后切换到“修改”命令面板，单击修改器列表中的“车削”命令，添加该修改器，最后在“车削”修改器参数面板中调整其参数即可生成模型。

3.3.2 “壳”修改器

“壳”是一种类似“挤出”修改器的修改器，作用是实现面体之间的转换。与“挤出”修改器和“车削”修改器相比，“壳”修改器具有明显的优势。

“壳”修改器是以当前平面为原点，控制挤出的内部和外部量的挤出方式。内部量是向坐标轴负方向挤出，外部量是向坐标轴正方向挤出，因此不会受整体法线的约束，建模的时候选择合适的平面作为起点，使用“壳”修改器可以节省很多不必要的“对齐”命令的使用。

中间一块玻璃、外面扣钢的模型用“壳”修改器可以直接把位置也做好了。

3.3.3 任务实施：接触网立柱建模

本节使用“车削”修改器和“壳”修改器制作“接触网立柱”模型。模型实物照片如图 3-32 所示。本节使用以下数据作为参考：支柱高度为 15 000 mm，宽度为 600 mm，长度为 800 mm。

图 3-32

制作接触网立柱模型的操作步骤如下。

（1）在制作前，先设置单位。依次单击菜单栏上的“自定义”|“单位设置”按钮，弹出“单位设置”对话框，单击“系统单位设置”按钮打开“系统单位设置”对话框，将系统单位比例设置为“毫米”后单击“确定”按钮。在“单位设置”对话框内单击“显示单位比例”选项区域中“公制”单选按钮，在下拉列表框中选择“毫米”，单击“确定”按钮，如图 3-33 所示。

图 3-33

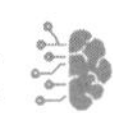

（2）创建一个平面，并为这个平面赋予一个材质。在“漫反射贴图”通道中添加“位图”，指定一张参考图，单击“视口中显示明暗处理材质”按钮，效果如图 3-34 所示。

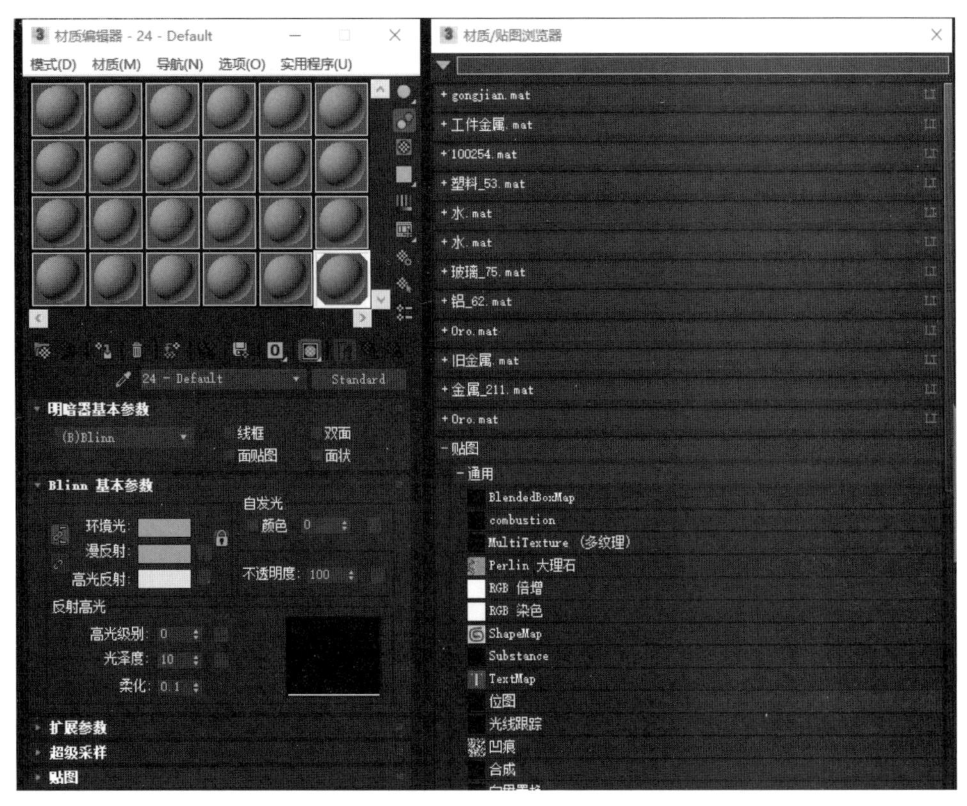

图　3-34

（3）创建一个矩形，长度为 800 mm，宽度为 600 mm。使用变换工具调整参考图的位置和大小，效果如图 3-35 所示。

（4）右击将其转换为“可编辑样条线”，使用“细化”命令添加顶点并调整顶点位置，效果如图 3-36 所示。

（5）为样条线添加“壳”修改器，外部量设置为 15 000 mm，效果如图 3-37 所示。

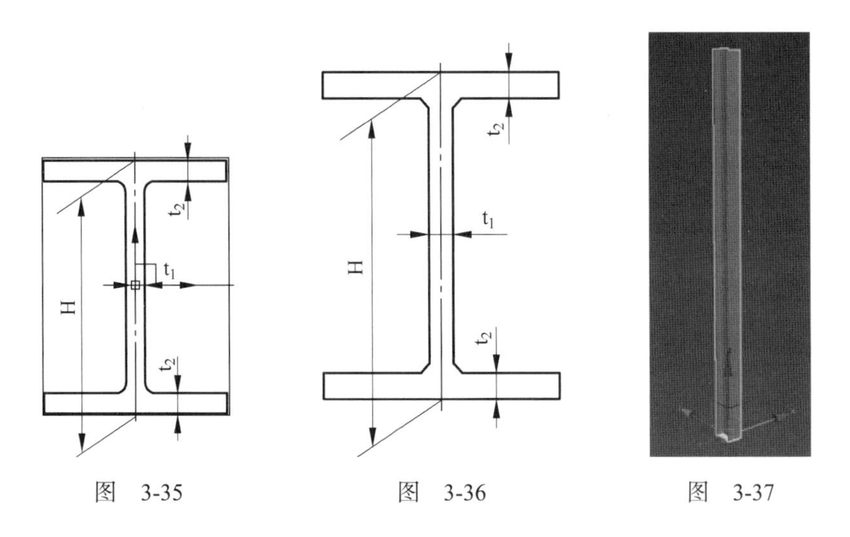

图　3-35　　图　3-36　　图　3-37

（6）创建一条直线，为直线添加“扫描”修改器，在“截面类型”卷展栏中选中“使用内置截面”单选按钮，在“内置截面”区域单击选择角度，在“参数”卷展栏中设置长度为 150 mm、宽度为 150 mm、厚度为 10 mm，并移动到立柱顶点位置，设置效果如图 3-38 所示。

（7）将该物体向左复制一个，并勾选“扫描参数”卷展栏下的“XZ 平面上的镜像”复选框，将复制模型移动到适当位置，效果如图 3-39 所示。

图 3-38

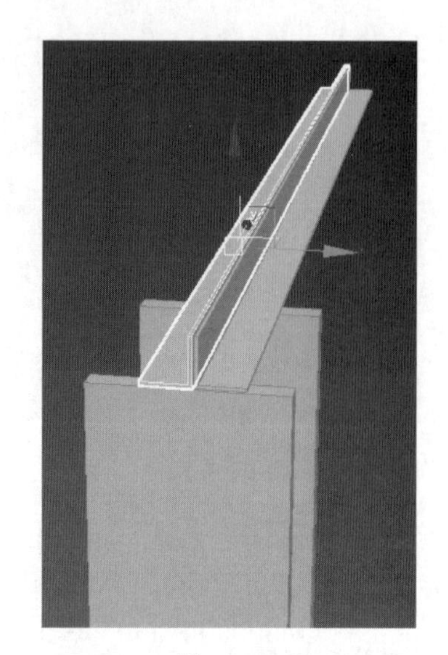

图 3-39

（8）切换到左视图，使用样条线画出绝缘子的截面图形，效果如图 3-40 所示。

（9）为样条线添加“车削”修改器，在“参数”卷展栏中设置“分段”为 24，“方向”为 X 轴，单击“轴”层级，将其向左移动一段距离，效果如图 3-41 所示。

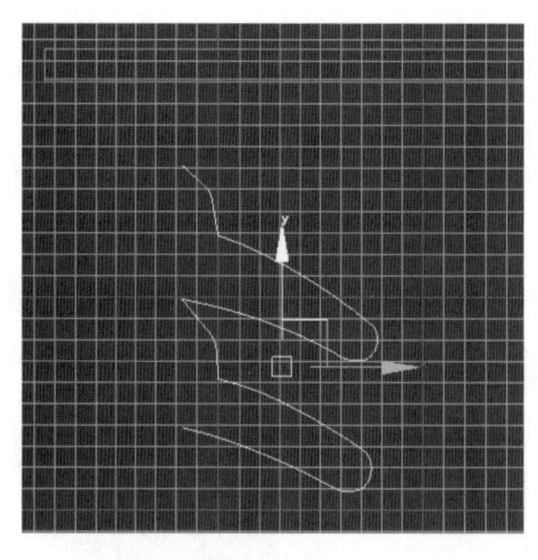

图 3-40

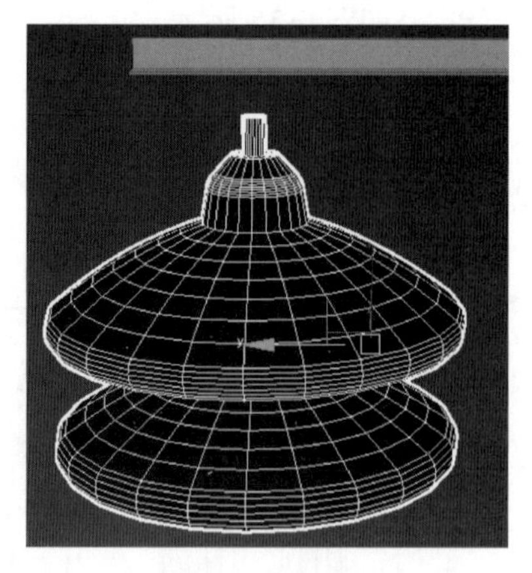

图 3-41

（10）右击模型将其转换为“可编辑多边形”，单击“元素”层级并选择模型，右击选中“反转法线”命令。退出层级，单击“层次”面板，依次单击“仅影响轴”|“居中到对象”按钮，再次单击“仅影响轴”退出。移动绝缘子到顶端位置，并缩小一些，效果如图 3-42 所示。

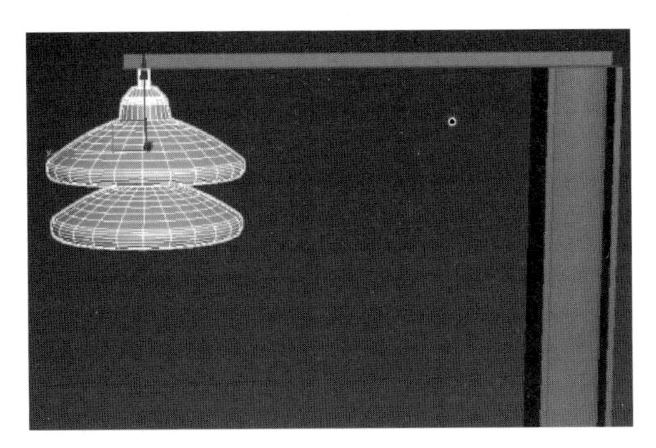

图 3-42

（11）单击“选择并移动”按钮按住 Shift 键向下拖动模型复制一个，在弹出的“克隆选项”对话框中将“副本数”设为 2，单击“确定”按钮，效果如图 3-43 所示。

图 3-43

（12）至此，“接触网立柱”的模型制作就完成了，最终效果如图 3-44 所示。

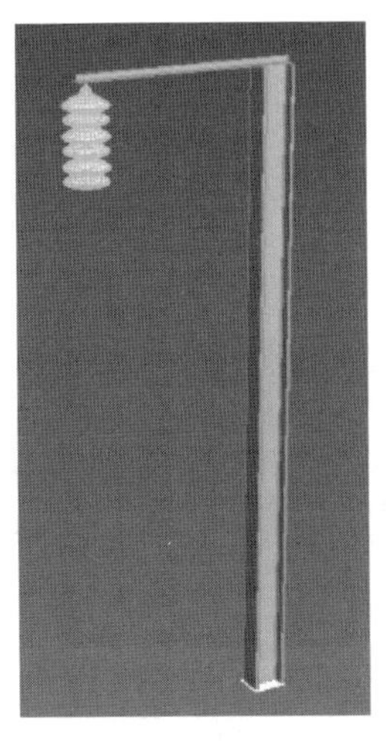

图 3-44

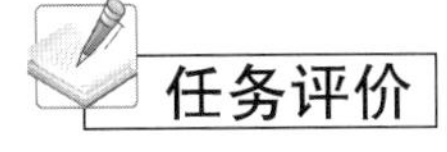

任务评价

任务评价如表 3-3 所示。

表 3-3 "接触网立柱"任务评价表

序号	工作步骤	评分项	评分标准	得分		
				自评	互评	师评
1	课前学习评价（30分）	完成课前任务作答（10分）	规范性 30% 准确性 70%			
		完成课前任务信息收集（5分）				
		完成任务背景调研 PPT（5分）				
		完成线上教学资源的自主学习及课前测试（10分）				
2	课堂评价与技能评价（40分）	积极主动，答题清晰（10分）	表现积极主动、踊跃回答问题，5分 协助教师维护良好课堂秩序的，5分			
		熟练掌握课堂所讲知识点内容（10分）	根据知识点掌握程度酌情扣分，熟练10分，一般8分，需要协助6分			
		熟练操作完成课堂练习（14分）	根据软件操作熟练程度酌情扣分，熟练14分，一般11分，需要协助8分			
		实现案例模型的创建（6分）	独立实现案例模型创建，实现三个点满分，少一个点扣2分			
3	态度评价（30分）	良好的纪律性（10分）	课堂考勤 3分 服从管理 4分 敬业认真 3分			
		主动探究，能够提出问题和解决问题（10分）	态度积极 5分 独立思考 3分 乐于创新 2分			
		团队协作能力（10分）	参与讨论 2分 承担责任 2分 乐于分享 3分 领导能力 3分			
合计				10	20	70

课后作业

火车车轮：根据图 3-45 所示，运用本项目所学知识点，完成"火车车轮"模型的制作。

图 3-45

拓展与提高

当一个图形被附加后，将丢失对其创建参数的所有访问。例如，一旦将某个圆附加到某个正方形后，便无法返回并更改圆的半径参数。

思考与练习

1. 在下列图形工具中，有“扭曲”参数的是（　　）。

A. 矩形　　B. 多边形　　C. 星形　　D. 螺旋线

2. 在圆环的“参数”卷展栏中的“平滑”区域中有4个单选按钮，其中（　　）单选按钮只光滑分段部分。

A. 全部　　B. 侧面　　C. 无　　D. 分段

3. 在下列选项中不能在样条线上添加顶点的命令是（　　）。

A. 插入　　B. 优化　　C. 焊接　　D. 拆分

4. 在“几何体”卷展栏下使用“分离”工具时，共有三种分离方式，下列选项中不属于其中分离方式之一的是（　　）。

A. 代理　　B. 复制　　C. 重定向　　D. 同一图形

复合对象建模

项目引言

3ds Max 的基本内置模型是创建复合物体的基础。创建复合物体就是将多个基本内置模型组合在一起，从而产生出千变万化的复杂模型。“布尔”工具和“放样”工具曾经是 3ds Max 的主要建模工具，虽然现在这两个建模工具已不再是主力工具，但仍然是快速创建一些相对复杂物体的利器。

能力目标

- 了解复合对象的类型。
- 掌握使用布尔建模的方法。
- 掌握使用放样建模的方法。

相关知识与技能

3ds Max 中的复合对象通常指由两个或多个基本对象组合成的单个对象。组合对象的过程中，用户不仅可以反复调节，还可以将其表现为动画方式，使一些高难度的造型和动画制作成为可能。单击“创建”|“几何体”|“复合对象”按钮，即可打开“复合对象”工具面板。

任务 4.1 车窗窗帘与简易置物桌的建模

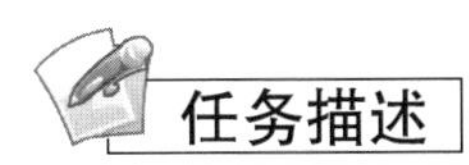

车窗窗帘与简易置物桌是高铁车厢的组成部分。下面将介绍其在 3ds Max 中的制作方法，要求结构比例正确，面数控制在合理范围。

车窗简易桌子的建模 .mp4

任务提示

在制作车窗窗帘与简易置物桌时，不仅要使用本任务所学知识，还要使用前面项目所学的二维图形相关知识。

4.1.1 “放样”命令

“放样”是基于二维图形进行创建模型的利建模技术，创建放样模型的前提是至少需要两个二维曲面，一个是用于定位放样物体深度的放样路径，而另一个则是用来定义放样形状的放样截面。放样路径可以是开口的或者闭口的曲线，但必须是唯一的一条曲线。放样截面，可以是开口的或者闭口的曲线，也可以是一条或者一组各自不相同的曲线。

4.1.2 布尔运算

在 3ds Max 中，“布尔运算”菜单包含了曲面的“并集”工具、“差集”工具和“交集”工具三种运算方式。“并集”工具可以将两个相交的 NURBS 物体变成一个整体，交集部分将被删除；“差集”工具可以让一个曲面将另一个与其相交曲面的相交部分去除；“交集”工具可以使被运算的物体只保留相交部分的曲面。

4.1.3 散布

“散布”是复合对象的一种形式，将所选的源对象散布为阵列或散布到分布对象的表面。由于场景的制作是一个烦琐的过程，因此可能每个场景都具有自身的特点，为此就需要针对不同的场景进行考虑，这样才能够合理地布置场景，3ds Max 提供的这个复合对象形式解决了这类问题。

要创建一个散布符合对象，可以在选择一个源对象后，在“复合对象”面板中单击“散布”按钮，然后单击“拾取分布对象”按钮，并在视图中拾取要散布的对象即可。

4.1.4 任务实施：车窗窗帘与简易置物桌

本节使用“放样”命令和“布尔”运算制作“车窗窗帘与简易置物桌”模型。车窗窗帘与简易置物桌如图 4-1 所示。

图 4-1

具体操作步骤如下。

（1）创建一个长方体作为车窗的一部分，效果如图 4-2 所示。

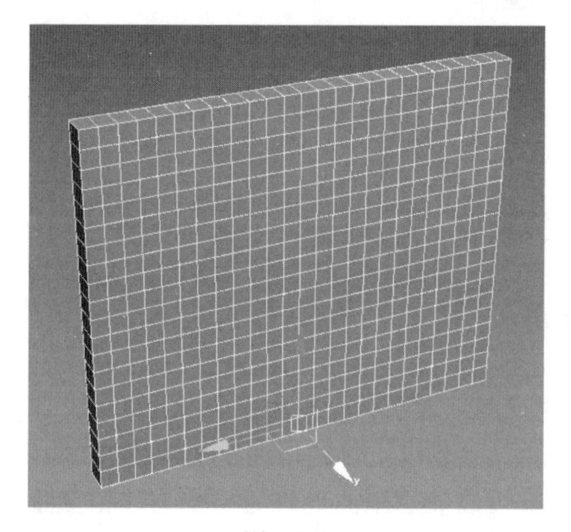

图 4-2

（2）创建一个平面作为地面，效果如图 4-3 所示。

图 4-3

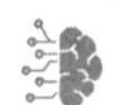

（3）创建一个长方体，长度为 350 mm，宽度为 1 200 mm，高度为 800 mm，效果如图 4-4 所示。

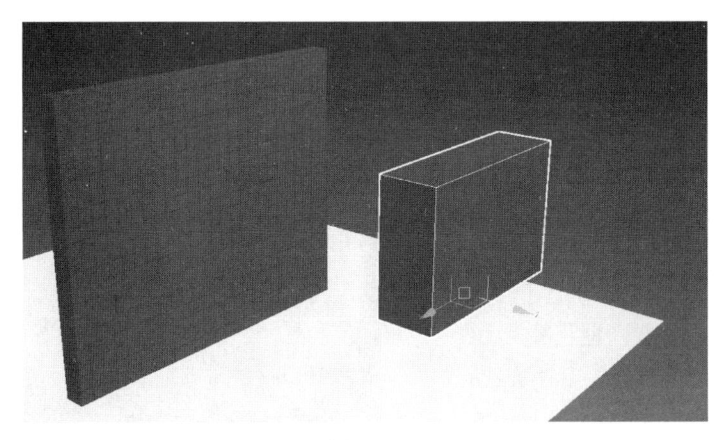

图 4-4

（4）选中“边”，使用“切角”命令，数量为 60，边数为 4，效果如图 4-5 所示。

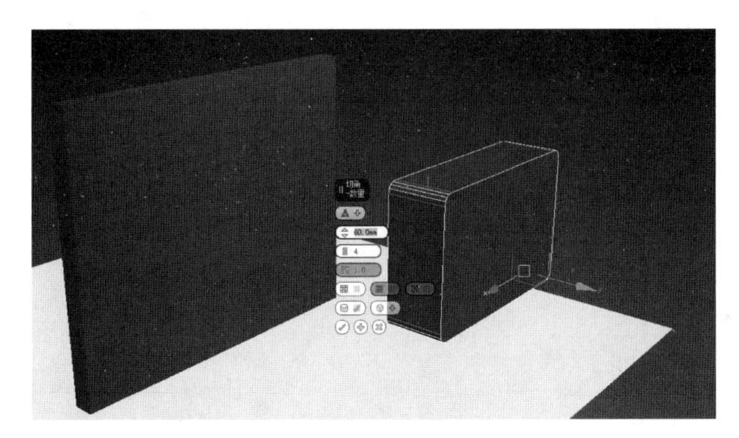

图 4-5

（5）移动模型至墙体，使其完全穿过，效果如图 4-6 所示。

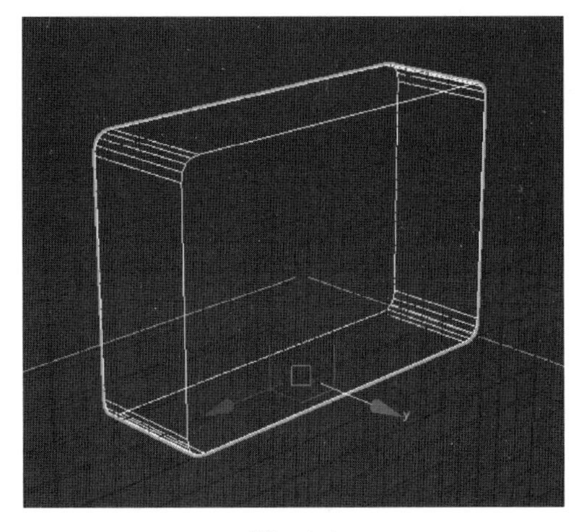

图 4-6

（6）选中墙体，依次单击“创建”|“复合对象”|“布尔”命令，在“运算对象参数”卷展栏中单击“差集”按钮，在“布尔参数”卷展栏中单击“添加运算对象”按钮，拾取长方体，效果如图 4-7 所示。

（7）创建一个矩形，长度为 1 500 mm，宽度为 800 mm。右击矩形，选择“转换为”|“可编辑样条线”命令，右击矩形，选择“细化”命令添加一个顶点，并调整形状，效果如图 4-8 所示。

图 4-7

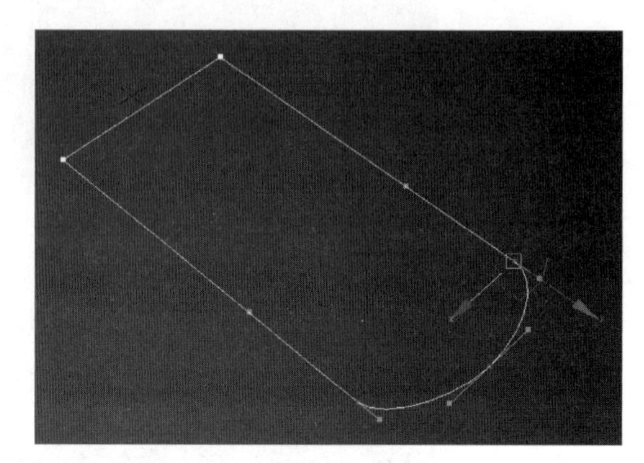

图 4-8

（8）退出层级，为其添加“壳”修改器，在“参数”卷展栏中将“外部量”设置为 30 mm，并向上移动到适当位置，效果如图 4-9 所示。

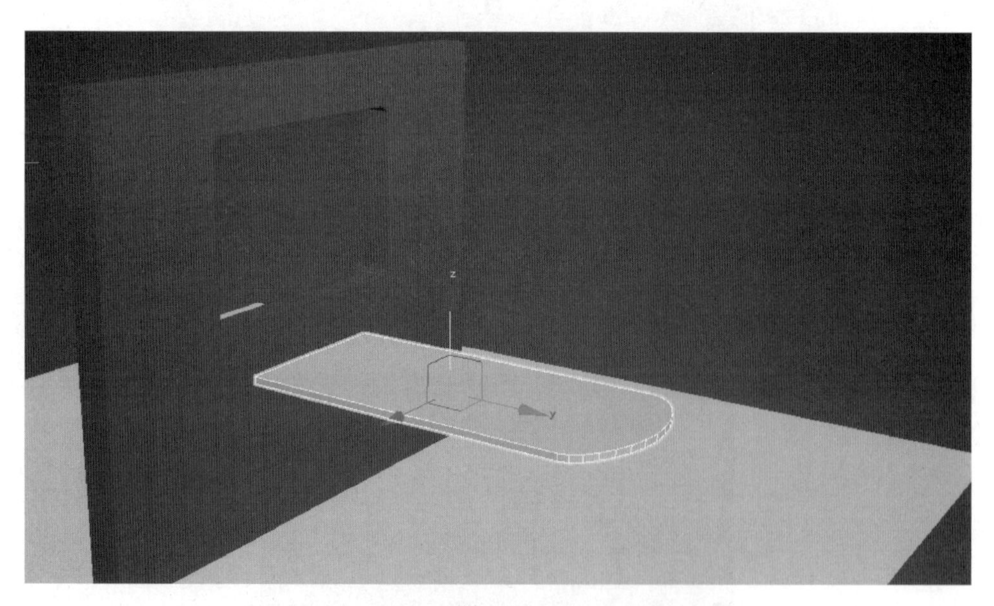

图 4-9

（9）创建一个圆柱体，半径为 35 mm，高度为 10 mm，移动到桌面下方。复制圆柱体，将参数修改为半径 25 mm、高度 700 mm，效果如图 4-10 所示。

（10）切换到“左视图”创建一个矩形，右击矩形，选择“转换为：”|“可编辑多边形”命令，右击矩形选择“圆角”命令圆滑四个点，选择“细化”命令为样条线添加点并调整形状，效果如图 4-11 所示。

图 4-10

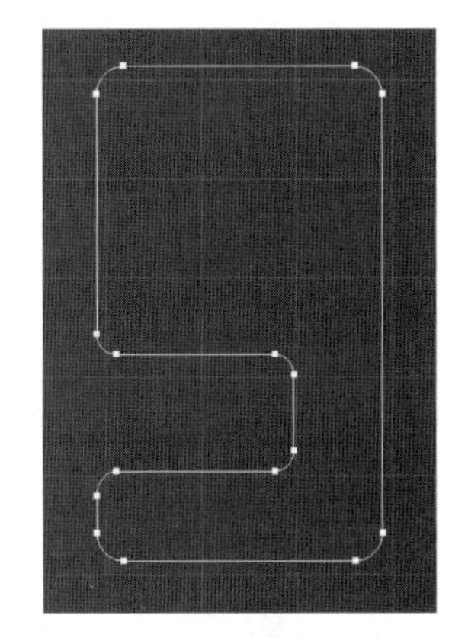

图 4-11

（11）创建“线”并移动到适当位置，依次单击“创建”|“几何体”|“复合对象”|“放样”按钮，“创建方法”卷展栏中单击“获取图形”按钮拾取截面，在“蒙皮参数”卷展栏中将“路径步数”设置为0，效果如图4-12所示。

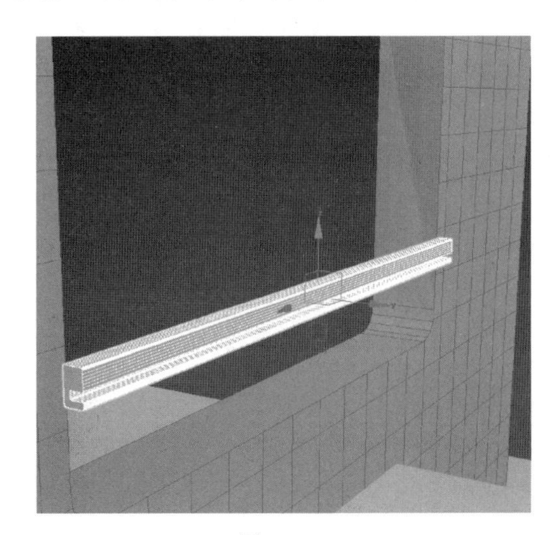

图 4-12

（12）创建一个圆柱体，半径为20 mm，高度为1 200 mm。使用变换工具将其移动到窗户上方，效果如图4-13所示。

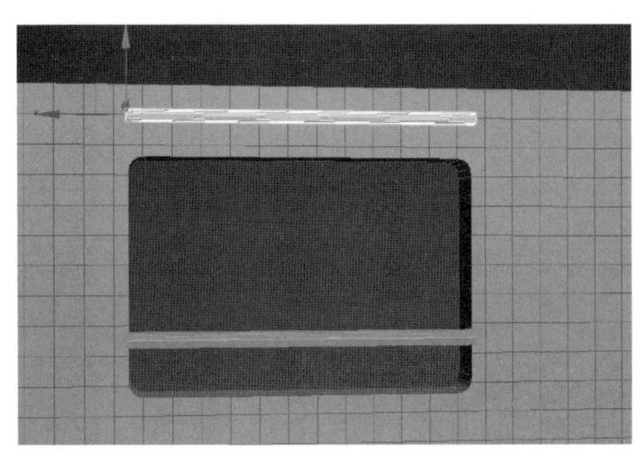

图 4-13

（13）创建一个圆形，半径为 25 mm。再创建一个矩形，长度 30 mm，宽度 50 mm。右击将其转换为“可编辑样条线”。使用“附加”工具附加圆形，并调整顶点位置，效果如图 4-14 所示。

（14）在“选择”卷展栏中单击“样条线”层级，在“几何体”卷展栏中单击“修剪”按钮，修剪样条线，效果如图 4-15 所示。

（15）在“选择”卷展栏中单击顶点层级，在“几何体”卷展栏中单击“焊接”按钮焊接顶点，效果如图 4-16 所示。

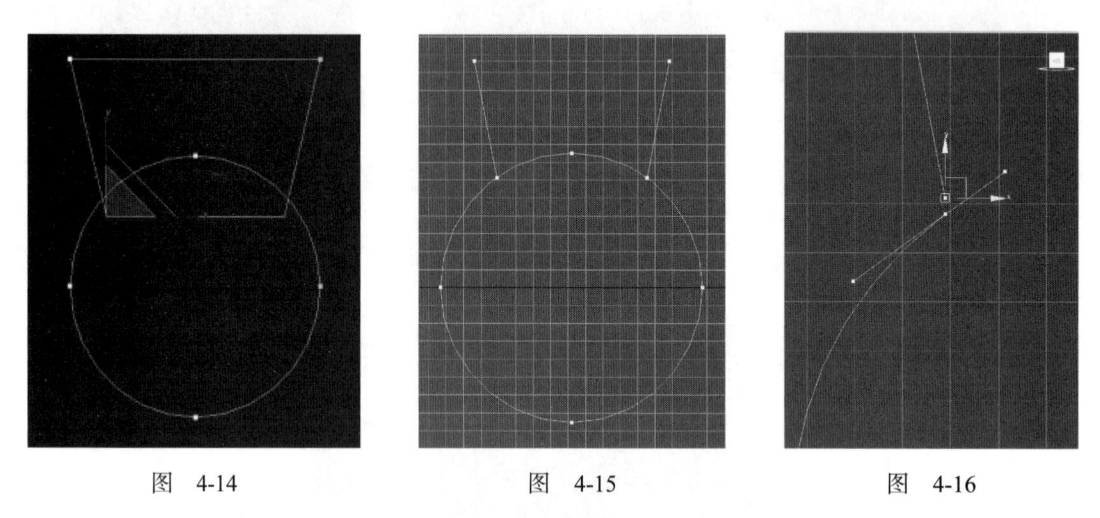

图 4-14　　图 4-15　　图 4-16

（16）为样条线添加“壳”修改器，将“参数”卷展栏中的“外部量”设置为 10 mm，并移动到圆柱体顶端，然后复制一个相同模型移到圆柱体另一端，效果如图 4-17 所示。

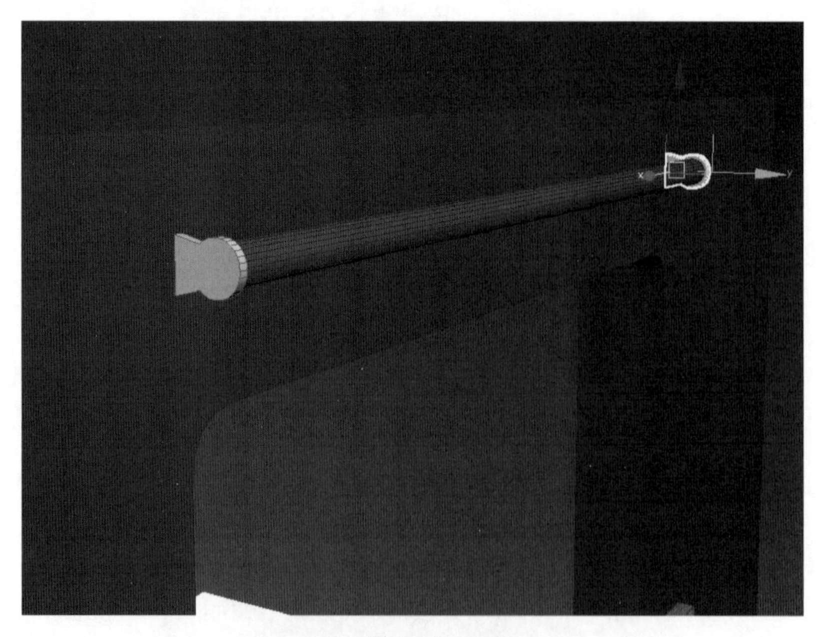

图 4-17

（17）创建一个长方体，设置参数为长度为 5 mm、宽度为 1 200 mm、高度为 720 mm，并移动到适当位置，至此“车窗窗帘与简易置物桌”模型就制作完成了，效果如图 4-18 所示。

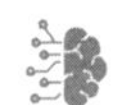

图 4-18

任务评价

任务评价如表 4-1 所示。

表 4-1 “车窗窗帘与简易置物桌”任务评价表

序号	工作步骤	评分项	评分标准	得分		
				自评	互评	师评
1	课前学习评价（30 分）	完成课前任务作答（10 分）	规范性 30% 准确性 70%			
		完成课前任务信息收集（5 分）				
		完成任务背景调研 PPT（5 分）				
		完成线上教学资源的自主学习及课前测试（10 分）				
2	课堂评价与技能评价（40 分）	积极主动，答题清晰（10 分）	表现积极主动、踊跃回答问题，5 分 协助教师维护良好课堂秩序的，5 分			
		熟练掌握课堂所讲知识点内容（10 分）	根据知识点掌握程度酌情扣分，熟练 10 分，一般 8 分，需要协助 6 分			
		熟练操作完成课堂练习（14 分）	根据软件操作熟练程度酌情扣分，熟练 14 分，一般 11 分，需要协助 8 分			
		实现案例模型的创建（6 分）	独立实现案例模型创建，实现三个点满分，少一个点扣 2 分			
3	态度评价（30 分）	良好的纪律性（10 分）	课堂考勤 3 分 服从管理 4 分 敬业认真 3 分			
		主动探究，能够提出问题和解决问题（10 分）	态度积极 5 分 独立思考 3 分 乐于创新 2 分			
		团队协作能力（10 分）	参与讨论 2 分 承担责任 2 分 乐于分享 3 分 领导能力 3 分			
合计				10	20	70

任务 4.2 螺丝钉的建模

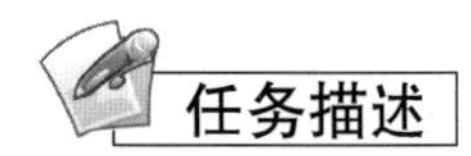

螺丝钉的种类有很多，按功能分可分为自攻螺钉、紧定螺钉、组合螺钉等；按头型分可分为平头螺钉、沉头螺钉、大扁头螺钉、六角头螺钉、圆头螺钉、圆柱头螺钉等；按槽形分又有十字槽、一字槽、梅花槽、内六角槽等。本任务制作六角头螺钉，要求结构比例正确，面数控制在合理范围。

螺丝钉的建模.mp4

建模方法有很多种，在这里要灵活运用。

4.2.1 连接

使用“连接”复合对象，可通过对象表面的洞连接两个或多个对象。要执行此操作，需要模型有多个洞，并确定洞的位置，使洞与洞相对，然后应用“连接”命令。

4.2.2 图形合并

使用“图形合并”是将二维图形和三维对象进行运算。该命令经常用来做复杂的图形或文字模型，该命令使用时要求二维的图形一定是封闭的，同时要正投影到三维对象上。

4.2.3 编辑网格修改器

“编辑网格”修改器与“可编辑网格”对象提供了操作控制三角面组成的网络对象的方法，包括顶点、边、面、多边形和元素。

在“可编辑网格”对象上主要对顶点、边和面进行操纵，其特点如下。

（1）大部分功能命令都和“可编辑多边形”一样，操纵方法也类似。

（2）在活动视口中右击就可以退出大多数“可编辑网格”命令模式。

（3）“可编辑网格”对象使用三角面多边形，称为 Trimesh。

（4）“可编辑网格”适用于创建简单、少边的对象或用于 Mesh Smooth 和 HSDS 建模的控制网格。

（5）“可编辑网格”应用内存很少，是使用多边形对象进行建模的首选方法。

4.2.4 任务实施：螺丝钉的建模

本节制作“螺丝钉”模型，模型实物照片如图 4-19 所示，具体操作步骤如下。

图 4-19

（1）创建一个圆柱体，设置“半径”为 50 mm、“高度”为 30 mm、“端面分段”为 2，效果如图 4-20 所示。

（2）创建一个管状体，设置“半径 1”为 80 mm、“半径 2”为 50.2 mm、“高度”为 50 mm、“边数”修改为 6，并向下移动一定距离，效果如图 4-21 所示。

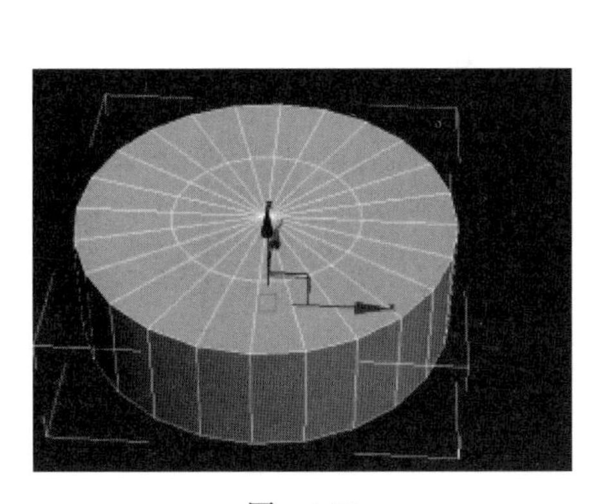

图 4-20

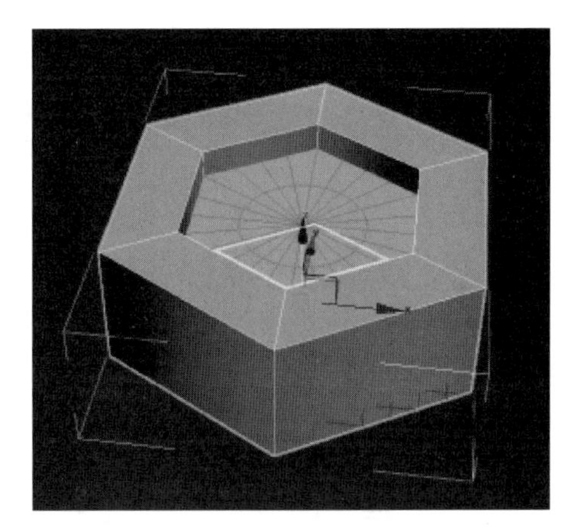

图 4-21

（3）选中圆柱体，依次单击“创建”|“几何体”|“复合对象”|“布尔”按钮，在“运算对象参数”卷展栏中单击“差集”按钮。单击“添加运算对象”按钮拾取管状体，效果如图 4-22 所示。

（4）创建一个球体，修改“半径”为 70 mm、“分段”为 64，效果如图 4-23 所示。

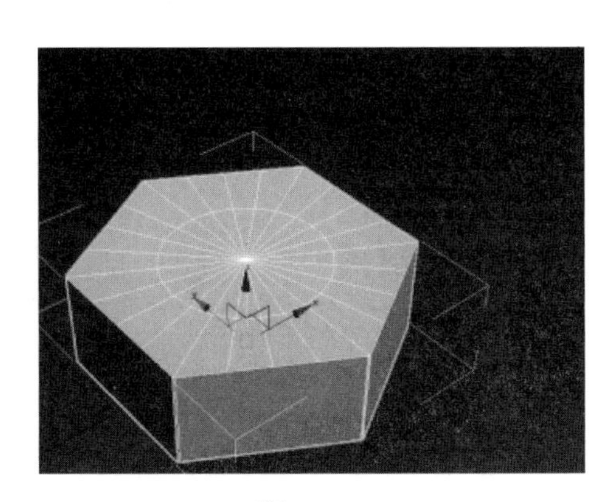

图 4-22

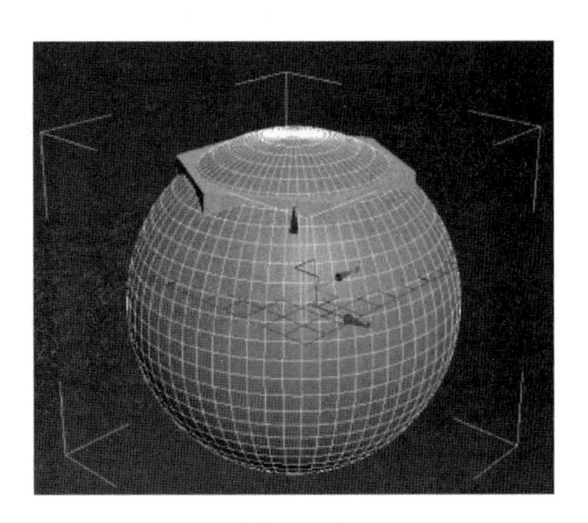

图 4-23

（5）添加“编辑网格”修改器，单击“多边形”层级，选择一部分多边形，按 Delete 键删除，效果如图 4-24 所示。

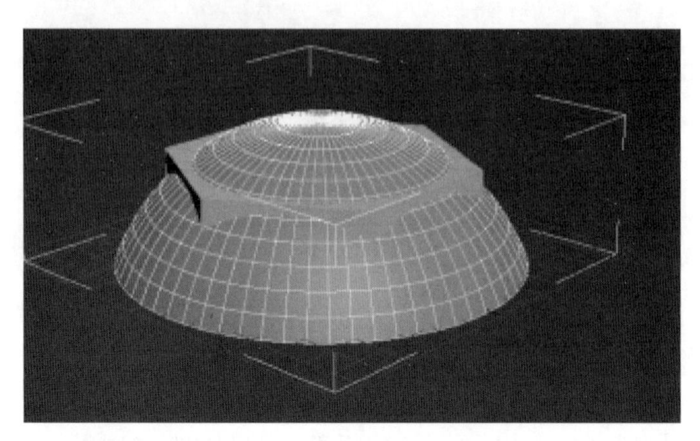

图 4-24

（6）退出层级，添加“壳”修改器，设置“外部量”为 50 mm，效果如图 4-25 所示。

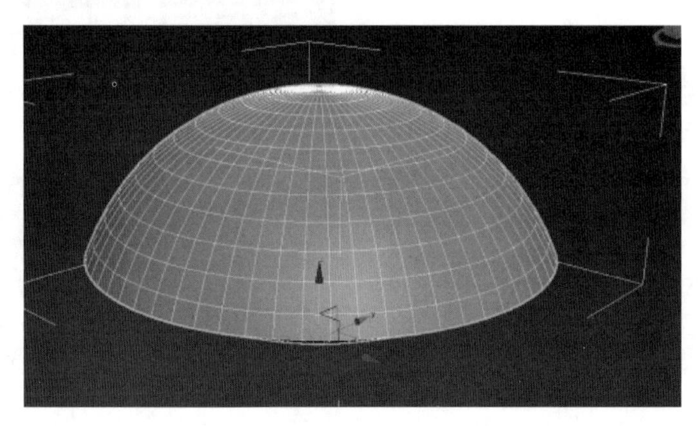

图 4-25

（7）选中圆柱体，在“运算对象参数”卷展栏中单击“差集”按钮。单击“添加运算对象”按钮拾取半球，效果如图 4-26 所示。

（8）单击“创建”|“样条线”|“图形”|“文本”按钮创建一个文本，在“文本”输入窗口输入“A4-70”字样。字体为“黑体”，插值步数“0”，效果如图 4-27 所示。

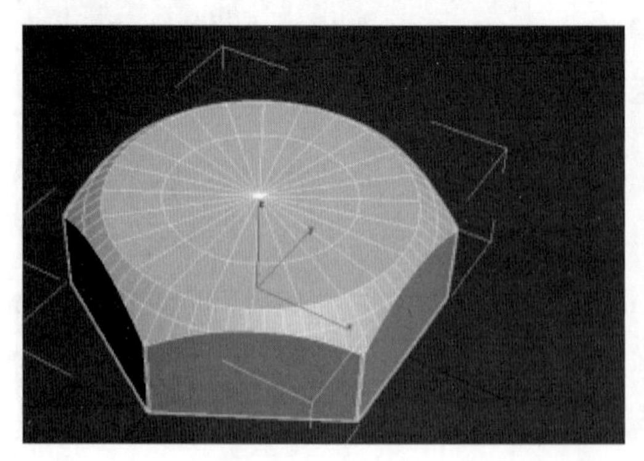

图 4-26

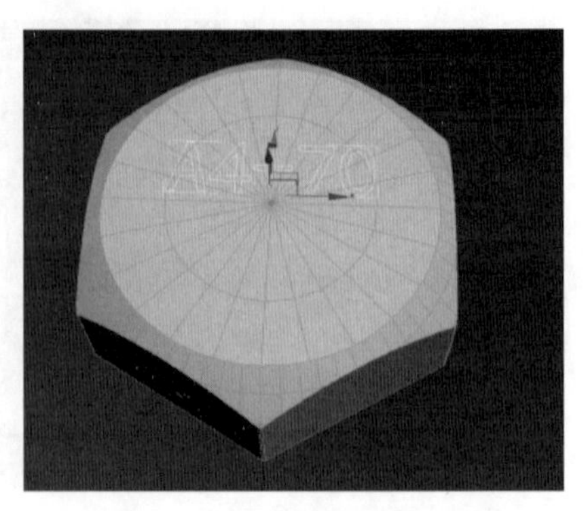

图 4-27

（9）选择螺帽，依次单击“创建”|“几何体”|“复合对象”|“图形合并”按钮，拾取“文本”图形，效果如图 4-28 所示。

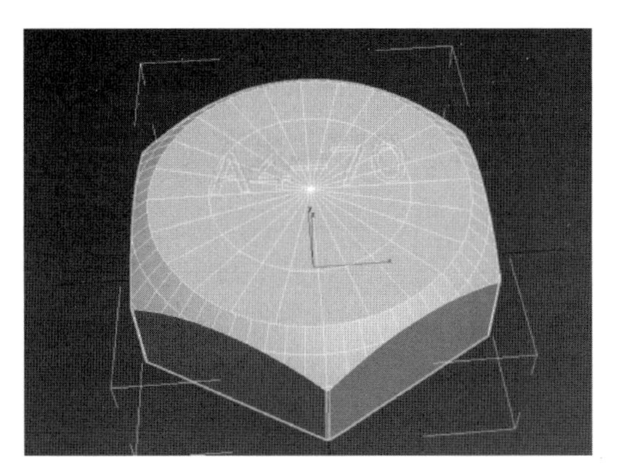

图 4-28

（10）添加“编辑网格”修改器，单击“多边形”层级，单击“编辑几何体”卷展栏下“挤出”按钮，在右侧输入框输入数值 1，按 Enter 键，效果如图 4-29 所示。

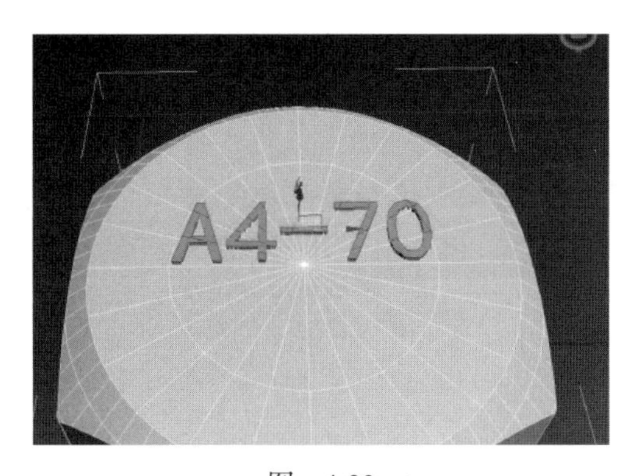

图 4-29

（11）退出层级，使用旋转工具沿 Y 轴旋转 180° 。选择多边形，在“挤出”输入框中输入数值 130 mm，退出层级。至此，螺丝钉的建模就完成了，效果如图 4-30 所示。

图 4-30

任务评价

任务评价如表 4-2 所示。

表 4-2 “螺丝钉的建模”任务评价表

序号	工作步骤	评分项	评分标准	得分		
				自评	互评	师评
1	课前学习评价（30 分）	完成课前任务作答（10 分）	规范性 30% 准确性 70%			
		完成课前任务信息收集（5 分）				
		完成任务背景调研 PPT（5 分）				
		完成线上教学资源的自主学习及课前测试（10 分）				
2	课堂评价与技能评价（40 分）	积极主动，答题清晰（10 分）	表现积极主动、踊跃回答问题，5 分 协助教师维护良好课堂秩序的，5 分			
		熟练掌握课堂所讲知识点内容（10 分）	根据知识点掌握程度酌情扣分，熟练 10 分，一般 8 分，需要协助 6 分			
		熟练操作完成课堂练习（14 分）	根据软件操作熟练程度酌情扣分，熟练 14 分，一般 11 分，需要协助 8 分			
		实现案例模型的创建（6 分）	独立实现案例模型创建，实现三个点满分，少一个点扣 2 分			
3	态度评价（30 分）	良好的纪律性（10 分）	课堂考勤 3 分 服从管理 4 分 敬业认真 3 分			
		主动探究，能够提出问题和解决问题（10 分）	态度积极 5 分 独立思考 3 分 乐于创新 2 分			
		团队协作能力（10 分）	参与讨论 2 分 承担责任 2 分 乐于分享 3 分 领导能力 3 分			
合计				10	20	70

课后作业

穿过草地的铁轨：根据图 4-31 所示，运用本项目所学知识点，完成“穿过草地的铁轨”模型的制作。

图 4-31

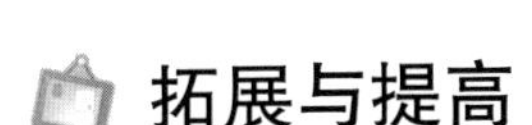

拓展与提高

在“放样”参数中，选中“路径步数”单选按钮后，会弹出一个警告消息框，告知该操作可能会重新定位图形。并且，在“路径”参数的后面会显示出曲线路径的顶点数，每调整一次“路径”参数，将自动切换到路径的一个顶点。

思考与练习

1. ________对象可以合并两个或多个对象，方法是插补第一个对象的顶点，使其与另外一个对象的顶点位置相符。

2. ________是一种传统的三维建模方法，它可以使一个二维图形沿某条路径扫描，进而形成复杂的三维对象。

3. 使用________可以改变截面的 X 和 Y 方向的比例，从而改变模型的结构。

4. ________是复合对象的一种形式，将所选的源对象散布为阵列或散布到分布对象的表面。

5. 当启用 ProCutter 工具后，即可打开其参数设置面板，单击________按钮时，在视图中拾取的物体，将被作为一个切割器来使用，可以用来细分被切割对象。

多边形建模

项目引言

Polygon 建模，翻译成中文是多边形建模，是三维软件两大流行建模方法之一（另一个是曲面建模），用这种方法创建的物体表面由直线组成。在建筑方面用得多，如室内设计、环境艺术设计等。Polygon 建模是一种常见的建模方式，首先使一个对象转化为可编辑的多边形对象，然后通过对该多边形对象的各种子对象进行编辑和修改来实现建模。

能力目标

- 熟悉“修改”命令面板。
- 掌握二维图形生成三维模型的修改器命令。
- 掌握三维模型常用的修改器命令。

相关知识与技能

可编辑多边形是一种可变形对象，它是一个多边形网格，其功能强大，使用率也非常高，可以避免看不到边缘的问题。例如，对可编辑多边形进行切割和切片操作，程序并不会沿着任何看不见的边缘插入额外的顶点。NURBS、曲线、可编辑网格、样条线、各种基本体均可转换为可编辑多边形。

任务 5.1 高铁车身的建模

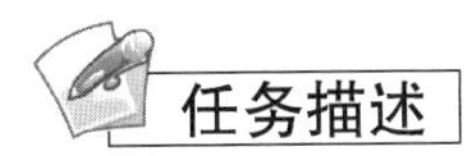

任务描述

高铁车身的建模 .mp4

我国高铁站台的长度一般为 450 m，出于安全等因素考虑，常见的动车一般是 8 节或 16 节车厢。8 节短编组列车总长约 200 m，16 节长编组列车总长约 400 m。本任务制作其中一节车厢，要求结构比例正确，面数控制在合理范围。

任务提示

高铁车身属于比较大的模型，在建模的时候会把握不住形体比例，经常会创建一个尺寸与实物相似的立方体作为建模过程中的参考。

5.1.1 “可编辑多边形”修改器

1. 转换多边形

在进行多边形建模前可以将三维对象转换为可编辑多边形，操作方法同可编辑样条线类似，通常采用使用右键快捷菜单的方法：选中对象并右击，在弹出的快捷菜单中选择“转换为”|“转换为可编辑多边形”命令。使用右键快捷菜单将对象转化为多边形时，对象中原始创建参数可能会被清除掉。

2.“选择”卷展栏

选择“可编辑多边形”命令，进入“可编辑多边形”后，可以看到“选择”卷展栏，“选择”卷展栏中提供了各种选择集的按钮，同时也提供了便于操作选择集的各个选项。

1）按顶点

勾选该复选框后，只有通过选择模型上的顶点才能选择边、面、边界、元素等相应对象。单击顶点时，对应层级将选中该顶点周边的有边、面、边界、元素对象。

2）忽略背面

未勾选该复选框的情况下，当选择对象时，模型背部的对象也会被选中。勾选该复选框后，将只影响朝向用户的子对象。

3）按角度

只有在将当前选择集为“多边形”时，该复选框才可用。勾选该复选框并选择某个多边形时，可以根据复选框后侧的角度设置来选择邻近的多边形。

4）收缩与扩大

在选择一组次对象后，单击“收缩”按钮可以取消已选择的最外部的次对象以减小次对象选择区域。单击“扩大”按钮可以扩大选择范围。

5）环形

选择该对象后，单击该按钮可以将所有与当前选择边平行的边选中。

6）循环

单击该按钮可以在与选中的边相对齐的同时，尽可能大地扩展选择。

在“环形”和“循环”按钮的右侧都有微调钮，选择一个边后，按住 Ctrl 键不放，单击向上或者向下的微调钮，可以逐渐增加“环形”选择或“循环”选择。

5.1.2 层级

多边形对象各种选择集的卷展栏主要包括“编辑顶点”和“编辑几何体”卷展栏,“编辑顶点”主要提供了编辑顶点的命令。在不同的选择集下，它表现为不同的卷展栏。

1. 编辑顶点

将当前选择集定义为“顶点”，下面将对“编辑顶点”卷展栏进行详细介绍。

1）移除

选中顶点后，单击“移除”按钮可以删除顶点，然后对网格使用重复三角算法，使表面保持完整。如果使用 Delete 键，那么相邻那些顶点的多边形也会被删除，这样会在网格中创建一个洞。

2）断开

单击“断开”按钮后，会在选择点的位置创建更多的顶点，选择点周围的表面不再共享同一个顶点，每个多边形表面在此位置会拥有独立的顶点。

3）挤出

单击“挤出”按钮，在模型上选择一个或框选多个顶点，然后上下拖动鼠标可以调整挤出顶点的高度，左右拖动可以改变挤出基面的宽度。也可以单击右侧的“设置”按钮，在弹出的对话框中设置挤出参数。

4）切角

单击“切角”按钮，然后在活动对象中拖动顶点，会对顶点产生切角效果。单击右侧的“设置”按钮，在弹出的对话框中可以设置“顶点切角量”的大小。

5）焊接和目标焊接

这两个工具都可以将顶点焊接到一起，形成一个顶点。使用“焊接”工具可以在“焊接顶点”对话框中设置被焊接顶点的距离范围。而使用“目标焊接”则是将一个顶点和目标顶点进行焊接。

6）连接

该工具可以在选中的顶点对之间创建新的边。

7）移除孤立顶点

单击该按钮后，将删除所有孤立的顶点，不管是否选中该顶点。

8）移除未使用的贴图顶点

没用的贴图顶点可以显示在“UVW 贴图”修改器中，但不能用于贴图，单击此按钮可以将这些贴图顶点删除。

9）权重

设置选定顶点的权重，供 NURMS 细分选项和“网格平滑”修改器使用。增加顶点权重，效果是将平滑的结果向顶点拉。

2. 编辑边

多边形对象的边是指在两顶点之间起连接作用的线段，将当前选择集定义为“边”，接下来将介绍“编辑边”卷展栏。与“编辑顶点”卷展栏相比，选项有一些变化。

1）插入顶点

该工具可以在模型的边线上单击以添加顶点。

2）分割

该工具可以沿选定的边分割多边形对象。如果选择的是单个边，则不会产生任何作用，必须选择两条或两条以上的边才可以。

3）桥

使用该工具可以连接边界的边，单击右侧的“设置”按钮，在弹出的对话框中可以选择连接的方式，以及连接之后多边形上的分段和平滑度等。

4）利用所选内容创建图形

该工具可以通过选中的边创建样条线。执行该操作后，会打开一个“创建图形”对话框。在该对话框中可以为创建的图形命名，也可以选择图形的类型——平滑和线性两种形式。

5）折缝

指定选定的一条边或多条边的折缝范围创建图形。由 Open Subdiv、Crease Set 修改器、NURMS 细分选项与网格平滑修改器使用。在最低设置时边相对平滑。在更高设置时折缝明显易见。如果设置为最高值 6，则很难对边执行折缝操作。

3. 编辑边界

“边界”选择集是多边形对象上网格的线性部分，通常由多边形表面上的轮廓边依次连接而成。边界是多边形对象特有的次对象属性，通过编辑边界可以大大提高建模的效率，在“编辑边界”卷展栏中提供针对边界编辑的各种选项。

“封口”是编辑边界特有的工具，当在视图中选择一个边界后，单击“封口”按钮即可将该边界转换为几何表面。

4. 多边形和元素编辑

“多边形”选择集是通过曲面连接的三条或多条边的封闭序列。多边形提供了可渲染的可编辑多边形对象曲面。“元素”与“多边形”的区别在于“元素”是多边形对象上所有的连续多边形面的集合，它可以对多边形面进行“拉伸”和“倒角”等编辑操作，是多边形建模中最重要也是功能最强大的部分。

“多边形”选择集与“顶点”“边”和“边界”选择集一样，都有卷展栏。

1）倒角

可以直接在视图中执行手动“倒角”操作，单击“倒角”按钮，然后垂直拖出任何多边形，以便将其挤出，松开鼠标，再垂直移动鼠标以便设置挤出轮廓。或单击该按钮右侧的按钮，打开“倒角”对话框，也可对其进行设置。

2）轮廓

该工具用于增加或减小每组连续的选定多边形的外边。单击“轮廓”右侧的按钮，即可打开“轮廓设置”对话框，通过调整该数值可以设置轮廓的大小。

3）插入

“插入”是对选择的多边形进行倒角的另一种方式。与“倒角”功能不同的是，“插入”生成的多边形面相对于原多边形而言没有高度上的变化，新的多边形面只是相对原多边形面往同一平面上收缩。在其“插入多边形”对话框中可以选择插入的类型和插入量。

4）翻转

单击“翻转”按钮，可以将选择的多边形面的法线翻转。

5）从边旋转

该工具会使选中的多边形面围绕一条边进行旋转并生成新的多边形面。具体操作方法：在模型上选择一个或者一组多边形面，单击“从边旋转”按钮后，回到视图，在任意一条边上拖动鼠标，即意使面围绕该边进行旋转。

另外在其“从边旋转”对话框中还可以设置旋转模型的分段等。

6）沿样条线挤出

“沿样条线挤出”工具可以使选中的多边形面沿样条线的走向进行挤出。在其“沿样条线挤出”对话框中可以设置挤出面的“分段”及“扭曲”等参数。

5.1.3 任务实施：高铁车身的建模

本节制作“高铁车身”模型。实物照片如图 5-1 所示。具体操作步骤如下。

图 5-1

（1）创建一个平面，打开材质编辑器，为其指定一个材质。单击“漫反射”右边的按钮，在“贴图”卷展栏下选择“位图”，然后找到参考图。复制平面，旋转 90° 并移动到适当位置。选择两个平面，右击在弹出的快捷菜单中选择“对象属性”命令，弹出“对象属性”对话框，取消勾选“以灰色显示冻结对象”复选框，单击“确定”按钮。右击在弹出的快捷菜单中选择“冻结当前选择”命令。此时这两个平面不能被选择，这样可以避免因为操作失误而移动了参考图的位置，效果如图 5-2 所示。

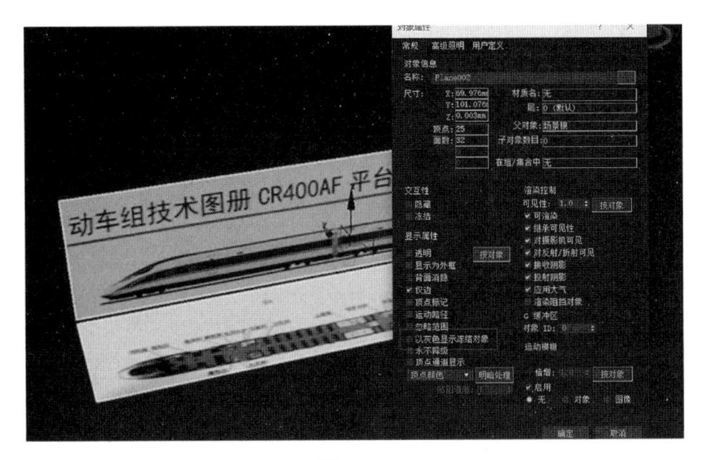

图 5-2

（2）创建一个长方体，长度为 3 500 mm、宽度为 25 460 mm、高度为 3 770 mm、长度分段 2，效果如图 5-3 所示。

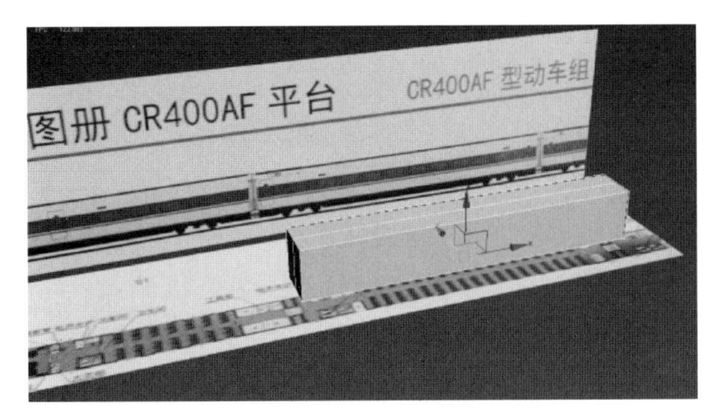

图 5-3

（3）添加“编辑多边形”修改器，选中边，单击“设置”按钮，切角数量为 825 mm，“切角分段”为 6，效果如图 5-4 所示。

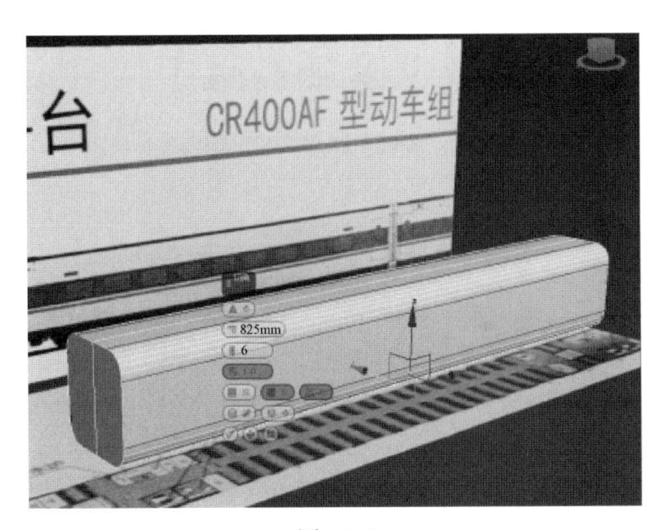

图 5-4

（4）切换到前视图，按 F3 键取消线框模式，按 Alt+X 组合键，透明化选择的模型。单击选中边，单击“连接”按钮，根据需要添加边，并调整边的位置，效果如图 5-5 所示。

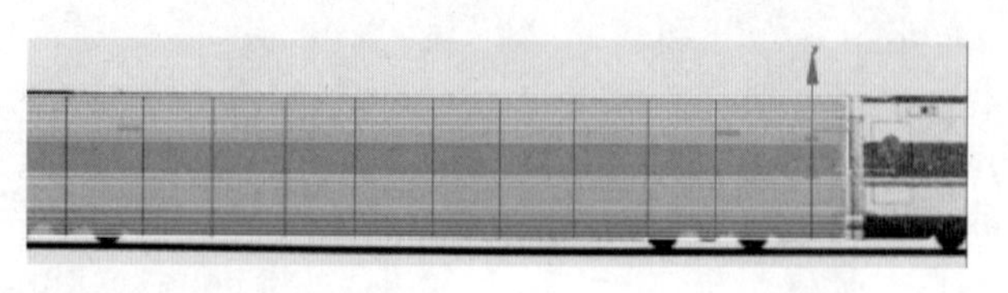

图 5-5

（5）参考窗户创建一个矩形，右击将其转换为“可编辑样条线”，单击“圆角”按钮圆滑顶点，“插值”卷展栏下“步数”设置为 3，效果如图 5-6 所示。

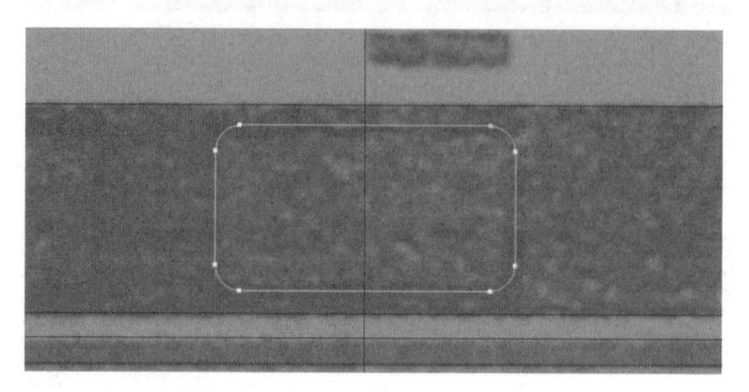

图 5-6

（6）单击“样条线”层级，单击“选择并移动”按钮按住 Shift 键拖动复制样条线，数量与窗户相同，效果如图 5-7 所示。

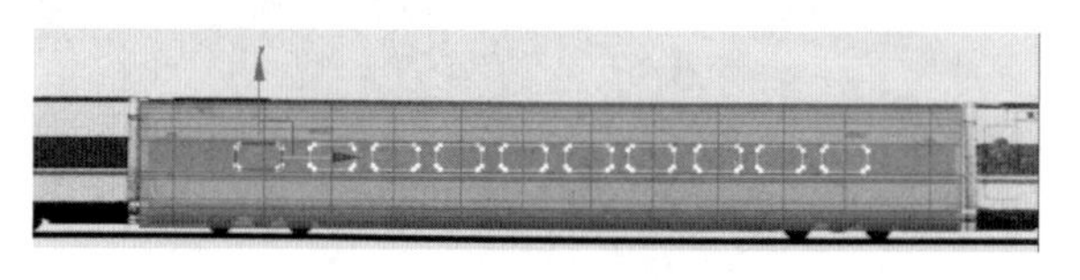

图 5-7

（7）单击“创建”|“图形”面板，取消勾选“开始新图形”复选框，选中矩形，在视口“车门”的位置处创建两个矩形，右击将其转换为“可编辑样条线”。单击“几何体”卷展栏下的“圆角”按钮，圆滑顶点，效果如图 5-8 所示。

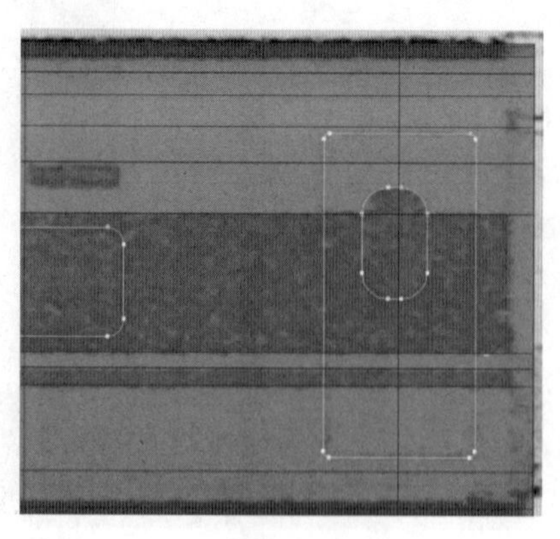

图 5-8

（8）单击“样条线”层级，选择车门处的样条线，复制一个到另一个车门处，效果如图 5-9 所示。

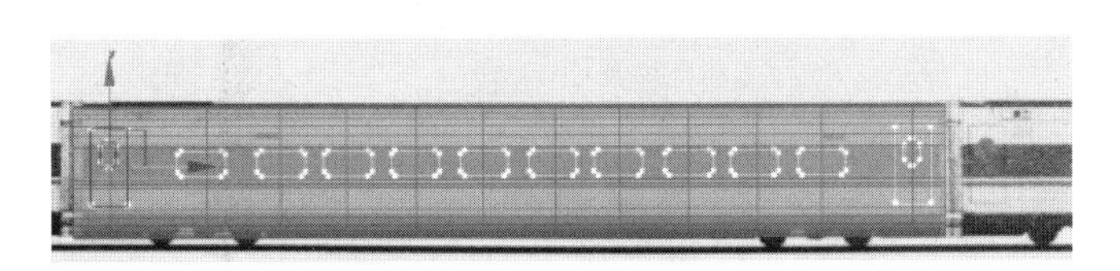

图 5-9

（9）移动样条线到适当位置，效果如图 5-10 所示。

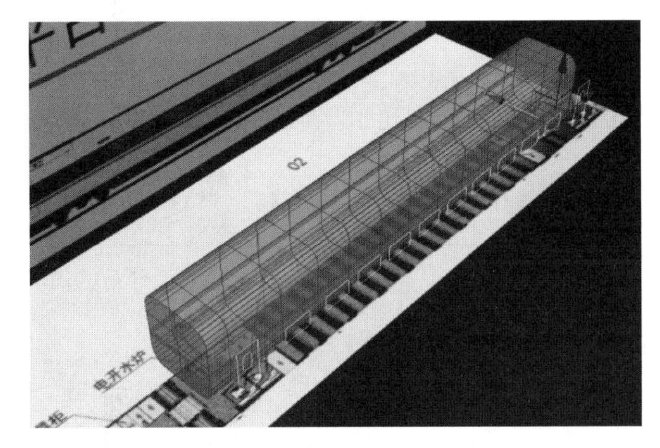

图 5-10

（10）单击“创建”|“几何体”|“复合对象”|“图形合并”按钮，拾取图形，效果如图 5-11 所示。

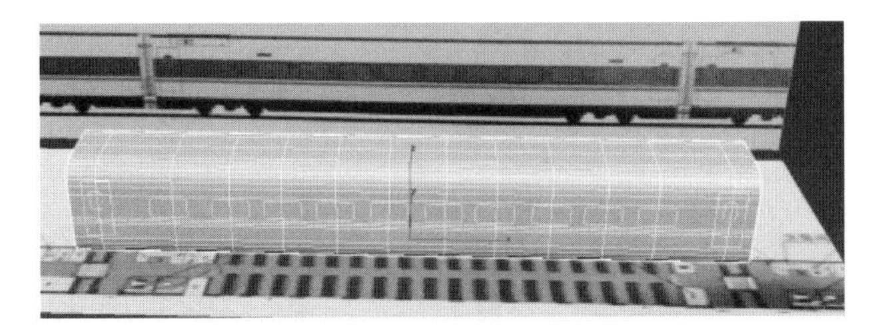

图 5-11

（11）添加“可编辑多边形”，选择面，单击“分离”按钮，取消勾选“分离到元素”和“分离为克隆”复选框。单击“确定”按钮，效果如图 5-12 所示。

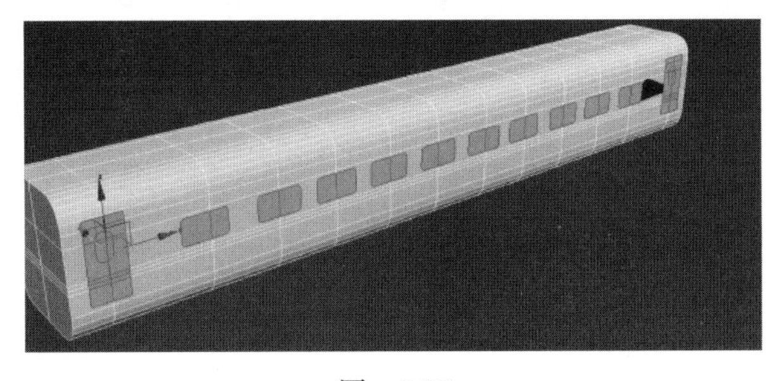

图 5-12

（12）选中另外的面，删除，效果如图 5-13 所示。

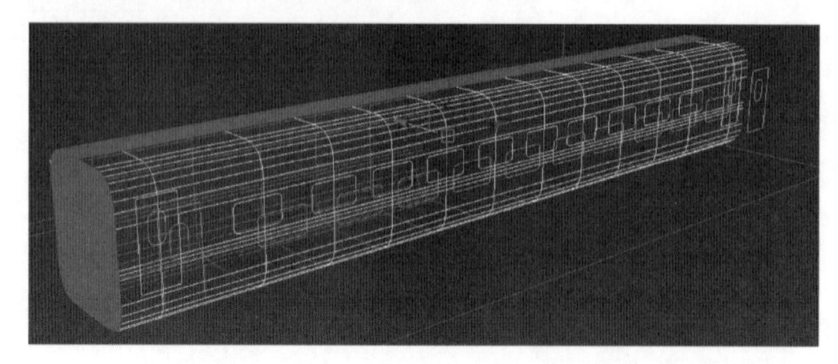

图 5-13

（13）退出层级，选中模型，单击“镜像”按钮。在弹出的对话框中设置“镜像轴”为 Y 轴，“克隆当前选择”为“实例”，单击“确定”按钮，效果如图 5-14 所示。

图 5-14

（14）选中面，单击“分离”按钮，效果如图 5-15 所示。

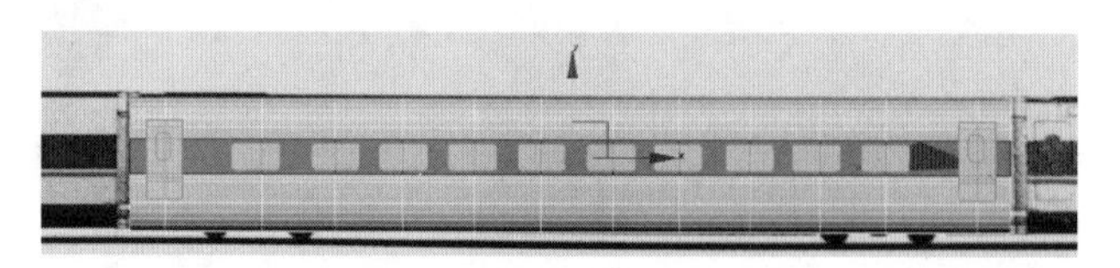

图 5-15

（15）右击“剪切”，为模型添加边，效果如图 5-16 所示。

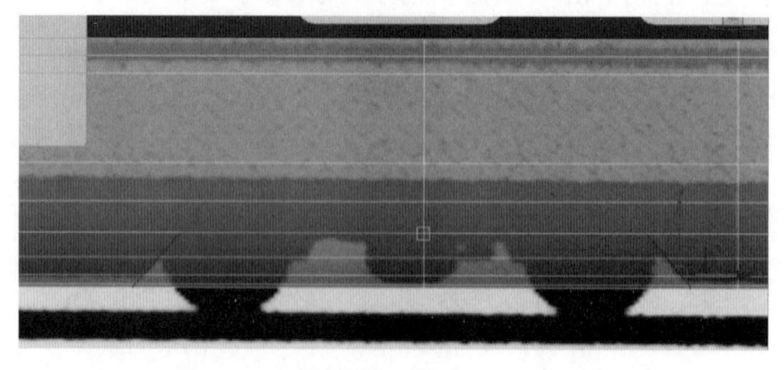

图 5-16

（16）选中面，删除，效果如图 5-17 所示。

图 5-17

（17）选中两个车门的面，单击“插入”按钮，插入数量为 20 mm，效果如图 5-18 所示。

（18）选中“顶点”层级，选择顶点，单击“连接”按钮，连接选择的顶点，效果如图 5-19 所示。

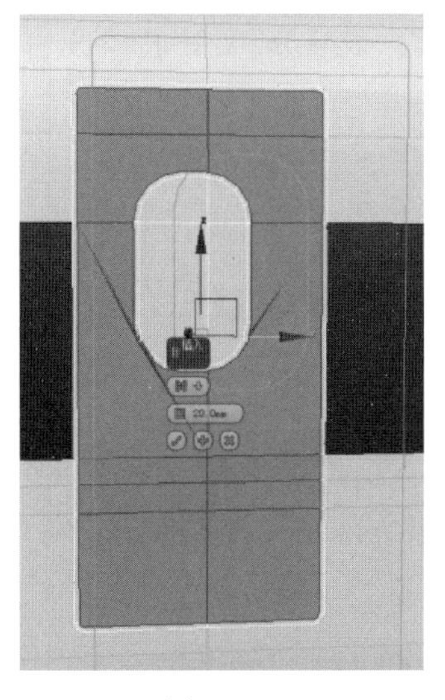

图 5-18

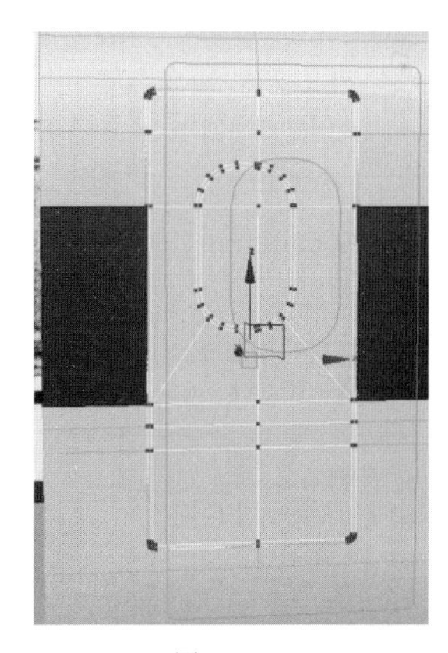

图 5-19

（19）至此，“高铁车身”模型制作完成，效果如图 5-20 所示。

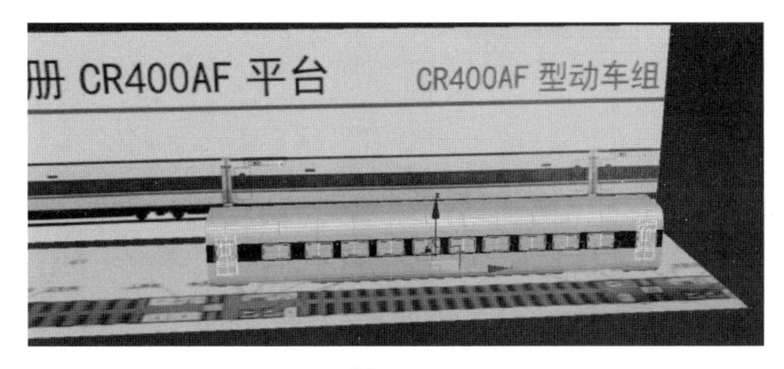

图 5-20

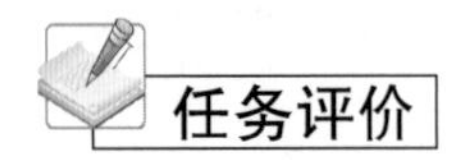

任务评价

任务评价如表 5-1 所示。

表 5-1 “高铁车身的建模”任务评价表

序号	工作步骤	评 分 项	评 分 标 准	得 分		
				自评	互评	师评
1	课前学习评价（30 分）	完成课前任务作答（10 分）	规范性 30% 准确性 70%			
		完成课前任务信息收集（5 分）				
		完成任务背景调研 PPT（5 分）				
		完成线上教学资源的自主学习及课前测试（10 分）				
2	课堂评价与技能评价（40 分）	积极主动，答题清晰（10 分）	表现积极主动、踊跃回答问题，5 分 协助教师维护良好课堂秩序的，5 分			
		熟练掌握课堂所讲知识点内容（10 分）	根据知识点掌握程度酌情扣分，熟练 10 分，一般 8 分，需要协助 6 分			
		熟练操作完成课堂练习（14 分）	根据软件操作熟练程度酌情扣分，熟练 14 分，一般 11 分，需要协助 8 分			
		实现案例模型的创建（6 分）	独立实现案例模型创建，实现三个点满分，少一个点扣 2 分			
3	态度评价（30 分）	良好的纪律性（10 分）	课堂考勤 3 分 服从管理 4 分 敬业认真 3 分			
		主动探究，能够提出问题和解决问题（10 分）	态度积极 5 分 独立思考 3 分 乐于创新 2 分			
		团队协作能力（10 分）	参与讨论 2 分 承担责任 2 分 乐于分享 3 分 领导能力 3 分			
合 计				10	20	70

任务 5.2 高铁座椅的建模

任务描述

高铁座椅的建模 .mp4

高速铁路客车作为一种便捷高效的出行方式，成为大众出行的优先选择，其乘坐舒适性也得到人们越来越高的关注。在一段旅程中，客车上座椅设计的好坏极大地影响着人们的乘坐舒适度，进而影响人们在乘坐客车时的心情与休息的质量。本节制作高铁座椅。

任务提示

高铁座椅由许多相同的部件组成，在制作前先分析出可以复用的部件和可以使用“镜像”复制的部件。

本任务主要内容是制作“高铁座椅”模型，实物照片如图 5-21 所示。该任务实施的具体操作步骤如下。

图 5-21

（1）创建一个长方体，长度为 470 mm、宽度为 95 mm、高度为 760 mm、长度分段 4，效果如图 5-22 所示。

（2）添加“可编辑多边形”修改器，选择面，删除一半，效果如图 5-23 所示。

图 5-22

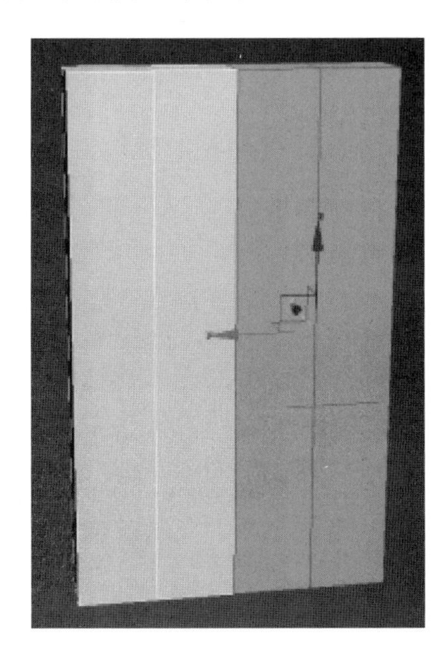

图 5-23

（3）退出层级，单击“镜像”按钮，设置“镜像轴”为Y轴，“克隆当前选择”为“实例”。单击“确定”按钮，效果如图5-24所示。

（4）选择“边”层级，使用“连接”工具添加一条边，并移动到适当位置，效果如图5-25所示。

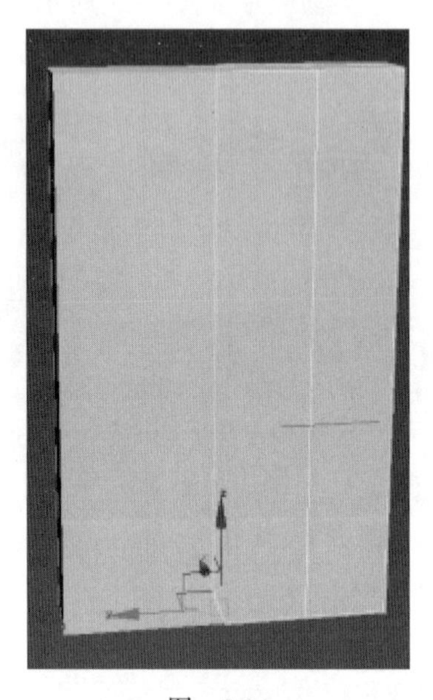

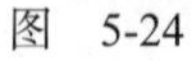
图 5-24

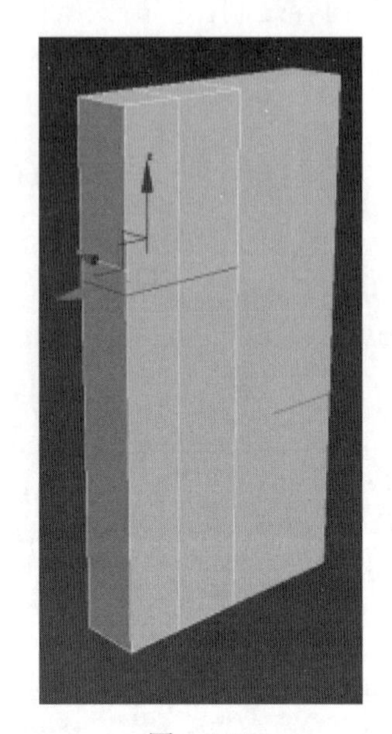

图 5-25

（5）选择“多边形”层级，单击“挤出”按钮，挤出高度为50 mm，效果如图5-26所示。

（6）选择“边”层级，使用“连接”工具添加四条边，效果如图5-27所示。

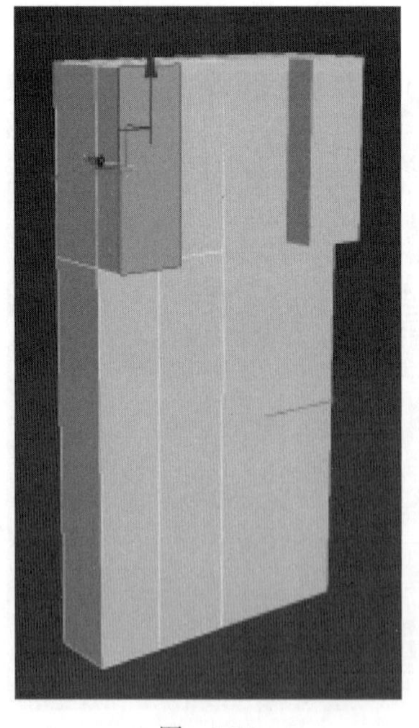

图 5-26

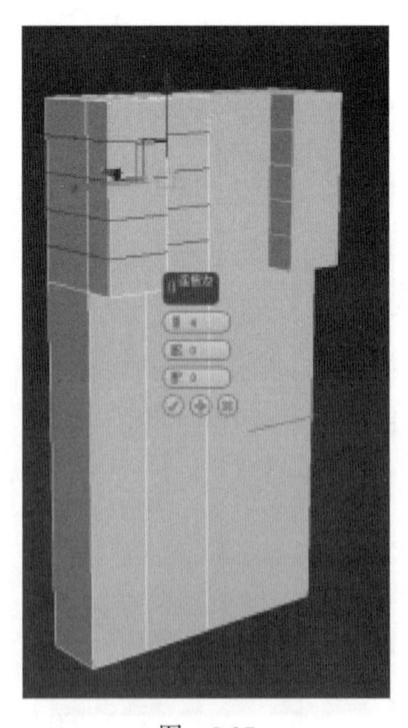

图 5-27

（7）选择“点”层级，调整点的位置，效果如图 5-28 所示。

（8）添加一条边，并调整顶点位置，效果如图 5-29 所示。

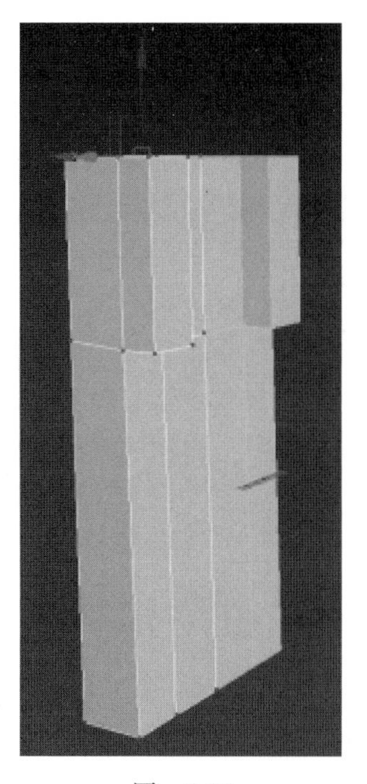

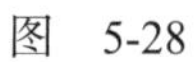

图 5-28

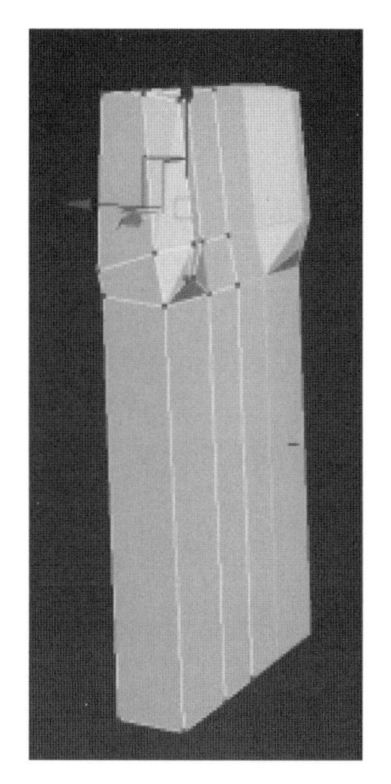

图 5-29

（9）添加三条边，调整顶点位置，效果如图 5-30 所示。

（10）选择“边”层级，使用“连接”工具添加两条边，效果如图 5-31 所示。

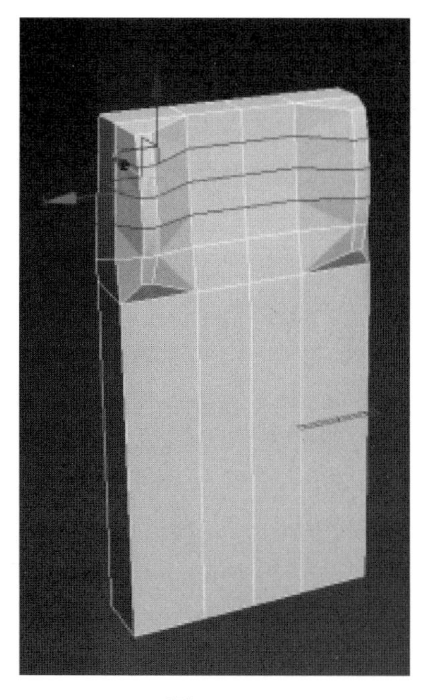

图 5-30

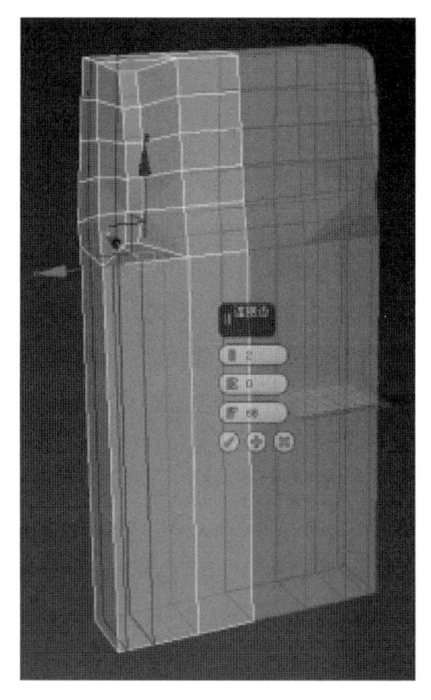

图 5-31

（11）连接顶点，并调整顶点位置，效果如图 5-32 所示。

（12）选择“边”层级，使用“连接”工具添加一条边，并调整顶点位置，效果如图 5-33 所示。

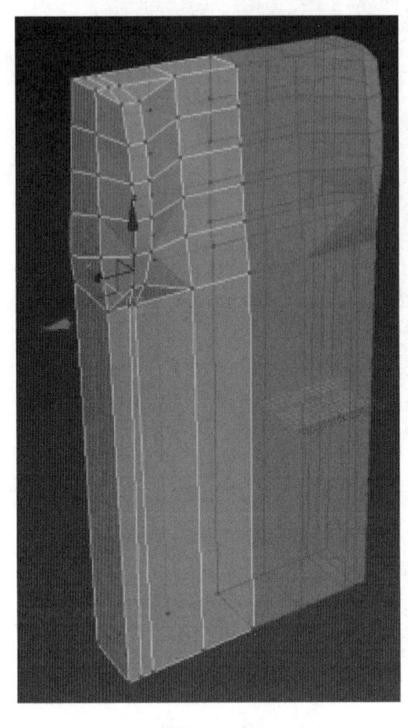

图 5-32

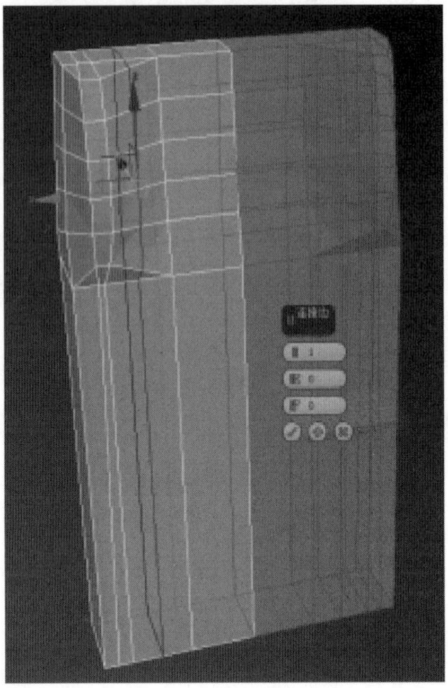

图 5-33

（13）添加一条边，并调整顶点位置，效果如图 5-34 所示。

（14）添加一条边，并调整顶点位置，效果如图 5-35 所示。

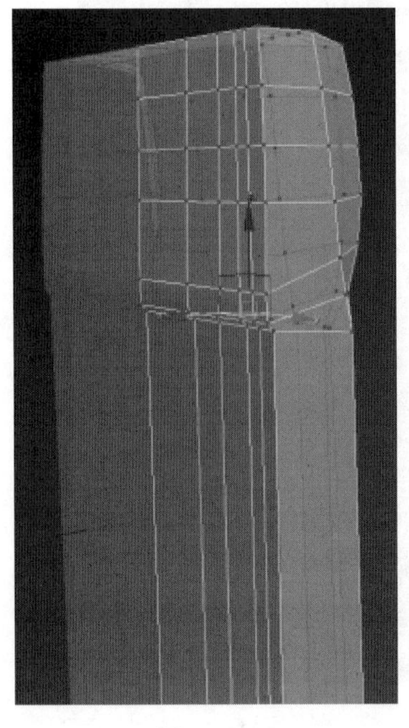

图 5-34

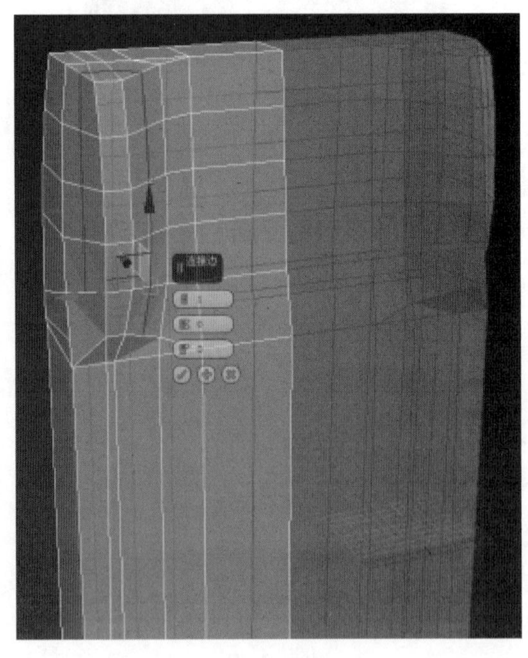

图 5-35

（15）添加一条边，并调整顶点位置，效果如图 5-36 所示。

（16）添加一条边，并调整顶点位置，效果如图 5-37 所示。

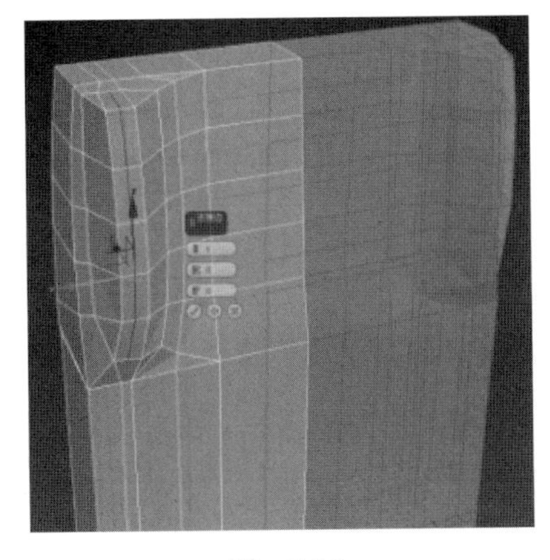

图 5-36

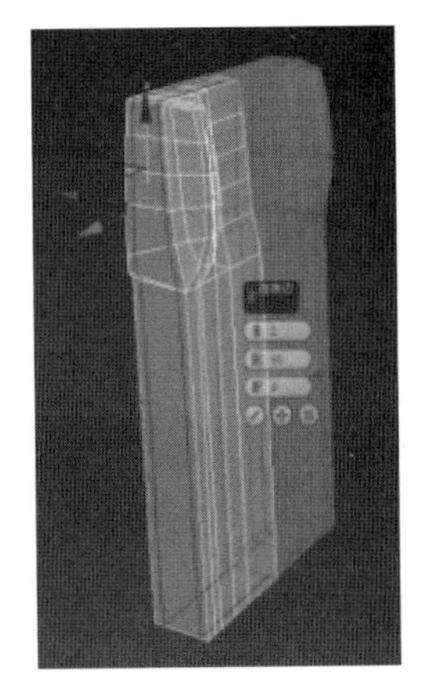

图 5-37

（17）添加一条边，并调整顶点位置，效果如图 5-38 所示。

（18）添加一条边，并调整顶点位置，效果如图 5-39 所示。

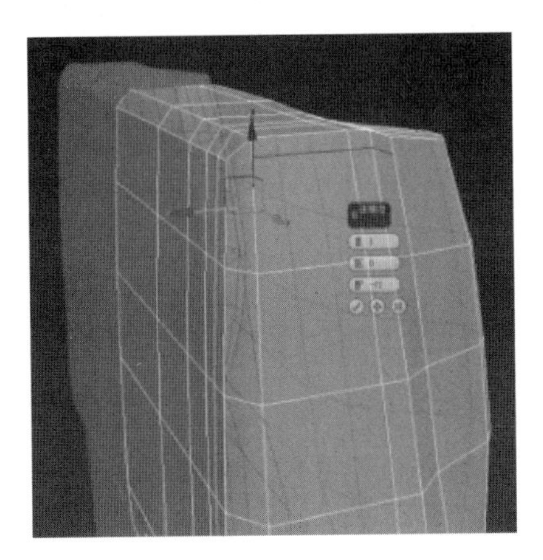

图 5-38

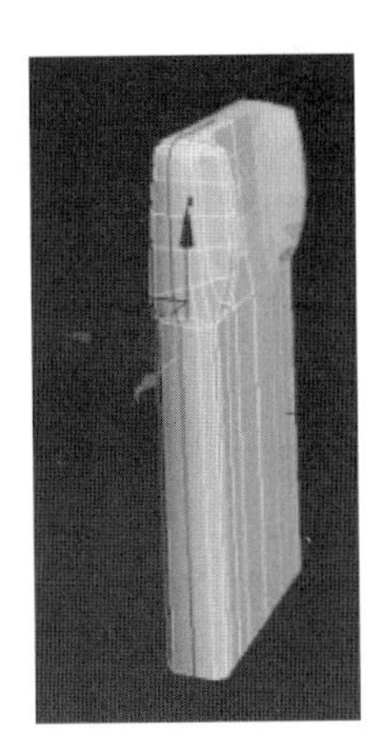

图 5-39

（19）添加一条边，并调整顶点位置，效果如图 5-40 所示。

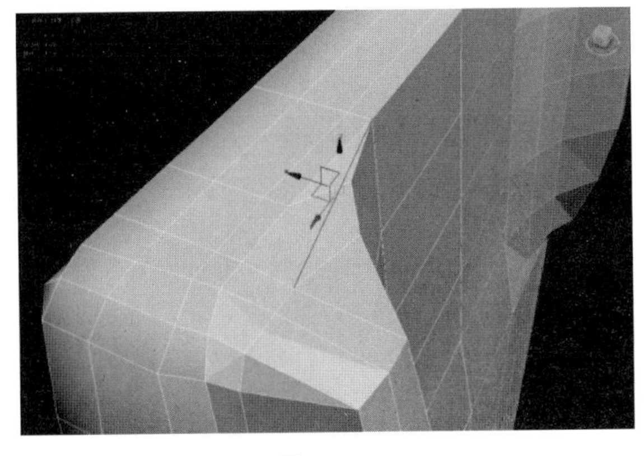

图 5-40

（20）添加一条边，并调整顶点位置，效果如图 5-41 所示。

（21）添加一条边，并调整顶点位置，效果如图 5-42 所示。

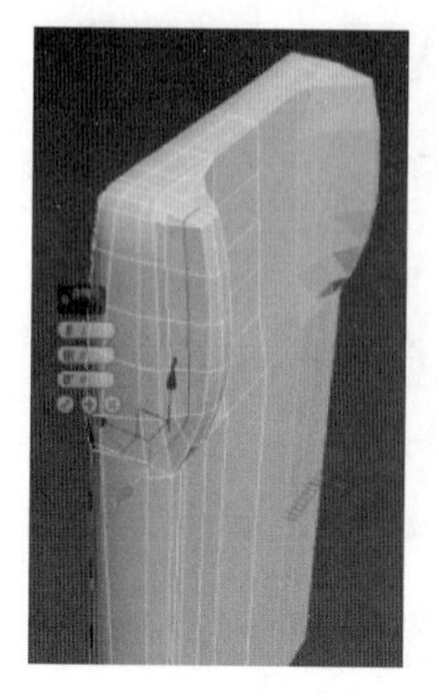

图 5-41

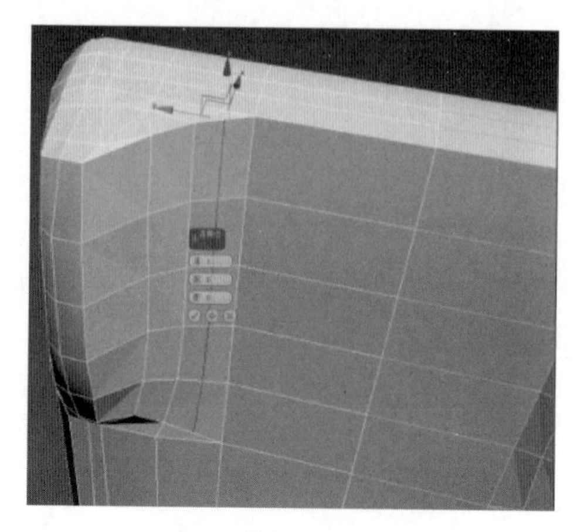

图 5-42

（22）添加一条边，并调整顶点位置，效果如图 5-43 所示。

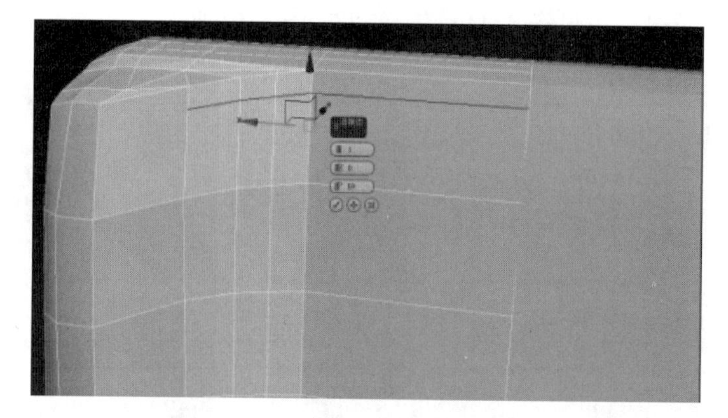

图 5-43

（23）添加一条边，并调整顶点位置，效果如图 5-44 所示。

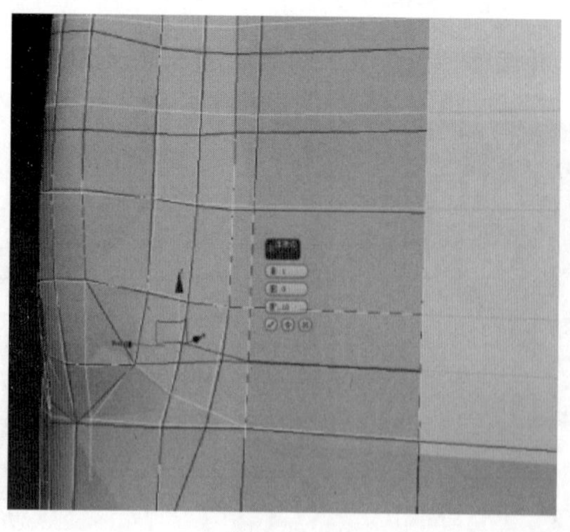

图 5-44

（24）添加一条边，并调整顶点位置，效果如图 5-45 所示。

（25）添加一条边，并调整顶点位置，效果如图 5-46 所示。

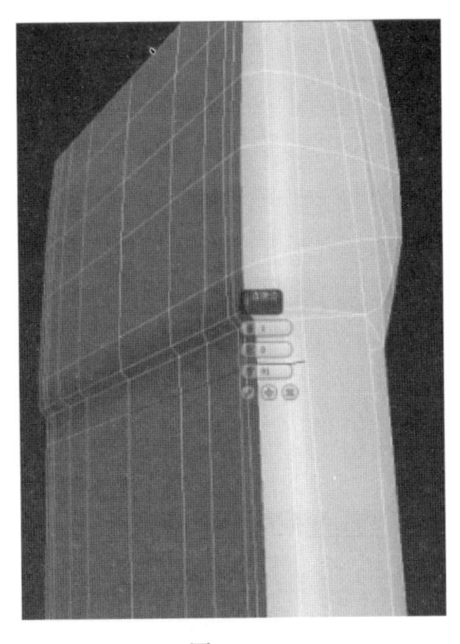

图 5-45

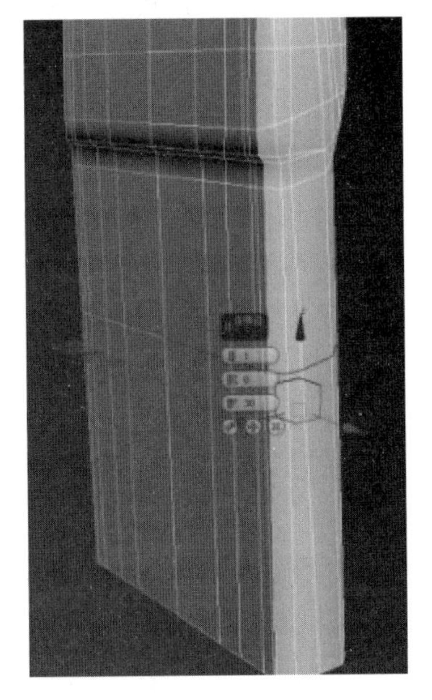

图 5-46

（26）添加一条边，并调整顶点位置，效果如图 5-47 所示。

（27）选择“多边形”层级，使用“挤出”工具挤出一个面，并调整顶点位置，效果如图 5-48 所示。

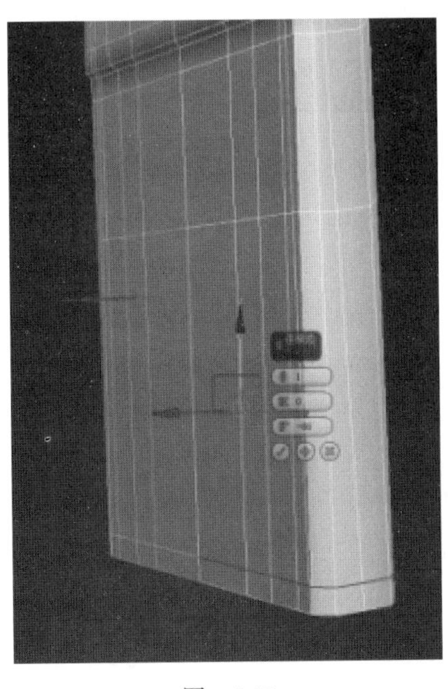

图 5-47

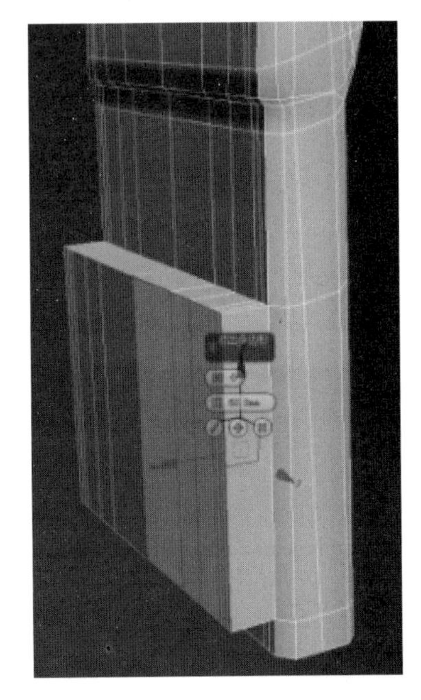

图 5-48

（28）添加两条边，并调整顶点位置，效果如图 5-49 所示。

（29）“座椅靠背”制作完成，效果如图 5-50 所示。

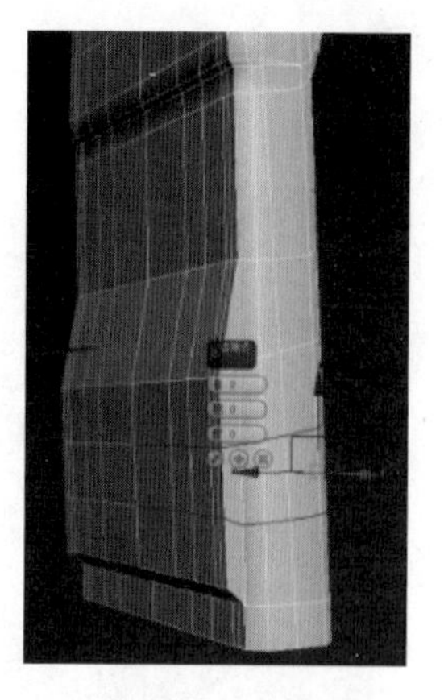

图 5-49

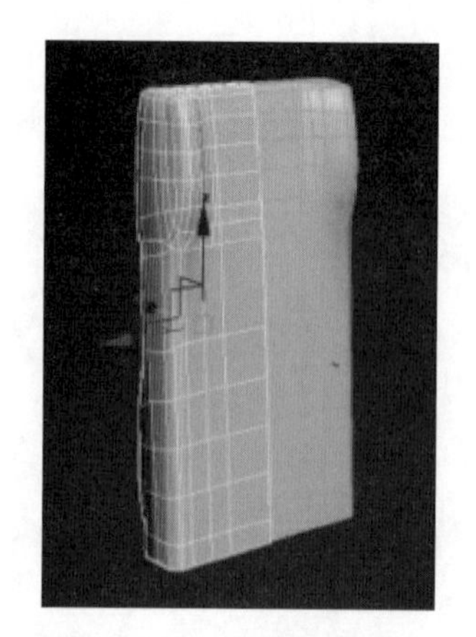

图 5-50

（30）接下来制作“座垫”，首先创建一个长方体，效果如图 5-51 所示。

（31）添加“编辑多边形”修改器，调整顶点位置，效果如图 5-52 所示。

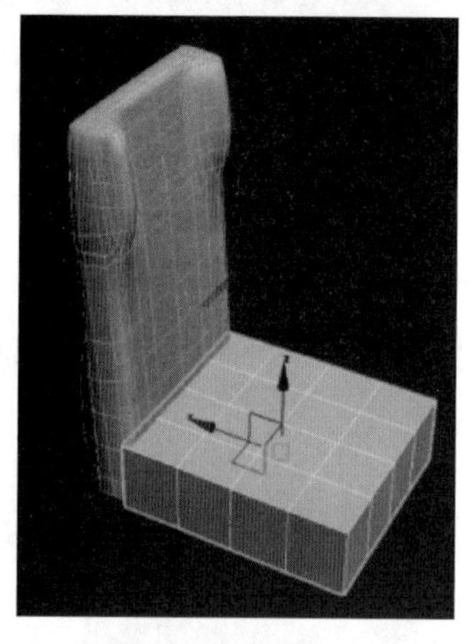

图 5-51

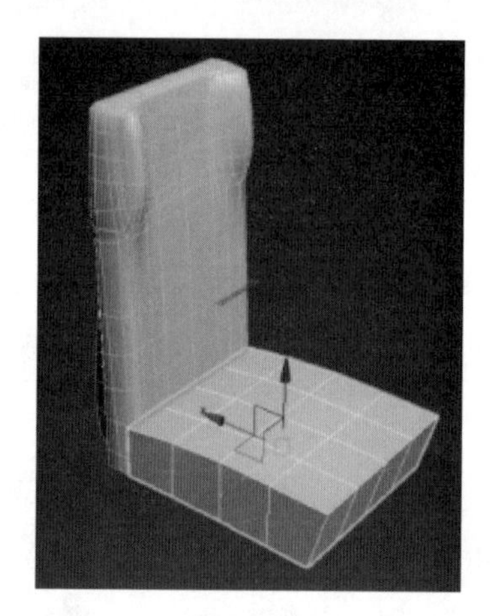

图 5-52

（32）右击转换为“可编辑多边形”，在“细分曲面”卷展栏中勾选“使用 NURMS 细分”复选框，效果如图 5-53 所示。

（33）选择“边”层级，选中边，使用“连接”工具添加边，效果如图 5-54 所示。

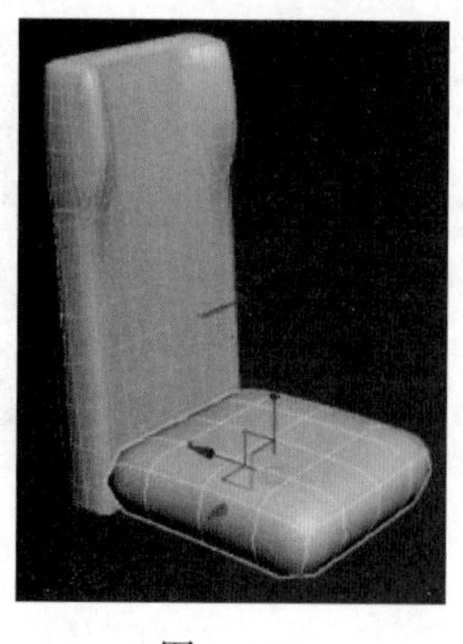

图 5-53

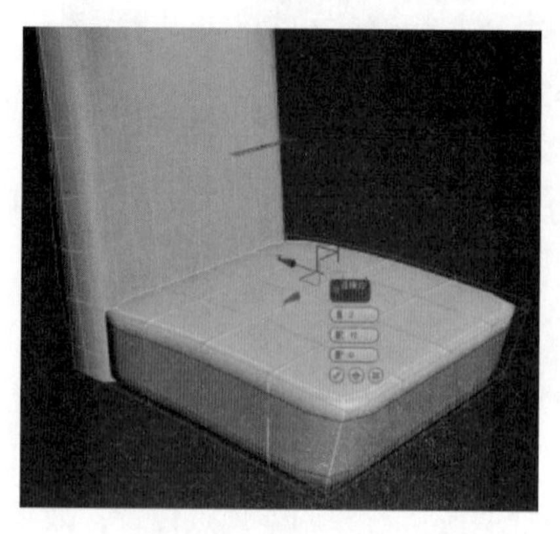

图 5-54

（34）选择“边”层级，选中边，使用“连接”工具添加边，效果如图 5-55 所示。

（35）右击将其转换为“可编辑多边形”，调整顶点位置，效果如图 5-56 所示。

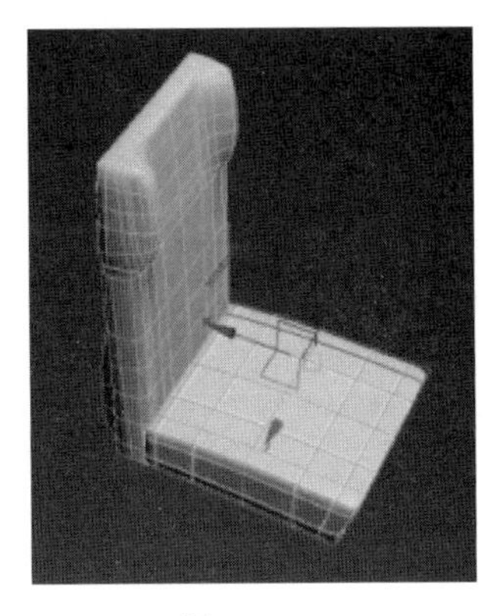

图 5-55

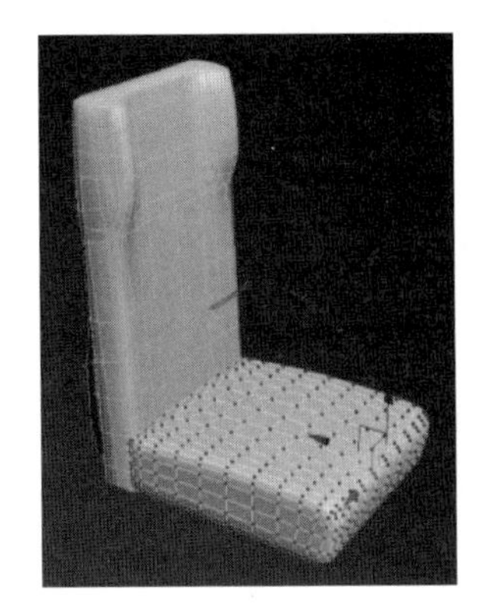

图 5-56

（36）创建一个矩形，效果如图 5-57 所示。

（37）右击将其转换为“可编辑样条线”，右击“细化”工具添加顶点，并调整顶点，效果如图 5-58 所示。

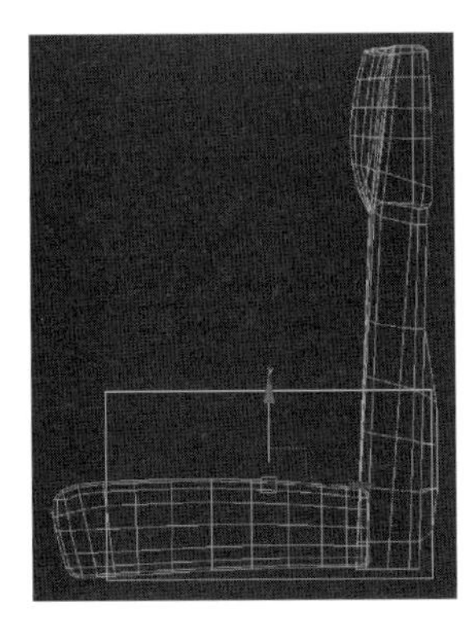

图 5-57

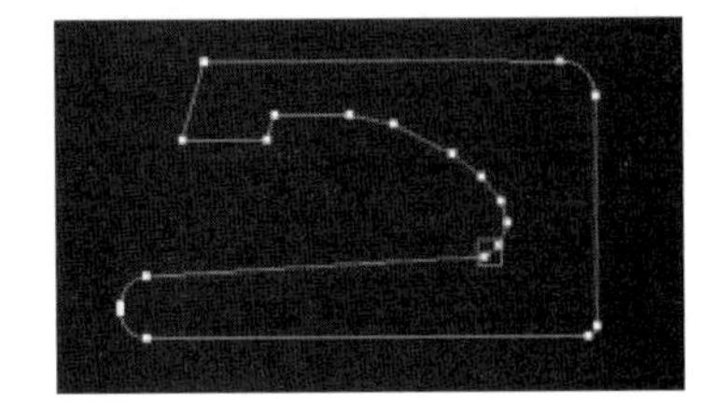

图 5-58

（38）添加“壳”修改器，设置“外部量”为 35 mm，效果如图 5-59 所示。

（39）创建一个长方体，效果如图 5-60 所示。

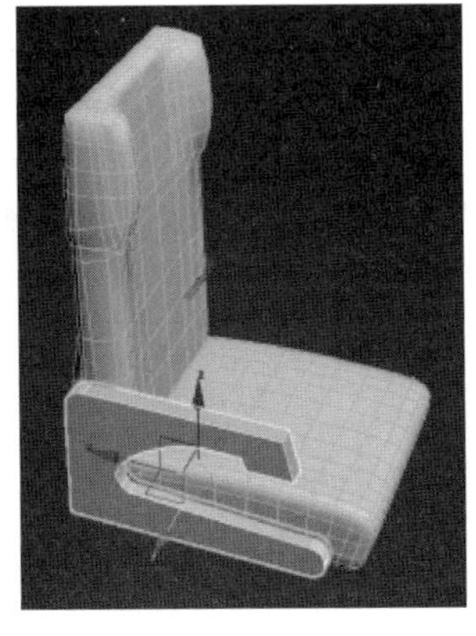

图 5-59

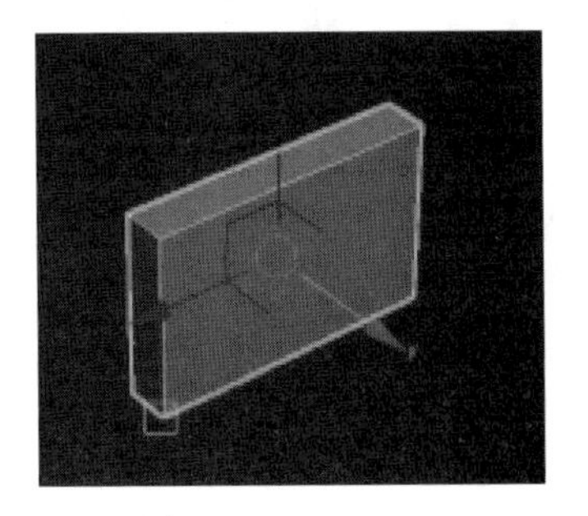

图 5-60

（40）添加“编辑多边形”修改器，选择“边”层级，使用“切角”工具圆滑边，效果如图 5-61 所示。

（41）创建一个长方体，参数及效果如图 5-62 所示。

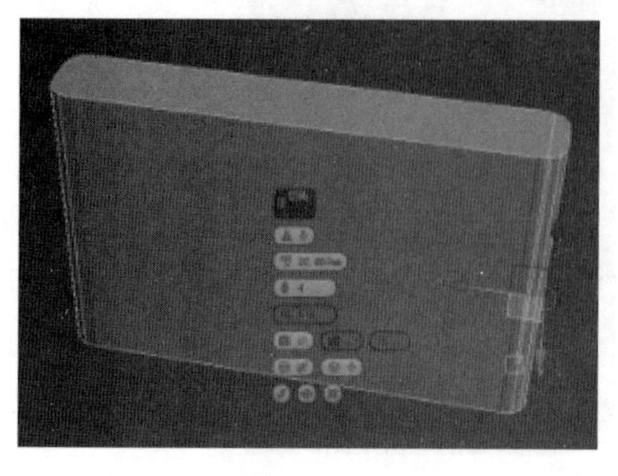

图 5-61

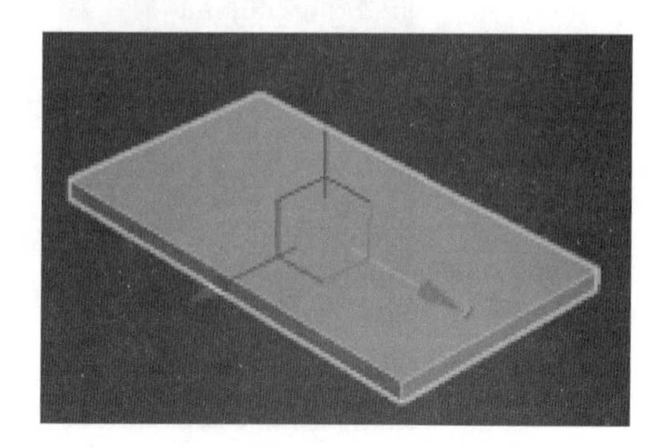

图 5-62

（42）添加“编辑多边形”修改器，选择“边”层级，使用“切角”工具圆滑边，效果如图 5-63 所示。

（43）创建一个长方体，参数及效果如图 5-64 所示。

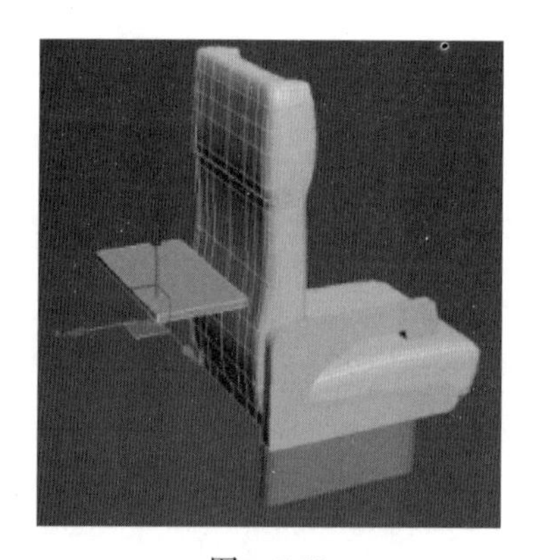

图 5-63

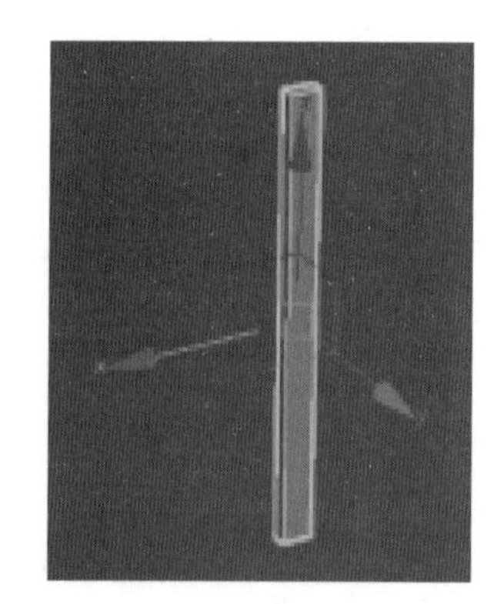

图 5-64

（44）使用变换工具将其移动到合适位置，效果如图 5-65 所示。

（45）将上一步骤的模型复制一个，移动到相应位置，效果如图 5-66 所示。

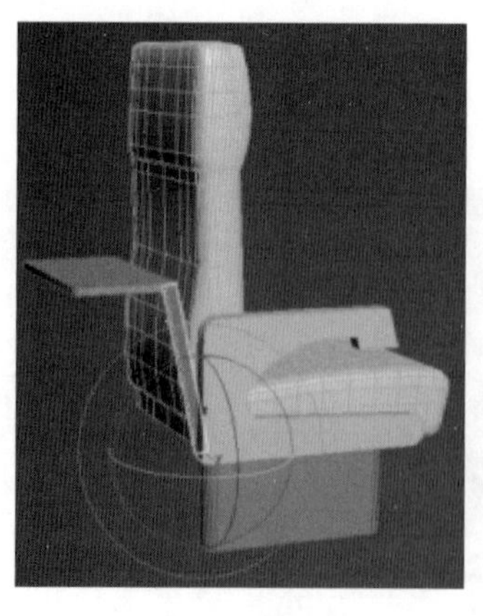

图 5-65

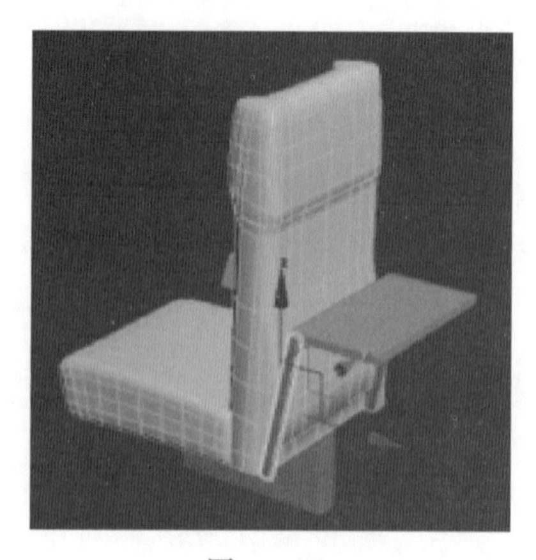

图 5-66

（46）创建一个长方体，移动到适当位置，效果如图 5-67 所示。

（47）添加“编辑多边形”修改器，选择“多边形”层级，删除，并调整顶点位置，效果如图 5-68 所示。

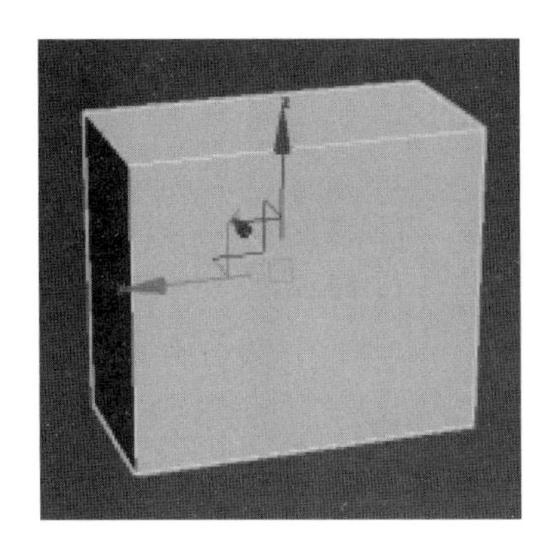

图 5-67

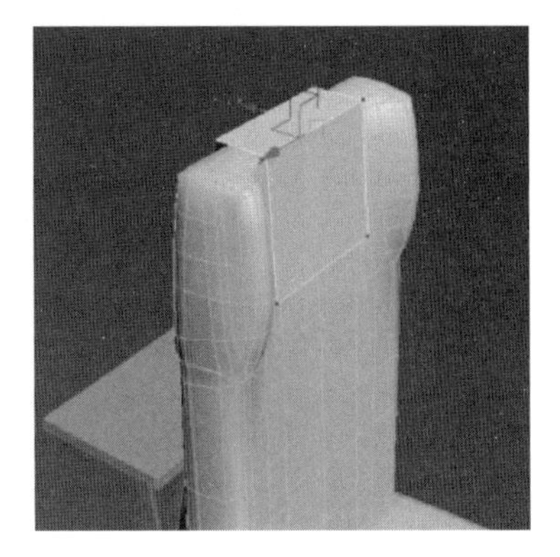

图 5-68

（48）选择“边”层级，使用“切角”工具圆滑边，效果如图 5-69 所示。

（49）选择靠背，单击“使唯一”按钮。在弹出的对话框单击“确定”按钮，效果如图 5-70 所示。

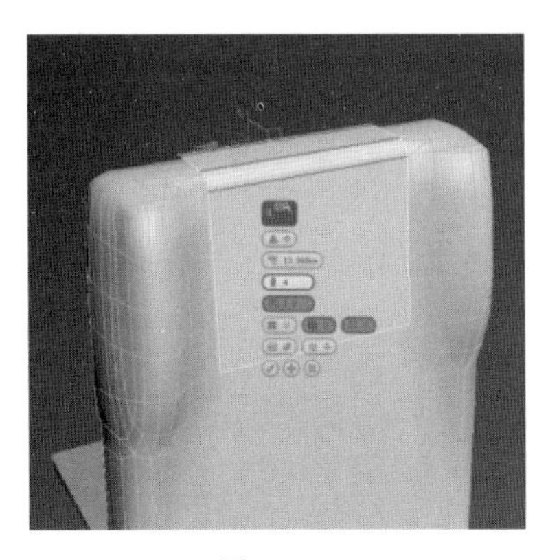

图 5-69

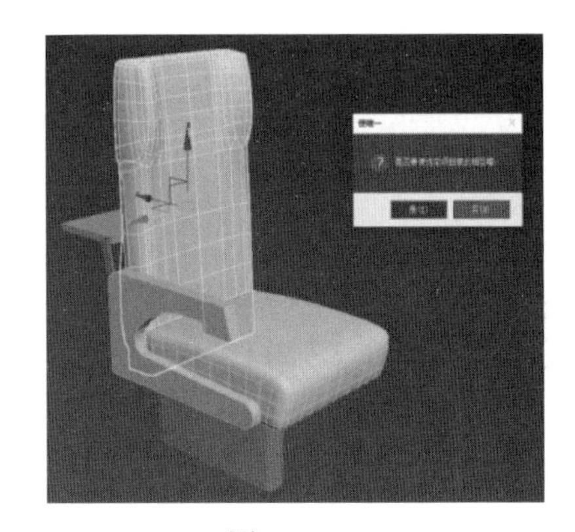

图 5-70

（50）选中除“底座”部分外的模型，复制并移动到适当位置，效果如图 5-71 所示。

（51）将底座复制一个，并移动到适当位置，效果如图 5-72 所示。

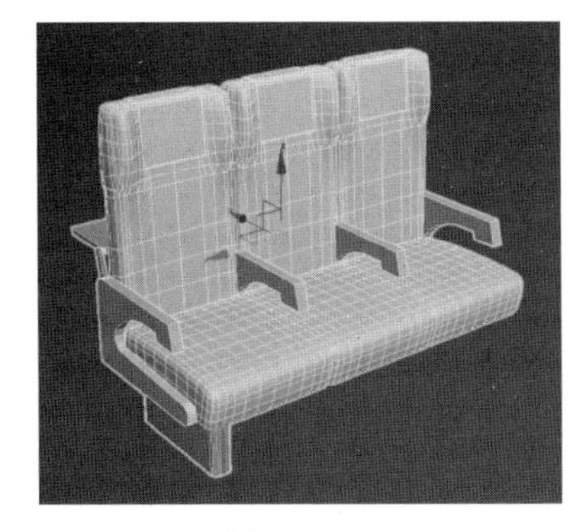

图 5-71

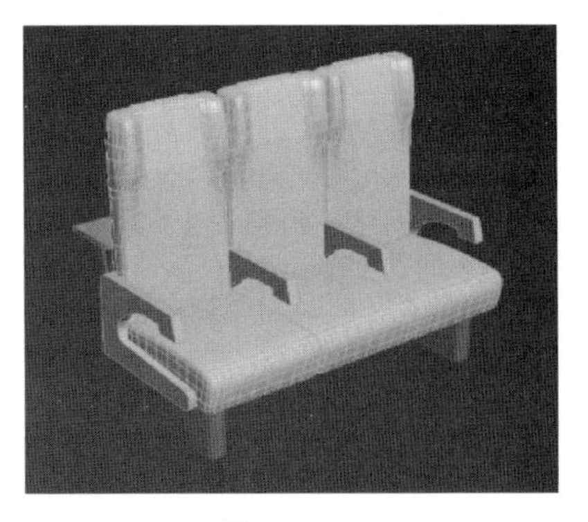

图 5-72

（52）创建一个长方体，移动到适当位置。至此“高铁座椅”模型就制作完成了，效果如图 5-73 所示。

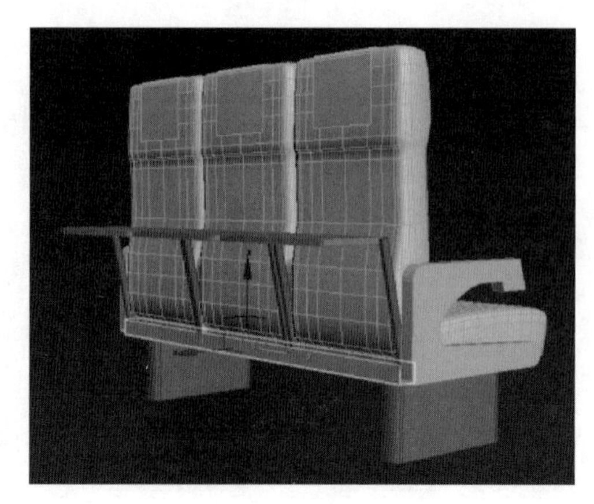

图　5-73

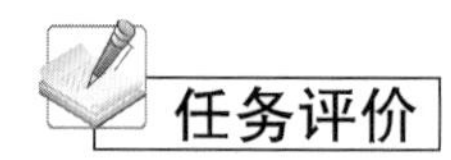

任务评价

任务评价如表 5-2 所示。

表 5-2 “高铁座椅”任务评价表

序号	工作步骤	评　分　项	评 分 标 准	得　分		
				自评	互评	师评
1	课前学习评价（30 分）	完成课前任务作答（10 分）	规范性 30% 准确性 70%			
		完成课前任务信息收集（5 分）				
		完成任务背景调研 PPT（5 分）				
		完成线上教学资源的自主学习及课前测试（10 分）				
2	课堂评价与技能评价（40 分）	积极主动，答题清晰（10 分）	表现积极主动、踊跃回答问题，5 分 协助教师维护良好课堂秩序的，5 分			
		熟练掌握课堂所讲知识点内容（10 分）	根据知识点掌握程度酌情扣分，熟练 10 分，一般 8 分，需要协助 6 分			
		熟练操作完成课堂练习（14 分）	根据软件操作熟练程度酌情扣分，熟练 14 分，一般 11 分，需要协助 8 分			
		实现案例模型的创建（6 分）	独立实现案例模型创建，实现三个点满分，少一个点扣 2 分			
3	态度评价（30 分）	良好的纪律性（10 分）	课堂考勤 3 分 服从管理 4 分 敬业认真 3 分			
		主动探究，能够提出问题和解决问题（10 分）	态度积极 5 分 独立思考 3 分 乐于创新 2 分			
		团队协作能力（10 分）	参与讨论 2 分 承担责任 2 分 乐于分享 3 分 领导能力 3 分			
合　计				10	20	70

任务5.3 高铁智能巡检机器人的建模

任务描述

高铁牵引变电所智能巡检机器人，具备自动规划路径、自主巡检、图像智能识别、温度智能诊断及自主充电等功能，具有续航能力强、路线规划准确、行走平稳、识别准确等特点。同时，它还具备全天候巡检能力，不受应用场所、天气变化等影响。本任务制作高铁智能巡检机器人，要求结构比例正确，面数控制在合理范围。

高铁智能巡检机器人的建模.mp4

任务提示

高铁智能巡检机器人由多部件组成，在制时可以分别制作，然后组合。

本任务主要内容是制作“高铁智能巡检机器人”模型，实物照片如图5-74所示。该任务实施具体操作步骤如下。

图 5-74

（1）创建一个长方体，长度为600 mm，宽度为1 000 mm，高度为500 mm。效果如图5-75所示。

（2）添加“编辑多边形”修改器，选中四条边单击“切角”按钮，设置“切角数量”为100 mm，“切角分段”为1，效果如图5-76所示。

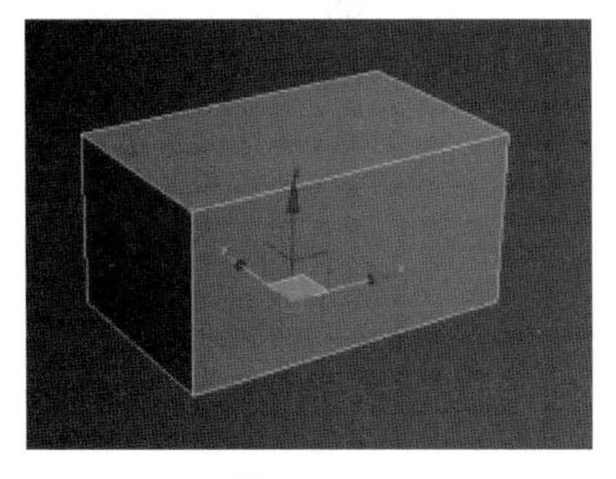

图 5-75

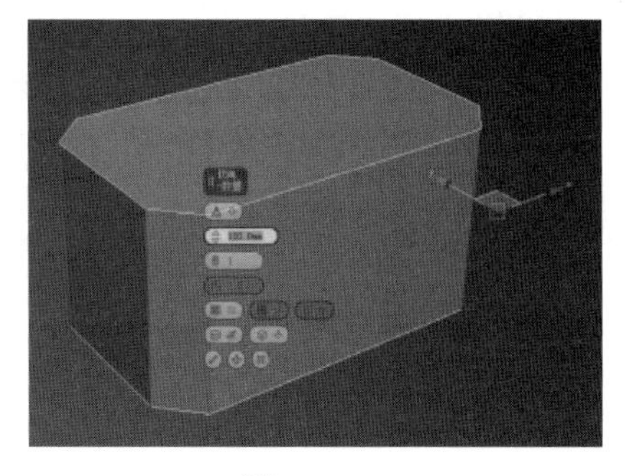

图 5-76

（3）切换到顶视图，创建一个矩形，长度为 600 mm，宽度为 150 mm。右击将其转换为“可编辑样条线”，右击在弹出的快捷菜单中选择“细化”命令，为其添加顶点，并调整顶点位置。选择所有顶点，右击将其设置为“角点”，效果如图 5-77 所示。

（4）选择两个顶点，使用“圆角”工具圆滑顶点，效果如图 5-78 所示。

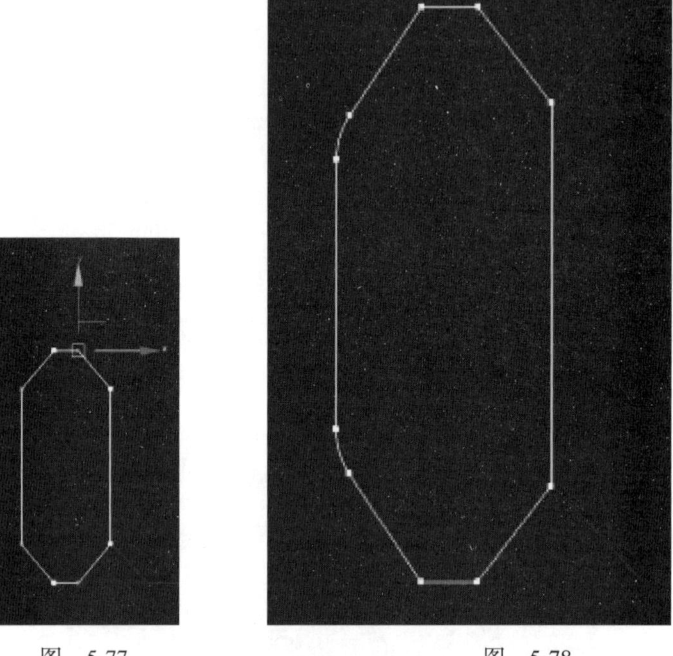

图 5-77　　　　图 5-78

（5）复制一个样条线，删除选中的边备用，效果如图 5-79 所示。

（6）选中样条线，为其添加“壳”修改器，设置“外部量”为 35 mm，效果如图 5-80 所示。

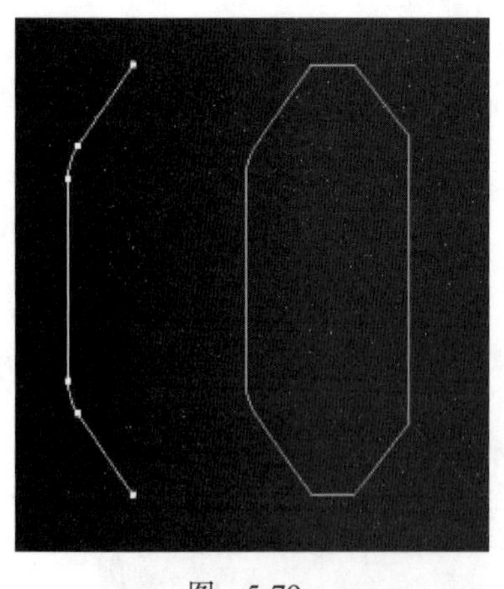

图 5-79

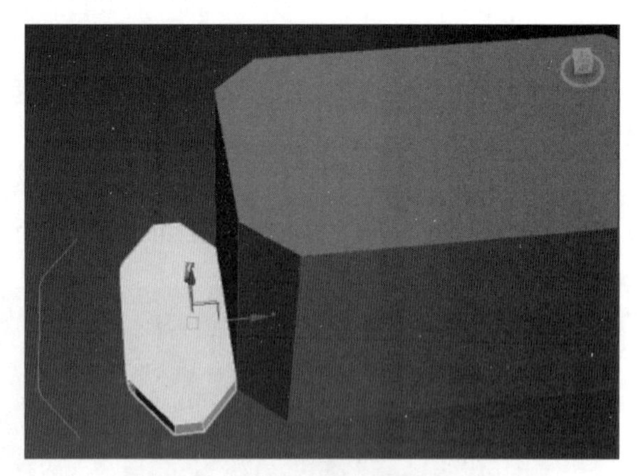

图 5-80

（7）添加“编辑多边形”修改器，单击“多边形”层级，选择两个面，单击“挤出”按钮，“挤出高度”设置为 60 mm，效果如图 5-81 所示。

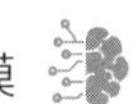

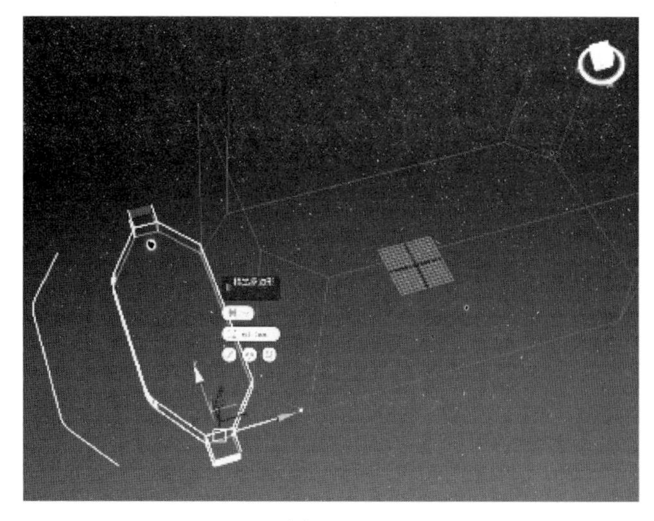

图 5-81

（8）选择顶点，并调整到适当位置，效果如图 5-82 所示。

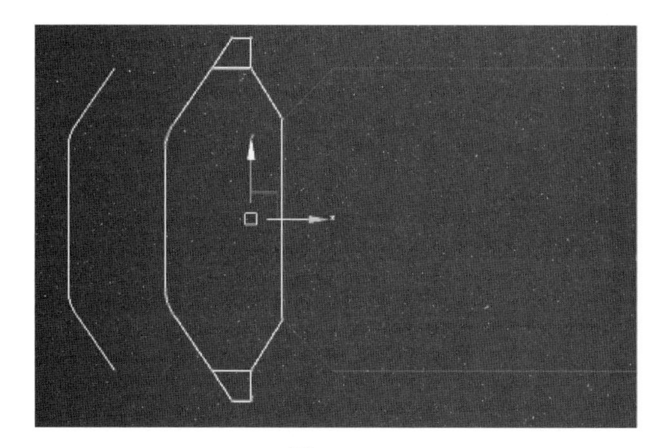

图 5-82

（9）选择需要删除的面，按 delete 键删除，效果如图 5-83 所示。

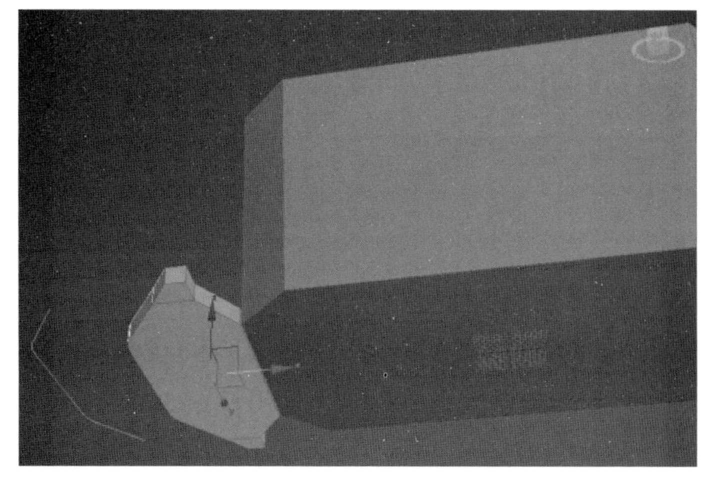

图 5-83

（10）选中“边”层级，按住Shift键在X轴向右拖动一定的距离，效果如图5-84所示。

图 5-84

（11）选中“样条线”层级，勾选“在渲染中启用”和“在视口中启用”复选框，厚度设置为35 mm，效果如图5-85所示。

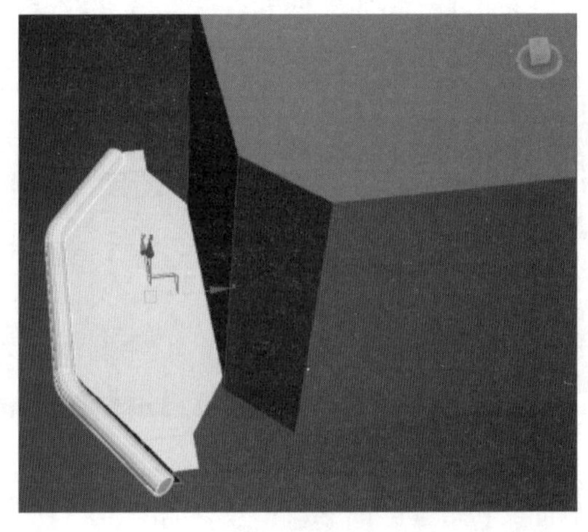

图 5-85

（12）选中模型，单击镜像按钮，镜像复制模型并移动到适当位置，效果如图5-86所示。

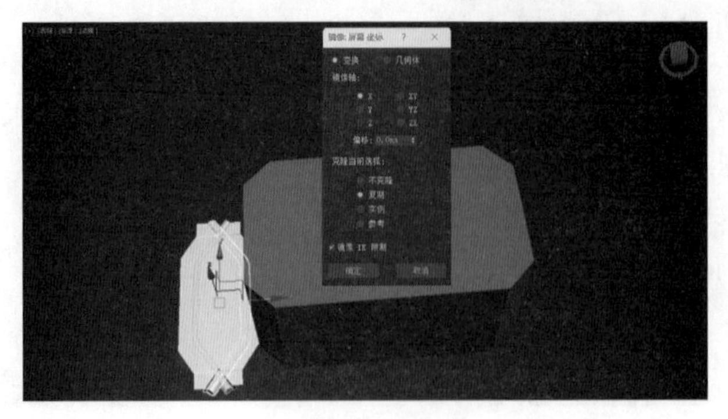

图 5-86

（13）在前视图创建一个二维图形“圆”，勾选“在渲染中启用”和“在视口中启用”复选框，厚度为 80 mm，效果如图 5-87 所示。

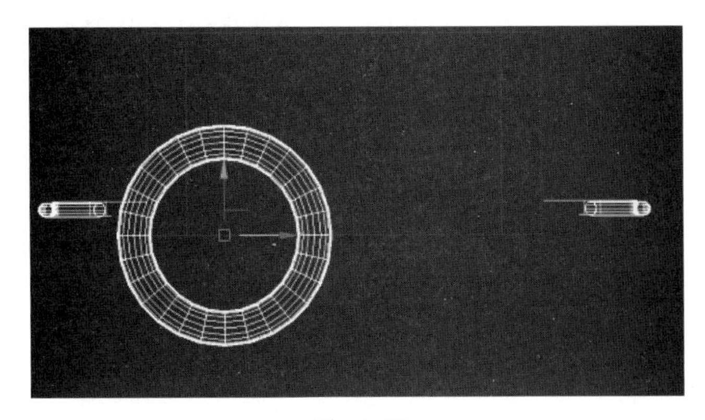

图 5-87

（14）添加“编辑多边形”修改器，选择“边”层级，单击“分割”按钮，效果如图 5-88 所示。

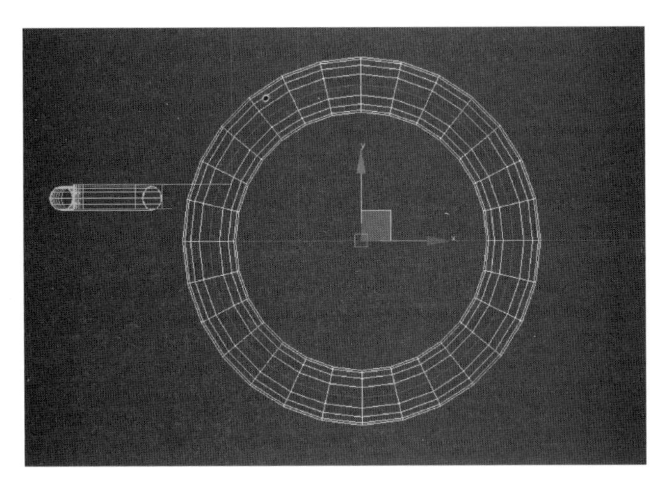

图 5-88

（15）切换到“元素”层级，选中外圈的对象，按 delete 键删除，效果如图 5-89 所示。

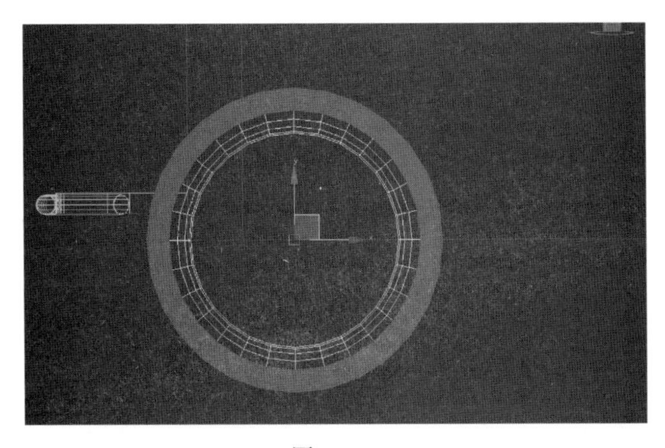

图 5-89

（16）为其添加“壳”修改器，“内部量”设置为 5 mm，效果如图 5-90 所示。

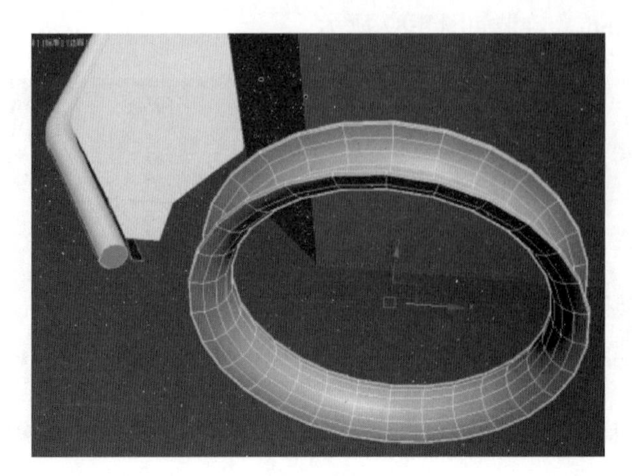

图 5-90

（17）创建一个管状体，半径 1 为 280 mm，半径 2 为 228 mm，高度为 76 mm，边数为 28。使用“对齐”工具对齐到模型中心，效果如图 5-91 所示。

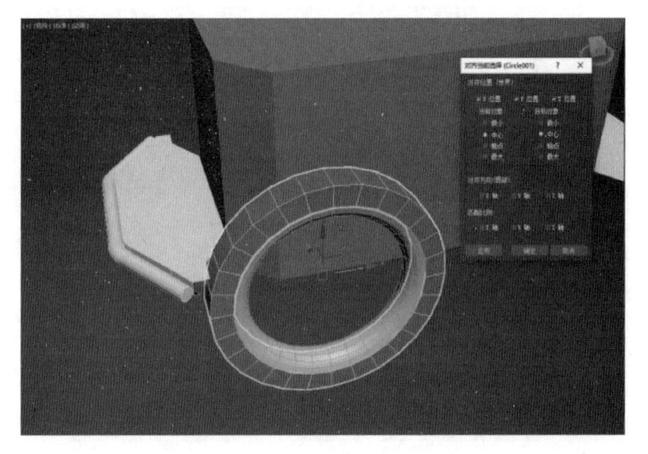

图 5-91

（18）选中“边”层级，使用“切角”工具圆滑选中的边，设置“切角数量”为 20 mm，“切角分段”为 5，效果如图 5-92 所示。

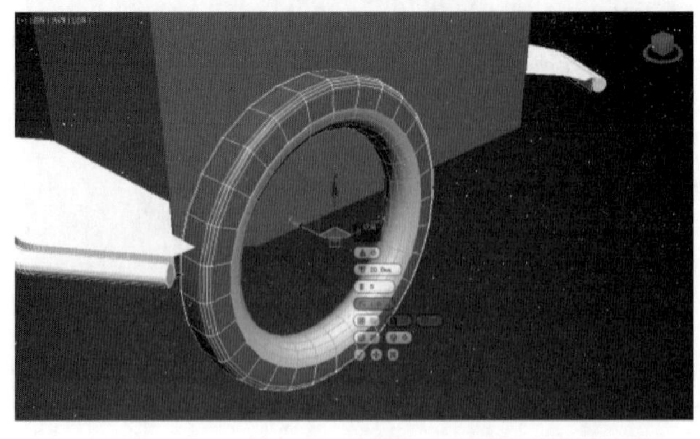

图 5-92

（19）创建一个二维图形——“多边形”，“半径”设置为 80，“边数”设置为 5，效果如图 5-93 所示。

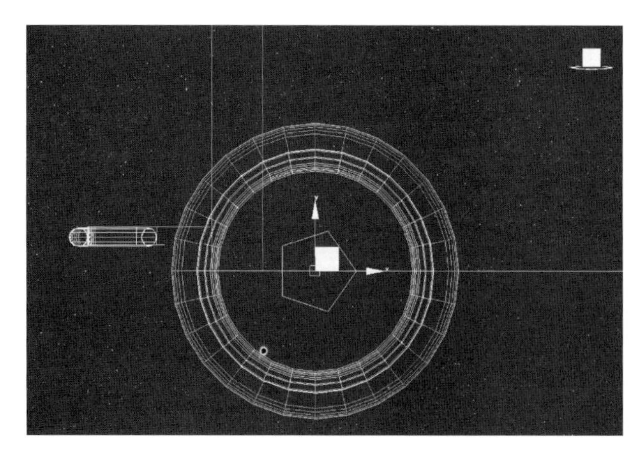

图 5-93

（20）右击将其转换为“可编辑样条线”，选中全部顶点，使用“切角”工具调整顶点，效果如图 5-94 所示。

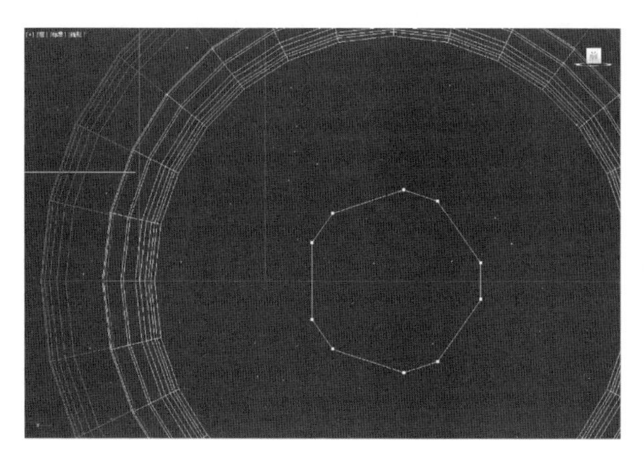

图 5-94

（21）为其添加“壳”修改器，设置“外部量”为 20 mm，效果如图 5-95 所示。

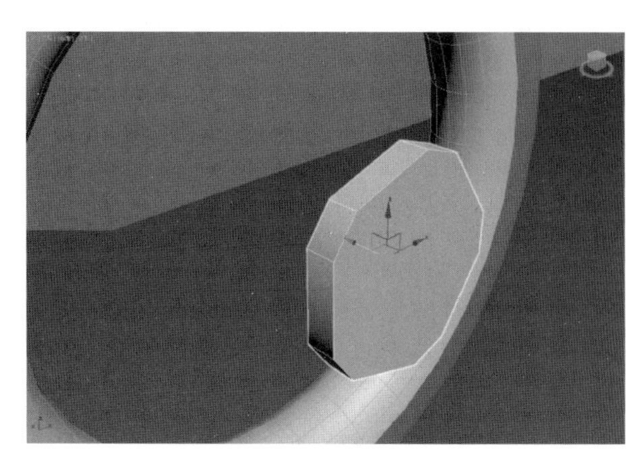

图 5-95

（22）添加“编辑多边形”修改器。单击“边”层级，选中边，使用“连接”工具连接边，“连接边分段”设置为 2，效果如图 5-96 所示。

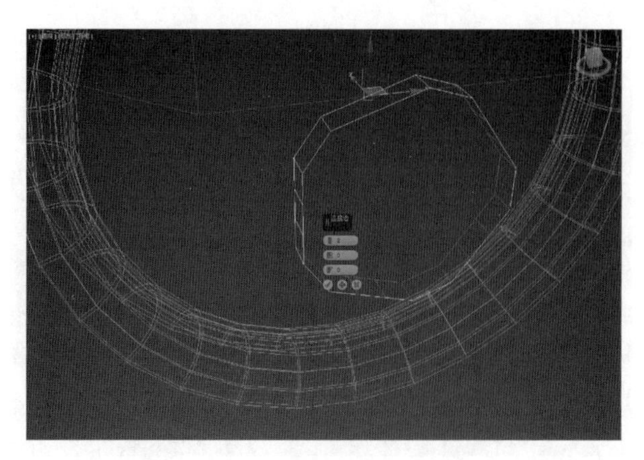

图 5-96

（23）选择“面”层级，单击“挤出”按钮，设置“挤出高度”为 150 mm，效果如图 5-97 所示。

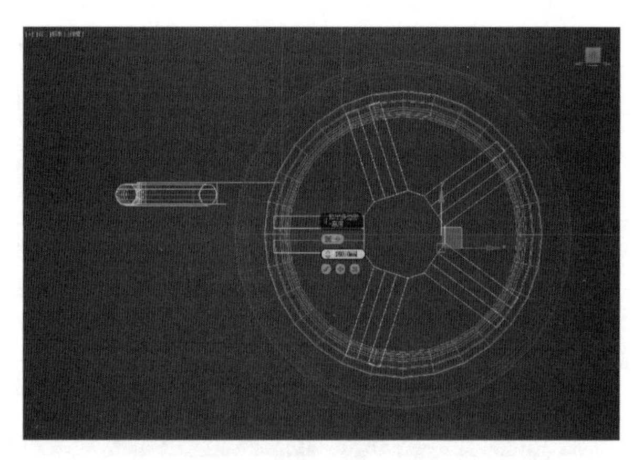

图 5-97

（24）调整顶点位置，并移动到适当位置，效果如图 5-98 所示。

图 5-98

（25）复制车轮到相应位置，效果如图 5-99 所示。

（26）创建一个长方体，长度为 700 mm，宽度为 1 100 mm，高度为 200 mm，宽度分段 3，效果如图 5-100 所示。

图 5-99

图 5-100

（27）右击将其转换为“可编辑多边形”，调整顶点位置，效果如图 5-101 所示。

图 5-101

（28）选择“边”层级，使用“切角”工具，设置“切角数量”为 80 mm、“切角分段”为 4，效果如图 5-102 所示。

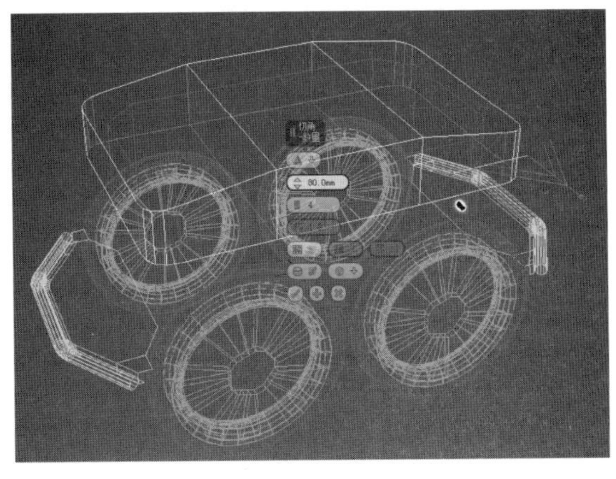

图 5-102

（29）选择“边”层级，使用“切角”工具，设置“切角数量”为 30 mm、“切角分段”为 4，效果如图 5-103 所示。

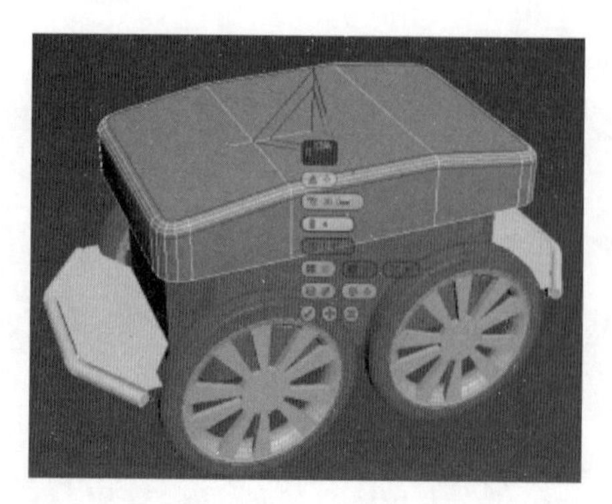

图 5-103

（30）创建一个长方体，长度为 500 mm，宽度为 750 mm，高度为 300 mm，宽度分段 3，效果如图 5-104 所示。

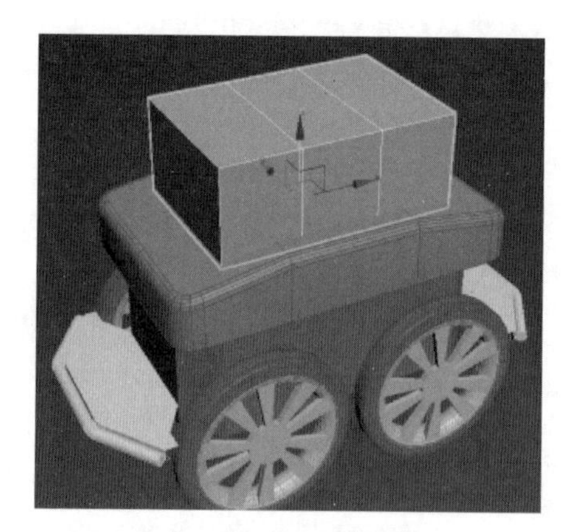

图 5-104

（31）右击将其转换为“可编辑多边形”，选择“边”层级，使用“切角”工具，设置“切角数量”为 200 mm、“切角分段”为 4，效果如图 5-105 所示。

图 5-105

（32）选择“边”层级，使用“切角”工具，设置“切角数量”为 35 mm、“切角分段”为 4，效果如图 5-106 所示。

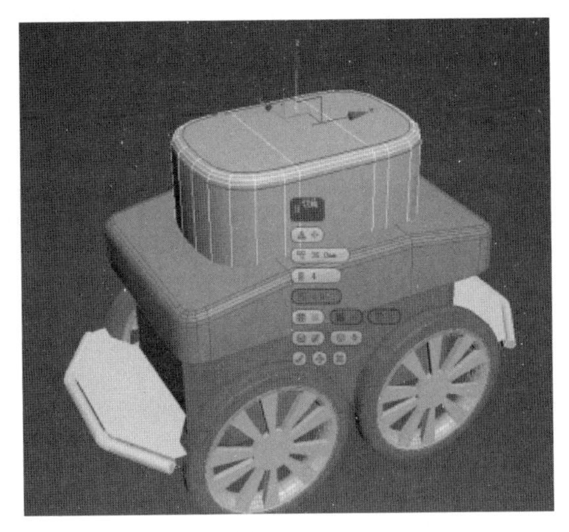

图 5-106

（33）切换到前视图，选择“边”层级，调整位置，效果如图 5-107 所示。

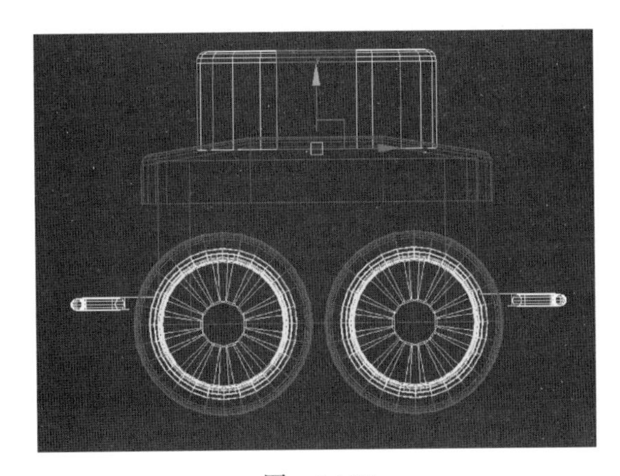

图 5-107

（34）单击“连接”按钮，设置“连接分段”为 2。“连接边收缩”为 70，效果如图 5-108 所示。

图 5-108

（35）选择“顶点”层级，调整位置，效果如图 5-109 所示。

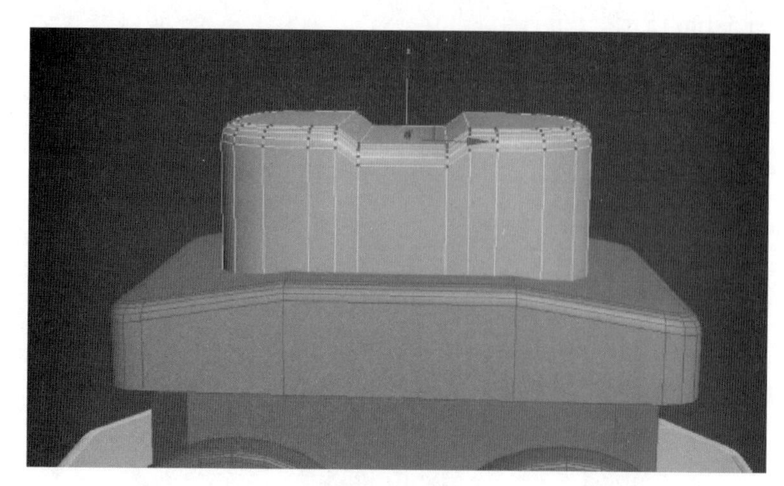

图　5-109

（36）选择“边”层级，使用“连接”工具，设置“连接分段”为 2、“连接收缩”为 10，“连接边滑块”为 70，效果如图 5-110 所示。

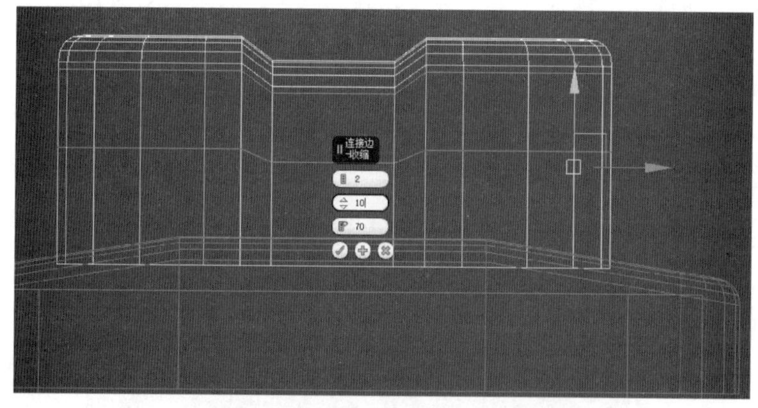

图　5-110

（37）选择“面”层级，按 delete 键删除，效果如图 5-111 所示。

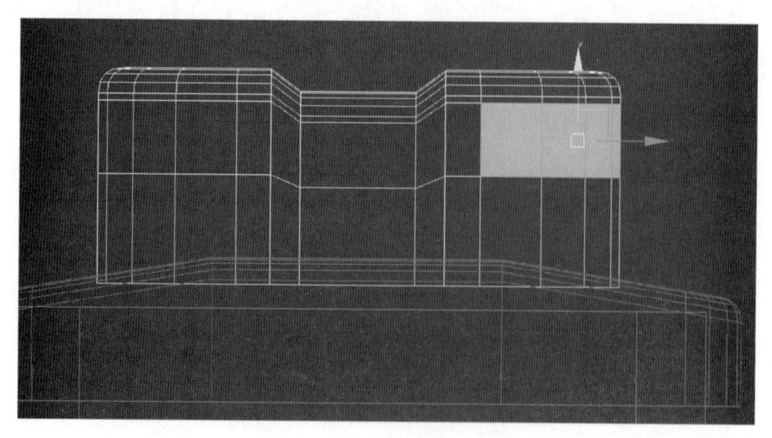

图　5-111

（38）单击边界“层级”，选择模型边界，单击“封口”按钮，效果如图 5-112 所示。

图 5-112

（39）选择“点”层级，单击“连接”按钮，效果如图 5-113 所示。

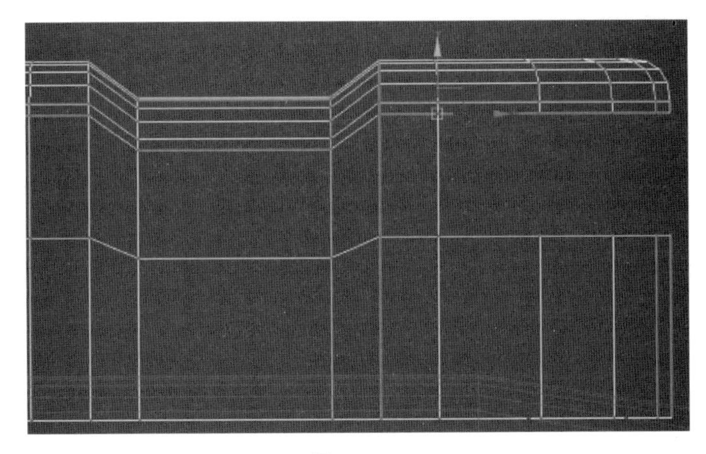

图 5-113

（40）选择“点”层级，单击“连接”按钮，效果如图 5-114 所示。

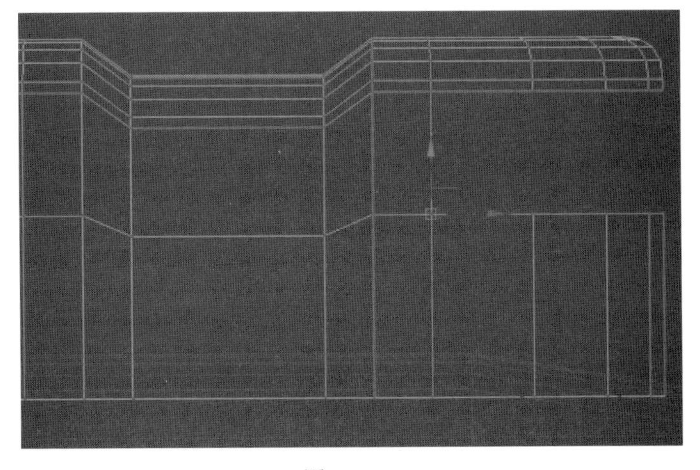

图 5-114

（41）在左视图中创建样条线，并调整顶点位置，效果如图 5-115 所示。

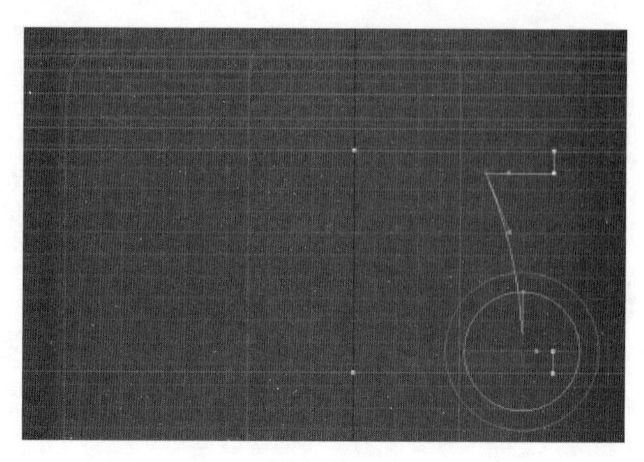

图 5-115

（42）添加“车削”修改器，“度数”设置为 180，效果如图 5-116 所示。

图 5-116

（43）创建一个圆柱体，半径为 100 mm，高度为 150 mm。使用变换工具调整位置，效果如图 5-117 所示。

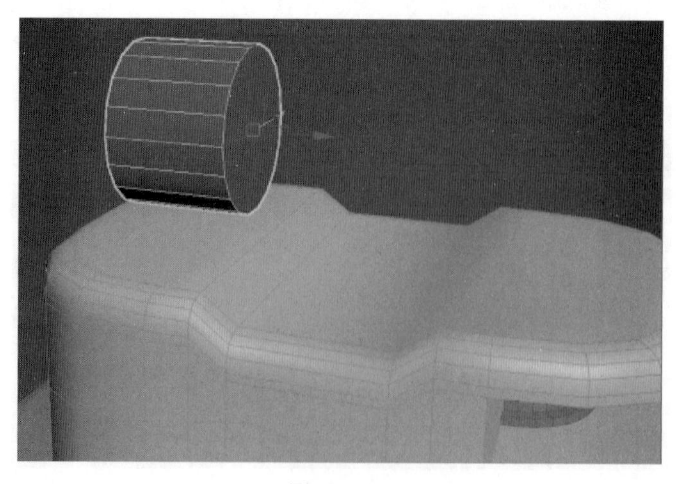

图 5-117

（44）添加“编辑多边形”修改器，在前视图选择“边”，按 Ctrl+backspace 组合键删除，效果如图 5-118 所示。

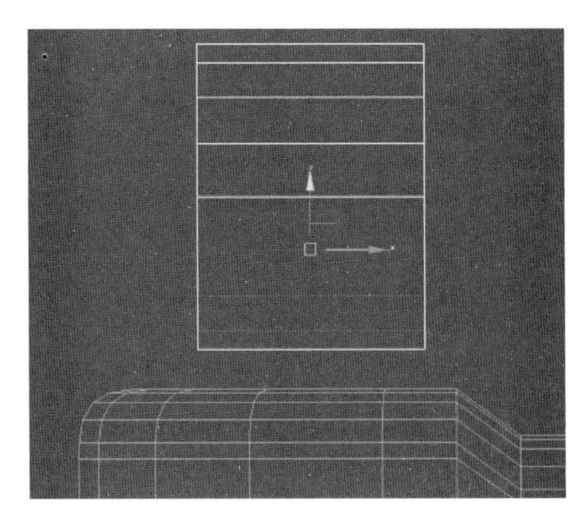

图 5-118

（45）调整顶点位置，效果如图 5-119 所示。

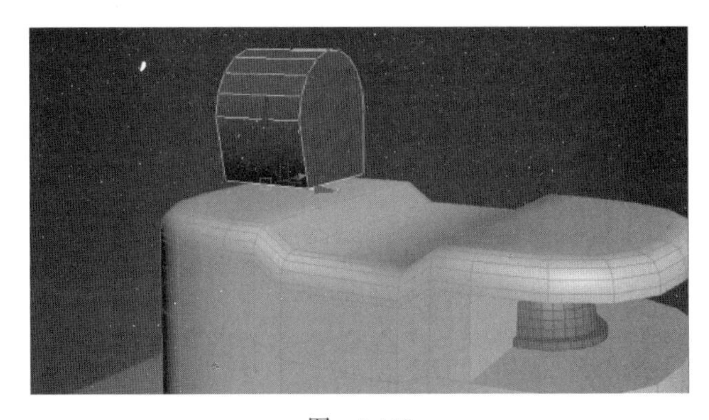

图 5-119

（46）创建一个圆柱体，半径为 80 mm，高度为 380 mm。移动到适当位置，效果如图 5-120 所示。

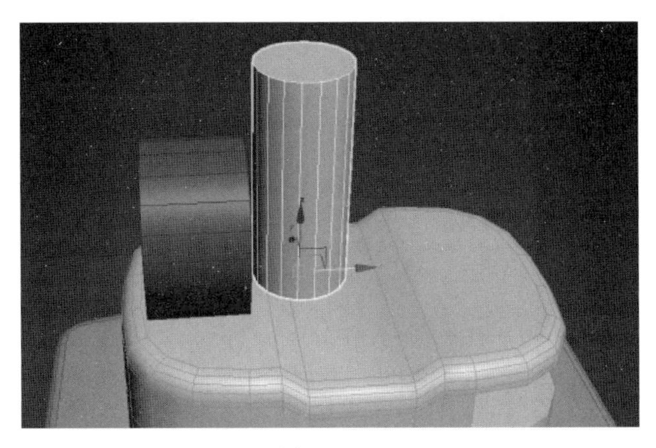

图 5-120

（47）添加“编辑多边形”修改器。并选择边，按住 Ctrl+backspace 组合键删除，并调整顶点位置，效果如图 5-121 所示。

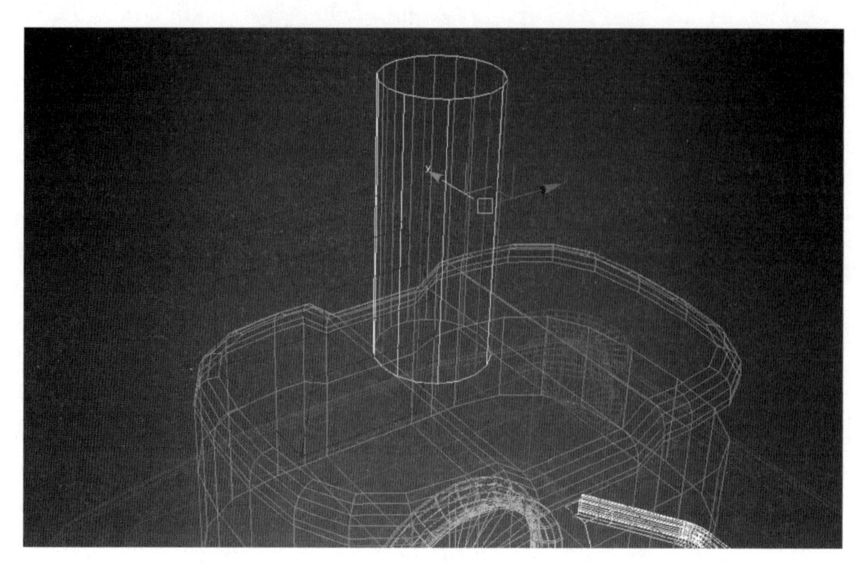

图　5-121

（48）切换到左视图，单击“快速切片”按钮，在模型上切割一条边。右击结束，效果如图 5-122 所示。

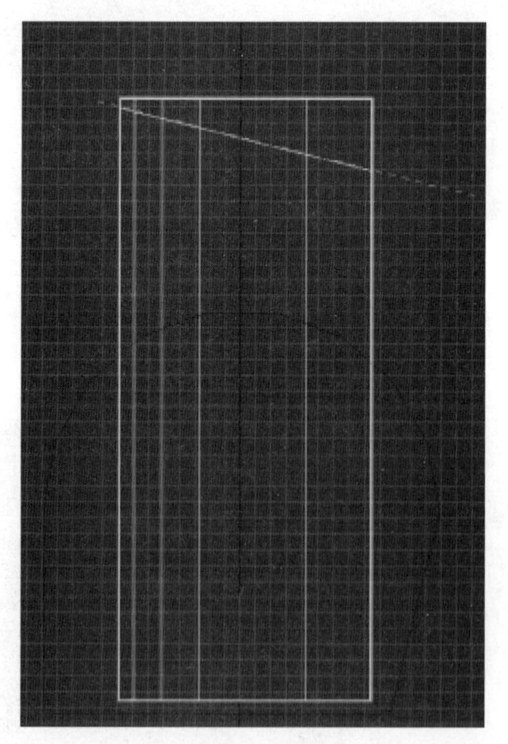

图　5-122

（49）选择面，按 delete 键删除。选择“边界”层级，按住 Shift 键向上移动 Z 轴，单击“封口”按钮，效果如图 5-123 所示。

图 5-123

（50）选择“边界”层级，单击“挤出”按钮，设置“挤出方式”为“本地法线”,“挤出高度”为 5 mm，效果如图 5-124 所示。

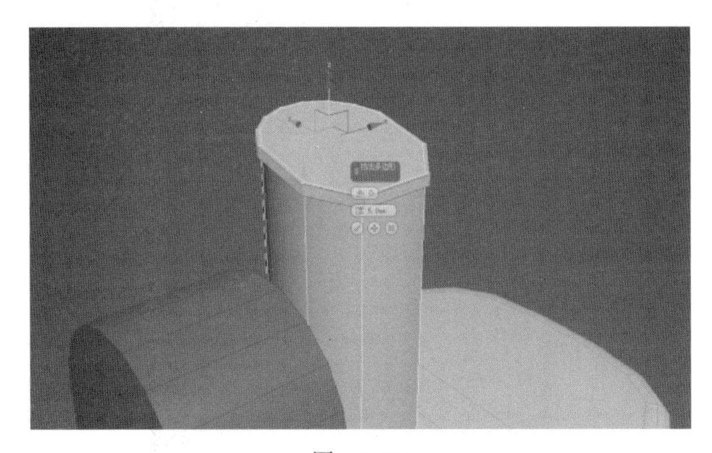

图 5-124

（51）选中面，使用缩放工具，在 X、Y、Z 三个轴向上缩小一点，效果如图 5-125 所示。

图 5-125

（52）单击“挤出”按钮，设置“挤出高度”为 0。切换为平移工具，沿 Z 轴向下移动，效果如图 5-126 所示。

图 5-126

（53）切换到左视图，使用缩放工具沿 Y 轴向下压平选择的面，效果如图 5-127 所示。

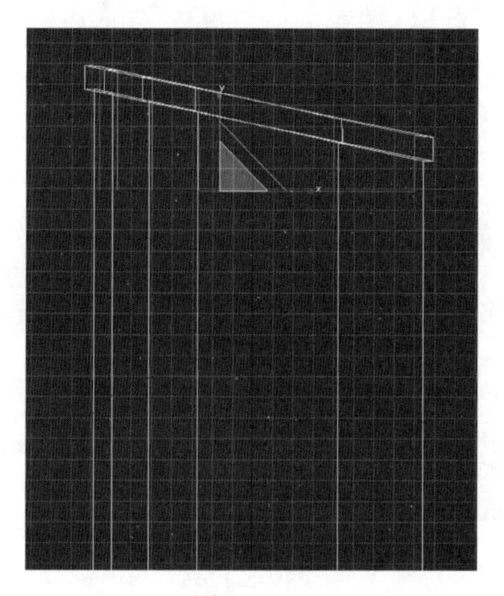

图 5-127

（54）使用旋转工具沿 X 轴旋转 60°，并移动到适当位置，效果如图 5-128 所示。

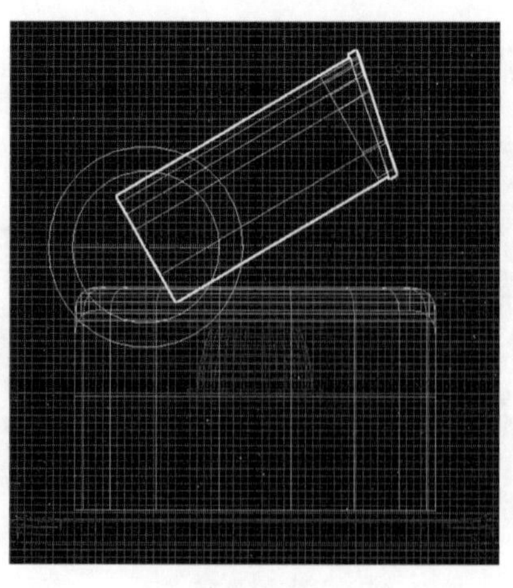

图 5-128

（55）复制一个摄像头模型到左侧。调整两个摄像头的大小和位置。至此，“高铁智能巡检机器人”模型制作完成，效果如图 5-129 所示。

图 5-129

任务评价

任务评价如表 5-3 所示。

表 5-3 “高铁智能巡检机器人”任务评价表

<table>
<tr><th rowspan="2">序号</th><th rowspan="2">工作步骤</th><th rowspan="2">评 分 项</th><th rowspan="2">评 分 标 准</th><th colspan="3">得 分</th></tr>
<tr><th>自评</th><th>互评</th><th>师评</th></tr>
<tr><td rowspan="4">1</td><td rowspan="4">课前学习评价（30 分）</td><td>完成课前任务作答（10 分）</td><td rowspan="4">规范性 30%
准确性 70%</td><td></td><td></td><td></td></tr>
<tr><td>完成课前任务信息收集（5 分）</td><td></td><td></td><td></td></tr>
<tr><td>完成任务背景调研 PPT（5 分）</td><td></td><td></td><td></td></tr>
<tr><td>完成线上教学资源的自主学习及课前测试（10 分）</td><td></td><td></td><td></td></tr>
<tr><td rowspan="4">2</td><td rowspan="4">课堂评价与技能评价（40 分）</td><td>积极主动，答题清晰（10 分）</td><td>表现积极主动、踊跃回答问题，5 分
协助教师维护良好课堂秩序的，5 分</td><td></td><td></td><td></td></tr>
<tr><td>熟练掌握课堂所讲知识点内容（10 分）</td><td>根据知识点掌握程度酌情扣分，熟练 10 分，一般 8 分，需要协助 6 分</td><td></td><td></td><td></td></tr>
<tr><td>熟练操作完成课堂练习（14 分）</td><td>根据软件操作熟练程度酌情扣分，熟练 14 分，一般 11 分，需要协助 8 分</td><td></td><td></td><td></td></tr>
<tr><td>实现案例模型的创建（6 分）</td><td>独立实现案例模型创建，实现三个点满分，少一个点扣 2 分</td><td></td><td></td><td></td></tr>
<tr><td rowspan="3">3</td><td rowspan="3">态度评价（30 分）</td><td>良好的纪律性（10 分）</td><td>课堂考勤 3 分
服从管理 4 分
敬业认真 3 分</td><td></td><td></td><td></td></tr>
<tr><td>主动探究，能够提出问题和解决问题（10 分）</td><td>态度积极 5 分
独立思考 3 分
乐于创新 2 分</td><td></td><td></td><td></td></tr>
<tr><td>团队协作能力（10 分）</td><td>参与讨论 2 分
承担责任 2 分
乐于分享 3 分
领导能力 3 分</td><td></td><td></td><td></td></tr>
<tr><td colspan="4">合 计</td><td>10</td><td>20</td><td>70</td></tr>
</table>

课后作业

铁路信号灯：根据图 5-130 所示，运用本项目所学知识点，完成“铁路信号灯”模型的制作。

图　5-130

拓展与提高

在“选择”卷展栏下，“环形”和“循环”按钮的右侧都有微调钮，选中一个边后，按住 Ctrl 键，单击向上或者向下的微调钮，可以逐渐增加环形选择或循环选择。

思考与练习

1. 启用________复选框后，只有通过选择模型上的顶点才能选择子对象。

2. “目标焊接”与“________”类似，可以将两个点焊接为一个点，但不同的是“目标焊接”是将选择的点附加到另一个点上，另一个点的位置不变。

3. 工业模型大多数棱角都需要使用________制作出倒角，否则在光滑后会出现意想不到的错误。

4. “倒角”也是经常用到的工具，它与________类似，挤出后会产生一个新的元素，同时会使挤出元素产生一个角度。

5. 选择两个点后，单击________按钮可以使选中的两个点合并在一起。

渲染器

项目引言

渲染是三维动画制作中的关键环节，将贴图、照明、阴影、特效等应用到场景模型中。在 3ds Max 中渲染效果的完成，需要使用“渲染设置”对话框来创建渲染并将其保存为图片或者视频文件等，形成最终的效果。

能力目标

- 熟悉 VRay 渲染器。
- 掌握 VRay 材质和贴图的应用方法。

相关知识与技能

本项目将介绍 3ds Max 中一个出色的渲染器插件——VRay 渲染器。希望通过对本项目的学习，读者可以熟悉 3ds Max 中各种常用的材质，并根据材质的需求指定相应的贴图，从而设置出真实、专业的材质与贴图。

任务 6.1 VRay 渲染器

VRay 渲染器相当于 3ds Max 自身的渲染器，VRay 具有三大特点：表现真实、应用广泛、适应性强。VRay 渲染器选项分布在 3ds Max 的 4 个区域中：渲染参数的设置区域、材质编辑区域、创建修改参数区域、环境和效果区域。本节将介绍 VRay 渲染器的一些基础知识。

6.1.1 VRay 简介

VRay 渲染器是由著名的 Chaos Group 公司开发的，它拥有快速的全局光引擎和优质的光线追踪品质，VRay 凭借这些优势在室内外设计以及建筑表现领域都显得极为活跃。良好的兼容性使其能与多种相关软件相配合，足迹遍布工业造型、影视娱乐、多媒体开发、游戏制作等各领域。

VRay 不仅支持 3ds Max，也支持 Maya、Rhinoceros 等软件，这使得 VRay 在工业领域及其他设计领域中占据一席之地。

VRay 渲染器是一款光线追踪和全局光渲染器，多用于建筑表现。VRay 的最大特点是间接照明功能，也就是通常说的 global illumination（全局照明），使用该功能可以很好地模拟出真实而柔和的阴影和光影的反射效果。

此外，VRay 还有个特点是发光贴图，它的作用是将全局照明所计算出的结果使用贴图的形式表现出来，这是 VRay 渲染引擎中较为复杂、参数也比较多的选项。正因为有了如此多的参数提高其可操控性，所以发光贴图可以快速准确地计算出完美的渲染效果。

在将渲染器调整为 VRay 渲染器之后，打开“材质 / 贴图浏览器”可以看到新添加的 7 种 VRay 专业类型的材质，使用这些材质可以轻松地制作出逼真的效果。

为了丰富光照的表现力，VRay 在灯光面板中也添加了两盏专业的 VRay 灯光，这些灯光的设置比较简单，但是它们可以很好地模拟出真实的光源照射。

6.1.2 VRay 参数

要熟悉一款渲染器，首先要明白渲染器各部分的功能和意义。在 3ds Max 中安装 VRay 渲染器后，可按快捷键 F10 打开渲染面板，在“公用”面板中展开“指定渲染器”卷展栏，单击“产品级”右侧的小按钮，在打开的对话框中选择 VRay 选项即可。

此时,“渲染设置”面板中将自动加载 VRay 渲染器的其他参数面板，包括 VRay 面板、“间接照明”“设置”面板等。这三个面板包含了很多关于 VRay 渲染器的参数设置，本节重点介绍几个主要的参数卷展栏。

1. VRay 帧缓冲窗口

VRay 渲染器提供了一个特殊的功能，即 VRay 帧缓冲。VRay 拥有自身的帧缓冲处理功能，相比 3ds Max 系统默认的帧窗，它使用起来更方便、更有效率。

2. VRay 全局开关

“VRay 全局开关”卷展栏主要用来设置全局渲染参数，包含针对几何体、灯光、材质、间接照明及光线追踪的参数控制。

3. VRay 图像采样器

该卷展栏用来设置图像的采样频率，这是一个制约渲染效果的关键性因素。可以通过设置“图像采样器”下拉列表来设置图像的采样方式，通过设置“抗锯齿过滤器”的参数来调整抗锯齿的方式。

4. VRay 间接照明

“间接照明”卷展栏中的参数将对场景中的间接照明参数进行控制。在默认情况下，间接照明是关闭的，只有在启用“开”复选框后才能够使用。

5. VRay 发光贴图

该卷展栏只有将“间接照明”卷展栏中的“汽次反弹”计算方式设置为“发光贴图”才会显示出来，发光贴图是计算三维空间点集合的间接光照明。光线发射到物体表面，VRay 会在发光贴图中寻找是否具有与前点类似的方向和位置的点，从这些已经被计算过的点中提供各种信息。

6. VRay 灯光缓存

该卷展栏只有将“间接照明”卷展栏中的渲染引擎设置为“灯光缓存”才会显示出来，“灯光缓存渲染引擎”是近似计算场景中间接光照明的一种技术，与“灯光贴图”有些类似，但是比“灯光贴图”更具扩展性，它追踪场景中指定数量的灯光追踪路径，发生在每一条路径上的反弹会将照明信息存储在三维结构中。

6.1.3 任务实施：VRay 测试渲染参数设置

本节讲解 VRay 测试渲染参数设置。在开始设置前，先打开“高铁车厢内景”场景，具体任务实施操作步骤如下。

（1）打开“渲染设置”窗口，将渲染器设置为 V-Ray 5 渲染器。“输出大小”选择 640×480，效果如图 6-1 所示。

图 6-1

（2）单击 VRay 卷展栏，打开帧缓冲区，勾选“启用内置帧缓存区”和“内置帧缓存区”，效果如图 6-2 所示。

图 6-2

（3）设置“图像采样器（抗锯齿）”类型为“渲染块”，“图像过滤器”选择“区域”。“渲染块图像采样器”的“噪波阈值”设置为 0.1。其他默认，效果如图 6-3 所示。

图 6-3

（4）打开 GI 卷展栏，勾选“启用全局照明”，首次引擎选择“发光图”，二次引擎选择“灯光缓存”。在“发光图”选项卡中，“当前预设”选择“低”。在“灯光缓冲”选项卡中，“细分”修改为 800。其他保持默认，效果如图 6-4 所示。

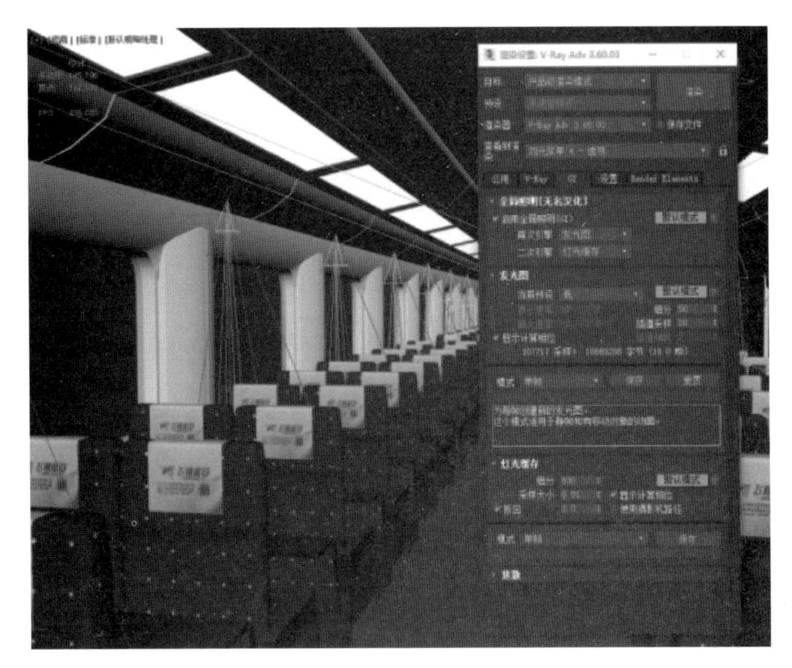

图 6-4

课后作业

为高铁车厢文件设置高精度的渲染参数：运用本项目所学知识，为高铁车厢文件设置高精度的渲染参数，如图 6-5 所示。

图 6-5

拓展与提高

VRayMtl（VRay 材质）中的反射和折射颜色都是通过灰度图来表示的。颜色越亮，则反射或折射效果越剧烈，颜色越暗，则反射或折射效果越弱。

思考与练习

1. ________拥有自身的帧缓冲处理功能，可以摆脱 3ds Max 系统默认的帧窗口。

2. 设置好渲染器后，________中将自动加载 VRay 渲染器的其他参数面板，包括 VRay 面板、“间接照明”“设置”面板等。

3. ________的材质是在 VRay 渲染中使用得比较多的材质，它可以轻松地控制物体的折射，反射，以及半透明的效果。

4. ________材质可以看作 VRay 的自发光材质，它经常用于制作日光灯的灯罩这类自发光物体。

5. ________可以在 VRay 所支持的材质中使用，它通常可以取代常规使用的光线跟踪贴图，以换取更为快捷的渲染速度。

灯光和摄影机

项目引言

光是人能看到物件的必备要素，摄影机是记录画面的必备条件。本项目将介绍3ds Max中灯光和摄影机的创建及应用。通过学习本项目的内容，读者可以灵活掌握各种灯光和摄影机的应用，制作出真实、自然的视觉效果。

能力目标

- 掌握灯光的使用。
- 掌握摄影机及其特效的使用方法。
- 掌握VRay灯光的创建方法。

相关知识与技能

标准灯光的参数大部分都是相同或相似的，只有“天光”具有自身特殊的修改参数，但比较简单。

任务7.1 高铁餐桌目标聚光灯与目标平行光的创建

场景的类型将决定灯光的选择。场景灯光通常分为三种类型，自然光、人工光及二者的结合。使用自然光时，有几个问题需要考虑：现在是一天中的什么时间，天是晴空万里还是阴云密布，在环境中有多少光反射到四周等。

人工光需要考虑光线来自哪里、光线的质量如何。如果有几个光源，要弄清楚哪一个是主光源。确定是否使用彩色光线也是很重要的。几乎所有的光源都有一个彩色的色彩，而不是纯白色。

高铁餐桌灯光的建模.mp4

自然光和人工光组合使用的场景也比较多，例如，在明亮的室外拍摄电影时，摄影师和灯光师有时也使用反射镜或者辅助灯来缓和刺目的背景。

本任务要为高铁餐桌创建灯光。

聚光灯是3ds Max中使用得最为频繁的灯光类型之一，聚光灯可谓神通广大、无所不能，经常被用作主光源，照亮特定的对象。因为其参数众多，可以方便地设置衰减等，聚光灯几乎可以模拟任何照明效果。3ds Max中提供了两种聚光灯类型："目标聚光灯"和"自由聚光灯"。

7.1.1 灯光的创建

要创建灯光，首先需要在"创建"面板中单击"灯光"按钮，切换到"灯光"面板；然后在对象类型中选择相应的灯光类型，单击可以将其激活，在视图中拖动鼠标即可创建该灯光。标准灯光类型包含6种基本灯光类型，此外，3ds Max还提供了另一种灯光，即光度学灯光。在"标准"下拉列表中选择"光度学"选项即可切换到该面板中。

7.1.2 标准灯光

1. 聚光灯

1）聚光灯特性

聚光灯一般被用作主灯使用，可以发出像手电筒一样的聚集光束，用来照亮指定对象。在3ds Max中聚光灯分为两种类型：一种是"目标聚光灯"；另一种是"自由聚光灯"。

"目标聚光灯"是以目标点为基准来聚集光束的，目标点可以被移动到被照射的目标对象；"自由聚光灯"具有目标聚光灯的所有性能，只是它没有目标点，只能通过旋转整体来对准被照射对象。

2）聚光灯参数

聚光灯的参数设置相对较多，除了"公用参数"卷展栏外，它还有自身的"聚光灯参数"卷展栏。下面介绍该卷展栏中各项参数的含义。

（1）显示光锥。启用"显示光锥"复选框，则聚光灯不被选择时也显示圆锥体。如果禁用了该选项，则不选择聚光灯时，不会显示灯光的光锥。

（2）泛光化。启用该复选框之后，聚光灯会像泛光灯一样向周围投射光线，但物体的投影和阴影只发生在其衰减圆锥体内。

（3）聚光区/光束。"聚光区/光束"用于调整聚光灯圆锥体的角度，聚光区的值以度为单位进行测量，该参数用于定义整个照明中亮部的区域。

（4）衰减区 / 区域。“衰减区 / 区域”选项用于调整灯光衰减区的角度，也就是说在这个区域中的灯光将会产生衰减效果，该数值越大衰减区域就越大。

（5）圆和矩形。这两个参数用来确定聚光区和衰减区的形状，默认是圆形，如果想要一个矩形的光束，应选中“矩形”单选按钮。

（6）纵横比。当选中“纵横比”单选按钮后，则该选项起作用。它决定聚光灯执行框的长度和宽度的比例关系，默认值是 1，则表示图形的形状为正方形。

（7）位图拟合。如果灯光的投影纵横比为矩形，单击此按钮打开位图，则矩形的纵横比将和位图的长宽比相对应。当灯光用作投影灯时，该选项非常有用。

2. 泛光灯

在 3ds Max 中，泛光灯为正八面体图标，向四周发散光线。标准的泛光灯用来照亮场景，易于建立和调节，不用考虑是否有对象在范围外未被照射，而且泛光灯的参数与聚光灯参数大致相同，也可以投影图像。

泛光灯是一个向所有方向发射光线的点光源，它将照亮朝向它的所有面。当场景中没有灯光存在时，有两个默认的泛光灯被打开以提供场景中的整体照明，并且这两个泛光灯是不可见的，一旦创建了自己的灯光，这两个默认的灯光将被关闭。

在场景当中，泛光灯通常的作用是作为辅光。在远距离内使用不同颜色的低亮度泛光灯是一种常用的手段，这种灯光类型可以将阴影效果投射并混合在模型上。

实际上，泛光灯是一种比较简单的灯光类型，除了具有与其他标准灯光一样的参数外，并没有自己独立的属性。

3. 天光系统

“天光”是一种比较先进的灯光类型，它可以模拟日照效果。在 3ds Max 中有多种模拟日照效果的方法，但如果配合“光线跟踪”渲染方式的话，“天光”往往能产生最生动的效果。本节将介绍关于天光的使用方法，以及一些常用参数的功能。

天光主要用于模拟真实世界中的日光效果，在场景中添加天光，无论天光在什么位置，它总是可以将视图笼罩在天光之中。

在场景中创建天光后，进入其修改面板，可以发现天光和聚光灯及平行光一样，有可以控制自身属性的“天光参数”面板，但是天光并没有和其他灯光同样的属性参数。

1）启用

启用和禁用灯光。当该复选框处于启用状态时，使用灯光着色和渲染照亮场景。该选项处于禁用状态时，进行着色或渲染时不使用该灯光。默认设置为启用。

2）倍增

设置灯光的强度。例如，将“倍增”设置为 4，灯光将亮 2 倍。使用该参数增加强度可以使颜色看起来有“曝光”的效果，默认设置为 1.0。

3）天空颜色

该选项区域用来控制天光的颜色，可以利用拾色器定义一种天空的颜色，如果启用其中的“贴图”选项，则可以单击“无贴图”按钮选择一幅贴图作为天空颜色。

4）投射阴影

启用该复选框后，场景中会出现阴影效果，关闭该复选框时，场景中将不会出现阴影效果。

5）每采样光线数

该选项用于计算落在场景中指定点上天光的光线数。对于动画，应将该选项设置为较高的值以消除闪烁。

6）光线偏移

对象可以在场景中指定点上投射阴影的最短距离。将该值设置为 0。可以使该点在自身上投射阴影，将该值设置为大的值，可以防止点附近的对象在该点上投射阴影。

7.1.3 VRay 灯光

VRay 除了可以支持 3ds Max 自带的光源外，本身还添加了两种灯光：一种是 VRay 灯光；另一种是 VRay 太阳光。VRay 灯光是一种面积光源，经常被用来制作阳光从窗口中射入的效果。

1. 类型

VRay 灯光提供了 4 种类型的灯光：“平面”“球体”“穹顶”和“网格体”。

2. 颜色和倍增器

“颜色”控制着灯光的颜色，改变右侧色块的颜色即可改变灯光颜色。“倍增器”控制着灯光的强度，该值越大，灯光越亮，值越小则反之。

3. 双面和不可见

启用“双面”复选框后，灯光的两面都会发光，启用“不可见”复选框后，灯光会在保留光照的情况下隐藏起来。

4. 投射阴影

在默认情况下，灯光表面在空间的任何地方发射的光线是平均的，在启用该复选框后，光线会在法线上产生更多的光照。

5. 不衰减

灯光会按照与光线距离的平方的倒数的方式进行衰减，启用该复选框后，灯光光照的强度将不会衰减。

6. 天光入口

启用该复选框后灯光的“颜色倍增”等参数将不在场景中起作用，而是以天光的颜色和亮度为标准。

7. 存储在发光贴图中

启用该复选框后，如果使用发光贴图方式，VRay 将计算 VRay 灯光的光照效果，并且将光照效果存储在发光贴图中，在计算发光贴图的过程中整个计算速度将会变慢，但是会提高渲染时的速度。

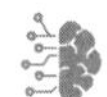

8. 影响漫反射、影响高光和影响反射

关闭“影响漫反射”复选框时灯光照在物体上时将不会产生漫反射。关闭“影响高光”复选框后灯光照在物体上时将不产生高光。关闭“影响反射”复选框后灯光照在镜面物体上时将不产生反射。

9. 细分和阴影偏离

“细分”控制着阴影的采样数值，该数值越大细分光照质量就越高，同时渲染时间也越长，该值越小则反之。“阴影偏离”控制着阴影的偏移程度，该值越大阴影的范围就越大、越模糊，该值越小阴影越清晰。

7.1.4 任务实施：为高铁餐桌创建目标聚光灯与目标平行光

在实施该任务前，先打开“高铁餐桌”场景，如图 7-1 所示，为“高铁餐桌”创建目标聚光灯与目标平行光的操作步骤如下。

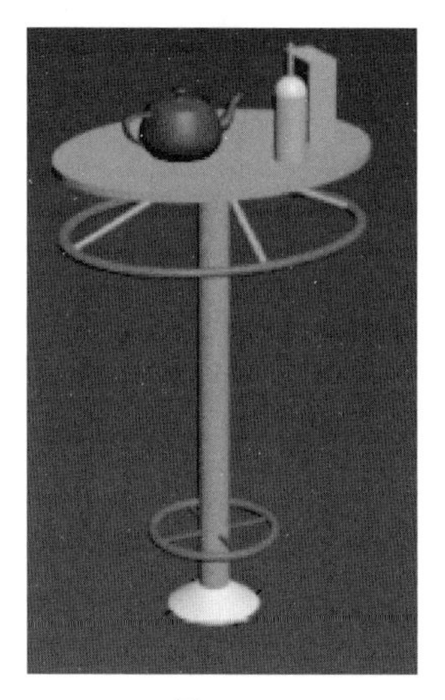

图 7-1

（1）在“创建”面板中单击“灯光”|“标准”|“目标平行光”按钮，在“顶”视图创建一个目标平行光。效果如图 7-2 所示。

（2）切换到透视图，设置目标平行光的高度，效果如图 7-3 所示。

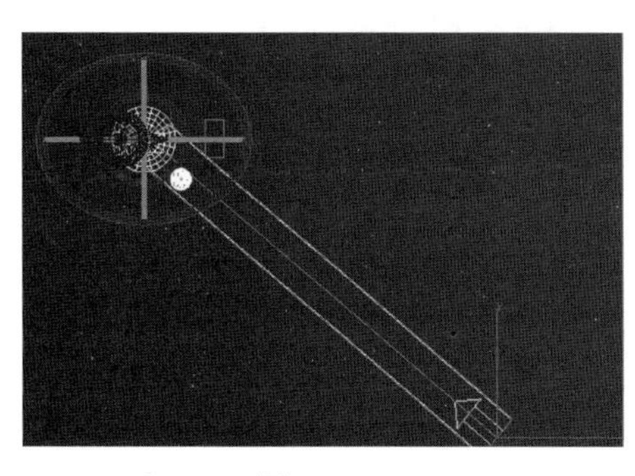

图 7-2

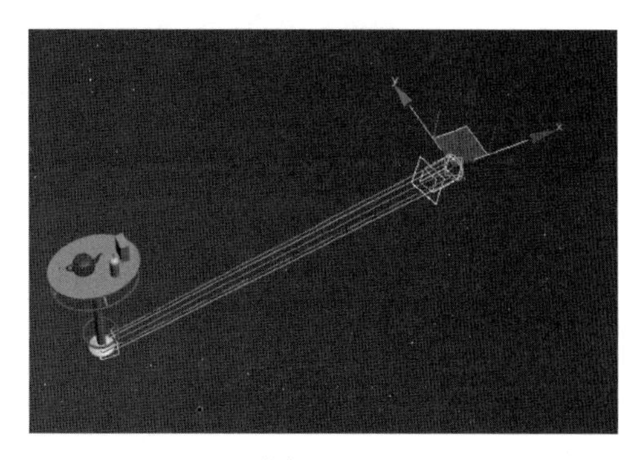

图 7-3

（3）单击“修改”卷展栏，打开目标平行光参数，在常规参数中勾选“阴影启用”，“强度 / 颜色 / 衰减”下“倍增”设置为 0.8。“平行光参数”下勾选“显示光锥”，“聚光区 / 光束”设置为 200。“衰减区 / 区域”设置为 1 000。单击渲染产品，效果如图 7-4 所示。

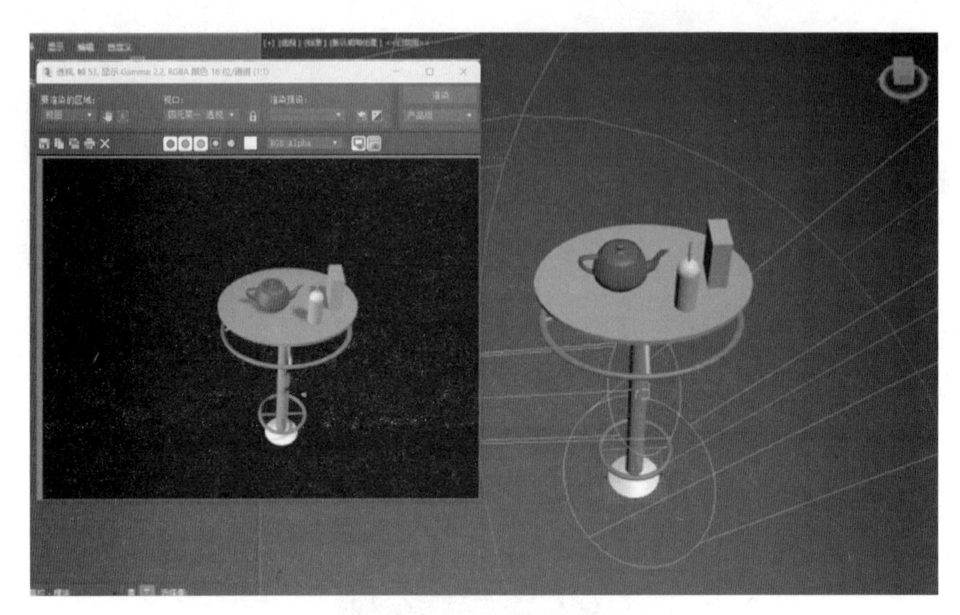

图 7-4

（4）在“创建”面板中单击“灯光”|“标准”|“目标聚光灯”按钮，在顶视图创建一个目标聚光灯，效果如图 7-5 所示。

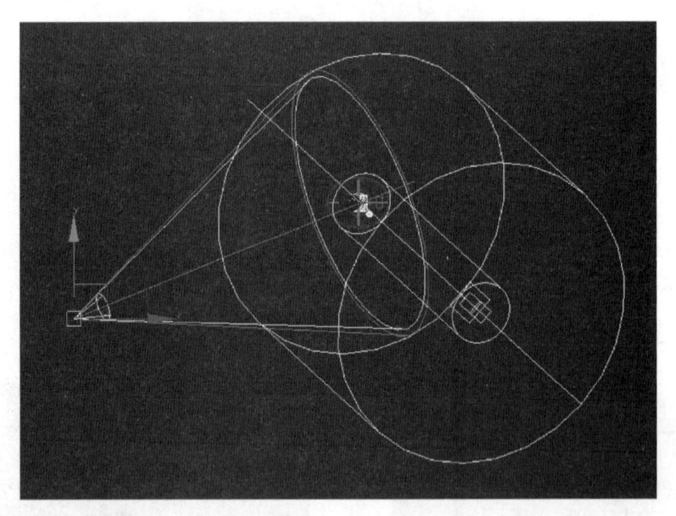

图 7-5

（5）切换到透视图，设置目标聚光灯的高度。单击“修改”卷展栏，打开“目标聚光灯参数”，在“常规参数”中“阴影”不勾选，“强度 / 颜色 / 衰减”下“倍增”设置为 1。“聚光灯参数”中勾选“显示光锥”，“聚光区 / 光束”设置为 7.2。“衰减区 / 区域”设置为 45。单击渲染产品，效果如图 7-6 所示。

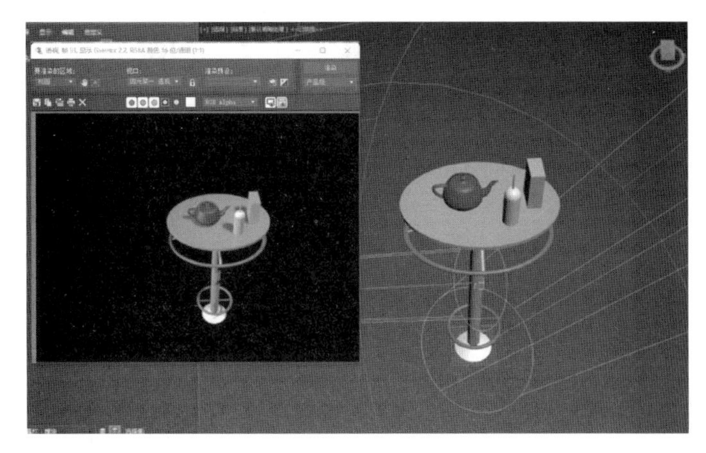

图 7-6

“高铁餐桌创建目标聚光灯与目标平行光”制作完成。

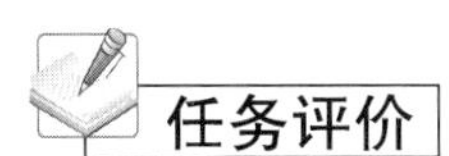

任务评价

任务评价如表 7-1 所示。

表 7-1 “为高铁餐桌创建目标聚光灯与目标平行光”任务评价表

序号	工作步骤	评 分 项	评 分 标 准	得 分		
				自评	互评	师评
1	课前学习评价（30 分）	完成课前任务作答（10 分）	规范性 30% 准确性 70%			
		完成课前任务信息收集（5 分）				
		完成任务背景调研 PPT（5 分）				
		完成线上教学资源的自主学习及课前测试（10 分）				
2	课堂评价与技能评价（40 分）	积极主动，答题清晰（10 分）	表现积极主动、踊跃回答问题，5 分 协助教师维护良好课堂秩序的，5 分			
		熟练掌握课堂所讲知识点内容（10 分）	根据知识点掌握程度酌情扣分，熟练 10 分，一般 8 分，需要协助 6 分			
		熟练操作完成课堂练习（14 分）	根据软件操作熟练程度酌情扣分，熟练 14 分，一般 11 分，需要协助 8 分			
		实现案例模型的创建（6 分）	独立实现案例模型创建，实现三个点满分，少一个点扣 2 分			
3	态度评价（30 分）	良好的纪律性（10 分）	课堂考勤 3 分 服从管理 4 分 敬业认真 3 分			
		主动探究，能够提出问题和解决问题（10 分）	态度积极 5 分 独立思考 3 分 乐于创新 2 分			
		团队协作能力（10 分）	参与讨论 2 分 承担责任 2 分 乐于分享 3 分 领导能力 3 分			
合 计				10	20	70

任务 7.2 高铁车厢灯光的创建

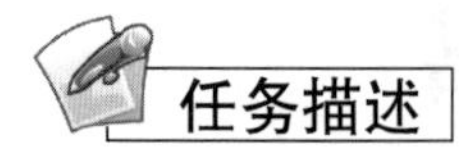

任务描述

“光度学”灯光使用光度学（光能）值，通过这些值可以更精确地定义灯光。用户可以创建具有各种分布和颜色特性的灯光，也可导入照明制造商提供的特定光度学文件。

任务提示

3ds Max 的“光度学”灯光系统提供了 3 种灯光：“目标灯光”“自由灯光”和“太阳定位器”。

7.2.1 “光度学”灯光

“光度学”灯光通过设置灯光的光度学值来显示场景中的场景灯光效果。用户可以为灯光指定各种的分布方式、颜色特征，也可以导入特定光学度文件。

1. 目标灯光

“目标灯光”具有用于灯光指向的目标子对象。

2. 自由灯光

“自由灯光”不具有目标子对象，可以通过变换调整它的方向。

3. 太阳定位器

类似于 3ds Max 之前版本中的太阳光和日光系统，太阳定位器使用的灯光遵循太阳在地球上某一给定位置的角度和运动。通过太阳定位器可以选择位置、日期、时间和指南针方向，也可以设置日期和时间的动画。与传统的太阳光和日光系统相比，太阳定位器的主要优势是高效、直观。太阳定位器位于“灯光”面板中，其主要功能如日期和位置的设置等位于“太阳位置”卷展栏中。一旦创建了“太阳位置”对象，系统就会自动创建环境贴图和曝光控制插件。这样可以避免重复操作，简化工作流程。

7.2.2 壁灯

（1）打开软件，单击“创建”|“灯光”|“光度学”|“目标灯光”按钮，在视图中创建目标灯光，位置如图 7-7 所示。

（2）在“常规参数”卷展栏中选择“灯光分布（类型）”|“光度学 Web”。在“分布（光度学 Web）”卷展栏中单击“选择光度学文件”按钮，在弹出的对话框中选择“光域网 .ies”光度学文件，单击“打开”按钮，这时“选择光度学文件”按钮转换为“光域网”，如图 7-8 所示。

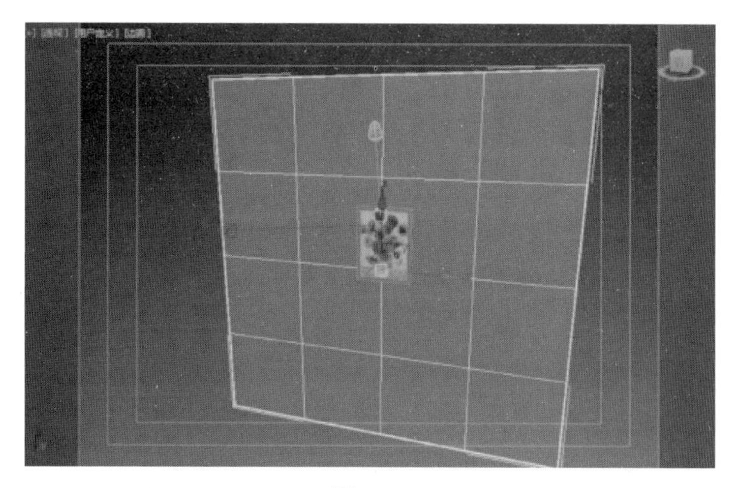

图 7-7

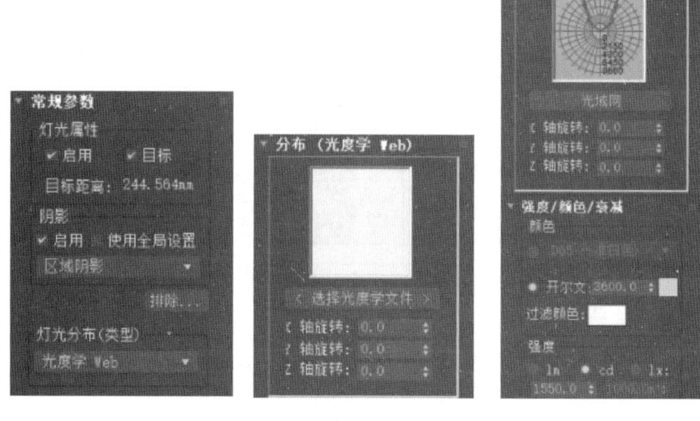

图 7-8

（3）按键盘上的 F9 键，渲染测试，得到如图 7-9 所示的效果，画面效果与灯光的位置和参数设置有关，通过不同距离和不同强度的参数调节，可以制作出丰富的灯光效果。读者可以多下载一些光域网文件进行测试，多加练习来熟悉用法和使用技巧。

图 7-9

7.2.3 任务实施：为高铁车厢创建灯光

在制作开始前，先打开“高铁车厢”场景，如图 7-10 所示，为“高铁车厢”创建光灯的操作步骤如下。

（1）单击“灯光”面板，在顶视图创建 VRay 灯光。调整高度到适当位置。效果如图 7-10 所示。

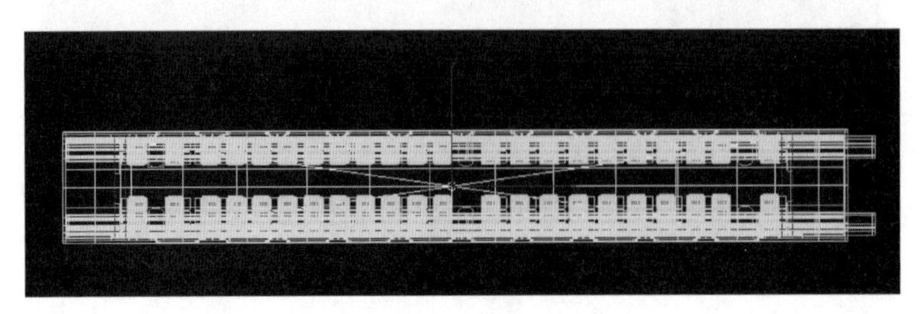

图 7-10

（2）创建一个目标摄影机，效果如图 7-11 所示。

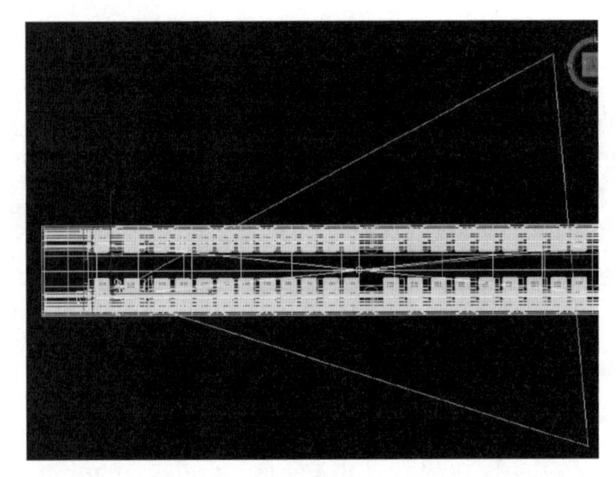

图 7-11

（3）调整摄影机的高度，效果如图 7-12 所示。

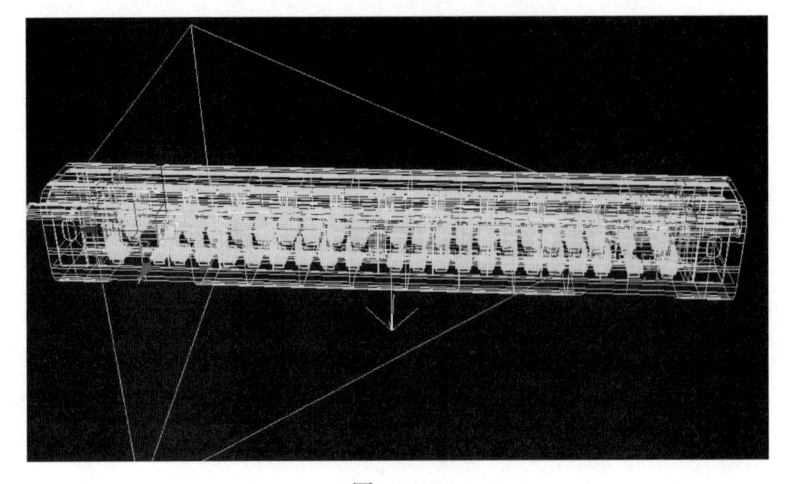

图 7-12

（4）打开“渲染设置”，“渲染器”选择“V-Ray Adv 渲染器”，“图像采样器（抗锯齿）类型”选择“渲染块”。“渲染块图像采样器”的“噪波阈值”设置为0.1，效果如图7-13所示。

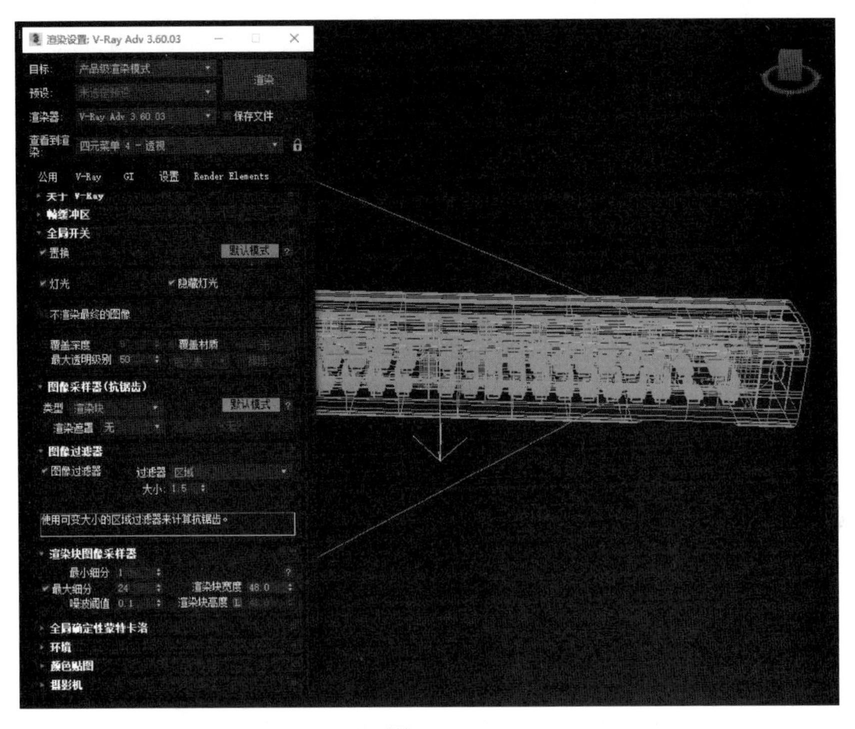

图 7-13

（5）单击“渲染”按钮，效果如图7-14所示。

图 7-14

（6）选择“灯光”，在“参数”面板调整倍增为 3。勾选“不可见”选项，单击“渲染”按钮，效果如图 7-15 所示。

图 7-15

（7）在顶视图创建 VRay 灯光，效果如图 7-16 所示。

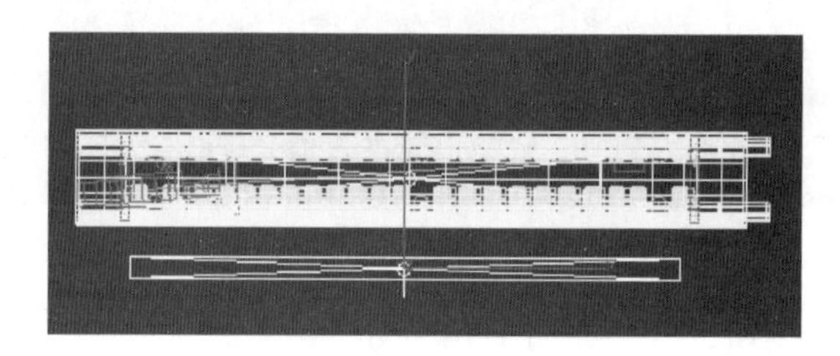

图 7-16

（8）将其移动到适当距离，“修改参数”面板“倍增”参数为 2。颜色为浅黄色，效果如图 7-17 所示。

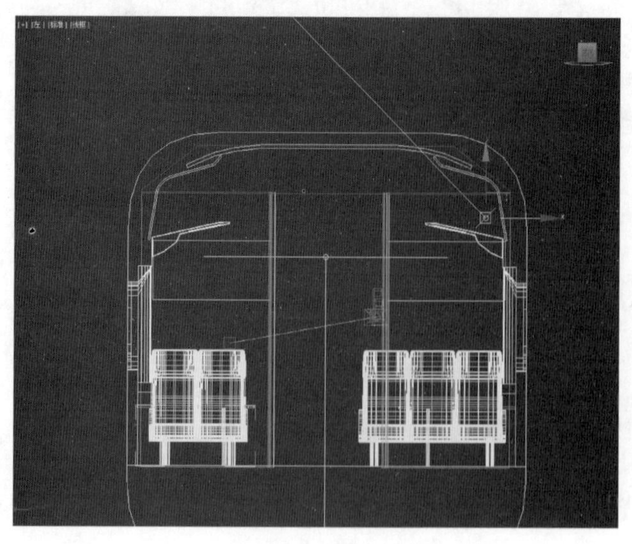

图 7-17

（9）将灯光实例复制一个并移动到适当位置，效果如图 7-18 所示。

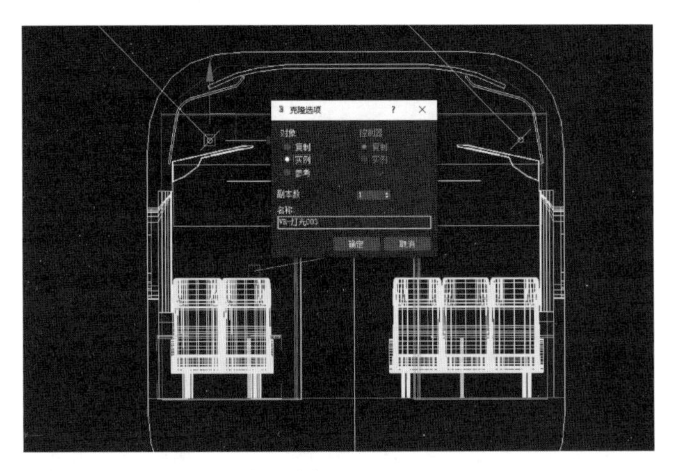

图　7-18

（10）单击“渲染”按钮，效果如图 7-19 所示。

图　7-19

（11）修改“倍增”参数为 3。单击“渲染”按钮，效果如图 7-20 所示。

图　7-20

（12）在前视图创建目标聚光灯，效果如图 7-21 所示。

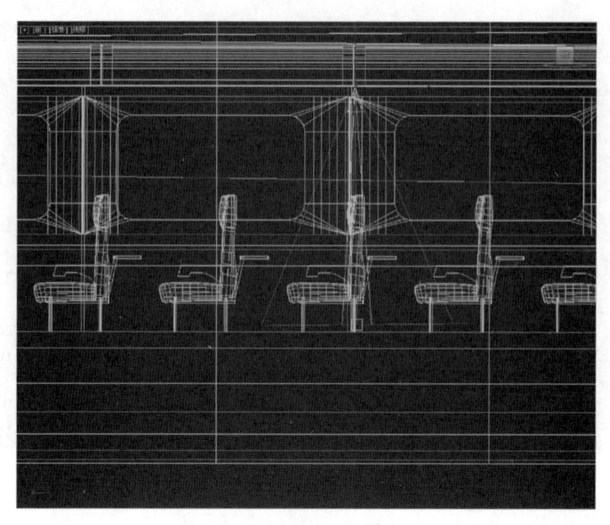

图 7-21

（13）将目标聚光灯移动到适当位置，设置“倍增”参数为 2，效果如图 7-22 所示。

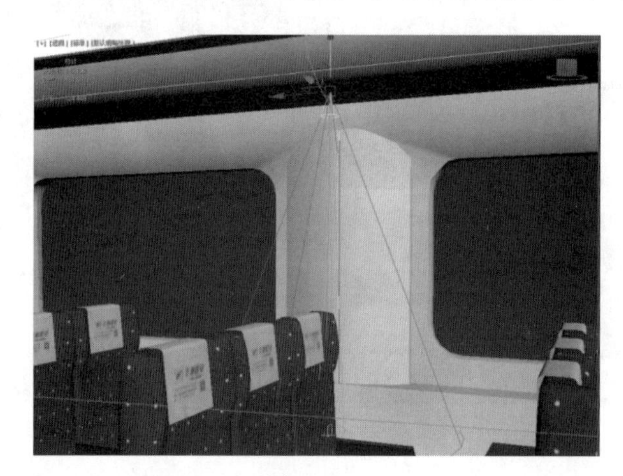

图 7-22

（14）选中目标聚光灯，实例复制，并移动到适当位置，效果如图 7-23 所示。

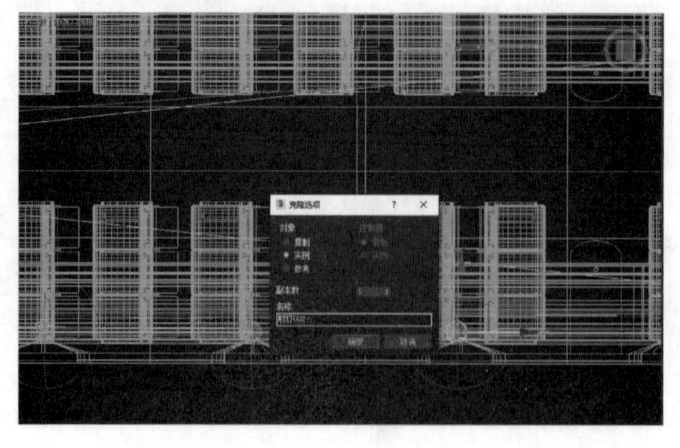

图 7-23

（15）调整“倍增”参数为 3.5，效果如图 7-24 所示。

图 7-24

（16）打开“渲染设置”面板，修改输出大小，宽度为 1 920，高度为 1 080，效果如图 7-25 所示。

图 7-25

（17）单击 V-Ray 卷展栏，修改“噪波阈值”为 0.01，效果如图 7-26 所示。

图 7-26

（18）单击 GI 卷展栏，“首次引擎”选择“发光图”，“二次引擎”选择“灯光缓存”，“当前预设”选择“高”。单击“渲染”按钮，效果如图 7-27 所示。

图 7-27

（19）至此，为高铁车厢创建灯光制作完成，效果如图 7-28 所示。

图 7-28

任务评价

任务评价如表 7-2 所示。

表 7-2 “为高铁车厢创建灯光”任务评价表

序号	工作步骤	评分项	评分标准	得分 自评	得分 互评	得分 师评
1	课前学习评价（30 分）	完成课前任务作答（10 分）	规范性 30% 准确性 70%			
		完成课前任务信息收集（5 分）				
		完成任务背景调研 PPT（5 分）				
		完成线上教学资源的自主学习及课前测试（10 分）				
2	课堂评价与技能评价（40 分）	积极主动，答题清晰（10 分）	表现积极主动、踊跃回答问题，5 分 协助教师维护良好课堂秩序的，5 分			
		熟练掌握课堂所讲知识点内容（10 分）	根据知识点掌握程度酌情扣分，熟练 10 分，一般 8 分，需要协助 6 分			
		熟练操作完成课堂练习（14 分）	根据软件操作熟练程度酌情扣分，熟练 14 分，一般 11 分，需要协助 8 分			
		实现案例模型的创建（6 分）	独立实现案例模型创建，实现三个点满分，少一个点扣 2 分			
3	态度评价（30 分）	良好的纪律性（10 分）	课堂考勤 3 分 服从管理 4 分 敬业认真 3 分			
		主动探究，能够提出问题和解决问题（10 分）	态度积极 5 分 独立思考 3 分 乐于创新 2 分			
		团队协作能力（10 分）	参与讨论 2 分 承担责任 2 分 乐于分享 3 分 领导能力 3 分			
合计				10	20	70

任务 7.3 高铁车厢 VRay 太阳光的设置

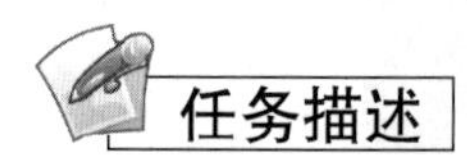

太阳是位于太阳系中心的恒星，它几乎是热等离子体与磁场交织着的一个理想球体。采用核聚变的方式向太空释放光和热。本节使用 VRay 太阳来模拟太阳光。

高铁车厢VRay 太阳光的设置 .mp4

VRay 太阳光就像日常生活里灯光一样，也有影子、反射。VRay 灯光是模拟太阳光来设置的，与真正的灯光有些差别，通过调试可以达到和太阳光差不多的效果。

7.3.1 VRay 太阳光

VRay 太阳光可以真实地模拟太阳光照射的效果，它的参数面板并不复杂，用户可以根据自己的需要设置阳光的颜色和光源的强度等，下面介绍它的参数面板。

1. 激活和不可见

启用“激活”复选框时才能使用 VRay 太阳光效果，启用“不可见”复选框后会在保留光照的情况下隐藏 VRay 太阳光。

2. 浊度

该值可以控制太阳光穿过空气时受空气阻挡的程度，此值越小空气阻挡的程度就越小，光线就越强烈；此值越大，空气阻挡的程度就越大，光线强度会减弱，而且会偏向丁红色，一般用来制作黄昏时的效果。

3. 臭氧

控制空气中臭氧的含量，该值越小空气中臭氧的含量就越小；该值越大空气中臭氧的含量就越高，同时画面的颜色会偏向蓝色。

4. 强度倍增器和大小倍增器

“强度倍增器”控制着太阳光的强度，通常与“浊度”一起配合使用。“大小倍增器”对于阴影的影响较大，该值越大，阴影边缘就越模糊。

5. 阴影细分和阴影偏移

“阴影细分”控制着阴影的采样数值，该值越大阴影的质量就越高；该值越小阴影周围会出现噪波现象。“阴影偏移”定义着阴影的偏移值，取值过大的话，可能会使阴影效果丢失。

7.3.2 任务实施：为高铁车厢设置 VRay 太阳光

本节将为“高铁车厢设置 VRay 太阳光”。在制作开始前，先打开“高铁车厢”场景。

操作步骤如下。

（1）单击“灯光”面板，选择“VRay 灯光”面板下的“VRay 太阳”，在顶视图创建一个 VRay 太阳光，在弹出的对话框中单击“是”，效果如图 7-29 所示。

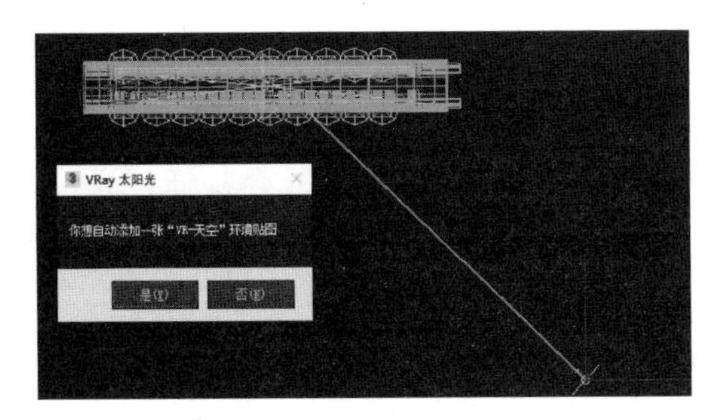

图 7-29

（2）打开“材质编辑器”及“环境和效果”面板，将环境贴图下的“VRay 天空”拖动到“材质编辑器”上的一个新的材质球上，在弹出的对话框中单击“实例”，效果如图 7-30 所示。

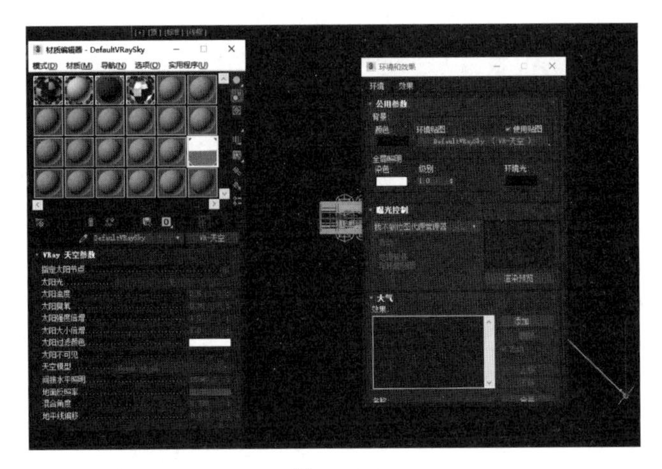

图 7-30

（3）调整 VRay 太阳的高度，效果如图 7-31 所示。

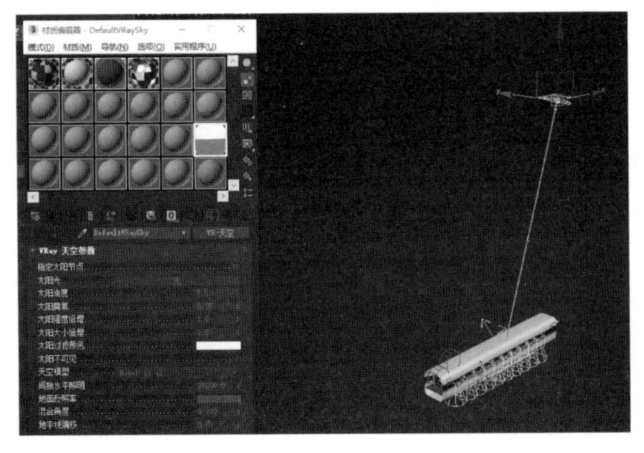

图 7-31

（4）修改材质编辑器参数面板“强度倍增”参数，输入数值 0.03，效果如图 7-32 所示。

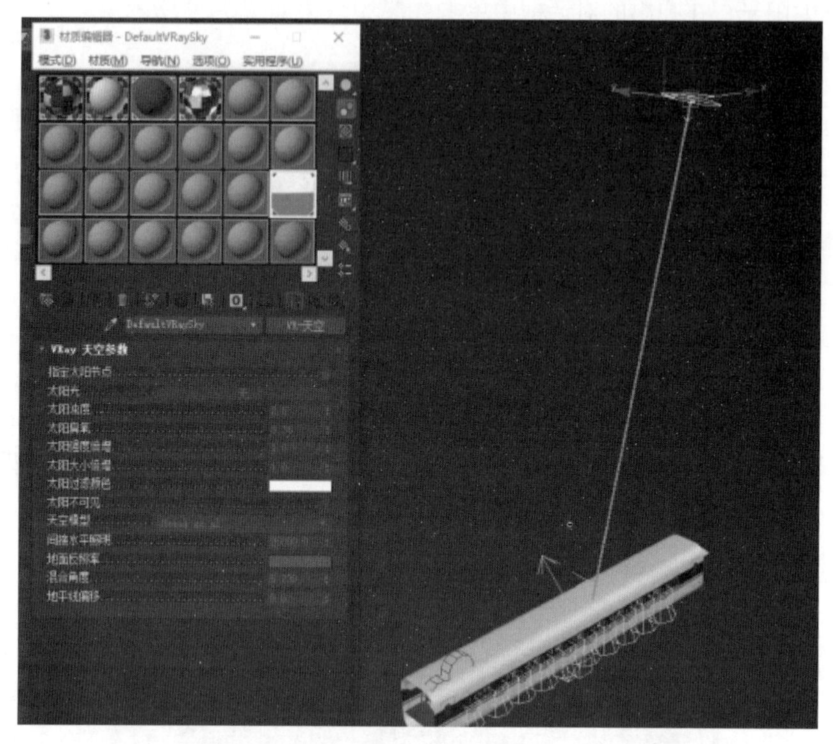

图 7-32

（5）在材质编辑器面板，勾选“指定太阳节点”。将“太阳强度倍增”修改为 0.03，效果如图 7-33 所示。

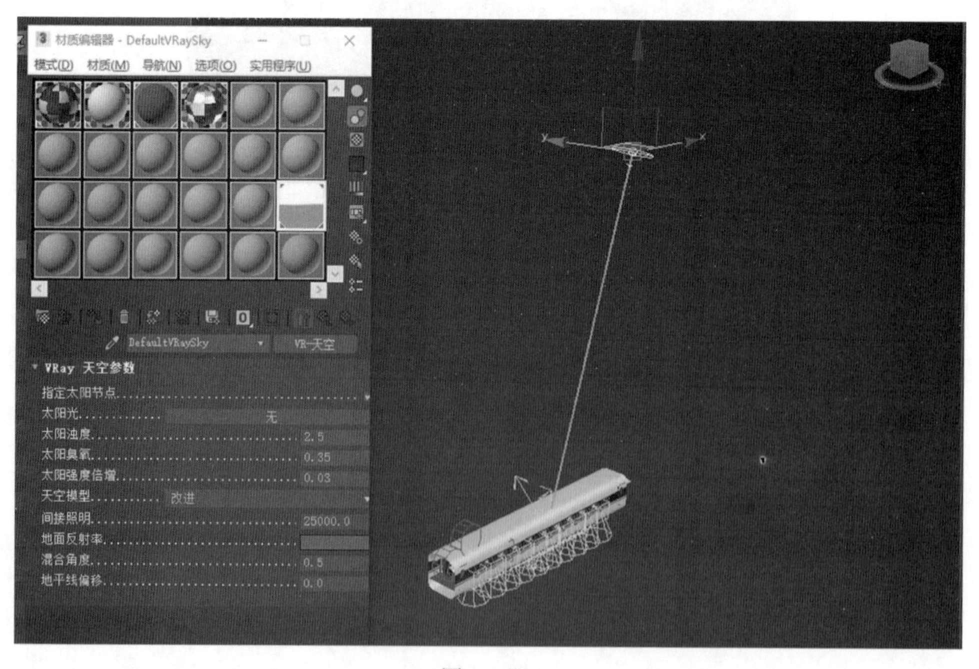

图 7-33

（6）单击“渲染”按钮，查看效果，效果如图 7-34 所示。

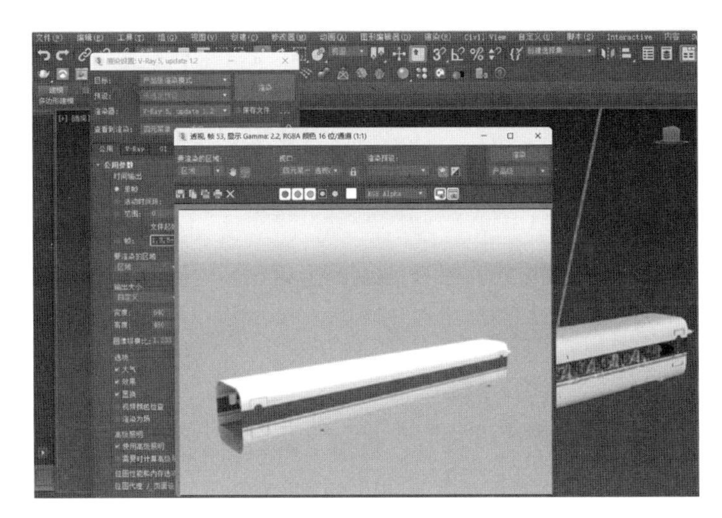

图 7-34

（7）修改 VRay 太阳参数“强度倍增”值为 0.01。在“材质编辑器”面板中修改“太阳强度倍增”值为 0.01，效果如图 7-35 所示。

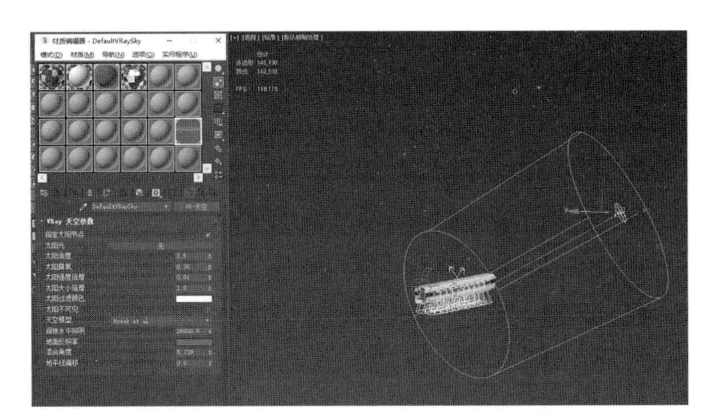

图 7-35

（8）单击“渲染”按钮，查看渲染效果。至此为“高铁车厢设置 VRay 太阳”制作完成，效果如图 7-36 所示。

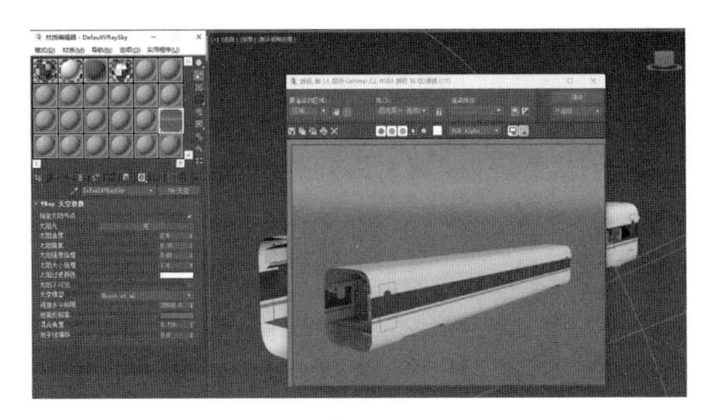

图 7-36

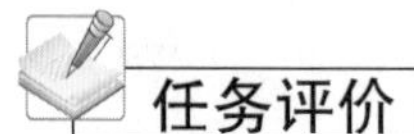

任务评价

任务评价如表 7-3 所示。

表 7-3 “为高铁车厢设置 VR- 太阳”任务评价表

序号	工作步骤	评分项	评分标准	得分		
				自评	互评	师评
1	课前学习评价（30 分）	完成课前任务作答（10 分）	规范性 30% 准确性 70%			
		完成课前任务信息收集（5 分）				
		完成任务背景调研 PPT（5 分）				
		完成线上教学资源的自主学习及课前测试（10 分）				
2	课堂评价与技能评价（40 分）	积极主动，答题清晰（10 分）	表现积极主动、踊跃回答问题，5 分 协助教师维护良好课堂秩序的，5 分			
		熟练掌握课堂所讲知识点内容（10 分）	根据知识点掌握程度酌情扣分，熟练 10 分，一般 8 分，需要协助 6 分			
		熟练操作完成课堂练习（14 分）	根据软件操作熟练程度酌情扣分，熟练 14 分，一般 11 分，需要协助 8 分			
		实现案例模型的创建（6 分）	独立实现案例模型创建，实现三个点满分，少一个点扣 2 分			
3	态度评价（30 分）	良好的纪律性（10 分）	课堂考勤 3 分 服从管理 4 分 敬业认真 3 分			
		主动探究，能够提出问题和解决问题（10 分）	态度积极 5 分 独立思考 3 分 乐于创新 2 分			
		团队协作能力（10 分）	参与讨论 2 分 承担责任 2 分 乐于分享 3 分 领导能力 3 分			
合计				10	20	70

任务 7.4 高铁车厢室内摄影机的设置

任务描述

在真实世界中，摄影机无处不在，我们从电视中看到的大多数画面都是由摄影机所拍摄的，在 3ds Max 中，可以使用摄影机来观察场景和拍摄场景。本任务完成高铁车厢室内摄影机的设置。

任务提示

摄影机决定了效果图和动画中物体显示的位置、大小和角度，因此摄影机是三维场景中不可缺少的组成单位。

7.4.1 摄影构图

1. 三分法构图（九宫格构图）

三分法构图也被称为九宫格构图，是一种比较常见的、应用十分简单的构图方法。

一般有两横两竖将画面均分，使用时将主体放置在线条的四个交点上或者放置在线条上。操作简单，表现鲜明，画面简练。很多摄影机上都直接配备有这个构图辅助线，其应用广泛，多应用于风景、人像等。

2. 对称式构图

对称构图有上下对称、左右对称等，具有稳定平衡的特点。在建筑摄影中表现建筑的设计平衡和稳定性。广泛应用于镜面倒影中，表达出唯美的意境，有画面平衡性的特点。对称式构图多用于建筑、倒影拍摄等。

3. 框架式构图

选择一个框架作为画面的前景，引导观众视线到拍摄主体上，突出主体。

框架式构图会形成纵深感，让画面更加立体直观，更有视觉冲击，也让主体与环境相呼应。经常利用门窗、树叶间隙、网状物等作为框架。

4. 中心构图

中心构图十分简单，就是将主体放在画面中心，新手经常使用，对于构图来说是最稳定的一种，可以从这个构图法学起，然后慢慢增加其他的构图法。

中心构图在很多时候是很好的方法，但很多题材使用中心构图可能会缺乏新意，因此要学会使用多种构图方法。中心构图适合拍摄建筑物或者中心对称的物体等。

5. 引导线构图

就是通过线条来引导观众视线，吸引观众关注画面主体。引导线不一定是具体线条，在现实生活中，道路、河流、整排树木，甚至是人的目光等都可作为引导线使用，只要有一定线性关系就可以。

引导线构图可以拍摄很多题材，主要起到的是引导视线的作用，如道路、桥梁、河流、建筑等，更注重意境和视觉冲击力。

6. 对角线和三角形

对角线构图的图片有动态张力，更加活泼。三角形构图会增添画面的稳定性，常在画面中构建三角形构图元素，特别是人像摄影中。多用于拍摄建筑、山峰、植物枝干、人物等。

7. 极简构图和留白

摄影是减法的艺术，不断地剔除和主体相关性不大的物体，让画面更加精简，可以更容易看出主体、突出主体、更能表现出视觉冲击力。

在极简构图中会经常在画面中留白，也就是空出杂物，创造一个负空间，让观众注意力集中在主体上，同时极简的画面会让人更加舒适，更有唯美感。

8. 均衡式构图

中心构图更加注重主体，而均衡式构图就是维持画面平衡，让主体与背景衬托物体呼应从而让画面更有平衡感，增加画面纵深和立体感。给人以满足的感觉，画面结构完美无缺，安排巧妙，对应而平衡。常用于月夜、水面、夜景、新闻等题材。

9. 黄金三角形构图

黄金三角形构图和三分法构图非常相似，直线是从画面的 4 个角出发，在左右两边形成两个直角三角形。然后将画面的元素放入这些交叉的地方。

10. 黄金螺旋构图

将摄影机画面分为一定的比例，再将其不断细分，会得到一条曲线，这就是黄金螺旋构图，如耳熟能详的名画——《蒙娜丽莎》等。

7.4.2 摄影机参数设置

在 3ds Max 中，目标摄影机与自由摄影机的参数设置面板相同。创建摄影机的方法：在“创建”命令面板中单击“摄影机”按钮，打开“对象类型”卷展栏，选择适当的摄影机类型，并在场景中创建摄影机。本节以目标摄影机的参数面板为例，介绍这些参数的具体含义。

1. 镜头

摄影机镜头口径的大小，相当于摄影机的焦距，调节它时，视野也同时发生变化，“镜头”微调框的值越大，“视野”值越小。另外，如果用户启用了“正交投影”复选框，摄影机将忽略模型间的距离而不产生透视。

2. 类型

用于设置摄影机的类型。在该下拉列表中，用户可以在两种摄影机之间任意切换。

3. 显示地平线

启用“显示地平线”复选框后，在摄影机视图中将出现一条水平黑线，用来代表地平线，利用它可以辅助定位摄影机的位置，在一些大型场景的制作中经常用到。

当用户启用了“显示地平线”复选框后，不是从每一个视图中都能看到地平线，只有在摄影机视图中才能显示出来。

4. 环境范围

“环境范围”选项用于显示摄影机的取景范围，以便更好地调整摄影机的角度。

5. 剪切平面

在摄影机的取景范围内设置两个假想的平面，这两个平面间的物体将会被摄影机拍摄到，当物体刚好被这两个平面穿过时，在摄影机视图内就会出现物体被切割的现象。

6. 景深参数

如果启用了“多过程效果”选项区域下的“启用”复选框，则可以在其下面的下拉列表框中选择“景深”选项。选择该选项后，就可以在摄影机视图中预览景深或运动模糊的

效果。

这里只介绍了摄影机中的常用参数，即“景深参数”卷展栏中的参数。读者可以利用课余时间上网查阅资料，了解其他卷展栏中的参数含义。

7.4.3 任务实施：为高铁车厢设置室内摄影机

在制作开始前，先打开“高铁车厢”场景，具体操作步骤如下。

（1）创建一个目标摄影机，效果如图 7-37 所示。

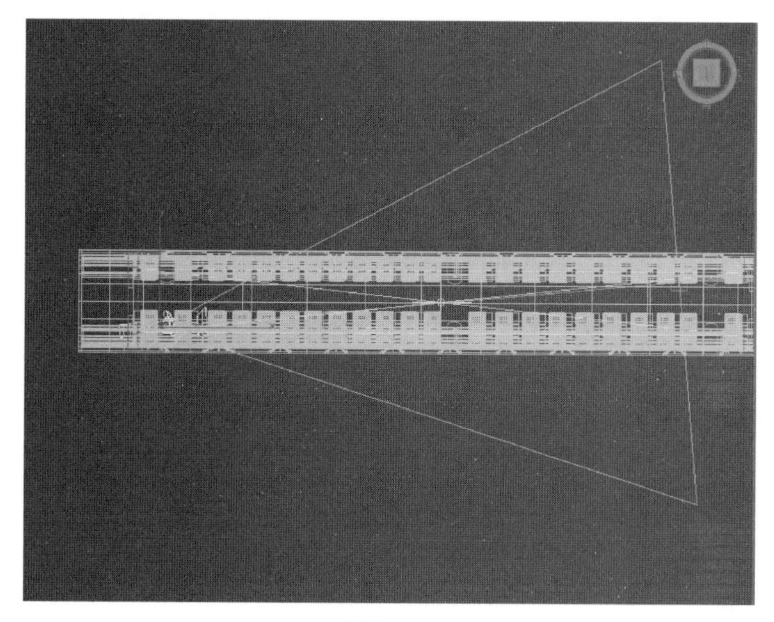

图 7-37

（2）调整摄影机的高度，效果如图 7-38 所示。

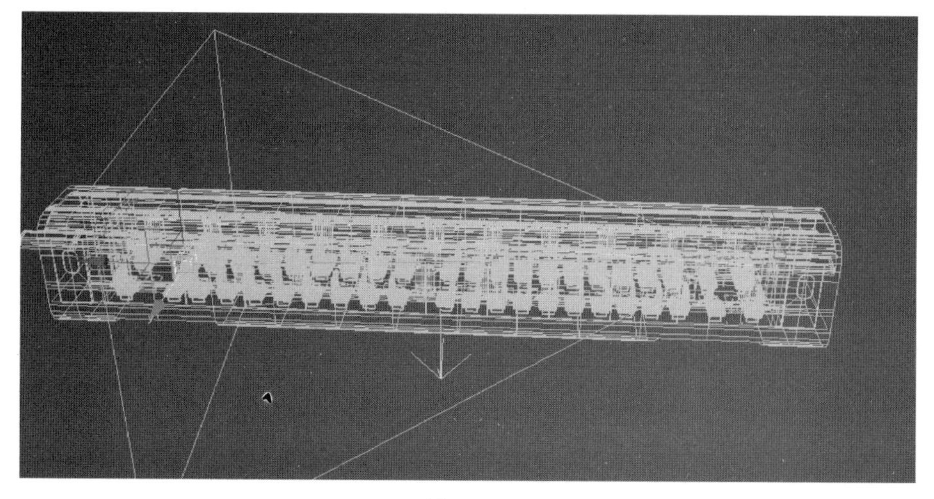

图 7-38

（3）切换到摄影机视图，在参数面板下勾选“手动剪切”选项，“近距剪切”值设置为 900，“远距剪切”值设置为 25 000，效果如图 7-39 所示。

图 7-39

（4）单击“渲染”按钮，效果如图 7-40 所示。

图 7-40

任务评价

任务评价如表 7-4 所示。

表 7-4 “为高铁车厢设置室内摄像机”任务评价表

序号	工作步骤	评 分 项	评 分 标 准	得分		
				自评	互评	师评
1	课前学习评价（30 分）	完成课前任务作答（10 分）	规范性 30% 准确性 70%			
		完成课前任务信息收集（5 分）				
		完成任务背景调研 PPT（5 分）				
		完成线上教学资源的自主学习及课前测试（10 分）				

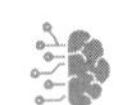

续表

序号	工作步骤	评分项	评分标准	得分		
				自评	互评	师评
2	课堂评价与技能评价（40分）	积极主动，答题清晰（10分）	表现积极主动、踊跃回答问题，5分 协助教师维护良好课堂秩序的，5分			
		熟练掌握课堂所讲知识点内容（10分）	根据知识点掌握程度酌情扣分，熟练10分，一般8分，需要协助6分			
		熟练操作完成课堂练习（14分）	根据软件操作熟练程度酌情扣分，熟练14分，一般11分，需要协助8分			
		实现案例模型的创建（6分）	独立实现案例模型创建，实现三个点满分，少一个点扣2分			
3	态度评价（30分）	良好的纪律性（10分）	课堂考勤3分 服从管理4分 敬业认真3分			
		主动探究，能够提出问题和解决问题（10分）	态度积极5分 独立思考3分 乐于创新2分			
		团队协作能力（10分）	参与讨论2分 承担责任2分 乐于分享3分 领导能力3分			
合计				10	20	70

课后作业

为车窗窗帘与简易置物桌设置合适的灯光：运用本项目所学知识，为车窗窗帘与简易置物桌设置合适的灯光，如图7-41所示。

图 7-41

拓展与提高

在布置灯光时，要考虑整体场景的效果，适当调整场景中灯光的高度，以及灯光的照射角度。

思考与练习

1. 场景灯光通常分为三种类型：自然光、人工光及________。

2. ________是伦布兰特照明的变体，其变化包括位置的变化、照射出比 3/4 脸部更宽的区域、主灯光以和摄影机同样的方向照射物体。

3. 在“常用参数”卷展栏中，可以开启或关闭________，启用了该复选框后，则灯光照在物体上会出现阴影。

4. 在 3ds Max 中聚光灯分为两种类型，一种是“目标聚光灯”，另一种是________。

5. ________是一个点光源，可以照射周围物体，没有特定的照射方向，只要不是被排除的物体都会被照亮。

项目8

材质与贴图

项目引言

在专业级效果图和动画的制作中，精美的模型只能满足最基本的形体要求，想要达到真实的产品级画面效果，必须有材质与贴图，以及灯光的配合。

本项目将系统地介绍3ds Max中的材质和贴图，以及其中一个出色的渲染器插件——VRay渲染器。通过对本项目的学习，读者可以熟悉3ds Max中各种常用的材质，并根据材质的需求指定相应的贴图，从而设计出真实、专业的材质与贴图。

能力目标

- 掌握材质编辑器的使用方法。
- 熟悉明暗器的类型及其扩展参数。
- 掌握常用的材质和贴图的应用方法。
- 掌握VRay材质和贴图的应用方法。

相关知识与技能

简单来说，材质就是物体看起来是什么质地，可以是材料和质感的结合。它是表面各个可视属性的结合，这些可视属性是指表面的色彩、纹理、光滑度、透明度、反射率、折射率、发光度等。

任务 8.1 接触网立柱材质的设置

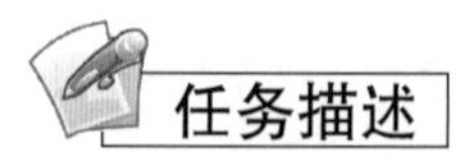

任务描述

接触网立柱按材质可以分为钢柱和钢筋混凝土支柱。在接触网工程中，特别是较大的站场上，钢柱被大量利用。钢柱是由角钢焊接而成的桁架结构，具有质量轻、强度高、抗碰撞、安装运输方便等优点。本任务就为接触网立柱设置合适的材质。

任务提示

Ray Mtl（VRay 材质）是 VRay 中使用频率最高、使用范围最广的一种材质。VRay Mtl 除了可以完成反射、折射等效果，还能出色地表现 SSS 和 BRDF 等效果。

8.1.1 材质编辑器

在表现物体真实的质感前，需要掌握材质编辑器的使用方法。材质编辑器是编辑、制作材质的平台，提供了各种有利编辑的工具。通过使用这些工具，可以快速、准确地编辑出需要的效果。本任务将详细介绍材质编辑器的使用方法，要求读者掌握此工具的使用方法。

材质编辑器可以使用 3ds Max 中自带的材质来模拟出需要的材质，也可以在材质的各个通道中添加需要的贴图，单击主工具栏按钮可以弹出材质编辑器，材质编辑器包含以下几个部分。

1. 材质示例窗

材质示例窗是显示材质效果的窗口，其中每一个小的方形窗口都代表一个材质，在下面的材质参数卷展栏中进行参数编辑后的效果（如材质颜色、反射程度、折射属性、透明度等），都可以在示例球中显示出来。在默认情况下，材质示例窗中显示 6 个示例球，处于激活状态的示例球周围将以高亮显示在任意一个材质例球上。右击，在弹出的菜单中可以切换材质的数目。

2. 材质编辑工具栏

在材质编辑器中，菜单栏下的各种命令在工具栏中基本上都能完成，而使用工具栏进行编辑控制更为直观方便。

1）垂直工具栏

“垂直工具栏”位于材质示例窗的右侧，主要控制材质示例球的显示效果。

2）水平工具栏

“水平工具栏”位于材质示例窗的下方，这些工具包括了一些材质的存储和材质层级切换功能，在实际应用中十分重要。

3.“材质参数”卷展栏

不同的材质类型有不同的材质参数，通过在“材质”卷展栏中设置颜色、光泽度、贴

图等参数，可以得到千变万化的材质效果。

“材质参数”卷展栏中整合了所有制作材质的参数，如材质的明暗方式、常用材质参数、常见贴图通道及各种扩展参数等。

8.1.2 VRay Mtl

VRay Mtl 是在 VRay 渲染中使用得比较多的材质，它可以轻松地控制物体的折射，反射及半透明的效果，下面来认识 VRay Mtl 的主要参数。

基本参数卷展栏可以设置 VRay Mtl 的基本参数，包括漫反射、折射、反射等。

1. 漫反射

该项控制着漫反射的颜色。可以在漫射通道中添加一张贴图，需要注意的是，实际的漫反射颜色也与反射和折射有关。

2. 折射

控制材质的透明程度，通过右侧的色块可以调整折射的透明程度，黑色不透明，白色透明。

3. 反射

控制材质的反射程度，通过右侧的色块可以调整反射的颜色和程度。

8.1.3 金属材质

将一个材质球赋予台灯物体。在“明暗器基本参数”卷展栏中将着色方式设置为“金属”。

（1）在“金属基本参数”卷展栏中，设置“漫反射颜色”为 RGB（255，200，0），将“高光级别”设置为 80，“光泽度”设置为 60。

（2）展开“贴图”卷展栏，单击“反射”右侧的长条按钮，在打开的对话框中双击“光线跟踪”选项，添加该贴图。

（3）保持默认参数不变，返回“贴图”卷展栏，并将反射的“数量”设置为 80。

（4）单击“凹凸”通道，在打开的对话框中双击“噪波”选项，添加该贴图。

（5）展开“噪波参数”卷展栏，将“大小”设置为 0.2，“高”设置为 0.6。

（6）噪波参数设置完毕后，整个金属材质的制作完成，查看渲染效果。

8.1.4 陶瓷

瓷瓦罐的材质制作过程如下。

（1）打开材质编辑器，单击一个示例球，命名为“瓦罐”，单击“建筑”材质，将其赋予瓦罐。

（2）在“物理性质”卷展栏中，设置“反光度”为 90、“半透明”为 65。

（3）在“漫反射贴图”通道中添加“渐变坡度”贴图。

（4）在“渐变坡度参数”卷展栏中将“插值”设置为“缓入”选项。在色盘上将第1个色标的颜色设置为白色，将中间的色标的颜色也设置为白色，并在其右侧单击创建一个色标，将其颜色设置为RGB（87，112，238）。此时还看不出渐变效果。

（5）再在上述色标的右侧创建三个色标，将第1个色标的颜色设置为RGB（47，56，240），将第2个和第3个色标的颜色都设置为RGB（36，33，238）。

（6）然后，在“噪波”选项区域中将“数量”设置为0.35，单击“湍流”按钮，使创建的渐变产生噪波。

（7）将陶罐材质复制到一个新的材质球中，进入刚复制的材质球中进行编辑。

（8）将材质复制一个并赋予两个小件摆设物体。

（9）到这里，瓦罐的材质就制作完成了，可以将制作好的材质直接赋予瓦罐的盖子，为了更加突出效果，也可以将制作好的材质复制一份，并再做一些细节的调整后赋予盖子。

注意：*在添加两个小摆设的材质时，同样需要为其添加UVW贴图，否则材质可能会出错。*

8.1.5 任务实施：为接触网立柱设置材质

在制作开始前，先打开“接触网立柱”场景，为接触网立柱设置材质的操作步骤如下。

（1）选中一个材质球，赋予立柱模型，效果如图8-1所示。

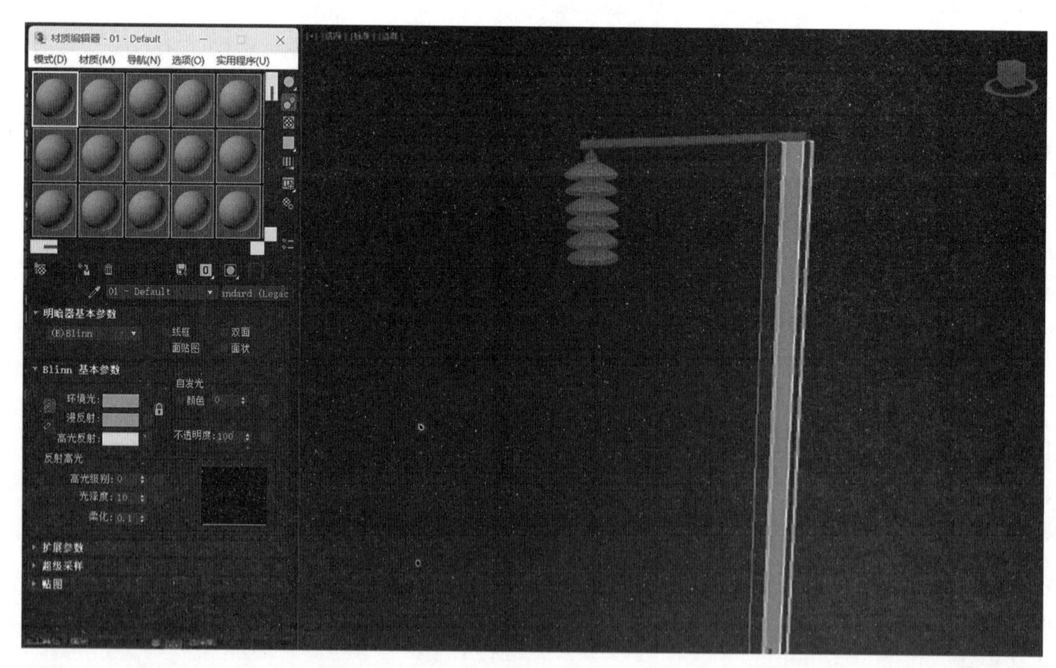

图 8-1

（2）单击“渲染设置”，将“渲染器”设置为“V-Ray Adv 渲染器”，效果如图8-2所示。

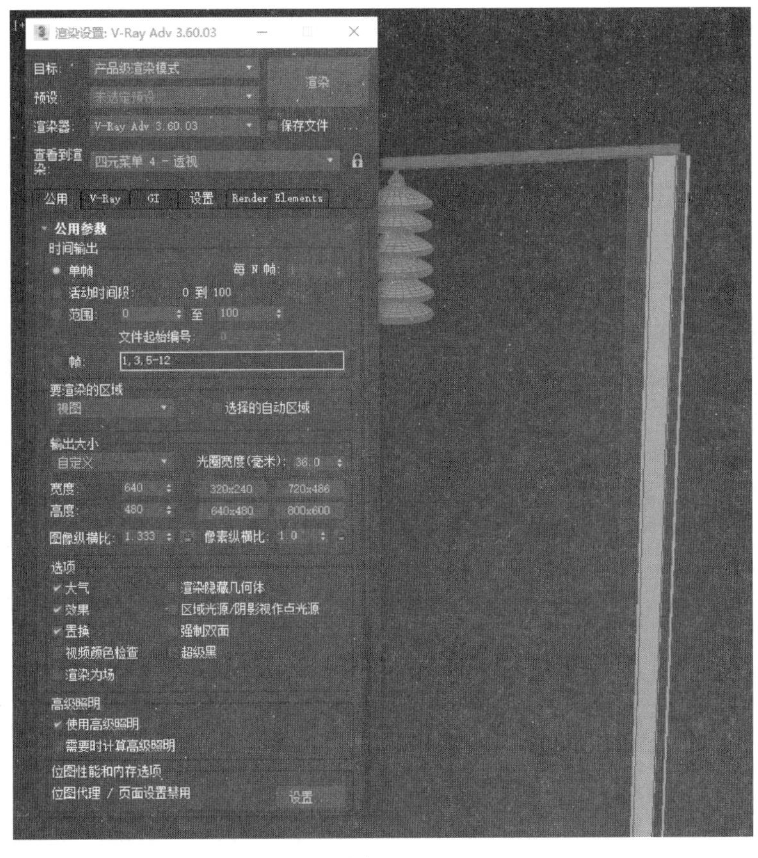

图 8-2

（3）单击 Standard 按钮，选择 VRay Mtl，单击“确定”，效果如图 8-3 所示。

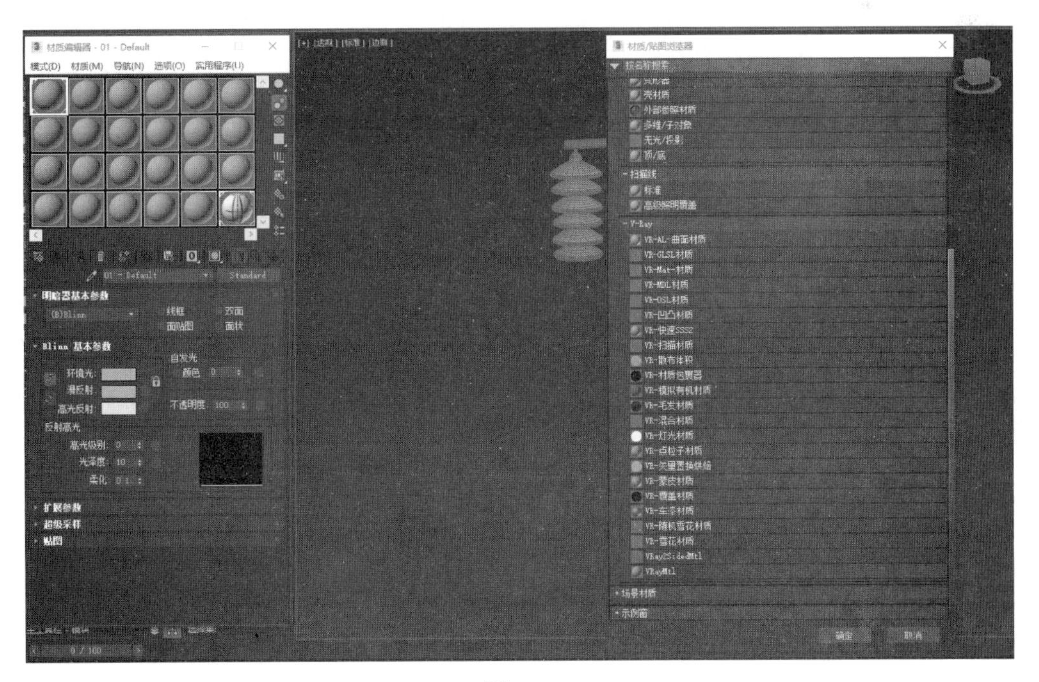

图 8-3

（4）单击“漫反射贴图”右侧的“颜色校正”按钮，单击“确定”，导入一张贴图，效果如图 8-4 所示。

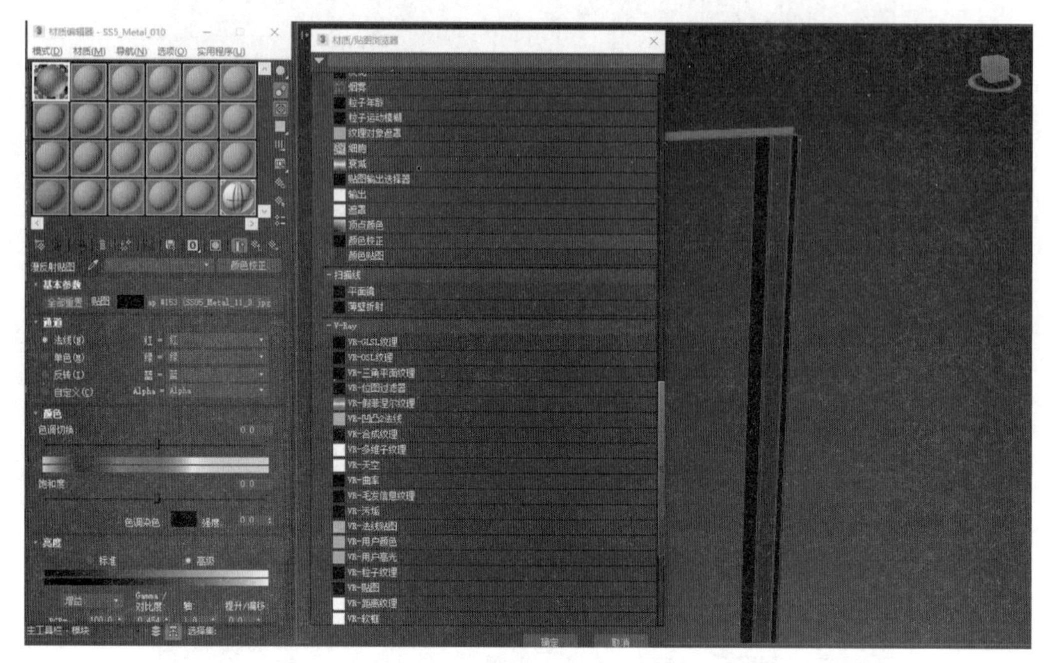

图 8-4

（5）单击“反射”右侧的按钮，选中“位图”标签，单击“确定”按钮，导入一张贴图，效果如图 8-5 所示。

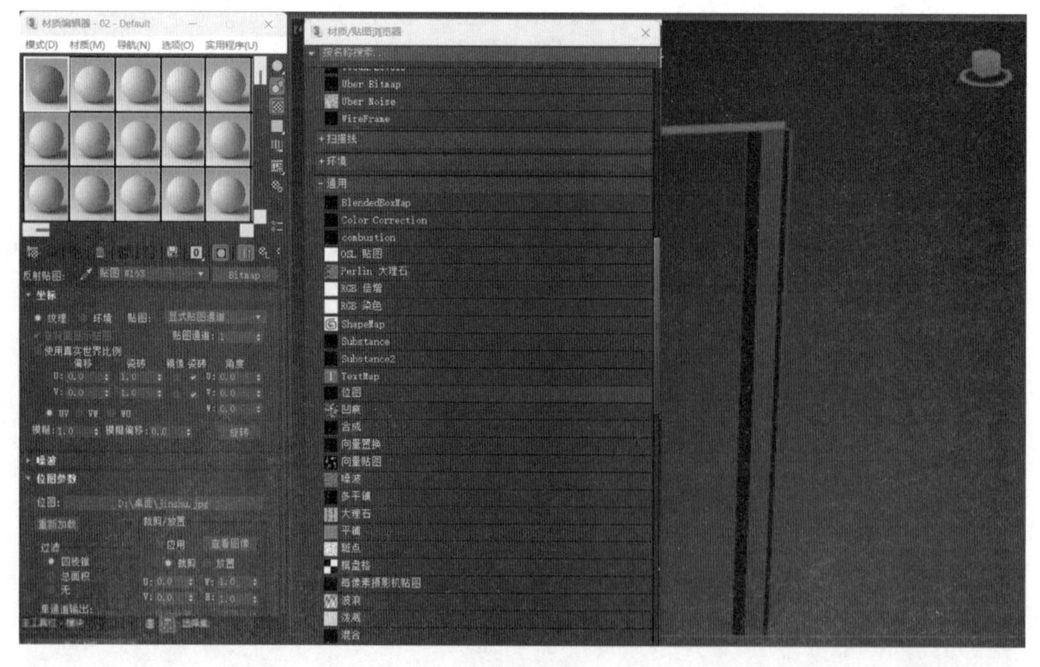

图 8-5

（6）单击“光泽度”右侧的按钮，选中“位图”标签，单击“确定”按钮，导入一张贴图，效果如图 8-6 所示。

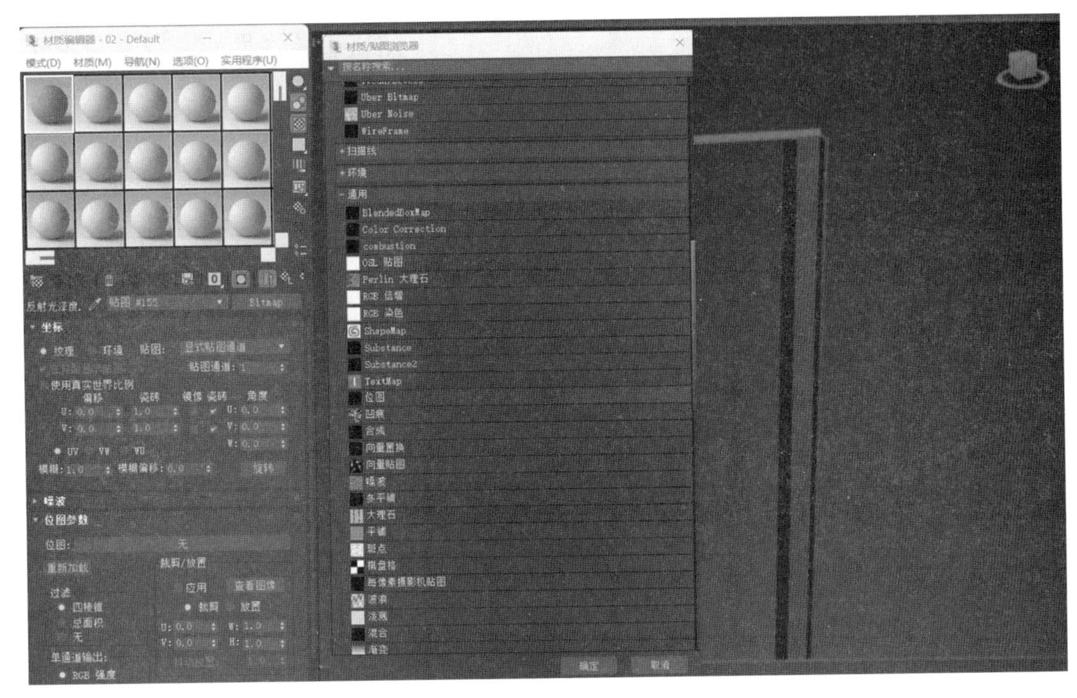

图 8-6

（7）选中一个新的材质球，赋予模型，效果如图 8-7 所示。

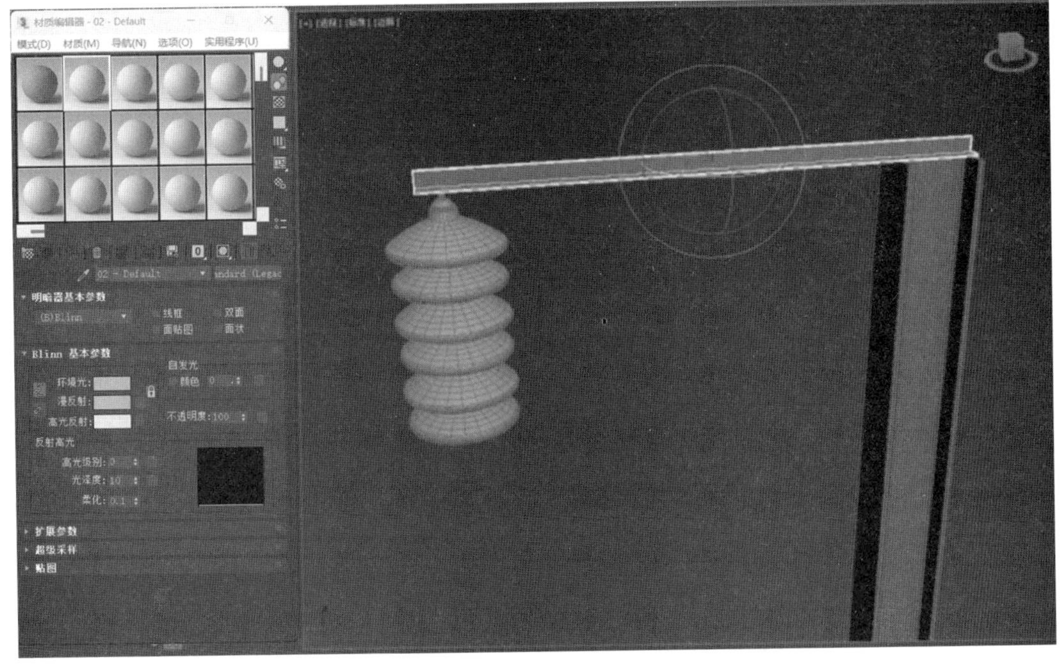

图 8-7

（8）单击 Standard 按钮，选择 VRayMtl，单击“确定”，效果如图 8-8 所示。

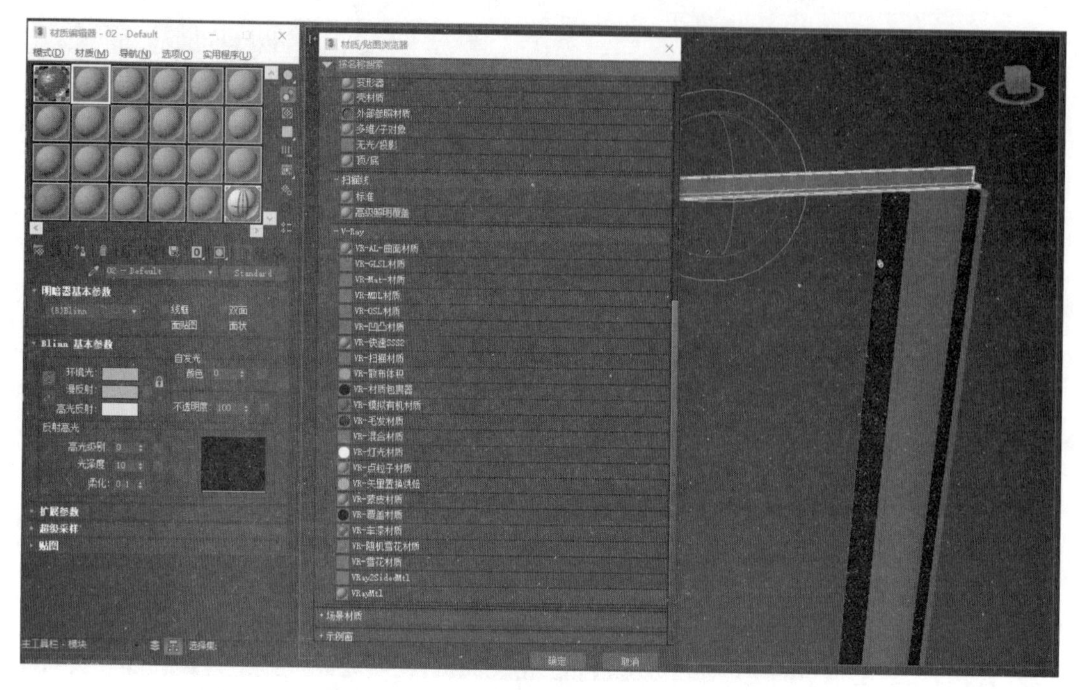

图 8-8

（9）单击“漫反射”右侧的按钮，选中“位图”复选框，如图 8-9 所示。

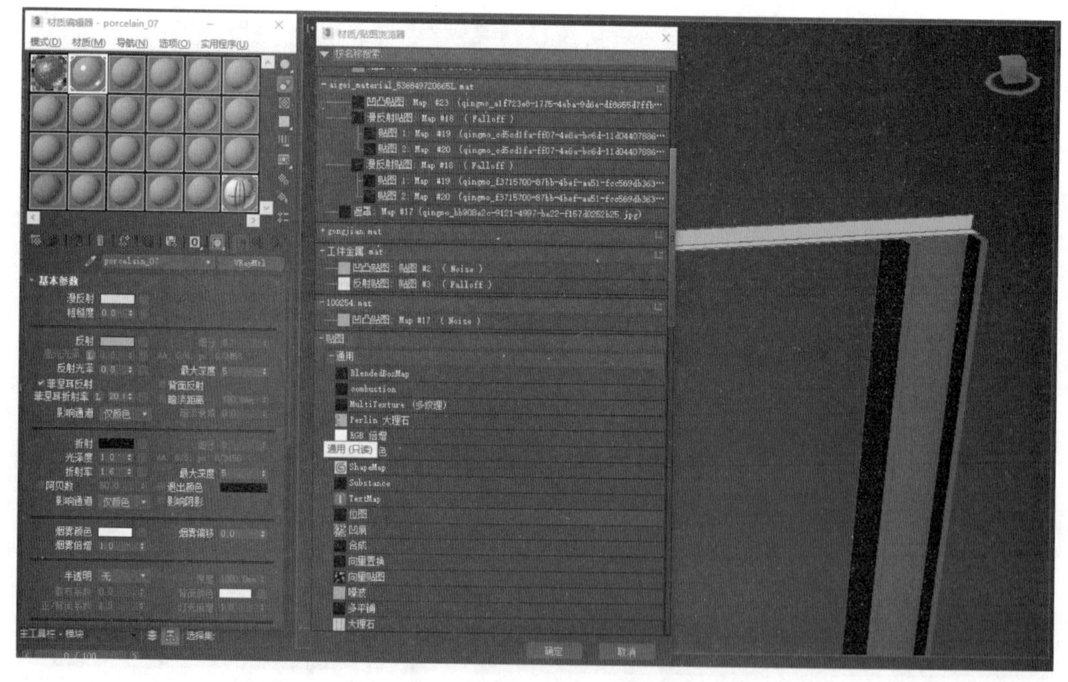

图 8-9

（10）导入一张贴图，单击“确定”按钮，效果如图 8-10 所示。

图 8-10

（11）选中模型，添加 UVW 贴图修改器，效果如图 8-11 所示。

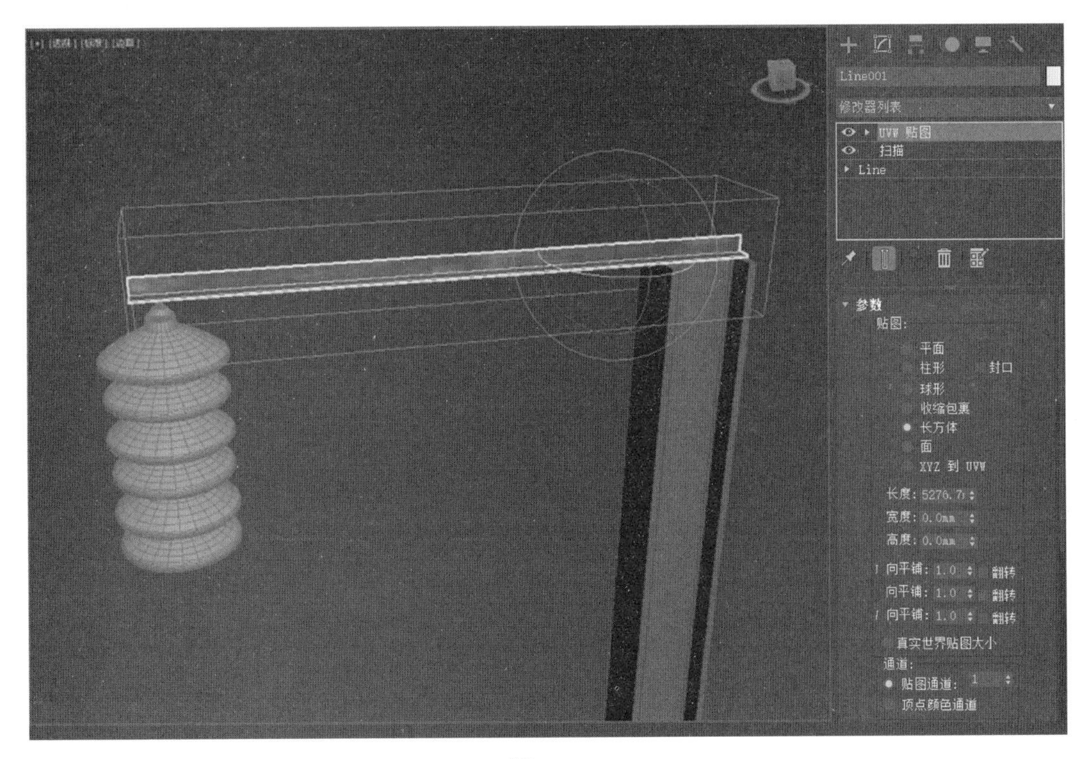

图 8-11

（12）选择一个新的材质球，赋予模型，效果如图 8-12 所示。

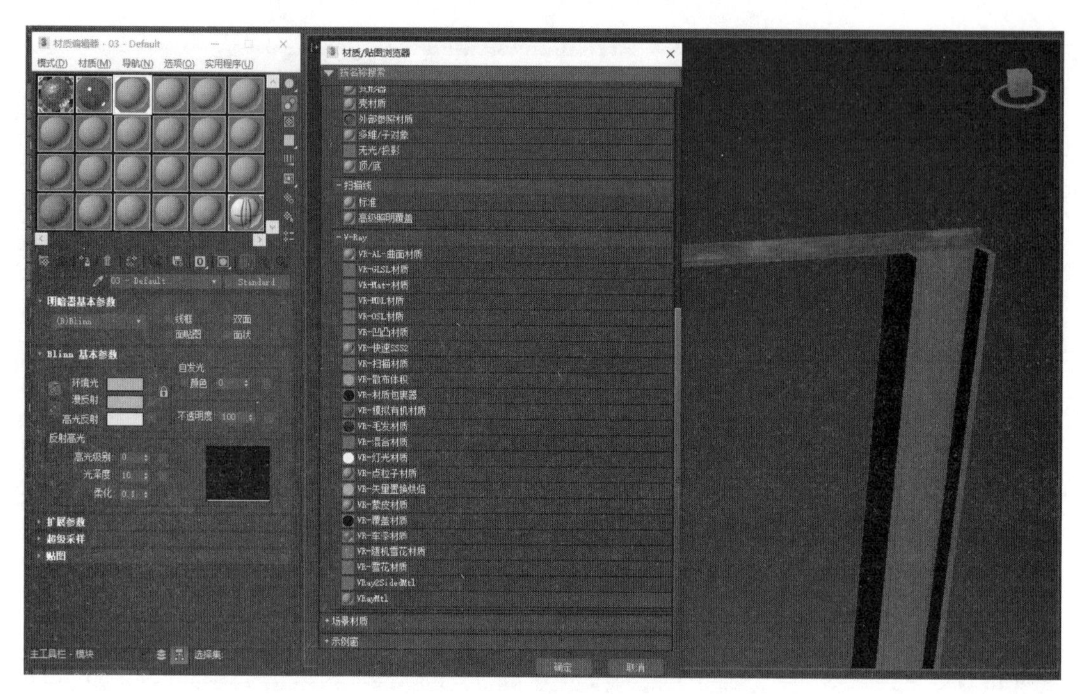

图 8-12

（13）单击“漫反射”右侧的按钮，选中“衰减”，单击“确定”，效果如图 8-13 所示。

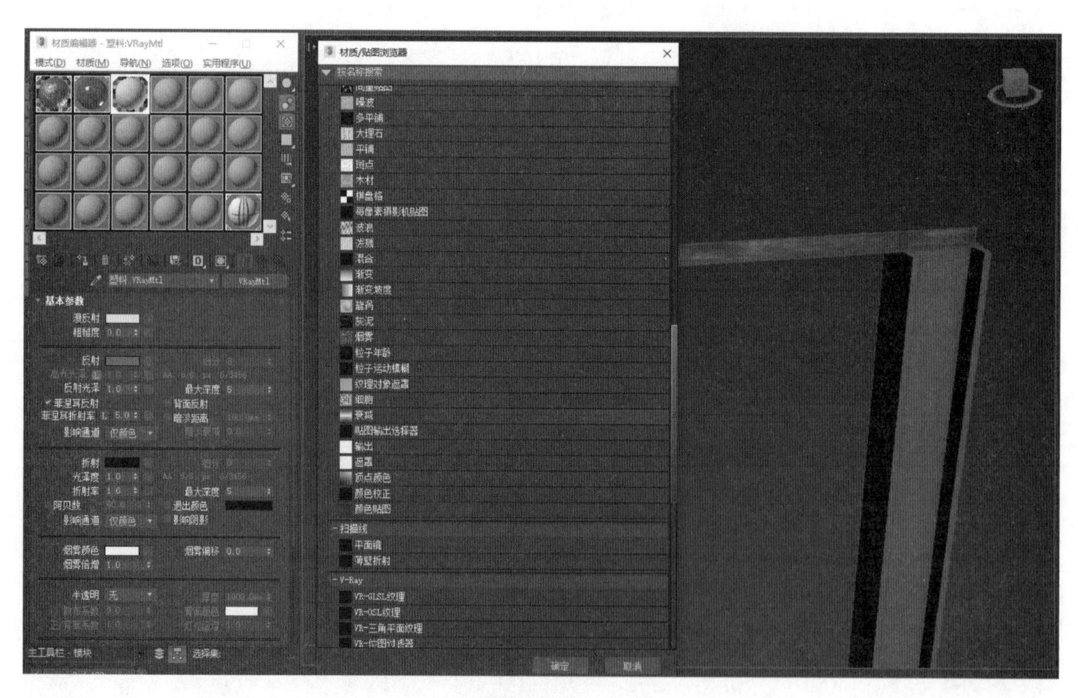

图 8-13

（14）设置衰减参数，参数及效果如图 8-14 所示。

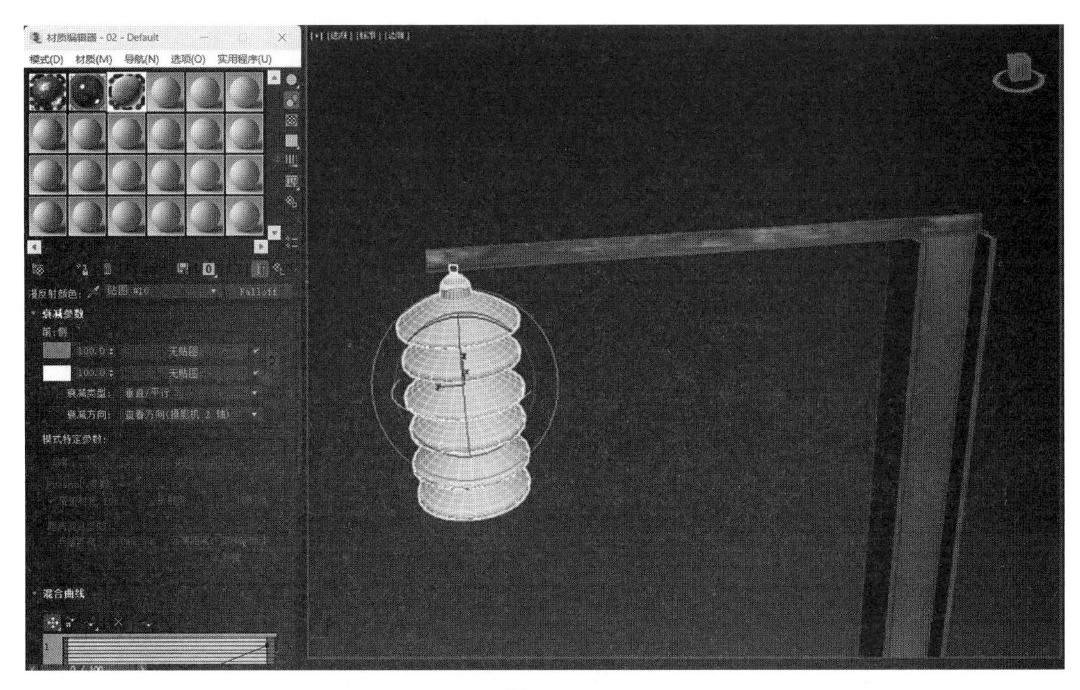

图 8-14

（15）单击“反射”按钮，设置反射颜色，效果如图 8-15 所示。

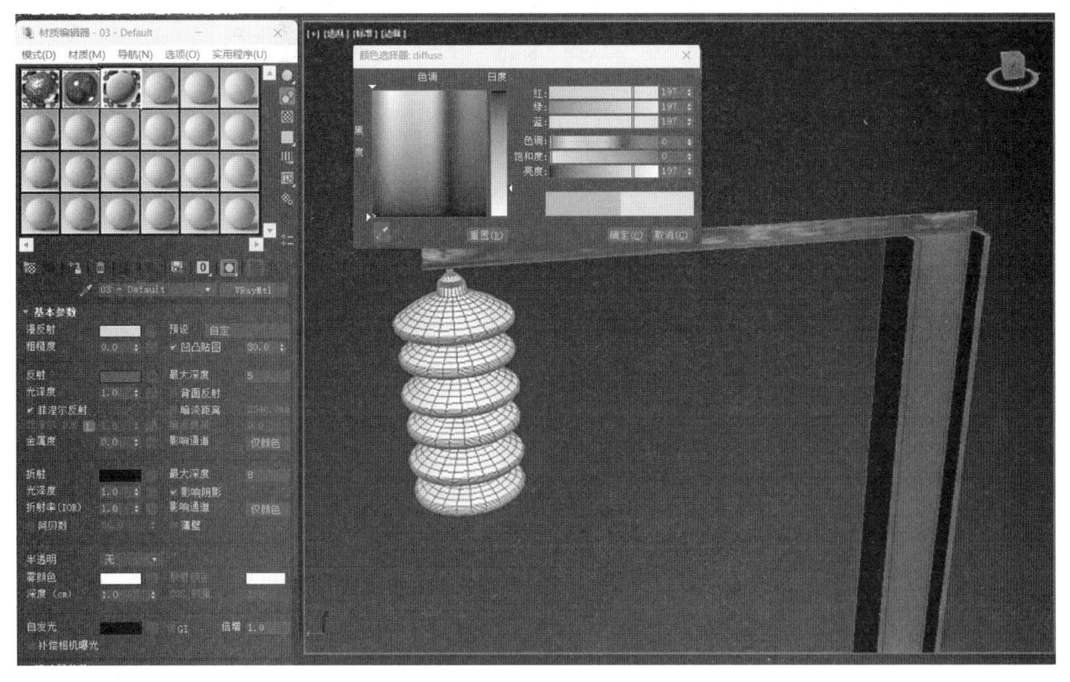

图 8-15

（16）单击“渲染”按钮，渲染场景，效果如图 8-16 所示。

图 8-16

任务评价

任务评价如表 8-1 所示。

表 8-1 “为接触网立柱设置材质”任务评价表

序号	工作步骤	评 分 项	评 分 标 准	得 分		
				自评	互评	师评
1	课前学习评价（30 分）	完成课前任务作答（10 分）	规范性 30% 准确性 70%			
		完成课前任务信息收集（5 分）				
		完成任务背景调研 PPT（5 分）				
		完成线上教学资源的自主学习及课前测试（10 分）				
2	课堂评价与技能评价（40 分）	积极主动，答题清晰（10 分）	表现积极主动、踊跃回答问题，5 分 协助教师维护良好课堂秩序的，5 分			
		熟练掌握课堂所讲知识点内容（10 分）	根据知识点掌握程度酌情扣分，熟练 10 分，一般 8 分，需要协助 6 分			
		熟练操作完成课堂练习（14 分）	根据软件操作熟练程度酌情扣分，熟练 14 分，一般 11 分，需要协助 8 分			
		实现案例模型的创建（6 分）	独立实现案例模型创建，实现三个点满分，少一个点扣 2 分			

续表

序号	工作步骤	评 分 项	评 分 标 准	得 分		
				自评	互评	师评
3	态度评价（30 分）	良好的纪律性（10 分）	课堂考勤 3 分 服从管理 4 分 敬业认真 3 分			
		主动探究，能够提出问题和解决问题（10 分）	态度积极 5 分 独立思考 3 分 乐于创新 2 分			
		团队协作能力（10 分）	参与讨论 2 分 承担责任 2 分 乐于分享 3 分 领导能力 3 分			
合 计				10	20	70

任务 8.2 车厢行李架材质的设置

任务描述

金属材质和半透明材质都是应用广泛的材质，是许多艺术家经常使用的材质。它们具有较好的软高光效果和高质量的镜面高光效果，通过参数可以设置高光的柔化程度和高光的亮度，适用于一些有机表面。在大多数情况下，金属材质和半透明材质可以模拟真实的黄金和翡翠的效果，经常被用来制作一些大型的雕塑或者小型的装饰品。本任务使用 3ds Max 中的材质编辑器模拟真实的金属和玻璃的效果。

任务提示

半透明材质允许光线进入并穿过，在其内部使光线散射，通常可以使用半透明材质模拟被侵蚀的玻璃。

8.2.1 拉丝金属材质

图 8-17 是拉丝不锈钢材质做的金属字母的照片。可以看到拉丝不锈钢有别于其他的不锈钢的一个主要特点：它的表面有明显的拉丝痕迹。拉丝不锈钢最显著的特点是拉丝，生活中我们经常看到一些拉丝不锈钢门，当抚摸或者观看的时候，是没有凹凸的感觉的。拉丝的特性其实是一些特别细小的凹凸。刚刚说用手摸不出来，那在哪里可以感觉到凹凸呢？这里有一个小窍门，如果不能确定某个物体是不是凹凸，可以用指甲在它的表面进行滑动。如果物体是凹凸，它的纹理会通过指甲立马传到手上。

经过实验，确定它是凹凸的。拉丝不锈钢的拉丝主要就体现在不锈钢的表面上有一些非常细小的条形凹凸。拉丝金属材质建模的步骤如下。

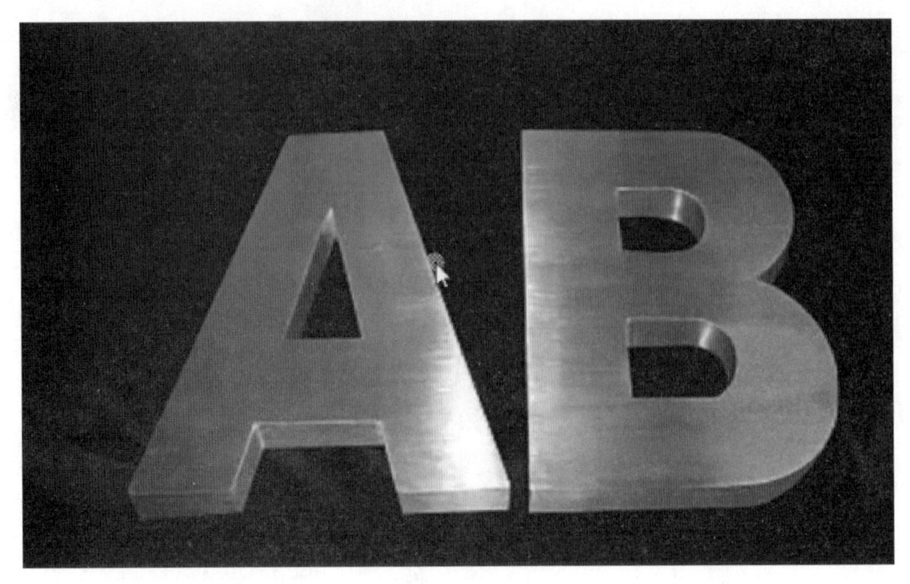

图 8-17

（1）打开“材质编辑器”，选择一个材质球，并将“材质”设置为 VRayMtl，命名为“拉丝不锈钢”。按照材质面板的顺序对拉丝不锈钢进行分析，如图 8-18 所示。

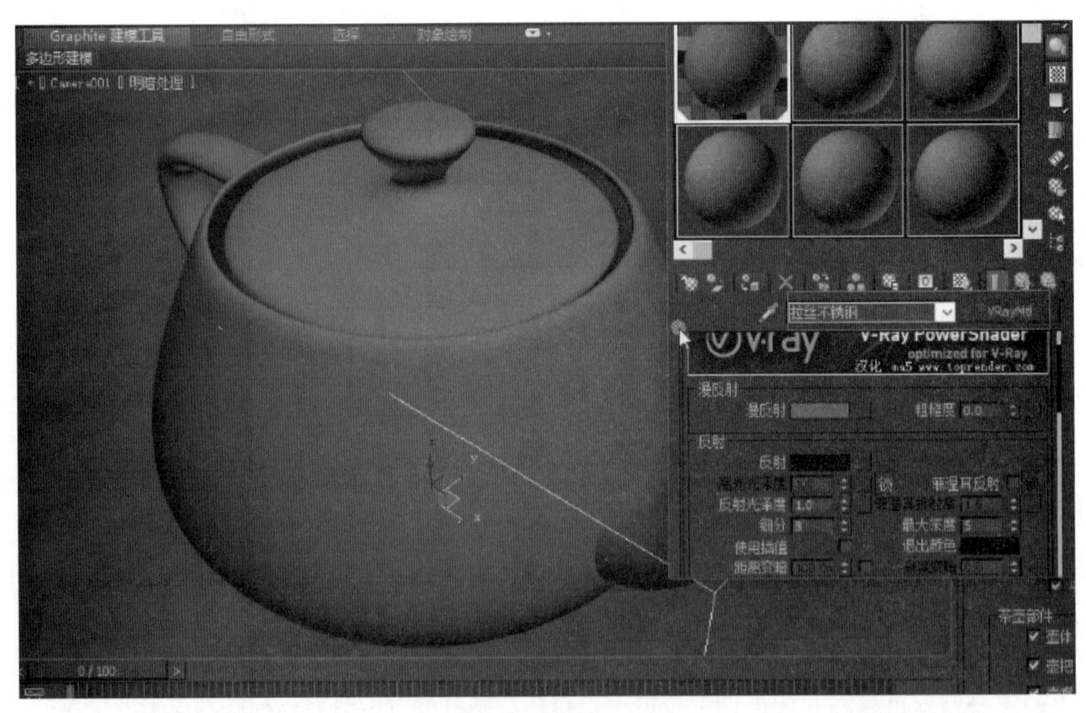

图 8-18

（2）因为拉丝不锈钢的反射比较亮，确定不了拉丝不锈钢的颜色，只能大致确定它是一个偏白色的颜色，因此将“漫反射”的颜色设置为偏白色，如图 8-19 所示。

（3）设置反射。通过前面的讲解，已知不锈钢的反射类型是直接反射，数值在 180～220。但由于拉丝不锈钢的反射不是特别强，因此将数值调到 180 左右。

图 8-19

（4）根据材质球的效果将不锈钢的“反射光泽度”设置为 0.84，如图 8-20 所示。

图 8-20

（5）在凹凸后面的通道上为材质球添加一张如图 8-21 所示的贴图。设置凹凸的强度为 30。

图　8-21

（6）单击“在视口中显示明暗处理材质”按钮，让材质效果同时也显示在茶壶上，如图 8-22 所示。

图　8-22

（7）拉丝不锈钢到底应该拉丝多深呢？将其渲染并与实图对比一下查看效果。它的拉丝的效果大致出现，如图 8-23 所示。

图 8-23

（8）如果想将拉丝的效果变得微弱一些，可以将凹凸的值调小一点，如 10 左右，查看渲染效果，如图 8-24 所示。

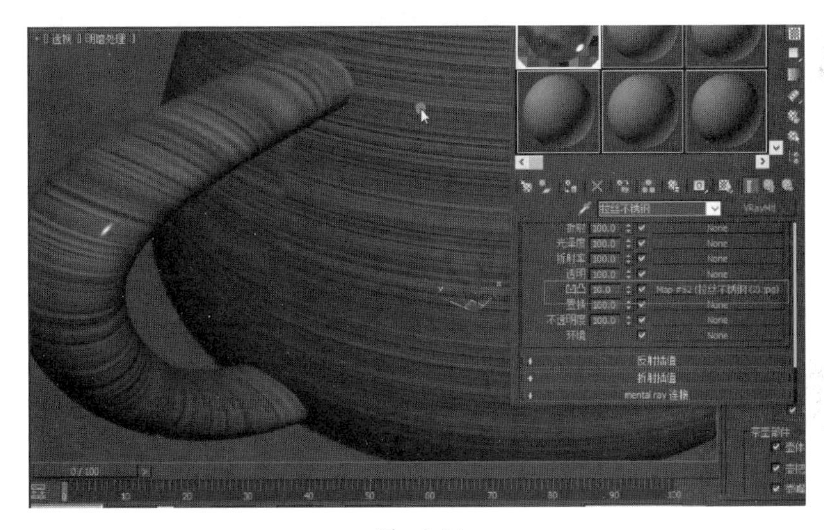

图 8-24

（9）相比之前拉丝的效果它变微弱了很多，但还是具有拉丝的效果的。这就是拉丝不锈钢材质的调节方法，如图 8-25 所示。

图 8-25

8.2.2 光滑塑料材质

光滑塑料材质建模的步骤如下。

（1）先创建一个 VRayMtl 标准材质，如图 8-26 所示。

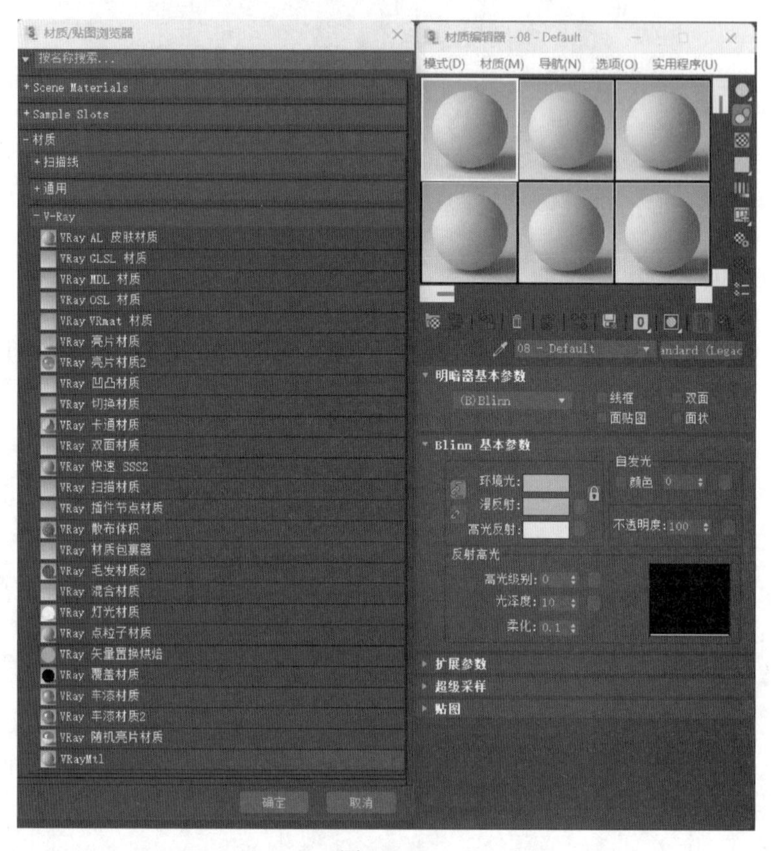

图 8-26

（2）“漫反射”颜色设置为（46，90，172），如图 8-27 所示。

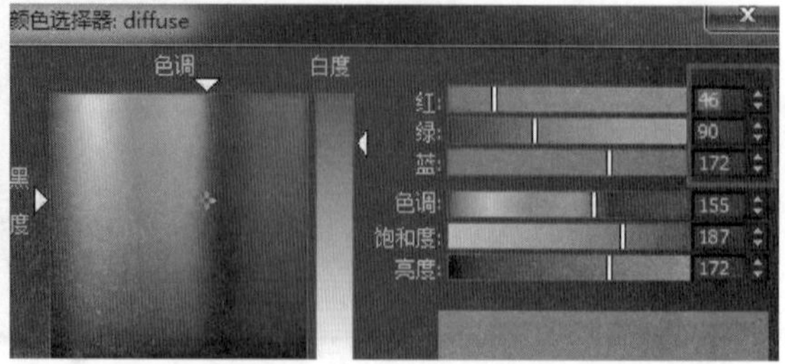

图 8-27

（3）将“反射”颜色亮度设置为 190，“高光光泽”设置为 0.7，“反射光泽”设置为 0.88，并勾选“菲涅尔反射”，如图 8-28 所示。

图 8-28

（4）“折射”颜色亮度设置为 180，如图 8-29 所示。

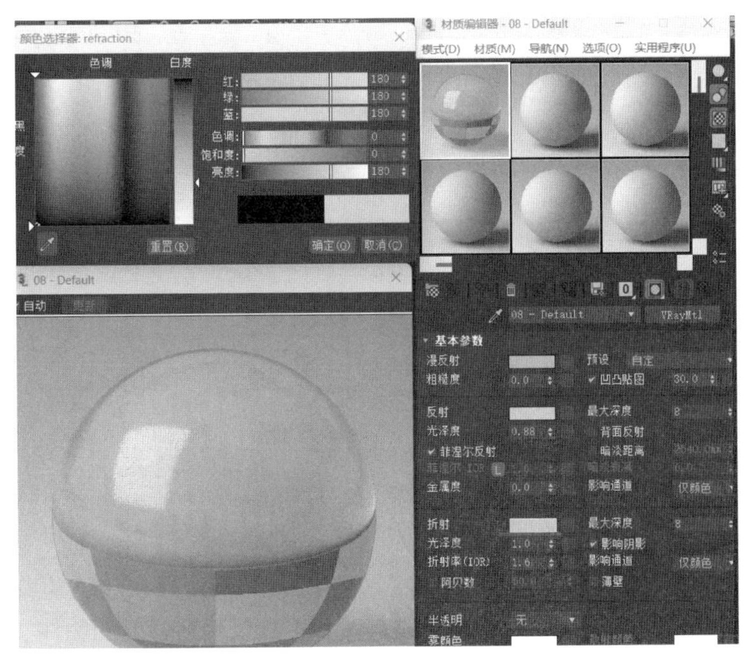

图 8-29

（5）最后把这个材质给到模型上渲染出来就行了。

8.2.3 折射

控制物体的折射强度，使用右侧色块可以定义折射的颜色。黑色代表的是无折射，白色代表的是完全透明，并可以为折射添加贴图。

8.2.4 有色玻璃材质

有色玻璃材质建模的步骤如下。

（1）打开“材质编辑器”，选择一个材质球，将“材质”设置为 VRayMtl，命名为玻璃，赋予它一个背景，并将它赋予到场景中的物体上，如图 8-30 所示。

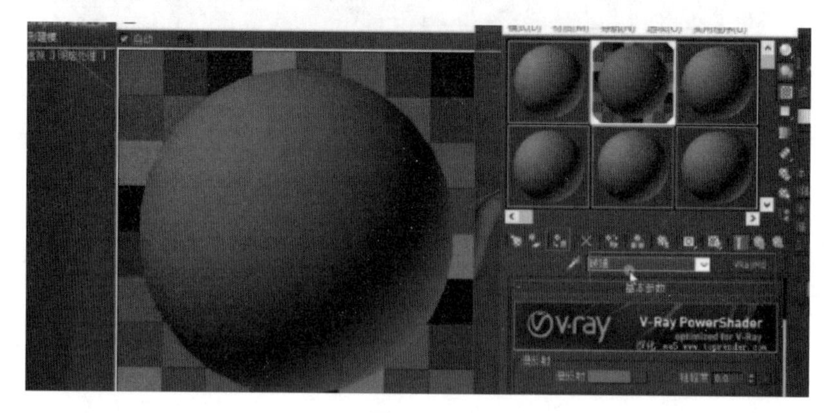

图 8-30

（2）设置漫反射的颜色。玻璃的参考图是青色的，将“漫反射”设置为青色，如图 8-31 所示。

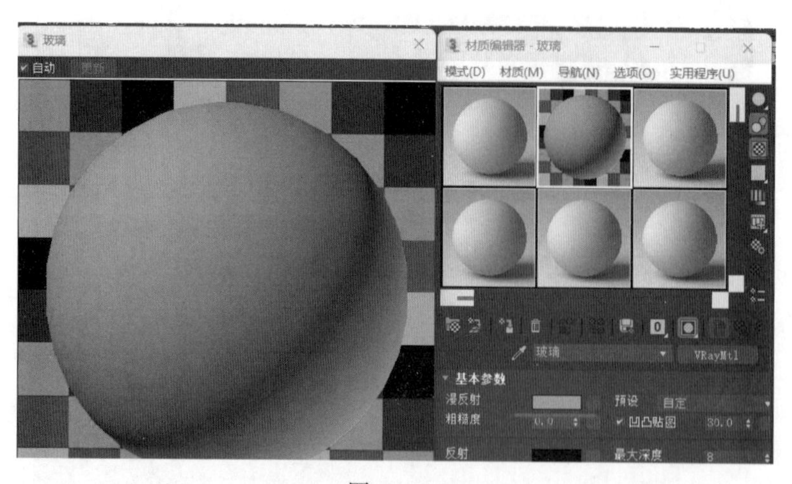

图 8-31

（3）设置反射光泽度，也就是表面的模糊。镜子材质就是在玻璃的背后镀了一层水银，它的表面还是用的玻璃的表面，镜子是自然界中默认反射最强的物体，反射光泽度也非常高，默认近似为 1。因此玻璃材质的光泽度也应该是 1。

（4）设置折射参数的。折射是可以调整透明度的，那玻璃的透明度应该是多少？根据不同的玻璃种类也会有不同的透明度。根据玻璃参考图将透明度给到 200，进行渲染查看效果，如图 8-32 所示。

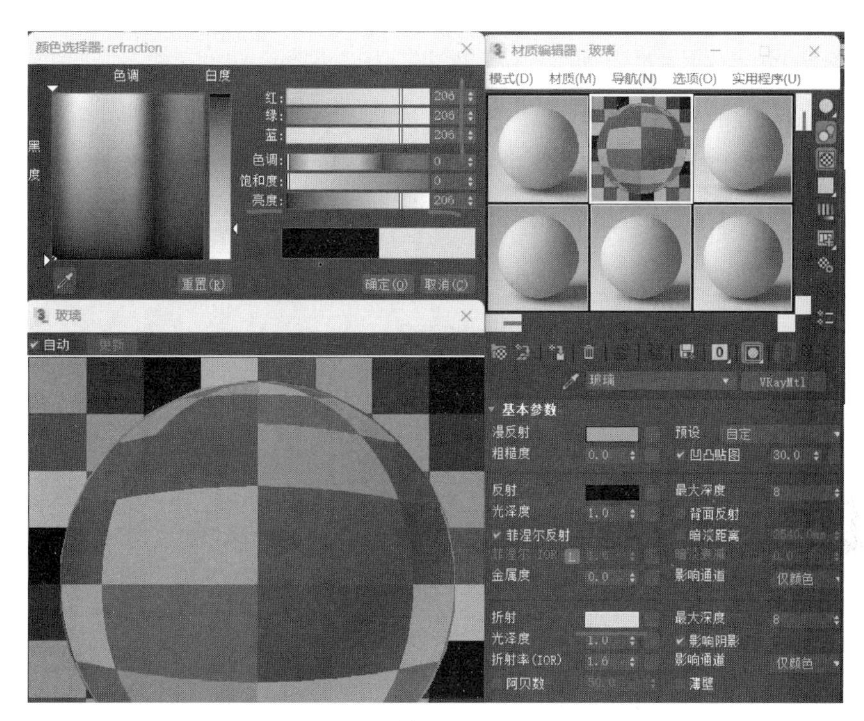

图 8-32

8.2.5 多维 / 子对象材质

多维 / 子对象材质在 3ds Max 中应用广泛，主要是为几何体的子对象分配不同的材质，如图 8-33 所示。将材质转换为多维 / 子对象时会弹出询问对话框，如图 8-34 所示。

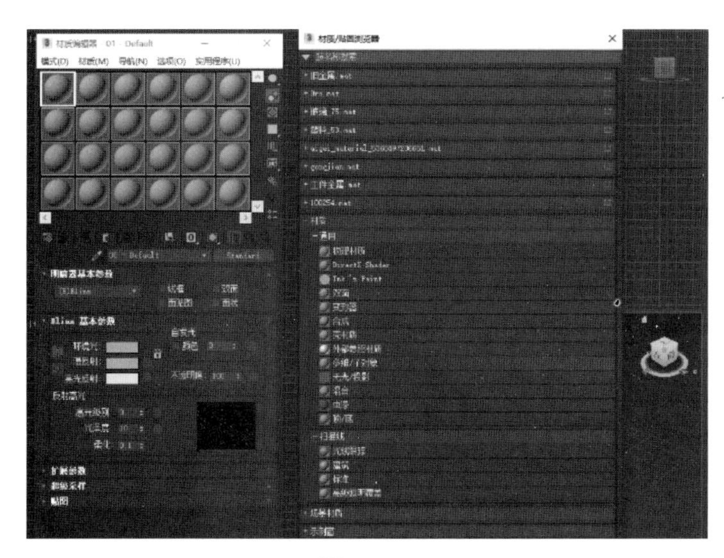
图 8-33

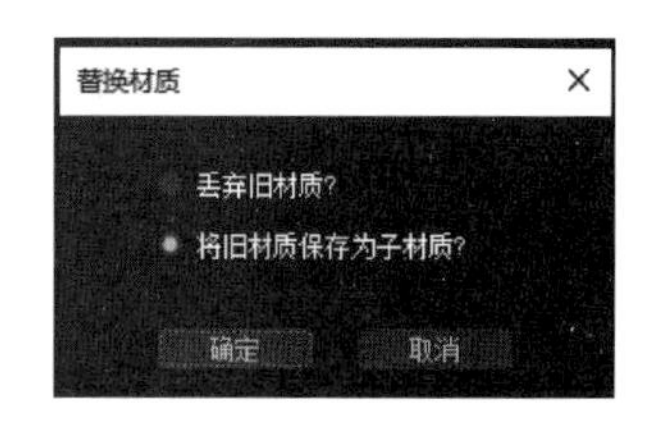

图 8-34

8.2.6 任务实施：为车厢行李架设置材质

在制作开始前，先打开“车厢行李架”场景，本任务将为车厢行李架设置材质。操作步骤如下。

（1）单击“渲染器设置”，设置“渲染器”为“V-Ray Adv 渲染器”，效果如图 8-35 所示。

图 8-35

（2）选择一个新的材质球，赋予玻璃模型，效果如图 8-36 所示。

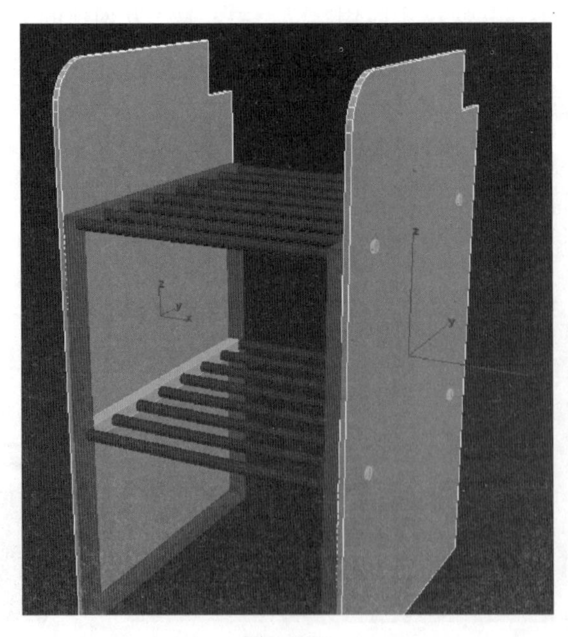

图 8-36

（3）单击 Standard 按钮，选中 VRayMtl，效果如图 8-37 所示。

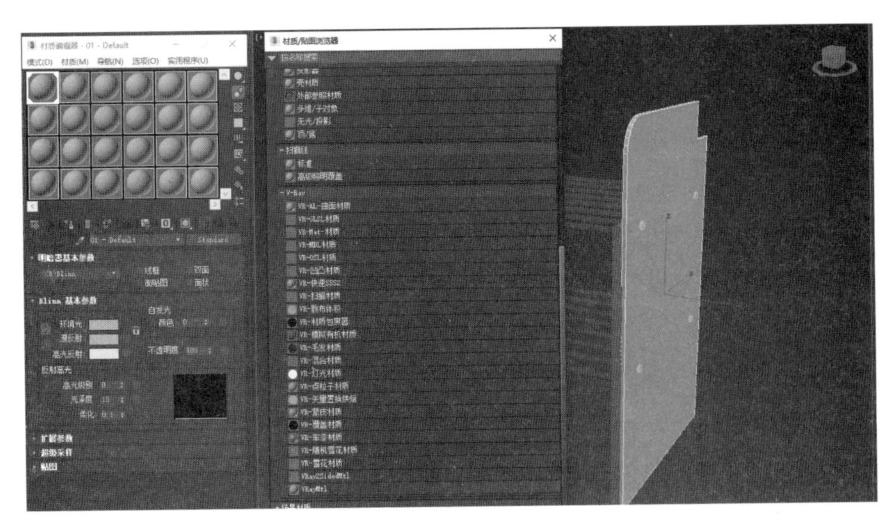

图 8-37

（4）单击“漫反射”，设置玻璃颜色，参数及效果如图 8-38 所示。

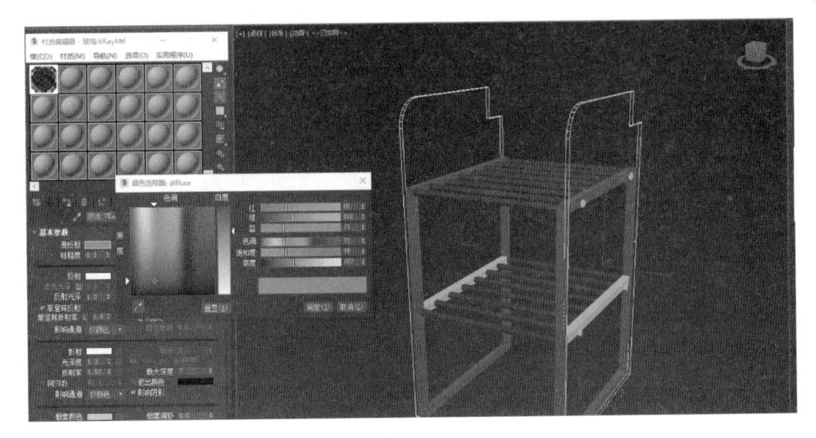

图 8-38

（5）单击“反射”，设置反射参数，参数及效果如图 8-39 所示。

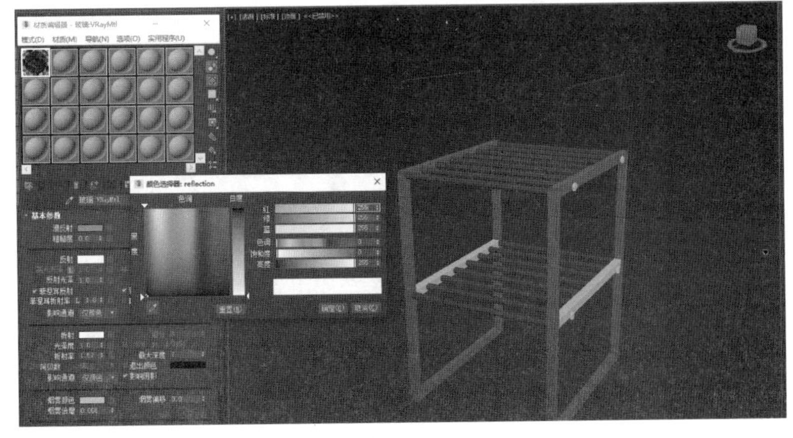

图 8-39

（6）单击“折射”，设置折射参数，“折射率”设置为 1.57，参数及效果如图 8-40 所示。

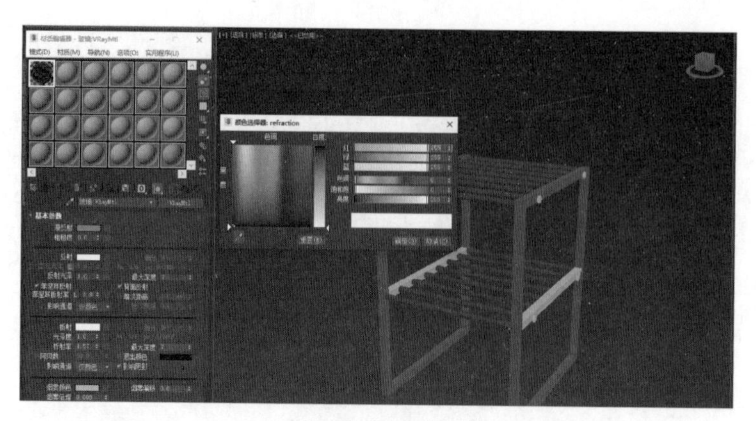

图 8-40

（7）选择一个新的材质球，赋予金属模型，参数及效果如图 8-41 所示。

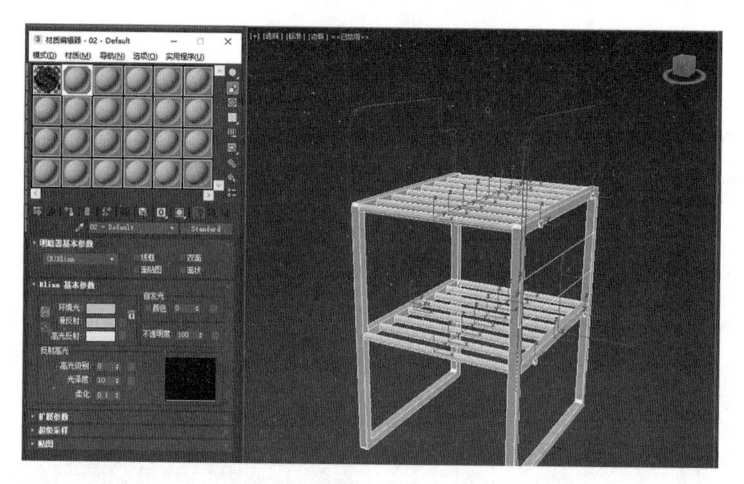

图 8-41

（8）单击 Standard 按钮，选中 VRayMtl，参数及效果如图 8-42 所示。

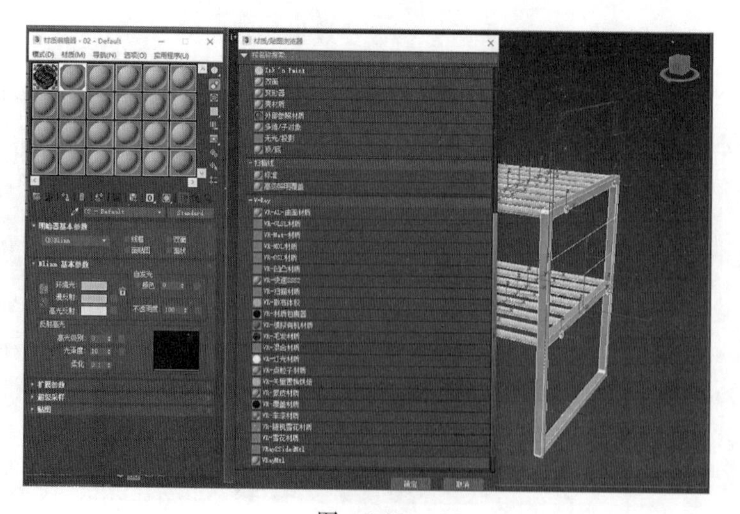

图 8-42

（9）单击“反射”右侧的按钮，选中“衰减”，单击“确定”按钮，效果如图 8-43 所示。

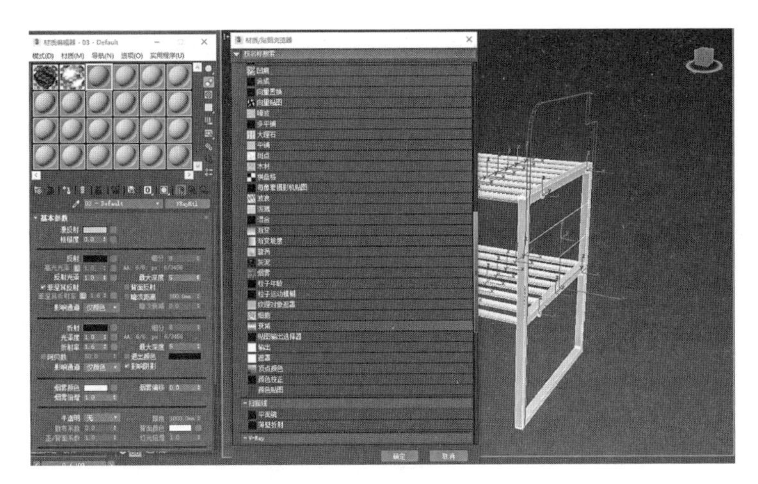

图 8-43

（10）设置衰减参数，参数及效果如图 8-44 所示。

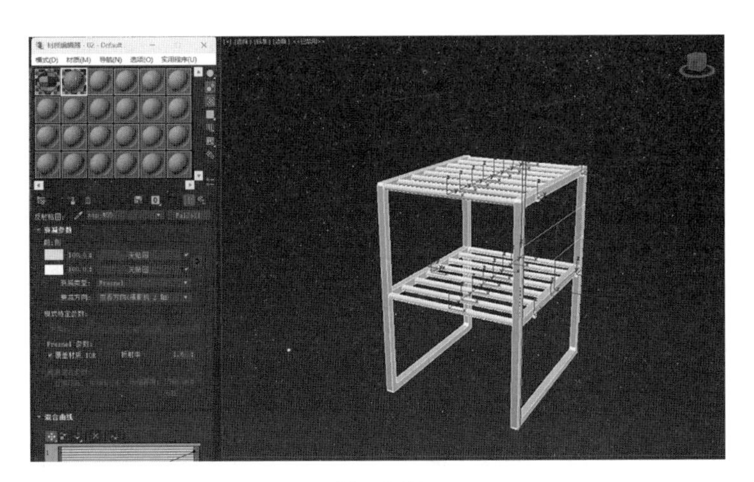

图 8-44

（11）“高光光泽”设置为 0.53，“反射光泽”设置为 0.66，效果如图 8-45 所示。

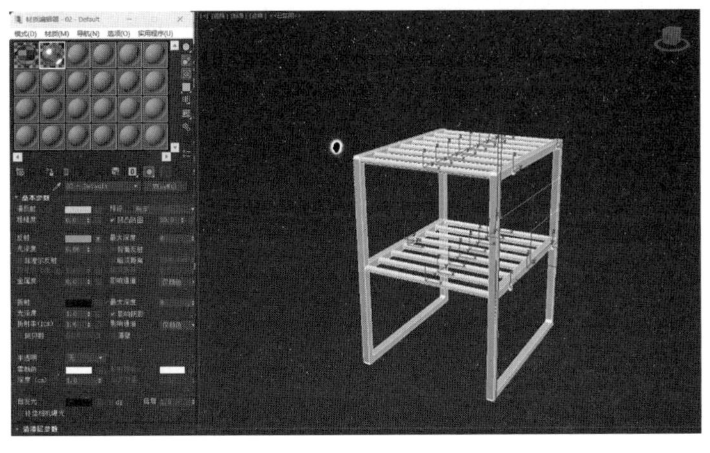

图 8-45

（12）单击“漫反射”，设置漫反射颜色，效果如图 8-46 所示。

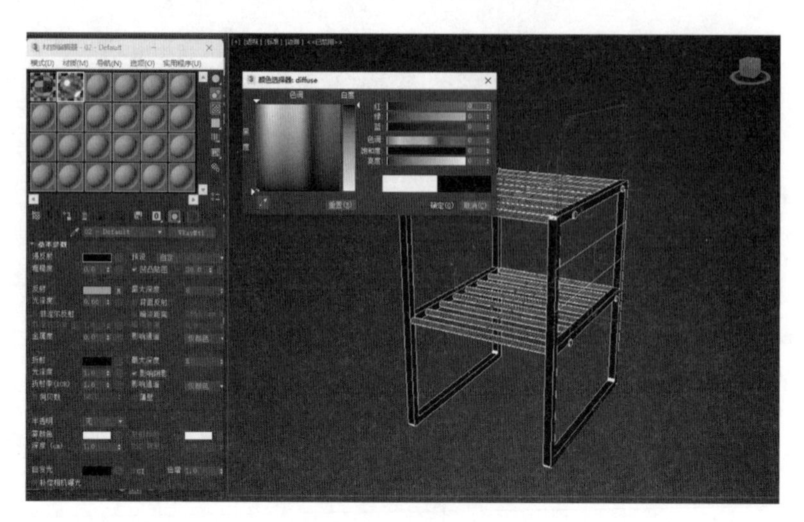

图 8-46

（13）单击“渲染”按钮，渲染场景，效果如图 8-47 所示。至此，为车厢行李架设置材质制作完成。

图 8-47

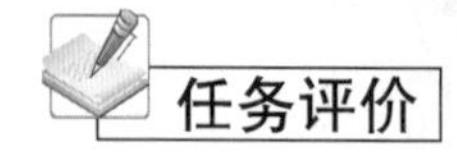

任务评价

任务评价如表 8-2 所示。

表 8-2 “为车厢行李架设置材质”任务评价表

序号	工作步骤	评分项	评分标准	得分		
				自评	互评	师评
1	课前学习评价（30 分）	完成课前任务作答（10 分）	规范性 30% 准确性 70%			
		完成课前任务信息收集（5 分）				
		完成任务背景调研 PPT（5 分）				
		完成线上教学资源的自主学习及课前测试（10 分）				
2	课堂评价与技能评价（40 分）	积极主动，答题清晰（10 分）	表现积极主动、踊跃回答问题，5 分 协助教师维护良好课堂秩序的，5 分			
		熟练掌握课堂所讲知识点内容（10 分）	根据知识点掌握程度酌情扣分，熟练 10 分，一般 8 分，需要协助 6 分			
		熟练操作完成课堂练习（14 分）	根据软件操作熟练程度酌情扣分，熟练 14 分，一般 11 分，需要协助 8 分			
		实现案例模型的创建（6 分）	独立实现案例模型创建，实现三个点满分，少一个点扣 2 分			
3	态度评价（30 分）	良好的纪律性（10 分）	课堂考勤 3 分 服从管理 4 分 敬业认真 3 分			
		主动探究，能够提出问题和解决问题（10 分）	态度积极 5 分 独立思考 3 分 乐于创新 2 分			
		团队协作能力（10 分）	参与讨论 2 分 承担责任 2 分 乐于分享 3 分 领导能力 3 分			
合计				10	20	70

任务 8.3 高铁座椅材质的设置

任务描述

众所周知，国内高铁座椅分为二等座、一等座和商务座，不同的座椅设置也不一样，本任务目标是设置高铁座椅的材质。

任务提示

当对 2D 贴图使用材质时，对 2D 物体来说，包含 UVW Mapping 信息是很重要的。这些信息能够让 3ds Max 清楚如何在对象上设计 2D 贴图。一些对象如 Editable Meshes，不会自动应用一个 UVW 贴图坐标，这时可以应用一个 UVW Map 编辑修改器来为其指定一个贴图坐标。所有对象都具有默认的贴图坐标，但是如果在为材质使用 2D Map 贴图之前，对象已经塌陷成可编辑的网格，那么就可能丢失贴图坐标。

8.3.1 UVW 贴图

"UVW 贴图"修改器主要应用在建模或动画的贴图修改，在为模型制作贴图的过程中，为了纠正贴图的坐标或对齐贴图坐标，经常要使用"UVW 贴图"修改器。

1. 贴图坐标

"UVW 贴图"修改器的功能是在物体表面设置一个贴图框架来为图片定位。当使用外部导入的图像作为贴图时，需要在二维图像和三维几何体之间建立一个关联，即如何将平面图形附加在三维物体的表面。"UVW 贴图"修改器的"参数"卷展栏由"贴图""通道"和"对齐"三个选项区域构成，不同的选项区域将实现不同的管理功能。

学习"UVW 贴图"修改器有如下四个要点：第一，对不具有贴图坐标的对象可以使用"UVW 贴图"修改器；第二，变换贴图的中心可以调整贴图的位置；第三，在子对象层级可以使用贴图；第四，对指定贴图通道上的对象应用 7 种贴图坐标之一，不同的贴图通道具有不同的贴图坐标。

UVW 坐标是 3ds Max 中的一种贴图坐标，它与 X、Y、Z 坐标相似，其中 U 轴和 V 轴对应于物体的 X 轴和 Y 轴。对应于 Z 轴的 W 轴一般只用于程序贴图。可在"材质编辑器"中将位图坐标系切换到 VW 或 WU，在这些情况下，位图被旋转和投影，以使其与该曲面垂直。

2. UVW 贴图

利用"UVW 贴图"修改器纠正贴图的坐标时，需要根据当前三维物体的形状选择不同的纠正方式，此时就需要贴图坐标。贴图坐标是指为系统指定一种贴图坐标的计算方法，以便于重新计算贴图坐标。"UVW 贴图"修改器提供了 7 种常用的贴图坐标方式。

1）平面

如果要使用"平面"贴图坐标，则可以在"参数"卷展栏中选中"平面"单选按钮。这种贴图坐标可以从对象的一个平面投影贴图。在需要贴图对象的一侧时，会使用这种贴图类型，一般在利用位图作为贴图的时候使用。在平面对象上贴图的时候很容易控制使用的图片的范围，但是运用在有深度的对象上时，W 轴就会发生推移现象。

2）柱形

"柱形"贴图主要应用在一些类似于圆柱体的模型上。一般情况，当为柱形物体添加"UVW 贴图"修改器后，在圆柱体的侧面不会产生贴图，这是因为"UVW 贴图"修改器在默认情况下没有计算侧面，如果要使其产生贴图，则应该勾选"柱形"单选按钮右侧的"封口"复选框。

3）球形

"球形"贴图通过从球体投影贴图来包围对象，在球体顶部和底部、位图边与球体两极交汇处会看到缝与贴图奇点相交。这种贴图方式一般应用在圆形物体上。

4）收缩包裹

"收缩包裹"贴图实际上使用的是球形贴图，但是它会截去贴图的各个角，然后在一个单独奇点将它们全部结合在一起，仅创建一个奇点。"收缩包裹"贴图用于隐藏贴图

奇点。

5）长方体

“长方体”贴图方式从长方体的 6 个侧面投影贴图。每个侧面投影为一个平面贴图，且表面上的效果取决于曲面法线。

6）面投影

“面投影”贴图方式可以对对象的每个面应用贴图副本。使用完整矩形贴图来共享隐藏边的成对面贴图。使用贴图的矩形部分贴图不带隐藏边的单个面。

7）XYZ 至 UUVW

“XYZ 到 UVW”贴图方式可以将 3D 程序坐标贴图到 UVW 坐标。通过这种方式可以将程序纹理贴到表面。如果表面被拉伸，3D 程序贴图也被拉伸。

在贴图选项区域的下方，提供了一些用于自定义的参数设置，包括贴图的长、宽、高等。“长度”“高度”和“宽度”用于定义“UVW 贴图”修改器中 Gizmo 的尺寸。在使用该修改器时，贴图图标的默认缩放由对象的最大尺寸决定。为了正确贴图，需要了解不同贴图方式所使用的尺寸的一些注意事项。例如，“高度”参数对于“平面”贴图方式是不可用的，因为“平面”贴图方式不具备高度。

“U 向平铺”“V 向平铺”“W 向平铺”和“翻转”主要用于指定 UVW 贴图的尺寸以便于平铺图像。其中，“U 向平铺”“V 向平铺”和“W 向平铺”可以调整运用贴图的重复次数，“翻转”可以以指定的轴为中心上、下、左、右翻滚。

8.3.2 任务实施：高铁座椅材质的设置

在开始制作前，先打开“高铁车身”场景，本节将在“高铁车身”的基础上制作高铁座椅材质，如图 8-48 所示。高铁座椅材质的设置操作步骤如下。

图 8-48

（1）选择坐垫模型，使用附加工具依次添加其他模型，将它们附加到一起，效果如图 8-49 所示。

（2）单击“元素”层级，选中靠背和座椅，在“多边形：材质 ID”面板下设置 ID 为 1，效果如图 8-50 所示。

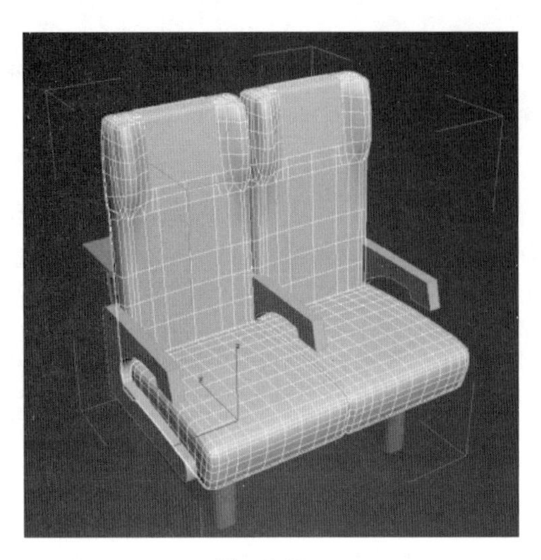

图 8-49

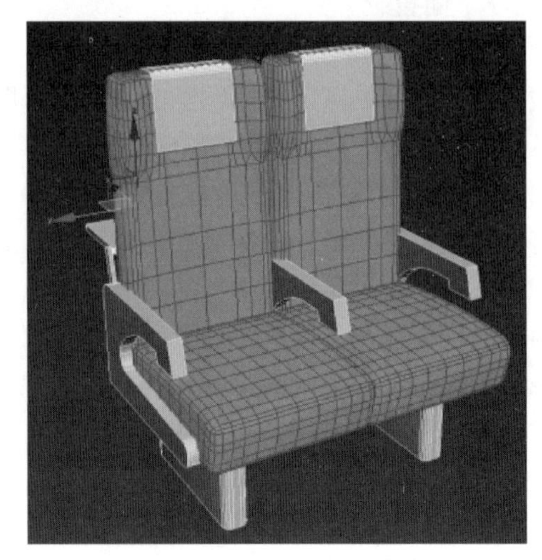

图 8-50

（3）选中扶手底座、小桌子等模型，在“多边形：材质 ID”面板下设置 ID 为 2，效果如图 8-51 所示。

（4）选中“头巾”模型，在“多边形：材质 ID”面板下设置 ID 为 3，效果如图 8-52 所示。

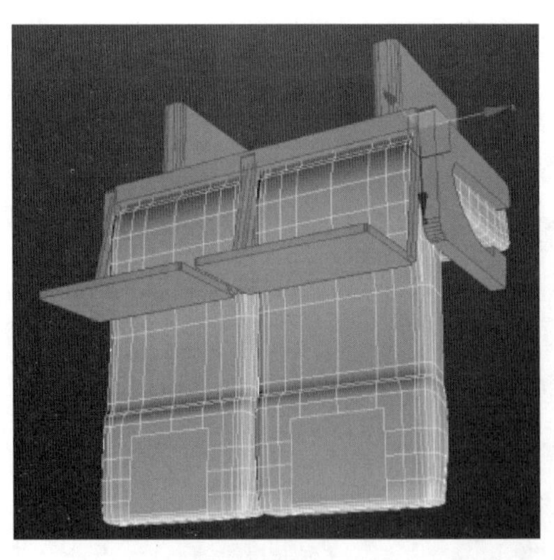

图 8-51

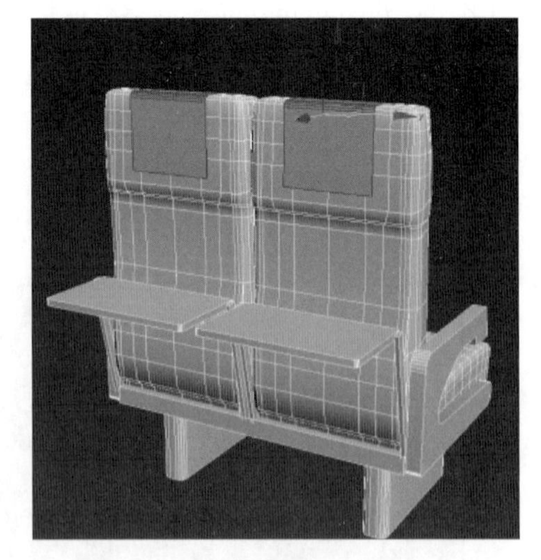

图 8-52

（5）单击“渲染设置”按钮，打开“渲染设置”对话框，将“扫描线渲染器”选项修改为“V-Ray Adv 渲染器”。关闭“渲染设置”对话框，效果如图 8-53 所示。

（6）单击“材质编辑器”按钮，打开“材质编辑器”对话框，选择第一个材质球，修改材质球名称为“高铁座椅”，将材质赋予座椅模型，效果如图 8-54 所示。

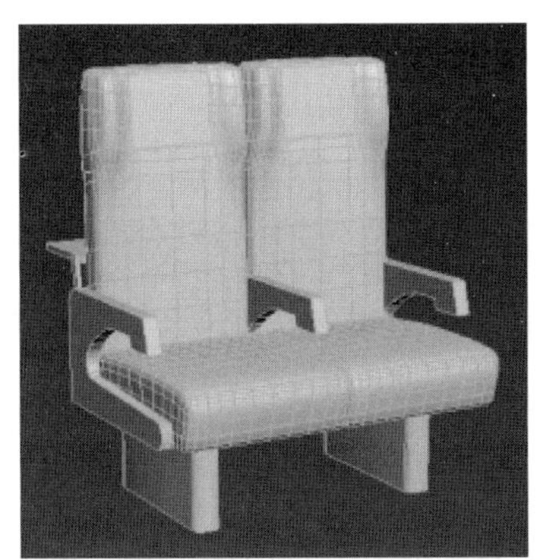
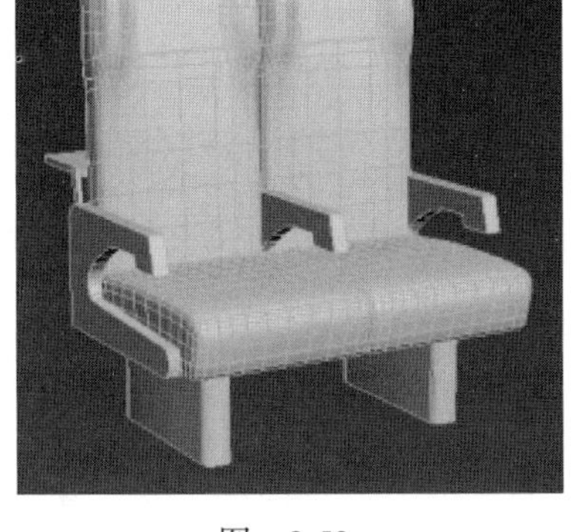

图 8-53

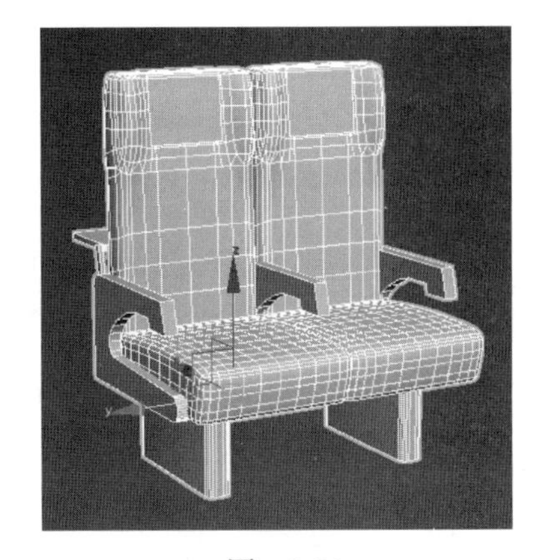

图 8-54

（7）单击 Standard 按钮，在弹出的“材质 / 贴图浏览器”对话框中选择“材质”|“通用”|“多维 / 子对象”。单击“确定”按钮在弹出的“替换材质”对话框中选中“将旧材质保存为子材质？”单选按钮，单击“确定”按钮，效果如图 8-55 所示。

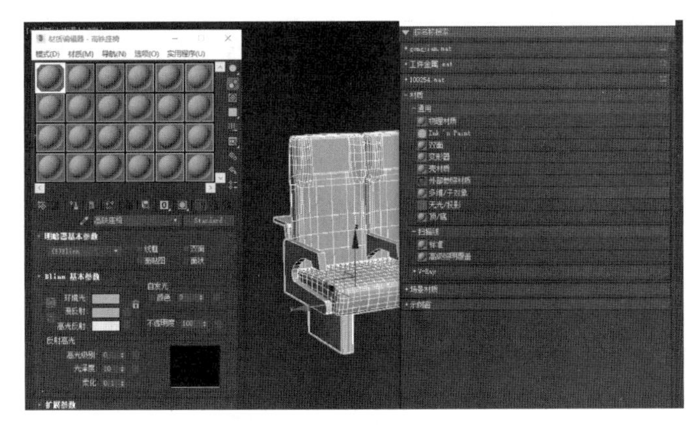

图 8-55

（8）单击“设置数量”按钮，将“材质数量”设置为 3，单击“确定”按钮，效果如图 8-56 所示。

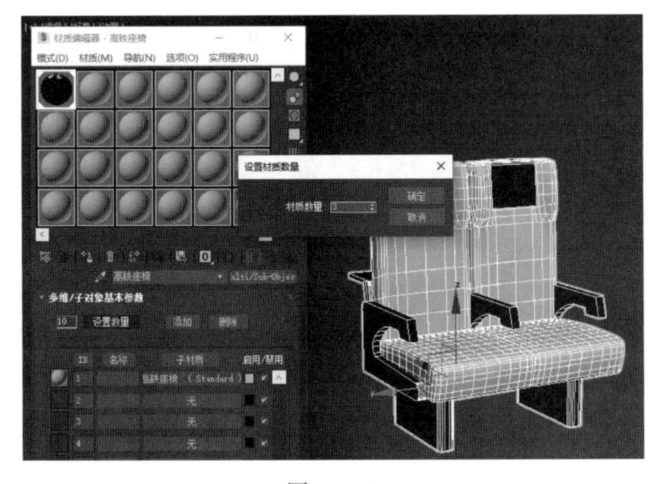

图 8-56

（9）选择第一个子材质球。单击 Standard 按钮，在弹出的对话框中选择“材质”| V-Ray | VRayMtl。并修改材质名称为“高铁座椅靠背”，效果如图 8-57 所示。

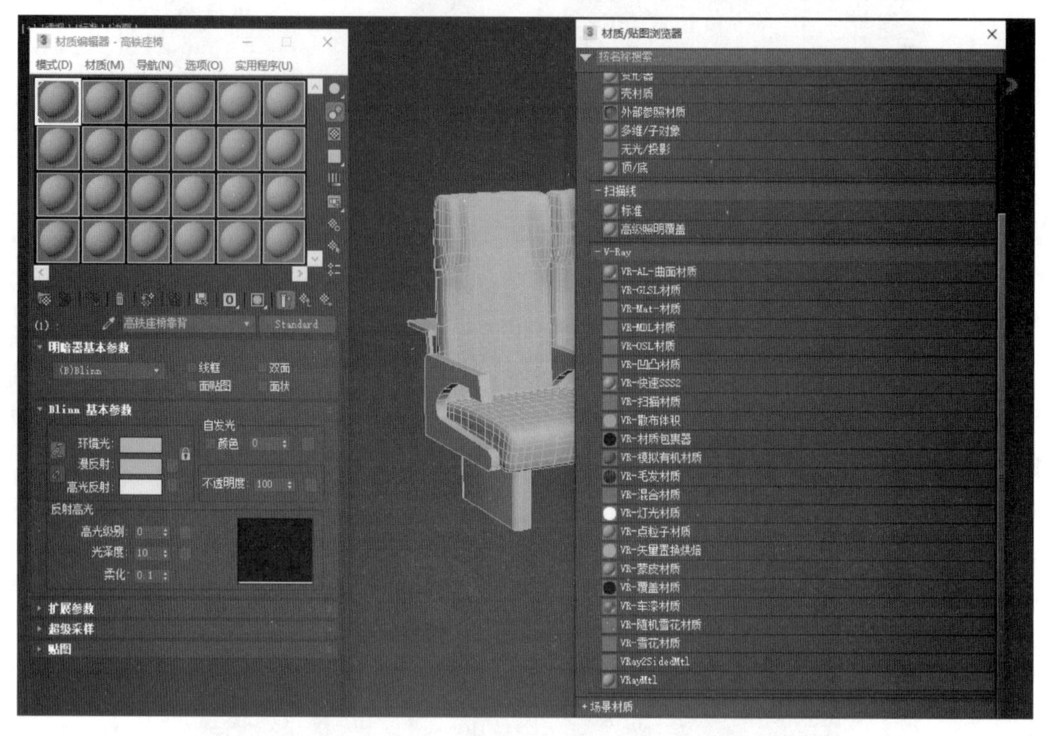

图 8-57

（10）选择第二个子材质球。单击 Standard 按钮，在弹出的对话框中选择“材质”| V-Ray | VRayMtl。并修改材质名称为“高铁座椅塑料”，效果如图 8-58 所示。

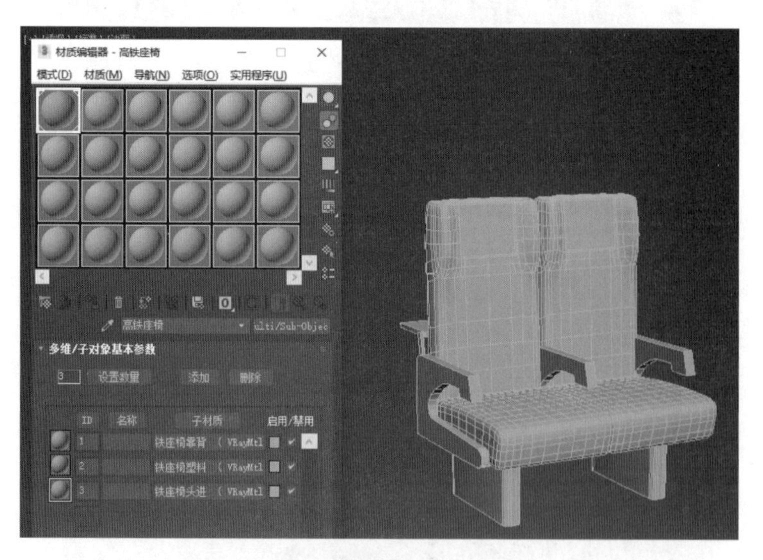

图 8-58

（11）选择第三个子材质球。单击 Standard 按钮，在弹出的对话框中选择“材质”| V-Ray | VRayMtl。并修改材质名称为“高铁座椅头巾”，效果如图 8-59 所示。

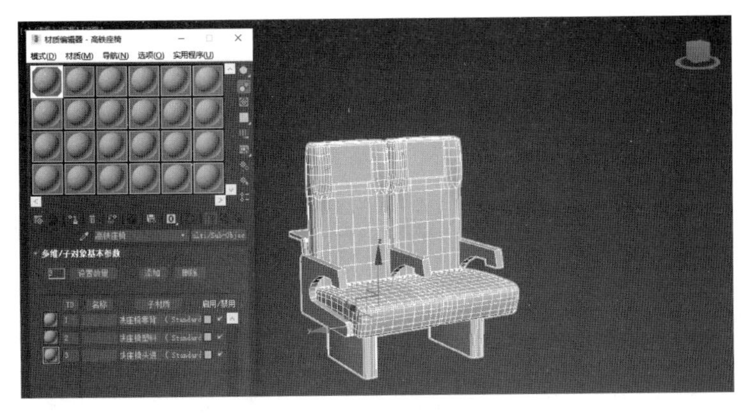

图 8-59

（12）打开“高铁座椅靠背”材质球，单击“漫反射”按钮，在弹出的对话框中选择“贴图”|“通用”|“位图”，单击“确定”按钮，在弹出的对话框中选择“布料”贴图，效果如图 8-60 所示。

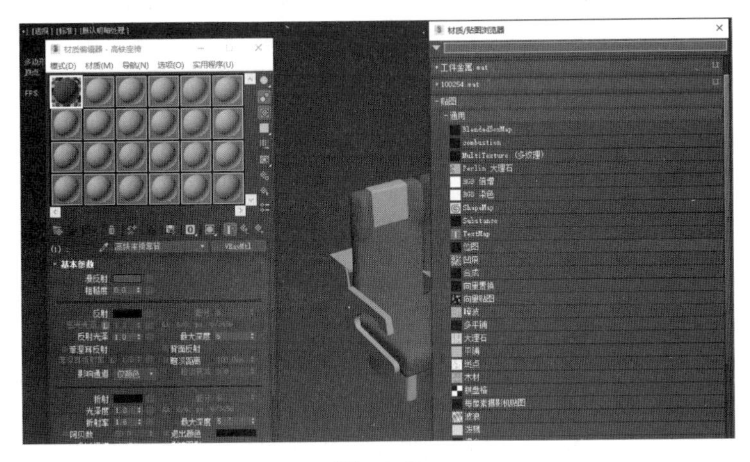

图 8-60

（13）关闭对话框，在“材质编辑器”对话框中单击“在视口中显示明暗处理材质”按钮，效果如图 8-61 所示。

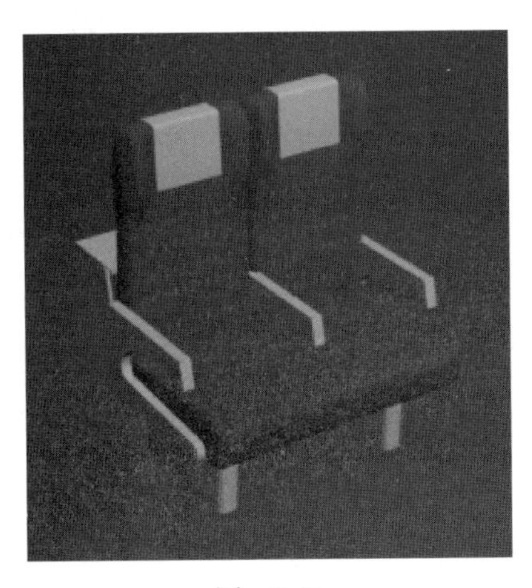

图 8-61

（14）打开“高铁座椅塑料”材质球，单击“漫反射”按钮，在弹出的对话框中选择“贴图”|“通用”|“衰减”，设置“衰减参数”，效果如图 8-62 所示。

（15）关闭对话框，在“材质编辑器”对话框中单击“在视口中显示明暗处理材质”按钮，效果如图 8-63 所示。

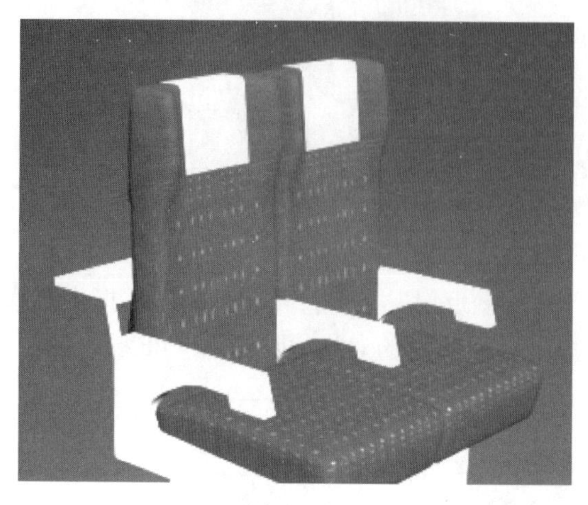

图 8-62

图 8-63

（16）打开“高铁座椅头巾”材质球，单击“漫反射”按钮，在弹出的对话框中选择“贴图”|“通用”|“位图”，单击“确定”按钮，在弹出的对话框中选中“头巾”贴图，效果如图 8-64 所示。

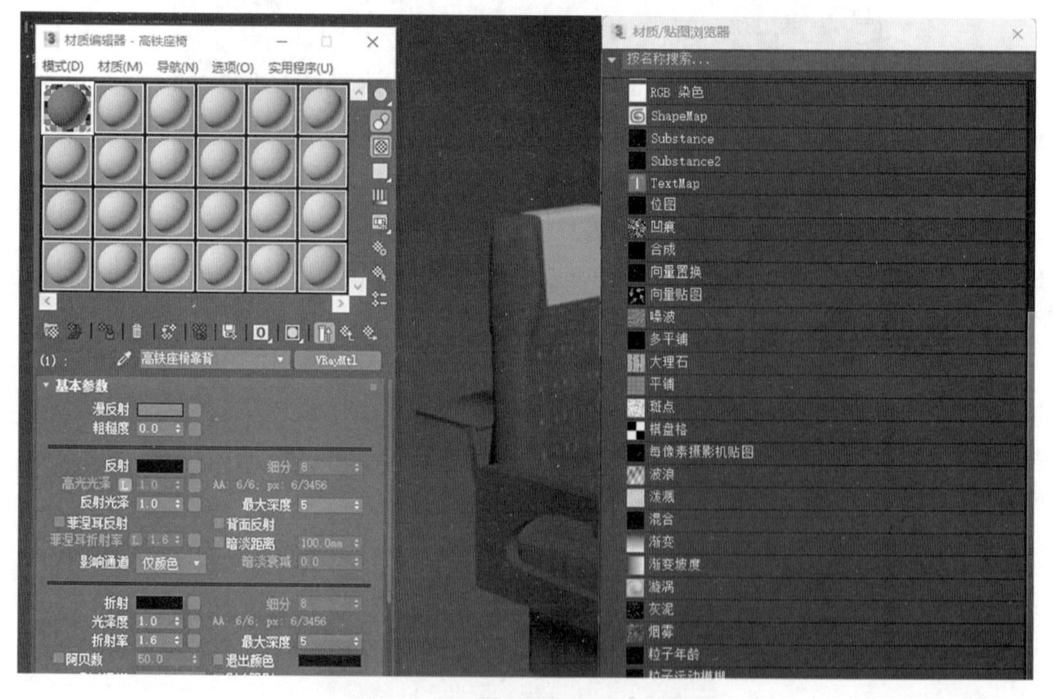

图 8-64

（17）关闭对话框，在“材质编辑器”对话框中单击“在视口中显示明暗处理材质”按钮，效果如图 8-65 所示。

（18）选中模型，添加“UVW 贴图”修改器。“贴图”设置为“长方体”，效果如图 8-66 所示。

图 8-65

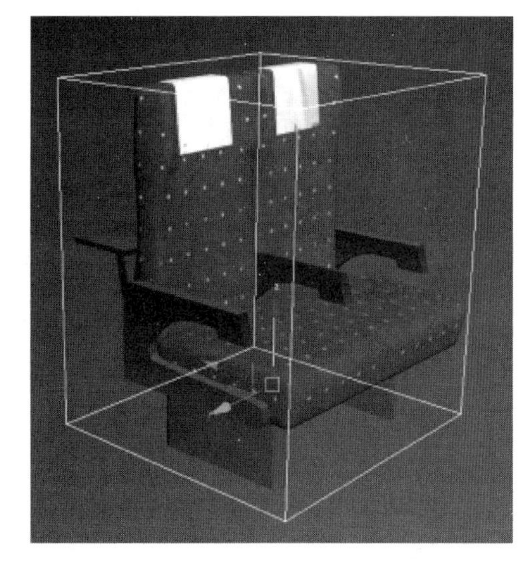

图 8-66

（19）添加“UVW 展开”修改器，单击“编辑 UV”卷展栏下的“打开 UV 编辑器”按钮，弹出“编辑 UVW”对话框，在“所有 ID”下拉列表中选择“3：高铁座椅头巾”，效果如图 8-67 所示。

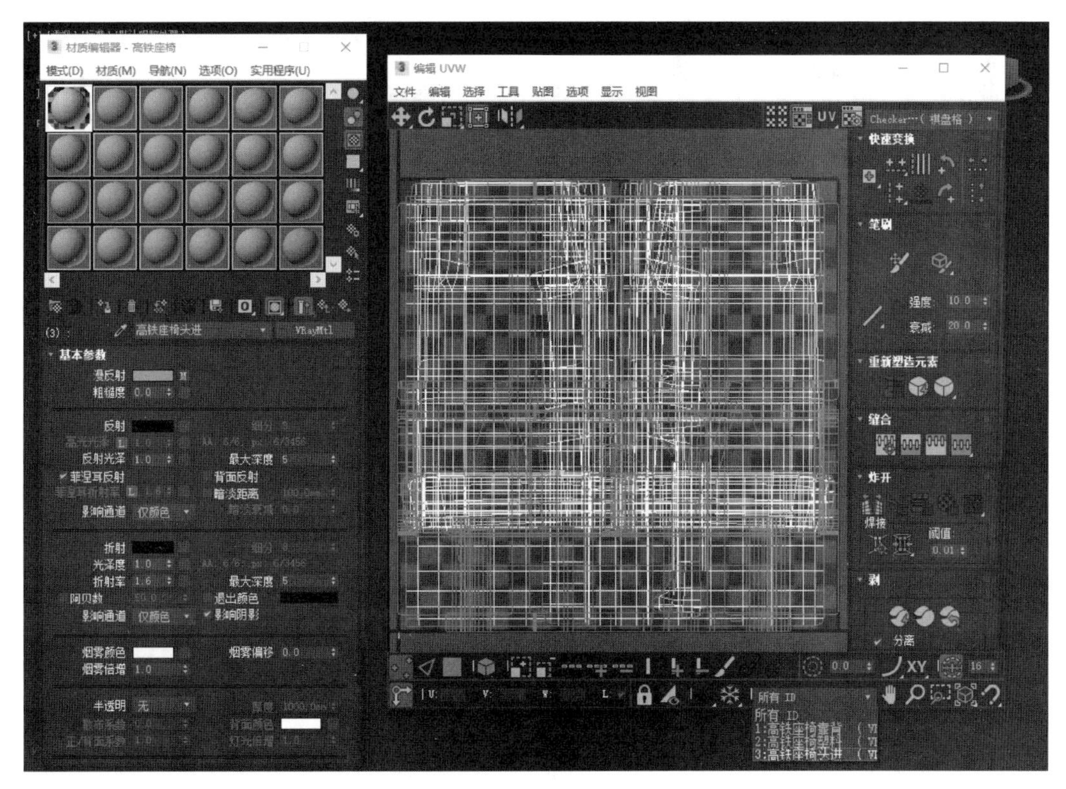

图 8-67

（20）选择“多边形”层级，单击“投影”卷展栏下“平面贴图”按钮，效果如图 8-68 所示。

图 8-68

（21）单击“编辑 UVW”对话框中的“工具”|“松弛”，打开“松弛工具”对话框。在下拉列表框中选择“由多边形角松弛”，单击“开始松弛”按钮，效果如图 8-69 所示。

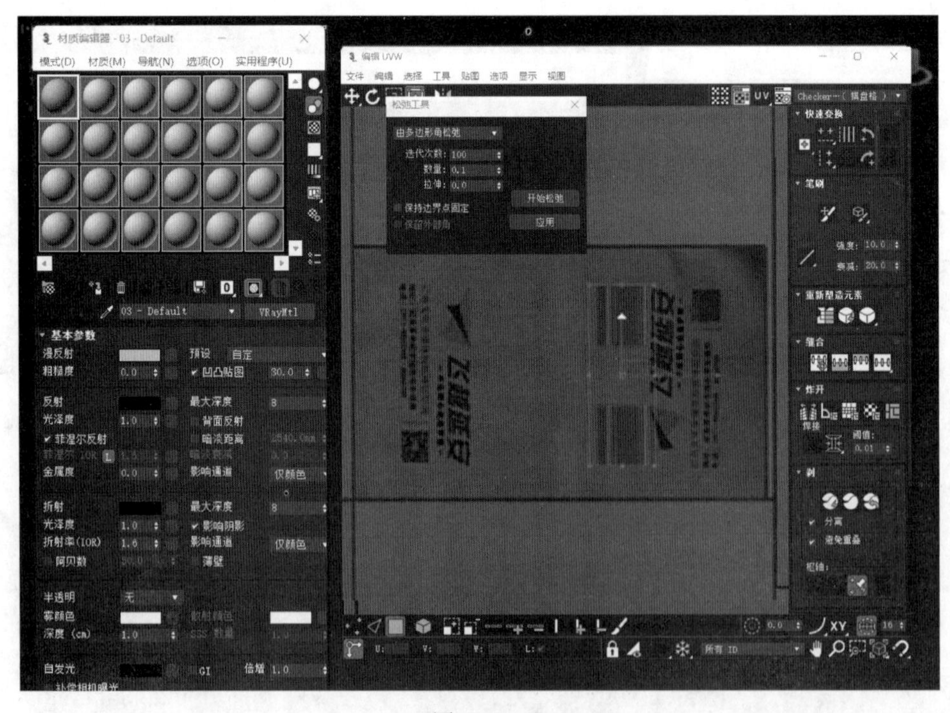

图 8-69

（22）单击“自由形式模式”按钮，将两个面重叠到一起，并铺满 UV 窗口，效果如图 8-70 所示。

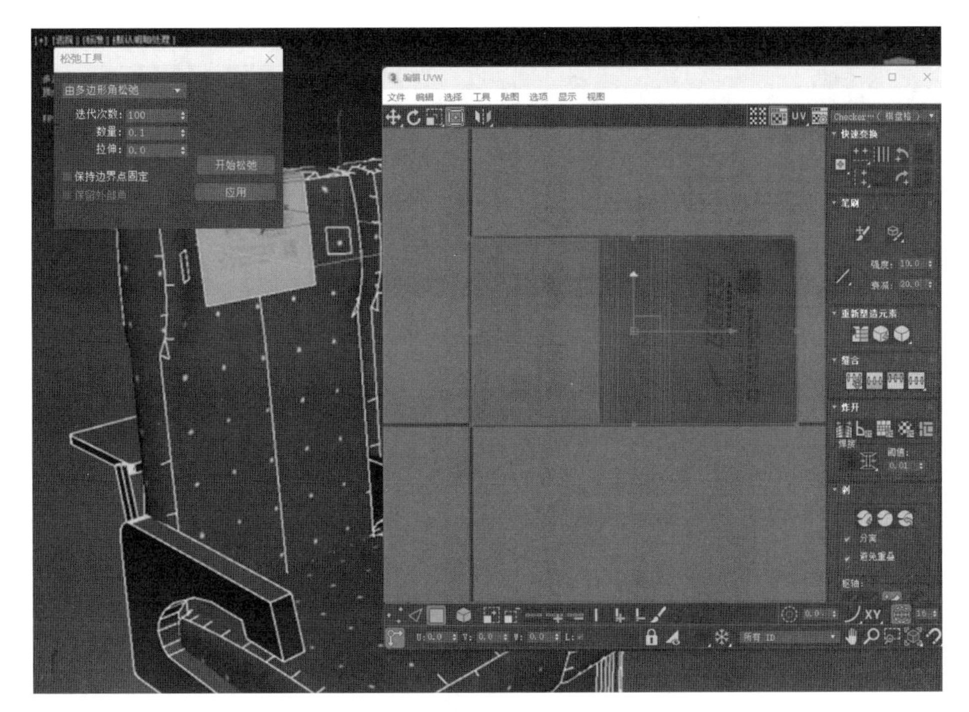

图 8-70

（23）关闭“编辑 UVW”对话框。按上述方法，为车厢座椅赋予材质。至此，高铁座椅材质设置完成，效果如图 8-71 所示。

图 8-71

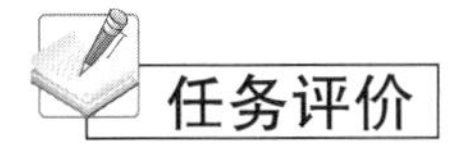

任务评价

任务评价如表 8-3 所示。

表 8-3 “高铁座椅材质的设置”任务评价表

序号	工作步骤	评分项	评分标准	得分		
				自评	互评	师评
1	课前学习评价（30 分）	完成课前任务作答（10 分）	规范性 30% 准确性 70%			
		完成课前任务信息收集（5 分）				
		完成任务背景调研 PPT（5 分）				
		完成线上教学资源的自主学习及课前测试（10 分）				
2	课堂评价与技能评价（40 分）	积极主动，答题清晰（10 分）	表现积极主动、踊跃回答问题，5 分 协助教师维护良好课堂秩序的，5 分			
		熟练掌握课堂所讲知识点内容（10 分）	根据知识点掌握程度酌情扣分，熟练 10 分，一般 8 分，需要协助 6 分			
		熟练操作完成课堂练习（14 分）	根据软件操作熟练程度酌情扣分，熟练 14 分，一般 11 分，需要协助 8 分			
		实现案例模型的创建（6 分）	独立实现案例模型创建，实现三个点满分，少一个点扣 2 分			
3	态度评价（30 分）	良好的纪律性（10 分）	课堂考勤 3 分 服从管理 4 分 敬业认真 3 分			
		主动探究，能够提出问题和解决问题（10 分）	态度积极 5 分 独立思考 3 分 乐于创新 2 分			
		团队协作能力（10 分）	参与讨论 2 分 承担责任 2 分 乐于分享 3 分 领导能力 3 分			
合计				10	20	70

任务 8.4 高铁车身材质贴图的绘制

任务描述

目前国内高铁列车车厢已大量使用铝合金材料。业内专家指出，时速 300 千米 / 小时以上的高速列车车体必须采用轻量化的铝合金材料，时速 350 千米 / 小时以上的列车车厢除底盘外全部使用铝型材。目前中国铁路客运专线动车组采用的 CRH1、CRH2、CRH3、CRH5 四种类型中，除 CRH1 型车体采用的是不锈钢材外，其余 3 种动车组车体均为铝合金材质。本任务来制作高铁车身材质贴图。

任务提示

当模型表面过于复杂，且贴图坐标不规则时，仅通过“UVW 贴图”修改器不够处理，这时需要使用更加高级的处理贴图的坐标工具——“UVW 展开”修改器。

8.4.1 UVW 展开

下面以罐子模型为例，讲解 UVW 展开。

（1）打开 3ds Max，单击“创建”|“图形”|“线”按钮，在作图区域绘制一个陶器工艺品的剖面图案。选中图案，单击“修改”命令面板“选择”卷展栏中的“点”图标，对图案上的点进行细节处理，效果如图 8-72 所示。

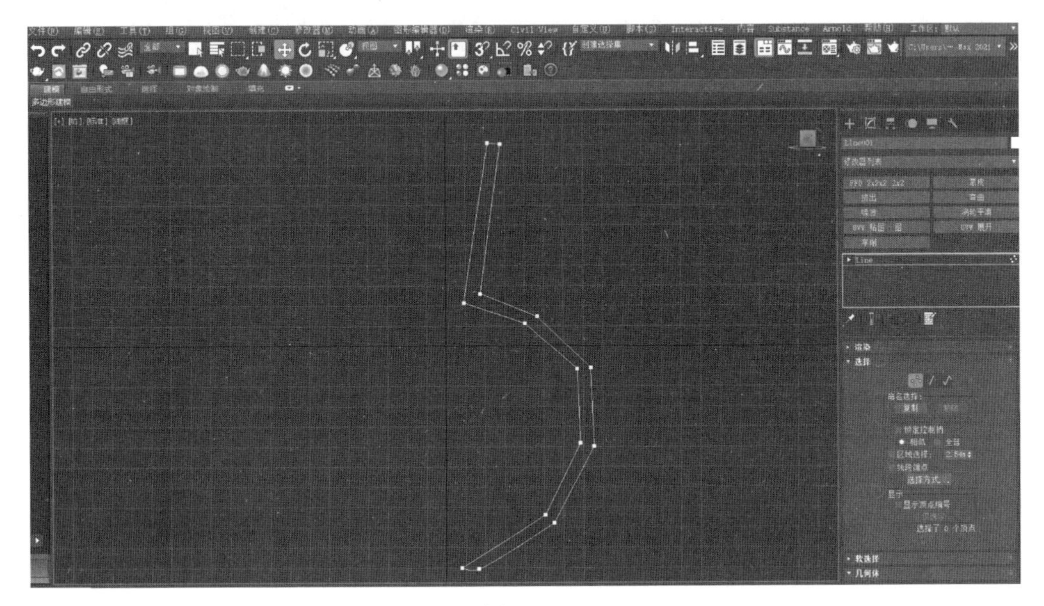

图 8-72

（2）将“插值”卷展栏中的“步数”设置为 1 后，添加“车削”修改器。单击“修改”命令面板“车削”下方的“轴”按钮，通过对轴进行移动，建立起陶器模型，效果如图 8-73 所示。

图 8-73

（3）单击“材质编辑器”按钮，弹出“材质编辑器”对话框。选中一个材质球，设置好材质球的参数并为其添加一张贴图。完成后，将材质球指定给陶器模型，效果如图 8-74 所示。

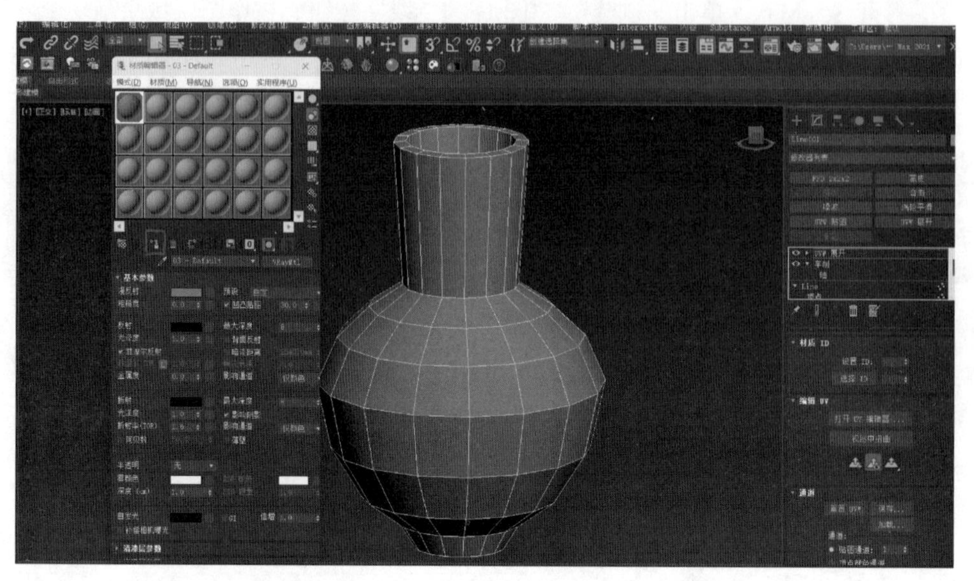

图 8-74

（4）单击“配置修改器集”按钮，在弹出的菜单栏中选择“配置修改器集”，弹出“配置修改器集”对话框，找到“UVW 展开”修改器，并将其拖动到右边的选择框中，将“UVW 展开”修改器调出到工作栏中，效果如图 8-75 所示。

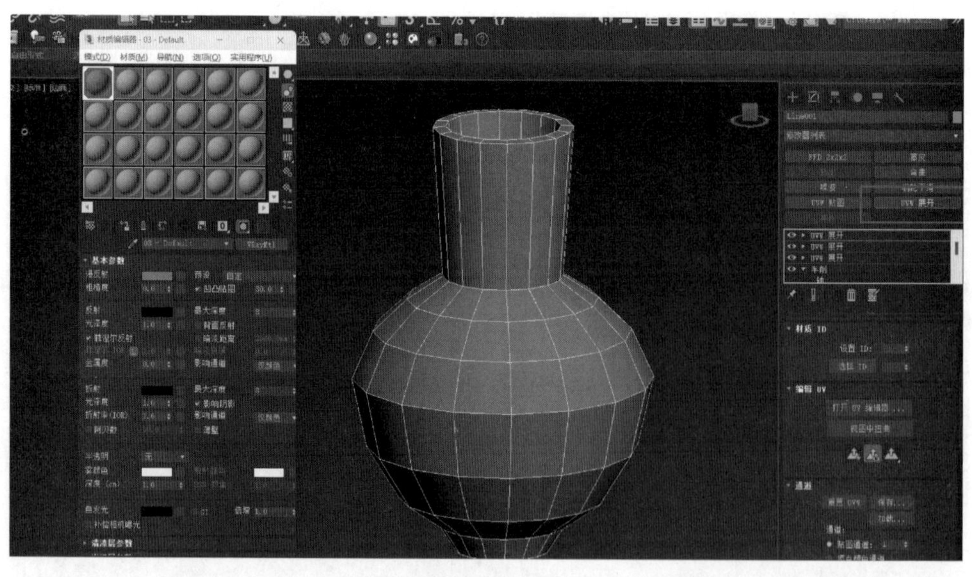

图 8-75

（5）单击“UVW 展开”|“打开 UV 编辑器”按钮，弹出“编辑 UVW”对话框。单击下方“点”图标，按图 8-76 所示对模型的各点进行移动调整，完成对材质贴图的设置。最后，单击“渲染”按钮出图，效果如图 8-76 所示。

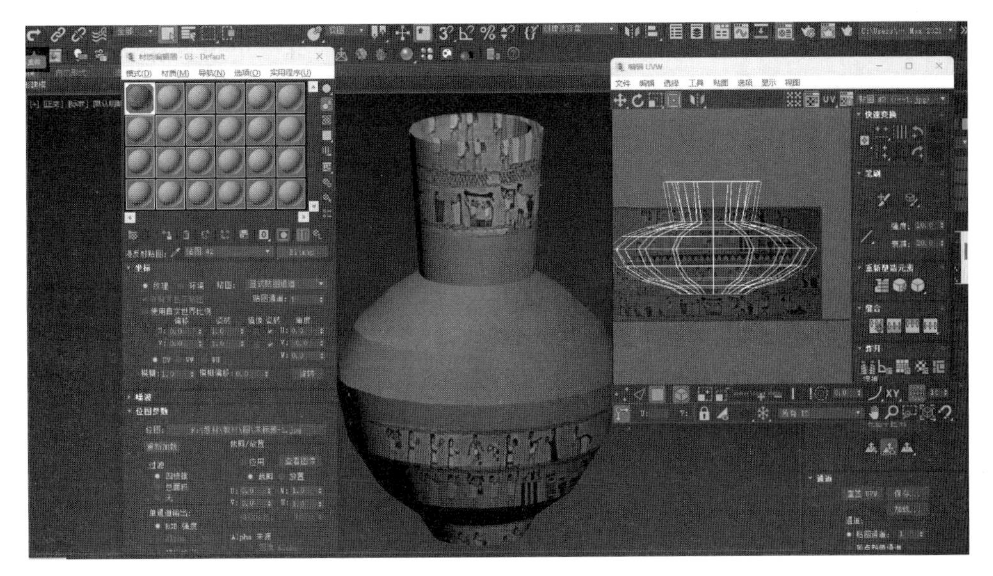

图 8-76

8.4.2 任务实施：高铁车身材质贴图的绘制

在制作开始前，先打开“高铁车身”场景，本任务将在“高铁车身”的基础上制作高铁座椅材质，如图 8-77 所示。

图 8-77

操作步骤如下。

（1）选中“多边形”层级，单击“分离”按钮，效果如图 8-78 所示。

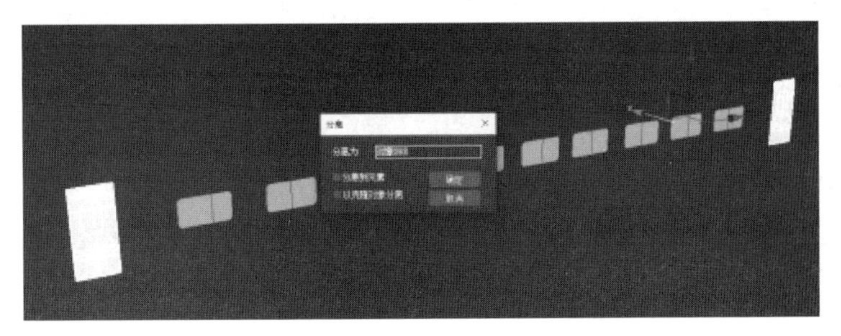

图 8-78

（2）选中窗户模型，添加“壳”修改器，设置“内部量”为30 mm，效果如图8-79所示。

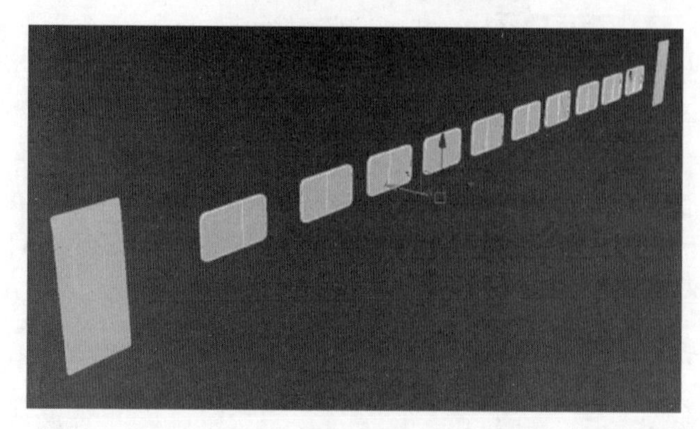

图　8-79

（3）选中车体模型，单击“附加”按钮，将模型附加为一个整体，效果如图8-80所示。

图　8-80

（4）单击“材质编辑器”按钮，打开“材质编辑器”对话框，选择第二个材质球，将名称修改为“车体”，并附加给车体模型，效果如图8-81所示。

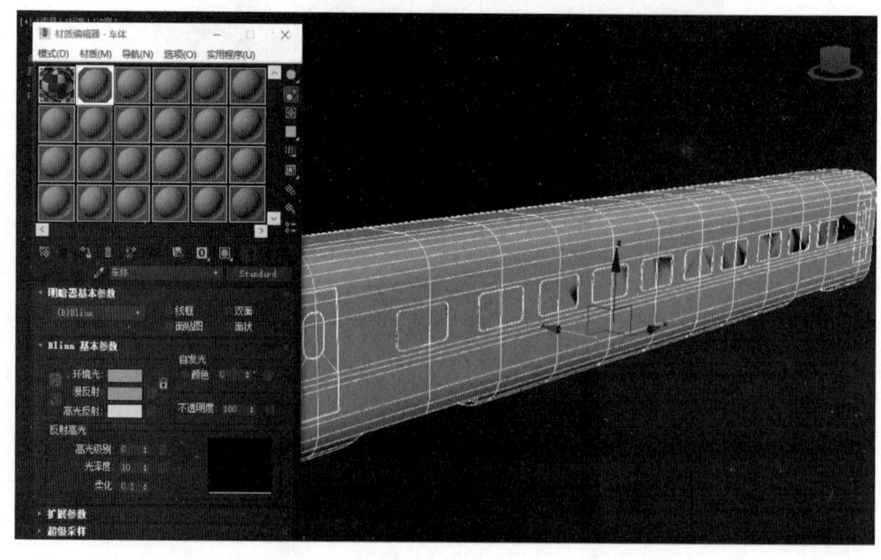

图　8-81

（5）单击 Standard 按钮，弹出“材质 / 贴图浏览器”对话框，选择“材质”|“通用”|“多维 / 子对象”，单击“确定”按钮，弹出“替换材质”对话框，选中“旧材质保存为子材质”单选按钮，效果如图 8-82 所示。

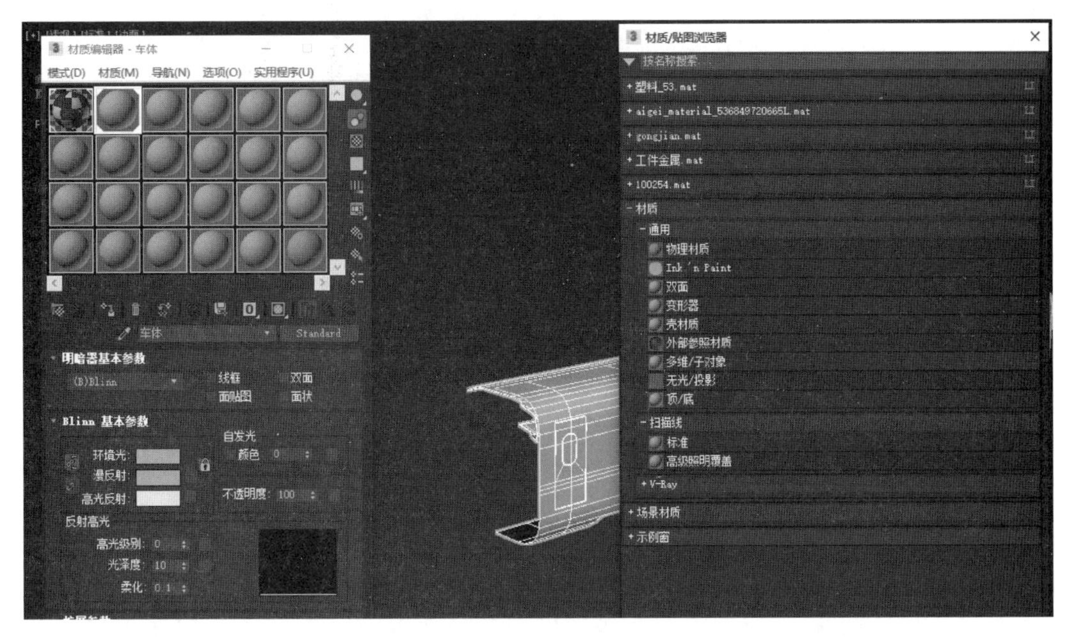

图 8-82

（6）选择第一个材质球，命名为“车体—白色”，单击 Standard 按钮，弹出“材质 / 贴图浏览器”对话框，选择“材质”|V-Ray|VRayMtl，单击“确定”按钮，效果如图 8-83 所示。

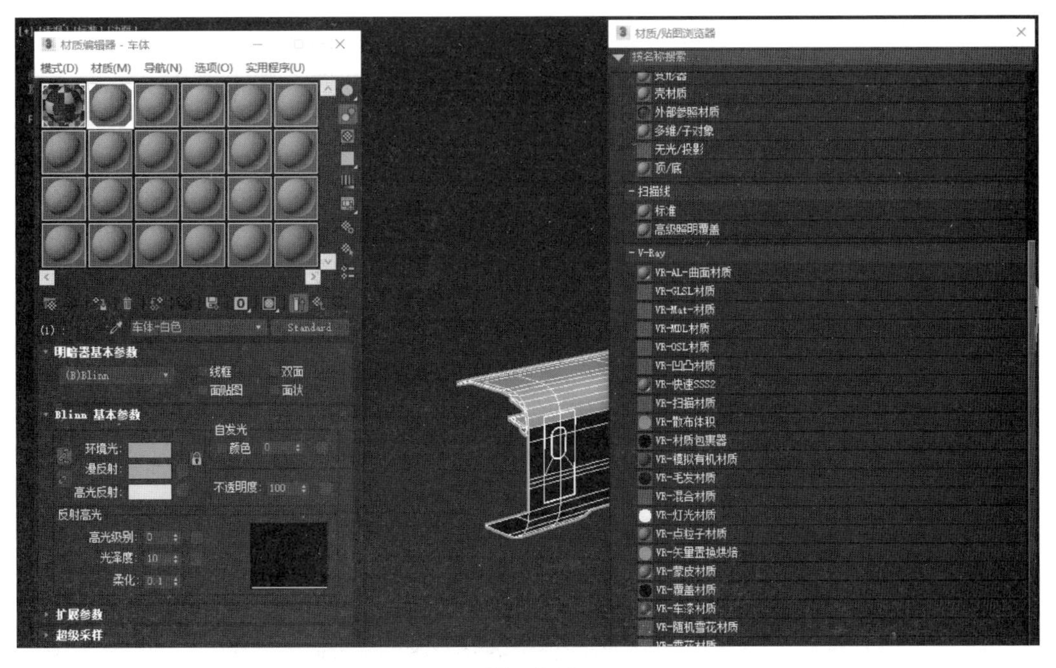

图 8-83

（7）单击“漫反射”右边的按钮，单击“贴图”|“通用”|“衰减”按钮，设置“衰减参数”，效果如图 8-84 所示。

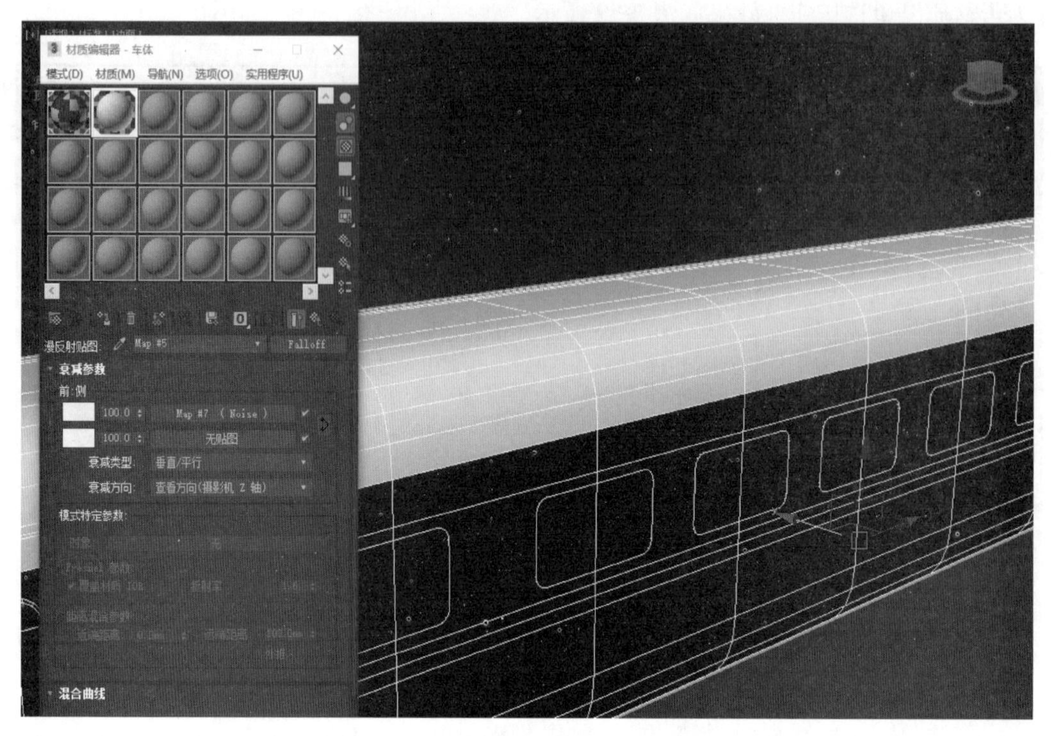

图 8-84

（8）在“修改”命令面板中选择“多边形”层级，修改“多边形：材质 ID”卷层栏中的“设置 ID”为 1。单击“材质编辑器”对话框中的“视口中显示明暗处理材质”按钮，效果如图 8-85 所示。

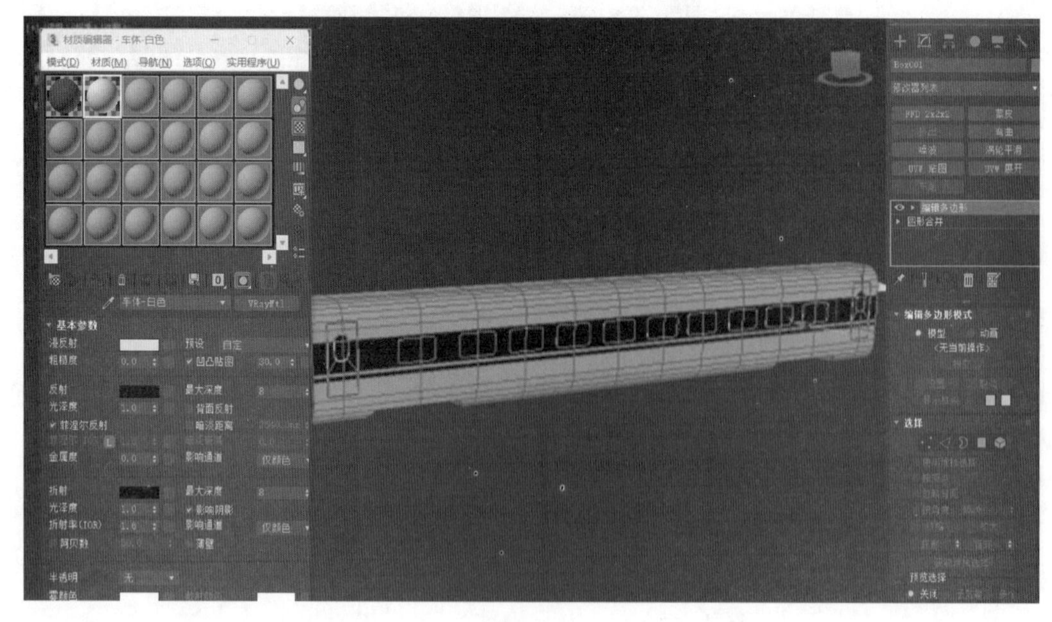

图 8-85

（9）选择第二个材质球，命名为“车体—黑色”，单击 Standard 按钮，弹出“材质 / 贴图浏览器”对话框，选择“材质”|V-Ray|VRayMtl，单击“确定”按钮，效果如图 8-86 所示。

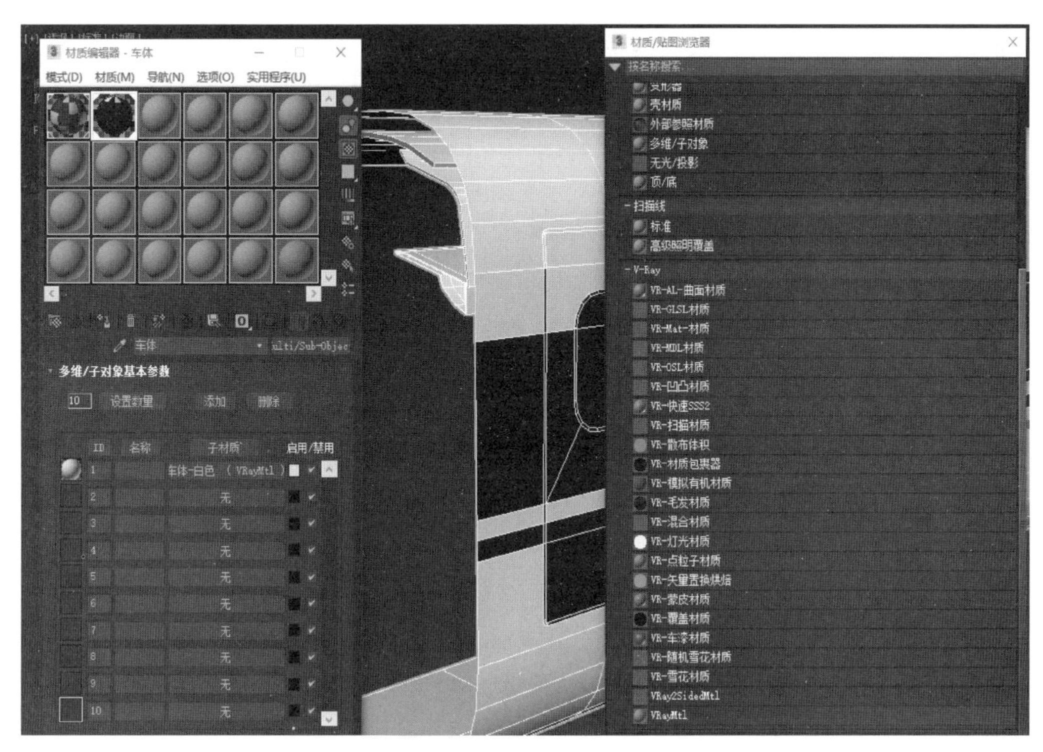

图 8-86

（10）单击“漫反射”右边的按钮，弹出“材质 / 贴图浏览器”对话框，单击“贴图”|“通用”|“衰减”，设置“衰减参数”，效果如图 8-87 所示。

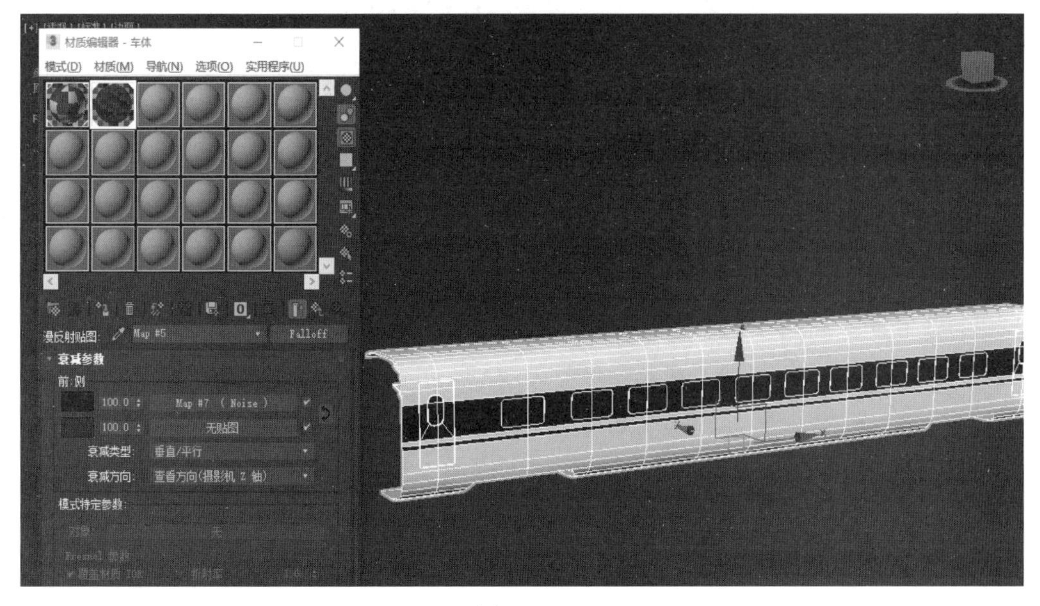

图 8-87

（11）在“修改”命令面板中选择“多边形”层级，修改“多边形：材质 ID”卷展栏中的“设置 ID”为 2。单击“材质编辑器”对话框中的“视口中显示明暗处理材质”按钮，效果如图 8-88 所示。

图 8-88

（12）选择第三个材质球，命名为“车体—红色”，单击 Standard 按钮，弹出“材质|贴图浏览器”对话框，选择“材质”|V-Ray|VRayMtl，单击“确定”按钮，效果如图 8-89 所示。

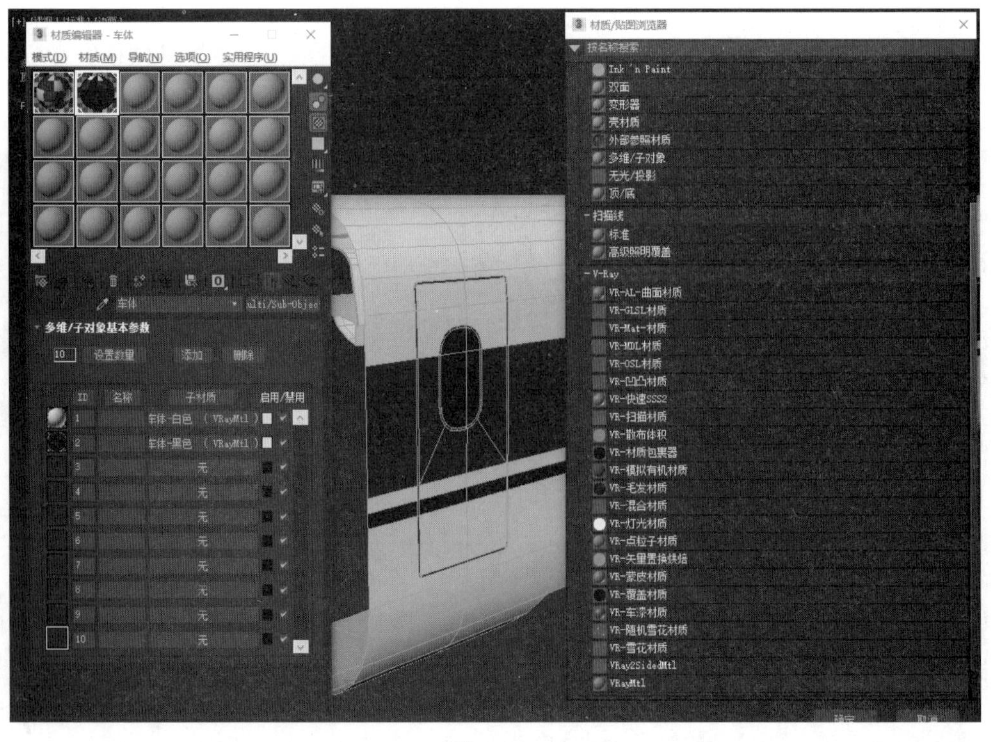

图 8-89

（13）单击“漫反射”右边的按钮，弹出“材质 / 贴图浏览器”对话框，单击“贴图”|“通用”|“衰减”按钮，设置“衰减参数”，效果如图 8-90 所示。

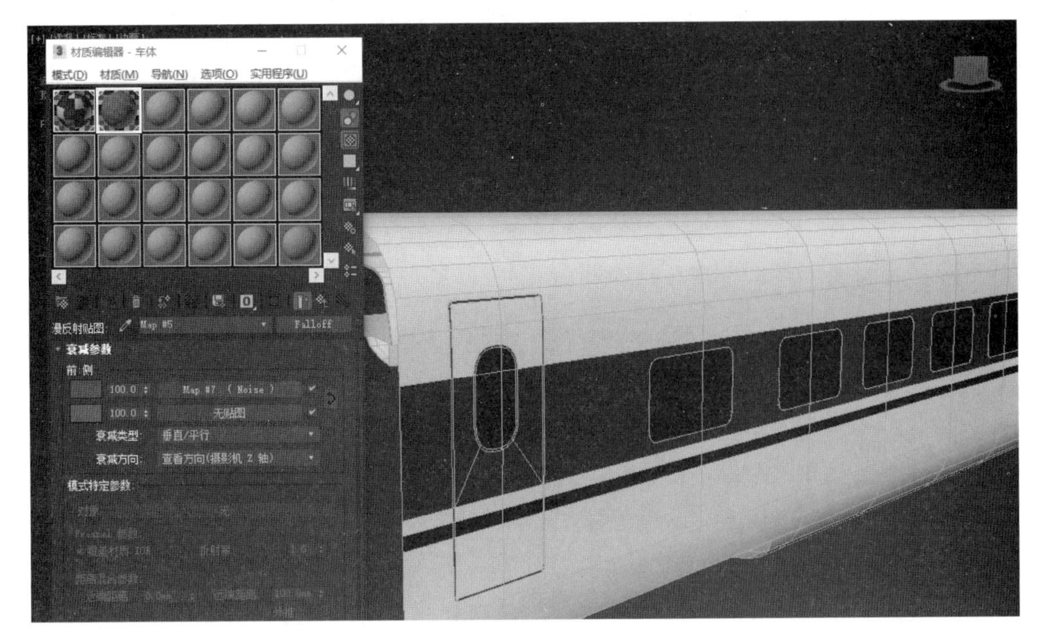

图 8-90

（14）在“修改”命令面板中选择“多边形”层级，修改“多边形：材质 ID”卷展栏中的“设置 ID”为 3。单击“材质编辑器”对话框中的“视口中显示明暗处理材质”按钮，效果如图 8-91 所示。

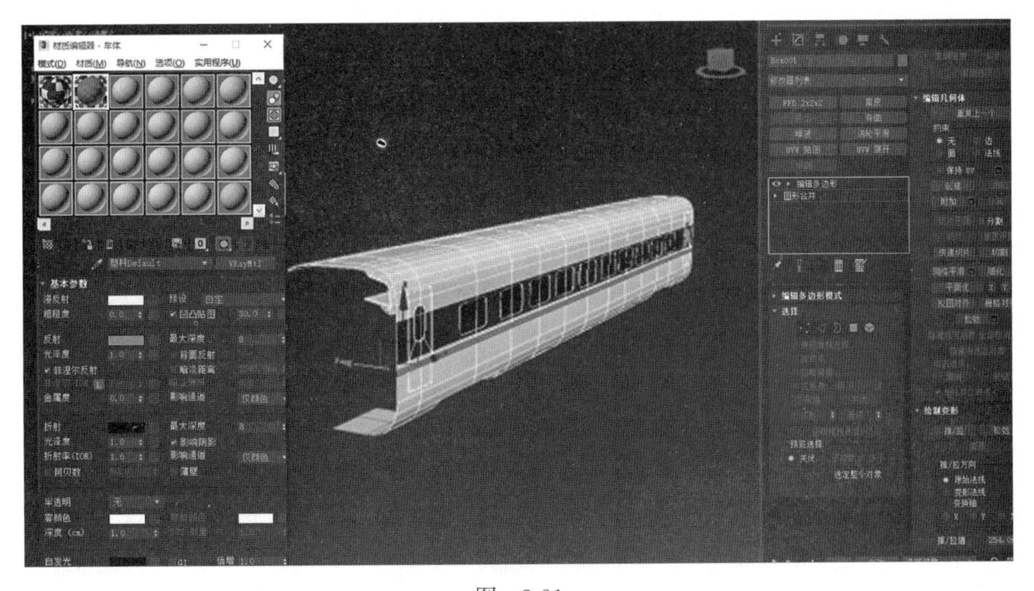

图 8-91

（15）选择第四个材质球，命名为“车体—玻璃”，单击 Standard 按钮，弹出“材质 / 贴图浏览器”对话框，选择“材质”|V-Ray|VRayMtl，单击“确定”按钮，效果如图 8-92 所示。

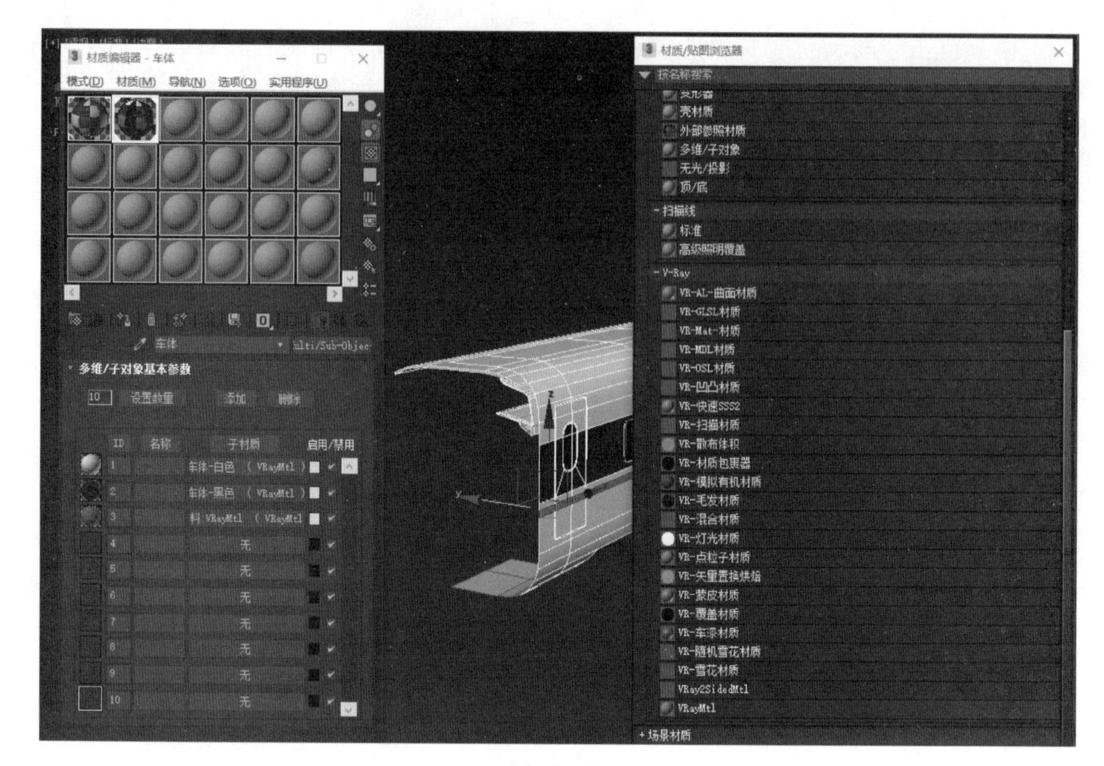

图 8-92

（16）单击“漫反射颜色”按钮，设置漫反射颜色，效果如图 8-93 所示。

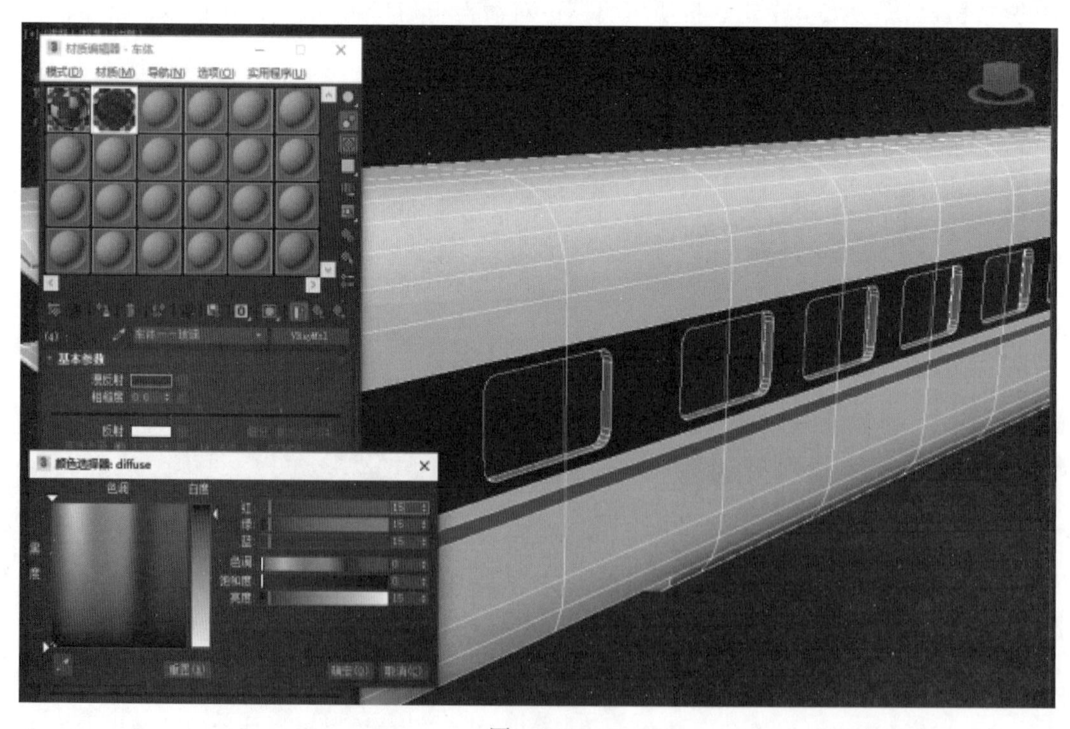

图 8-93

（17）单击“反射颜色”按钮，设置颜色“亮度”为 180，效果如图 8-94 所示。

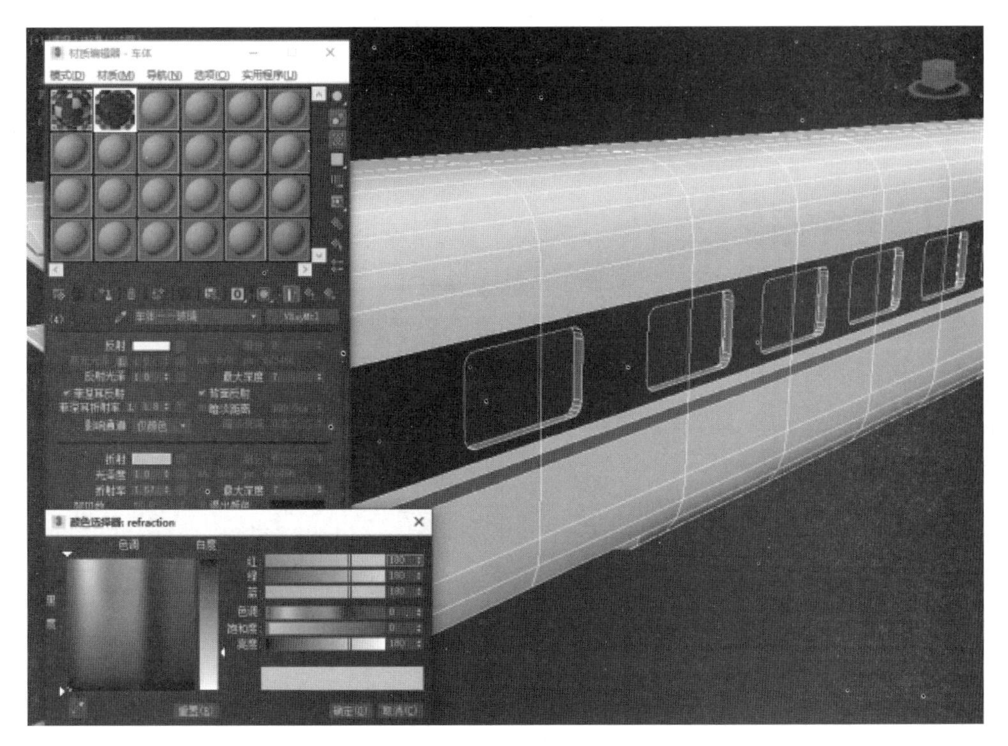

图 8-94

（18）单击“雾颜色”按钮，输入“色调”143，“饱和度”100，“亮度”166。设置“烟雾倍增”为 0.1，效果如图 8-95 所示。

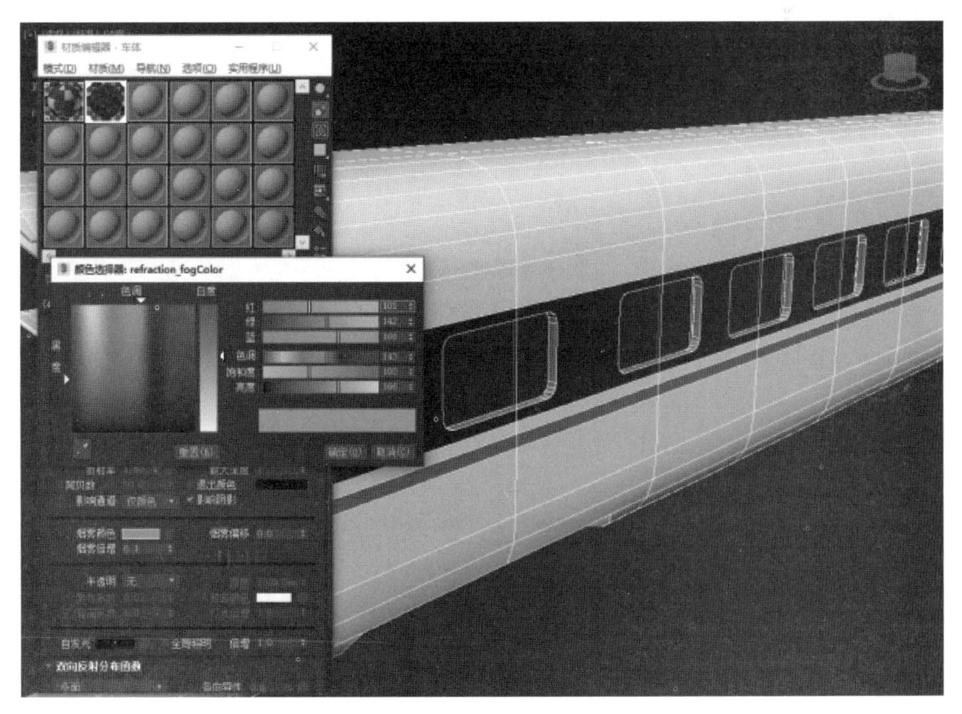

图 8-95

（19）在“修改”命令面板选择“多边形”层级，修改“多边形：材质 ID”卷展栏中的“设置 ID”为 4。单击“材质编辑器”对话框中的“视口中显示明暗处理材质”按钮，效果如图 8-96 所示。

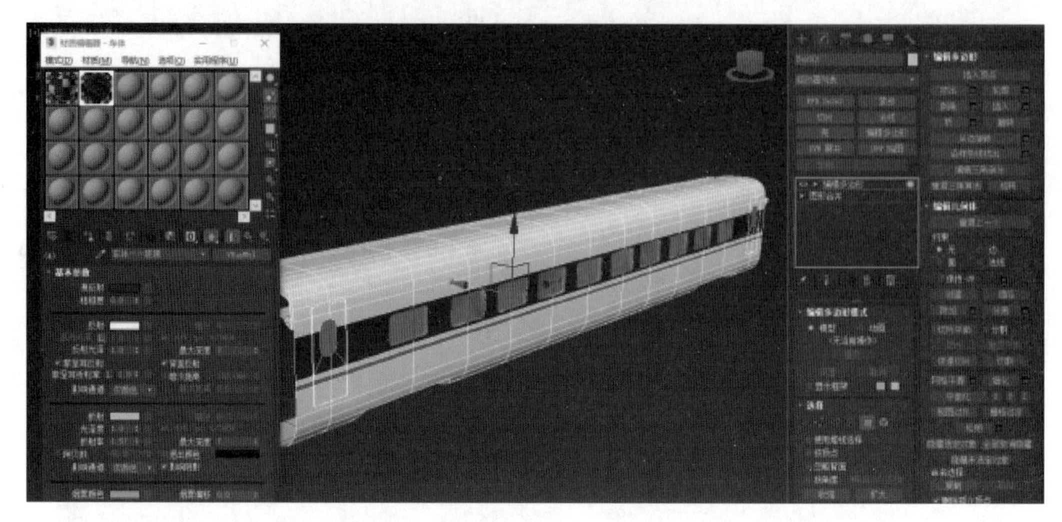

图 8-96

（20）选择第五个材质球，命名为“车体—内壁”，单击 Standard 按钮，弹出“材质 / 贴图浏览器”对话框，选择“材质”| V-Ray | VRayMtl，单击“确定”按钮，效果如图 8-97 所示。

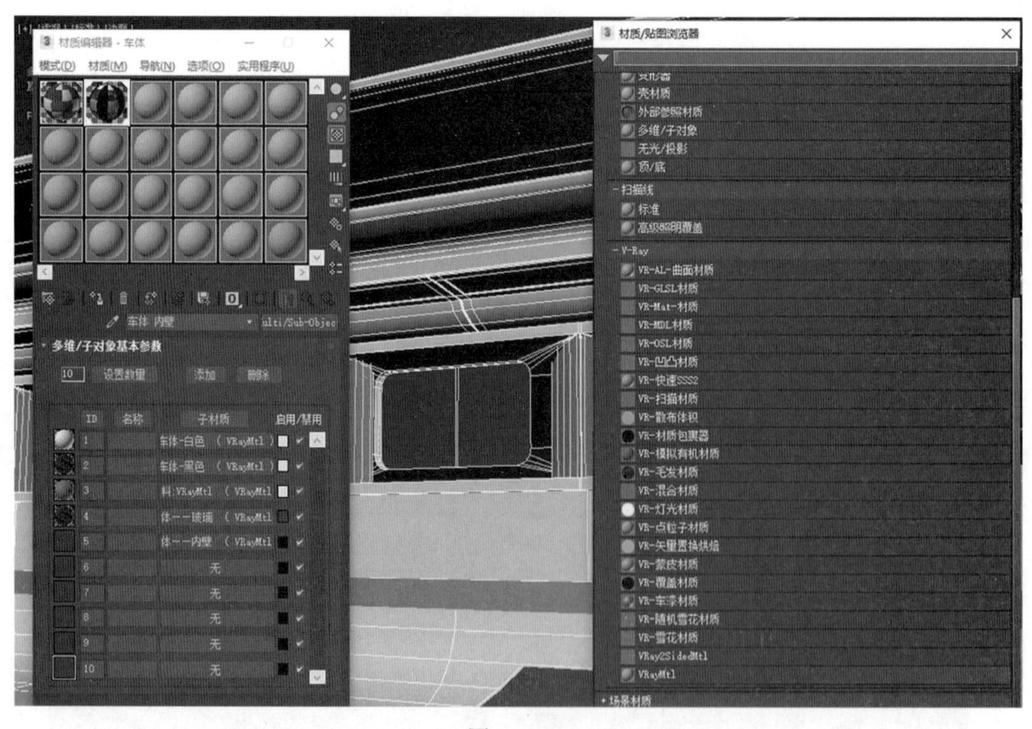

图 8-97

（21）单击“漫反射”右边的按钮，弹出“材质 / 贴图浏览器”对话框，单击“贴图”|“通用”|“位图”复选框，拾取一张贴图，效果如图 8-98 所示。

图 8-98

（22）在“修改”命令面板中选择“多边形”层级，修改“多边形：材质 ID”卷展栏中的“设置 ID”为 5。单击“材质编辑器”对话框中的“视口中显示明暗处理材质”按钮，效果如图 8-99 所示。

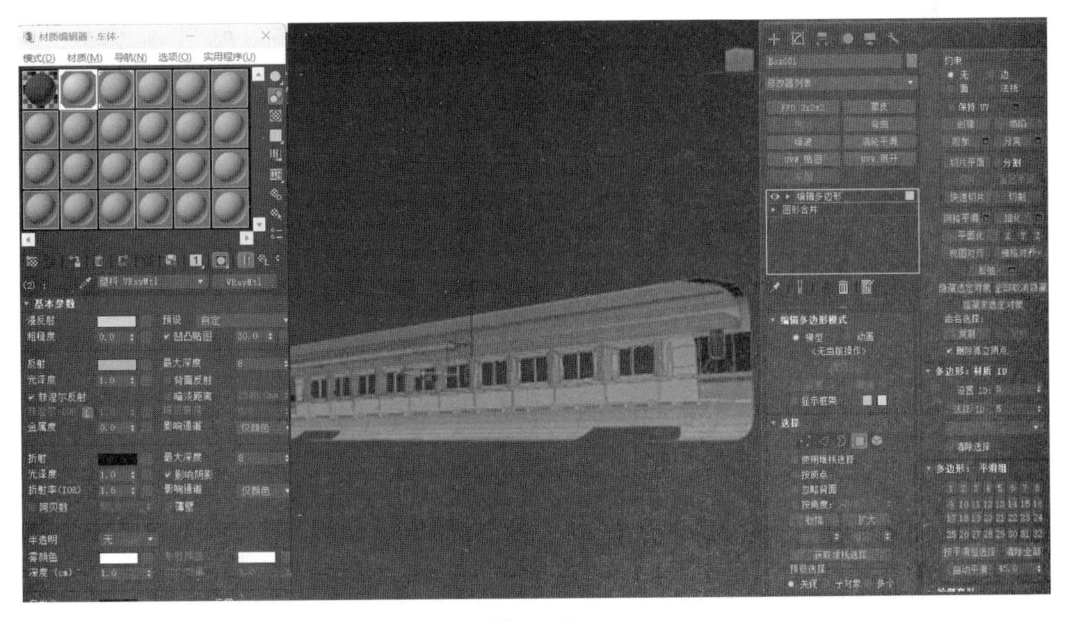

图 8-99

（23）选择第六个材质球，命名为“车体—棕色”，单击 Standard 按钮，弹出“材质 / 贴图浏览器”对话框，选择“材质”|V-Ray|VRayMtl，单击“确定”按钮，效果如图 8-100 所示。

图 8-100

（24）单击“漫反射”右边的按钮，弹出“材质贴图浏览器”对话框，单击“贴图”|“通用”|“衰减”按钮，设置“衰减参数”，效果如图 8-101 所示。

图 8-101

（25）在“修改”命令面板中选择“多边形”层级，修改“多边形：材质 ID”卷展栏中的“设置 ID”为 6。单击“材质编辑器”对话框中的“视口中显示明暗处理材质”按钮，效果如图 8-102 所示。

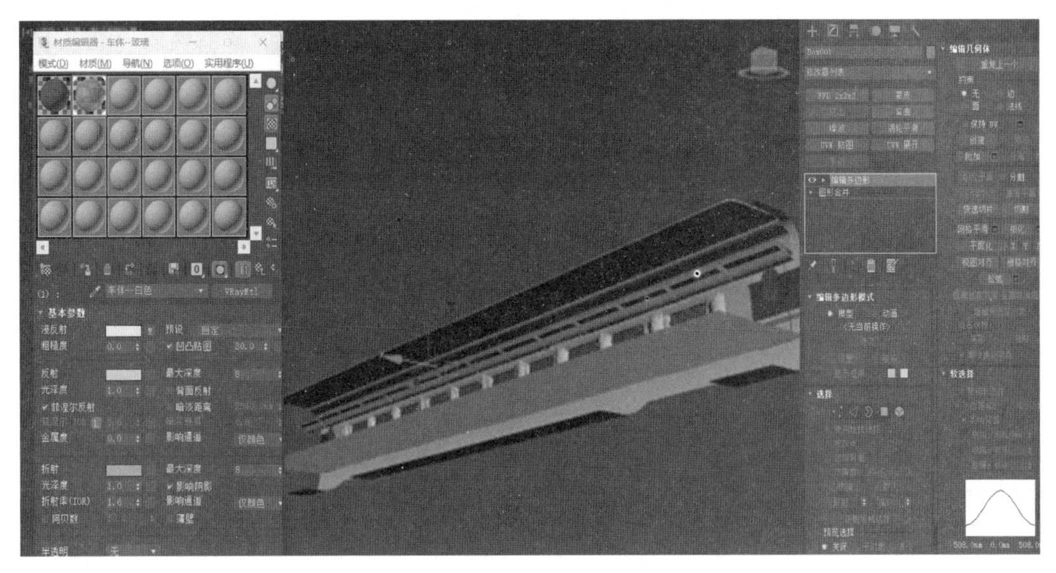

图 8-102

（26）选择第七个材质球，命名为“车体—行李架广告”，单击 Standard 按钮，弹出“材质 / 贴图浏览器”对话框，选择“贴图” | V-Ray | “VR- 灯光材质”，单击“确定”按钮，效果如图 8-103 所示。

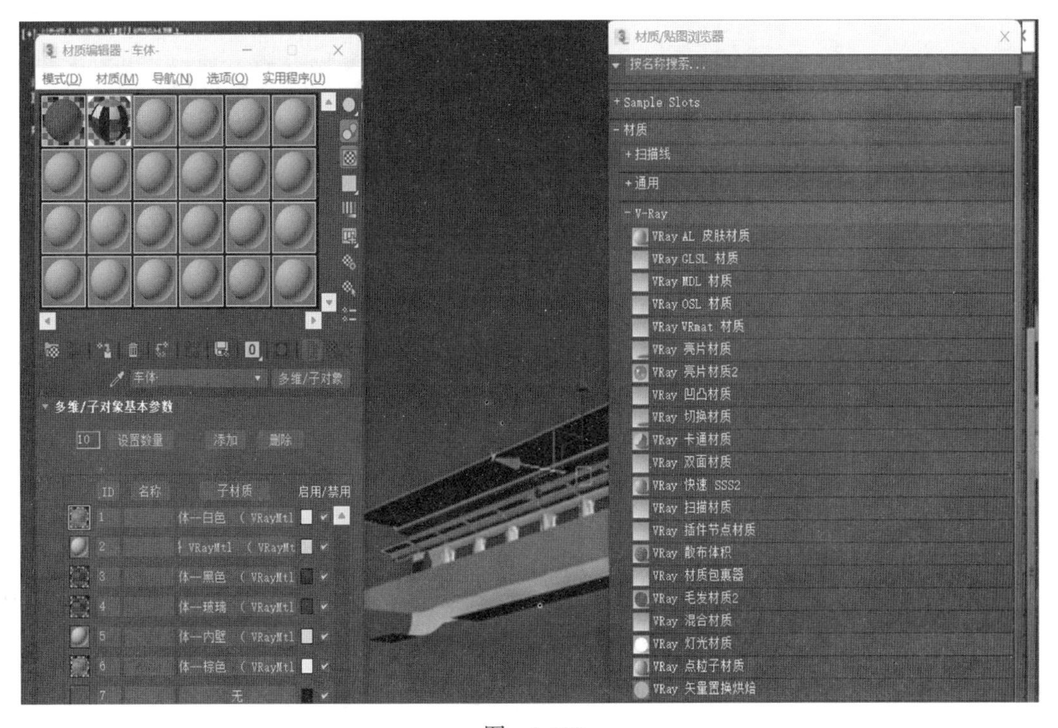

图 8-103

（27）单击“漫反射”右边的按钮，弹出“材质 / 贴图浏览器”对话框，单击“贴图”|“通用”|“位图”按钮，拾取一张贴图，效果如图 8-104 所示。

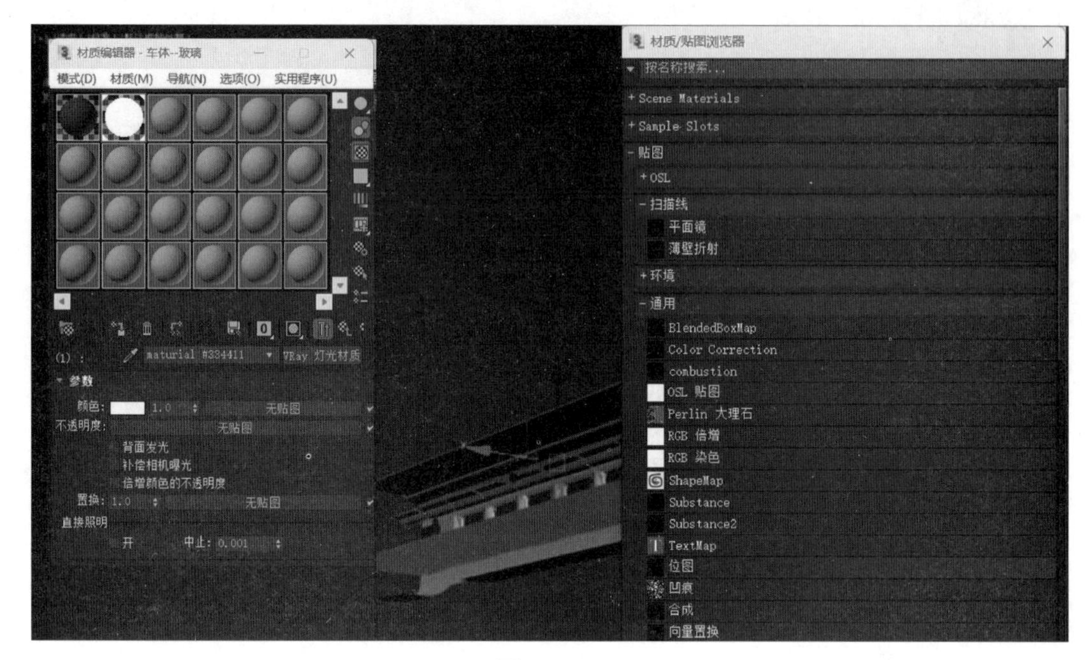

图 8-104

（28）在“修改”命令面板中选择“多边形”层级，修改“多边形：材质 ID”卷展栏中的“设置 ID”为 7。单击“材质编辑器”对话框中的“视口中显示明暗处理材质”按钮，效果如图 8-105 所示。

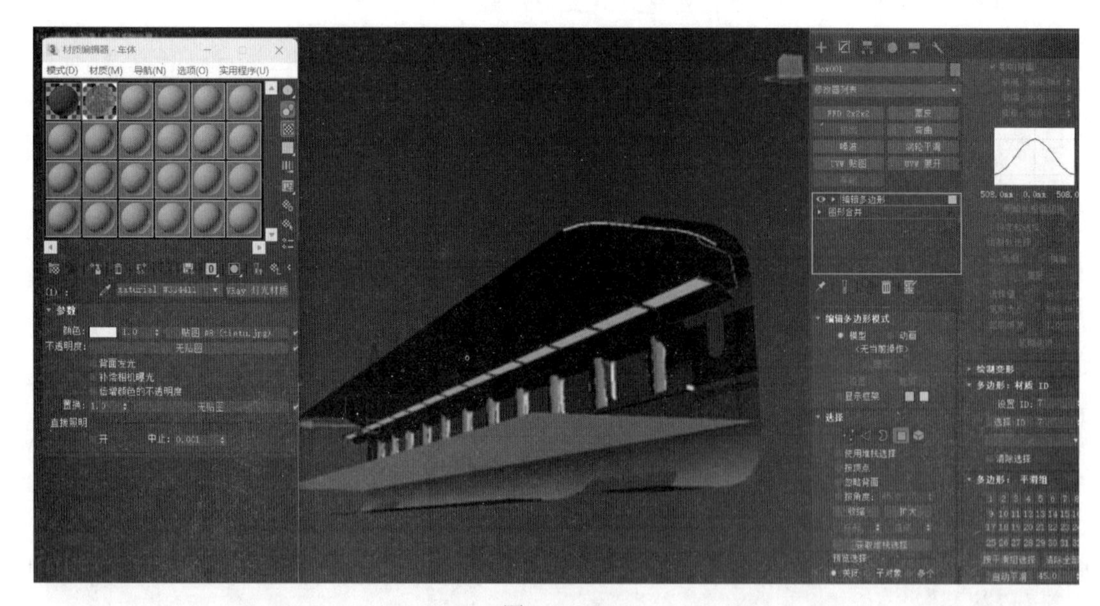

图 8-105

（29）为车体添加“UVW 贴图”修改器，“贴图”选择“长方体”，“长度”设置为 1 000，“宽度”设置为 1 000，“高度”设置为 1 000，效果如图 8-106 所示。

图 8-106

（30）添加“UVW 展开”修改器，单击“编辑 UV”卷展栏中的“打开 UV 编辑器”按钮，弹出“编辑 UVW”对话框，选择“多边形”层级，单击“工具”|“松弛”按钮，在下拉列表框中选择“由多边形角松弛”，单击“开始松弛”按钮，效果如图 8-107 所示。

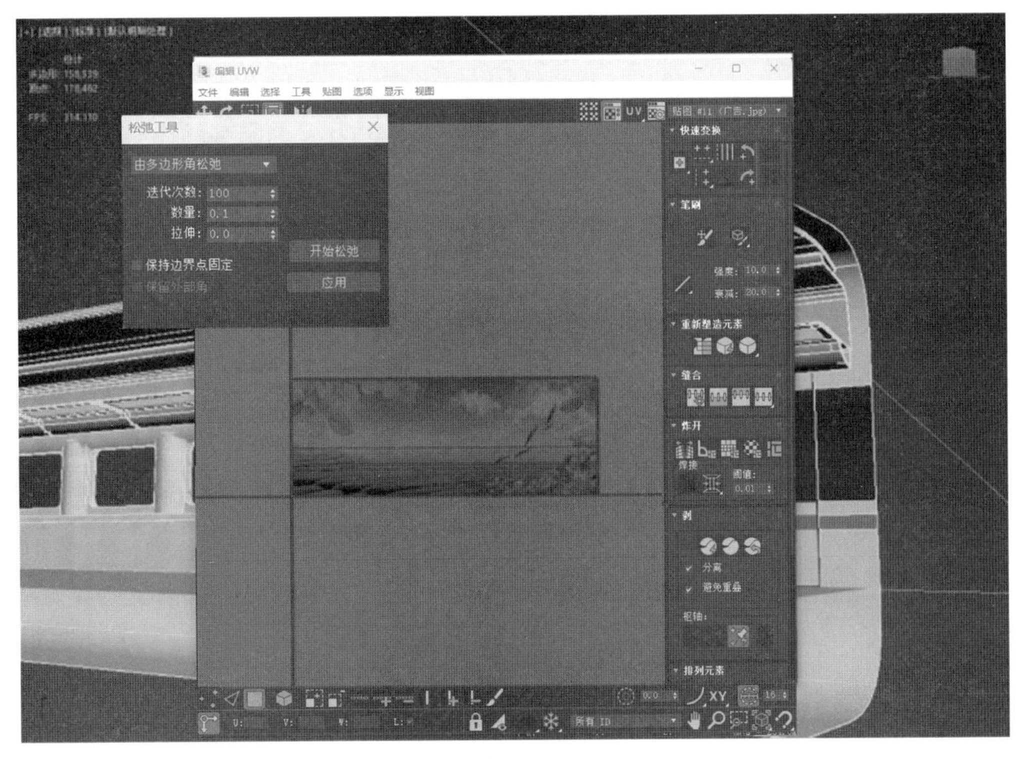

图 8-107

（31）将多边形重叠在一起，铺满窗口，效果如图 8-108 所示。

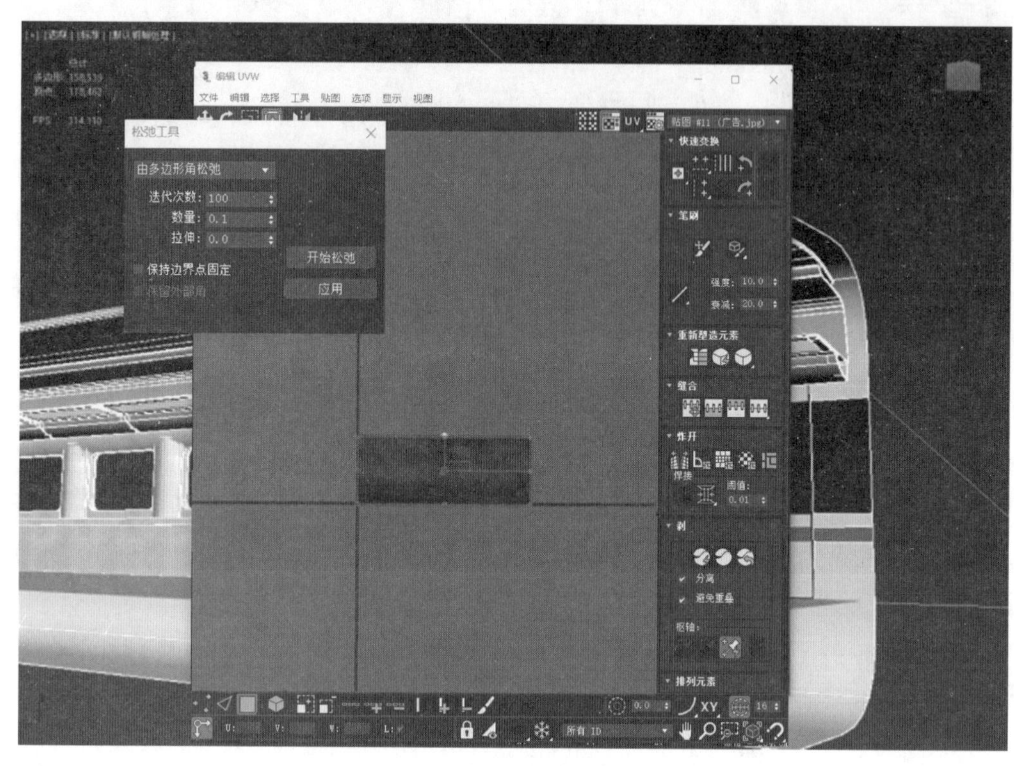

图 8-108

（32）接下来设置地板的材质。在“材质编辑器”对话框中单击第三个材质球，将其命名为“高铁地板”，将材质赋予地板，效果如图 8-109 所示。

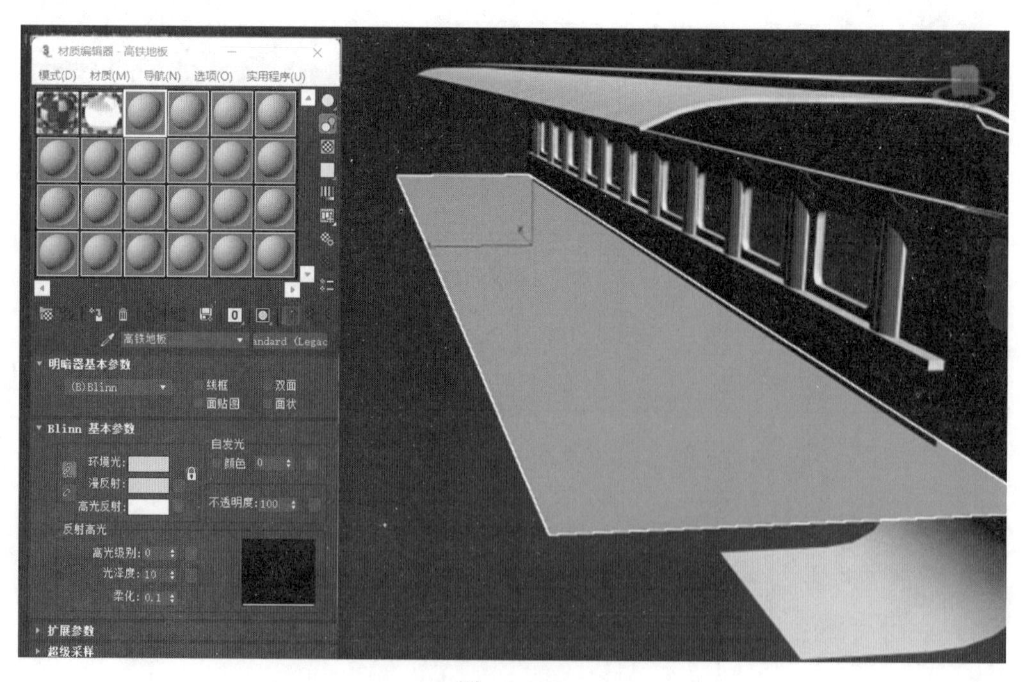

图 8-109

（33）单击“漫反射”右侧按钮，为其指定一张位图。单击“视口中显示明暗处理材质”按钮，效果如图 8-110 所示。

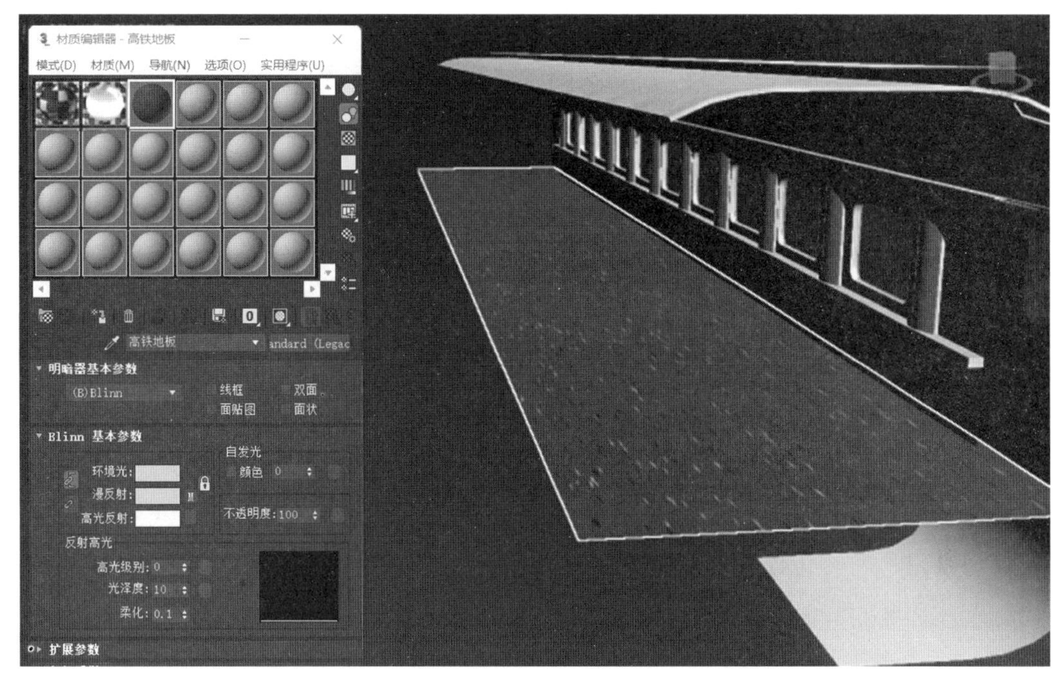

图 8-110

（34）添加“UVW 贴图”修改器，“贴图”选择“平面”，“长度”设置为 1 000，“宽度”设置为 1 000，效果如图 8-111 所示。

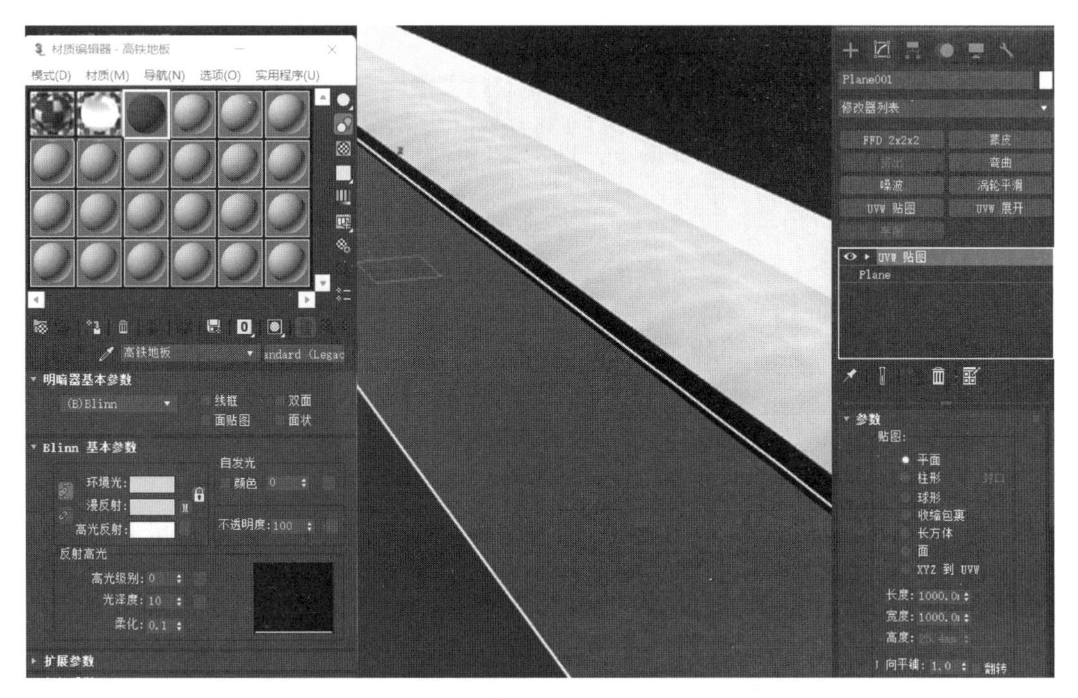

图 8-111

（35）在“材质编辑器”对话框中单击第四个材质球，将其命名为“高铁车厢门”，将材质赋予高铁车厢门，效果如图 8-112 所示。

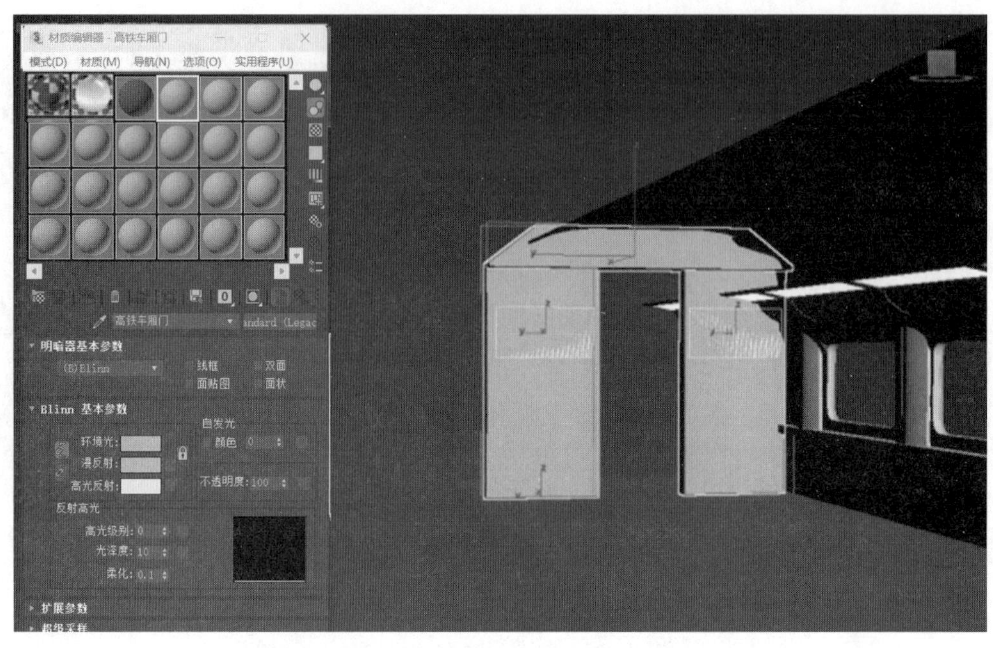

图 8-112

（36）单击 Standard 按钮，弹出“材质 / 贴图浏览器”对话框，选择“材质”|“通用”“多维 / 子对象”，单击“确定”按钮。在弹出的“替换材质”对话框中，选中“将旧材质保存为子材质？”单选按钮，单击“确定”按钮，单击“设置数量”按钮，在弹出的“设置材质数量”对话框中设置“材质数量”为 4，效果如图 8-113 所示。

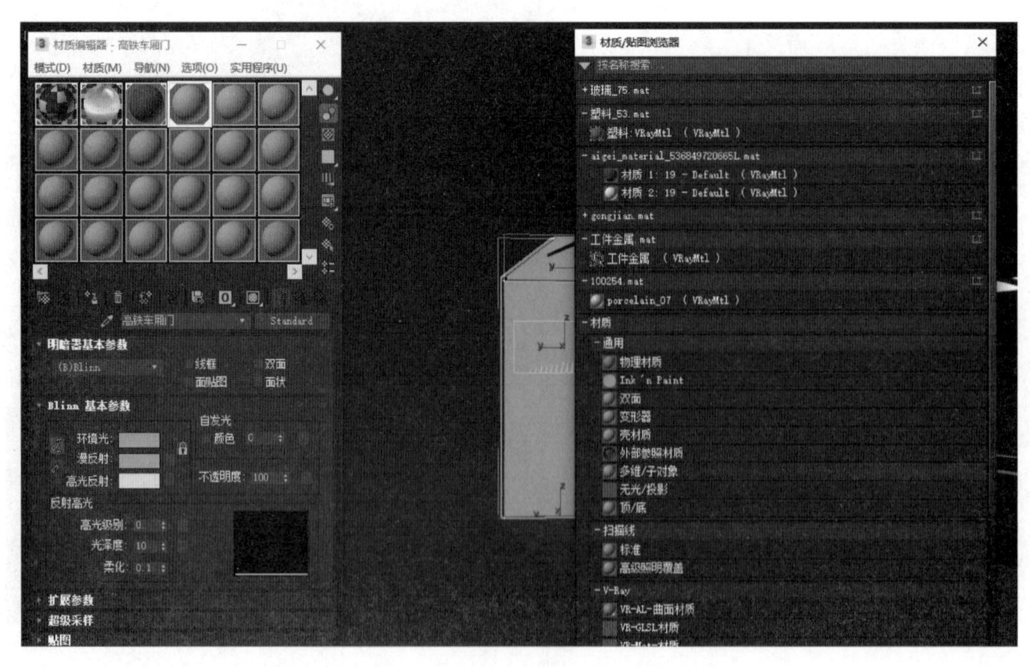

图 8-113

（37）选择第一个子材质，将名称设置为“高铁车厢门—显示屏”，单击 Standard，弹出“材质 / 贴图浏览器”对话框，选择“材质”|V-Ray|VRayMtl，单击“确定”按钮，效果如图 8-114 所示。

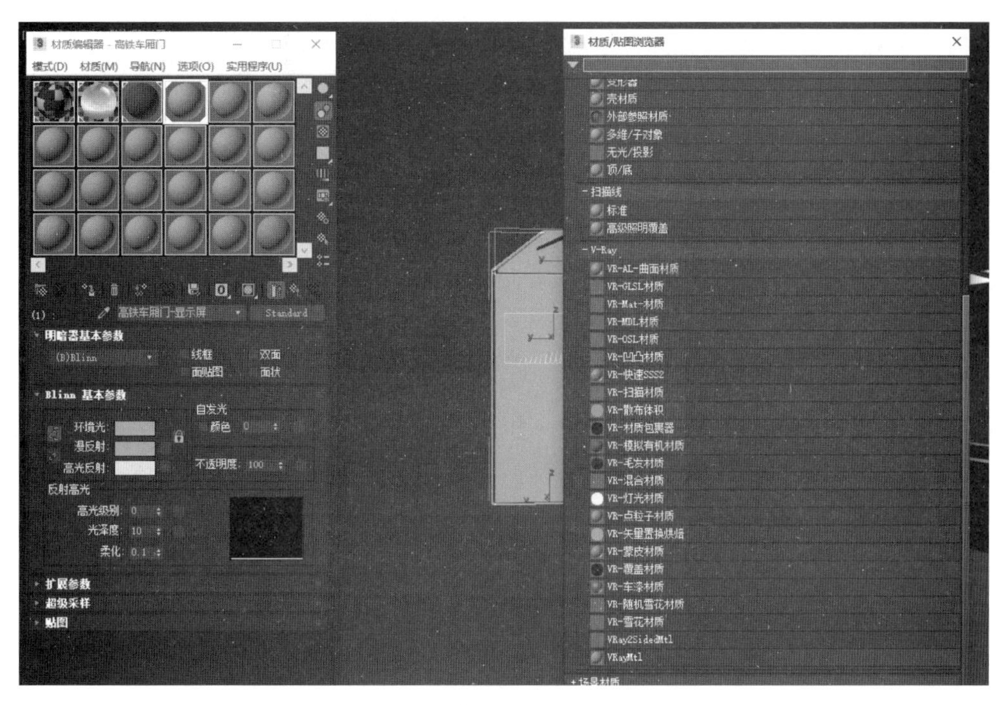

图 8-114

（38）单击“漫反射”右侧按钮，弹出“材质 / 贴图浏览器”对话框，选择“贴图”|“通用”|“衰减”，单击“确定”按钮，设置“衰减参数”，效果如图 8-115 所示。

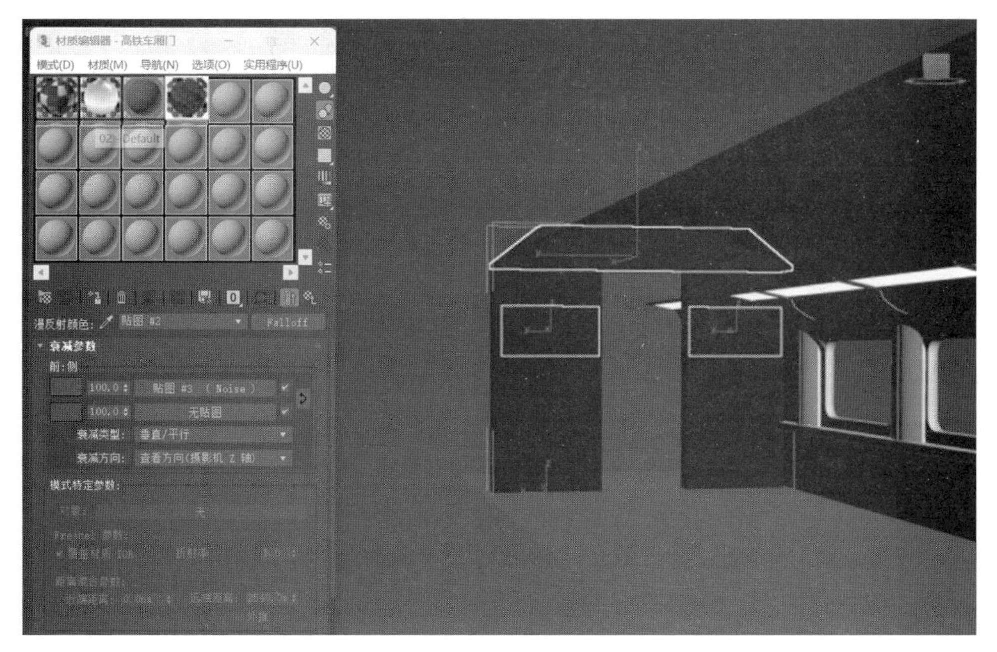

图 8-115

（39）选择模型将其转换为“可编辑多边形”，在“修改命令面板”中单击“元素”层级，修改“多边形：材质 ID”卷展栏中的“设置 ID”为 1，效果如图 8-116 所示。

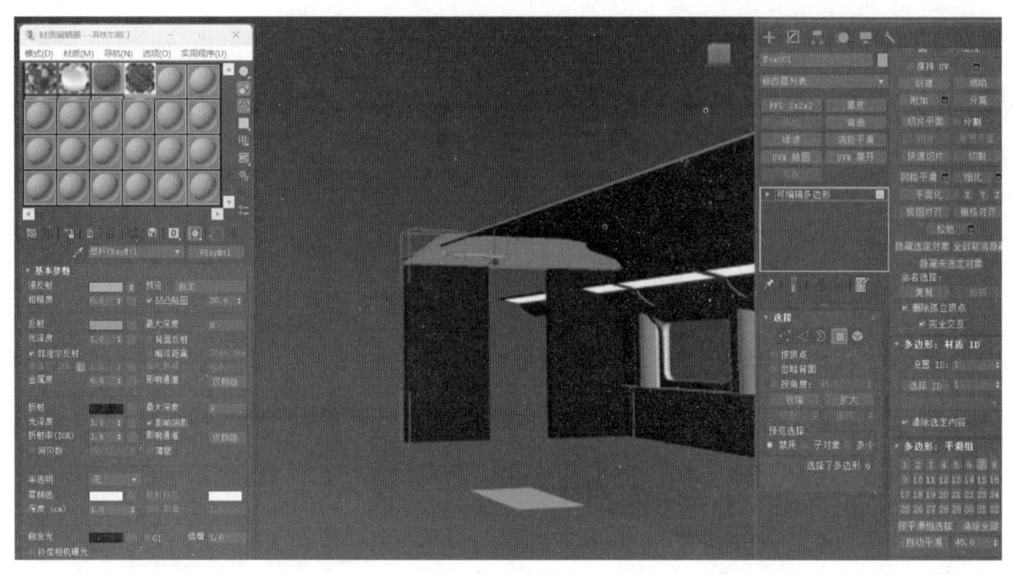

图 8-116

（40）选择第二个子材质，将名称设置为“高铁车厢门—木纹”，单击 Standard 按钮，弹出“材质 / 贴图浏览器”对话框，选择“材质”| V-Ray | VRayMtl，单击“确定”按钮，效果如图 8-117 所示。

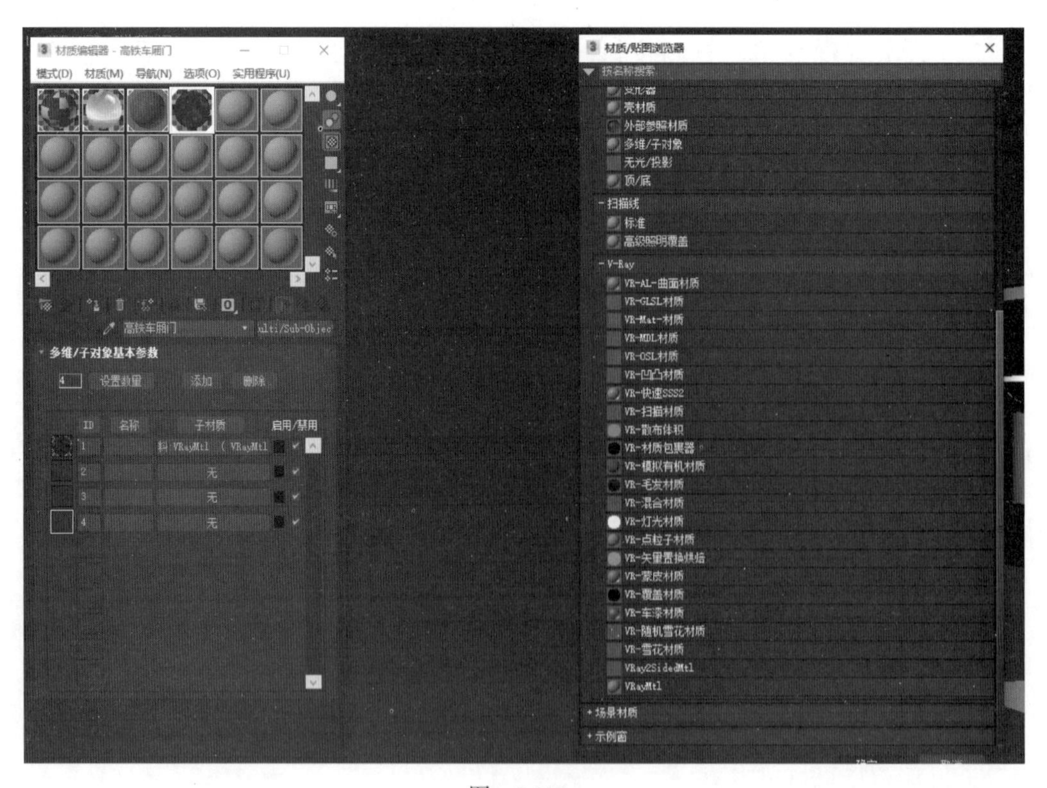

图 8-117

（41）单击“漫反射”右侧按钮，为其指定一张位图。单击“视口中显示明暗处理材质”按钮，效果如图 8-118 所示。

图 8-118

（42）选择模型将其转换为“可编辑多边形”，单击“元素”层级，修改“多边形：材质 ID”卷展栏中的“设置 ID”为 2，效果如图 8-119 所示。

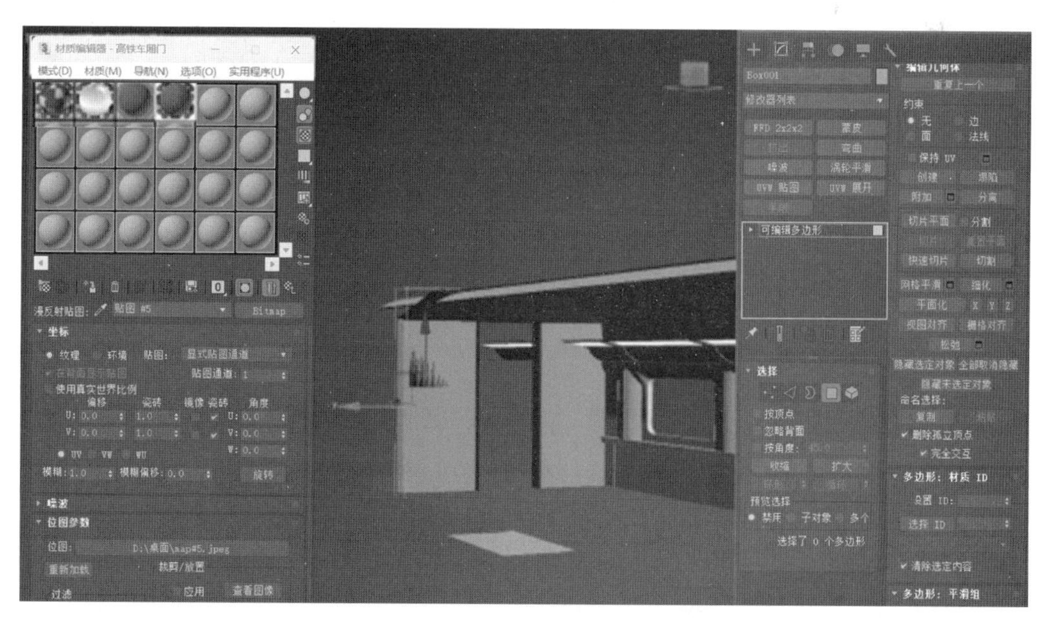

图 8-119

（43）选择第三个子材质，将名称设置为“高铁车厢门—金属”，单击 Standard 按钮，弹出“材质 / 贴图浏览器”对话框，选择“材质”| V-Ray | VRayMtl，单击“确定”按钮，

效果如图 8-120 所示。

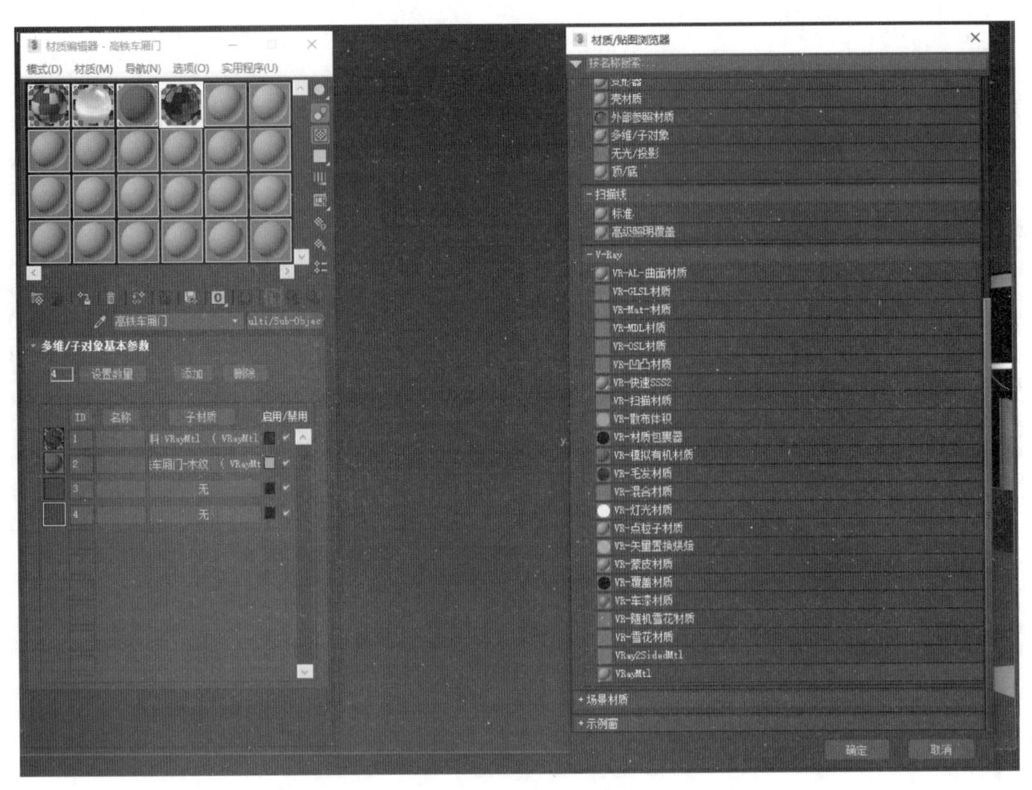

图 8-120

（44）单击“漫反射颜色”按钮，设置“漫反射颜色”为“黑色”，效果如图 8-121 所示。

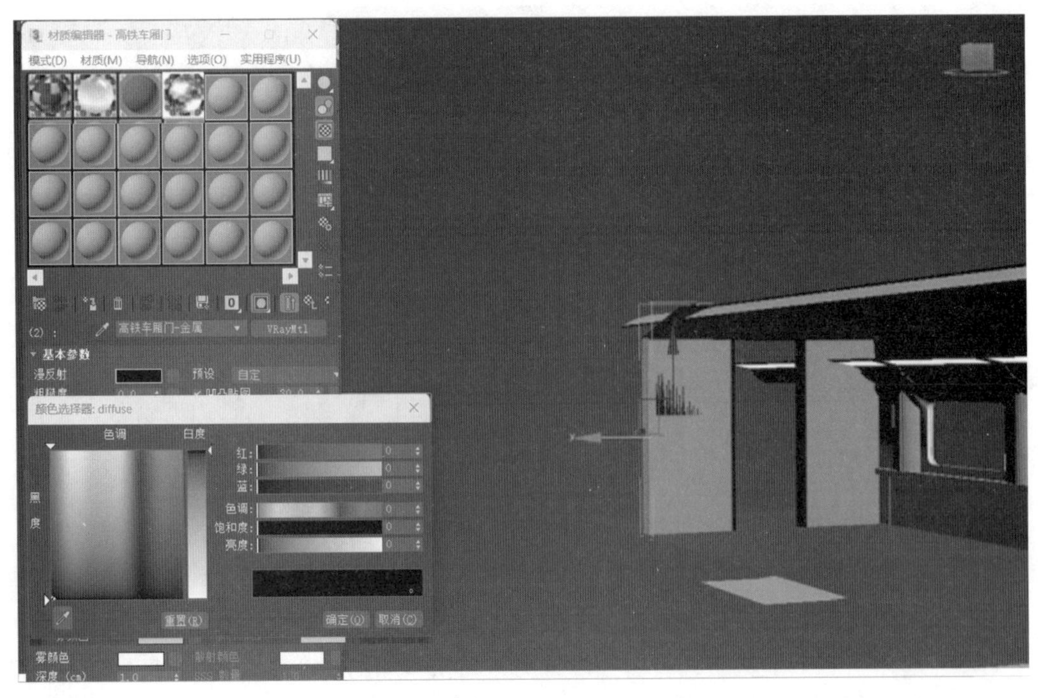

图 8-121

（45）单击“反射”右侧按钮，弹出“材质/贴图浏览器”对话框，选择“贴图”|“通用”|“衰减”，单击“确定”按钮，设置“衰减参数”，效果如图 8-122 所示。

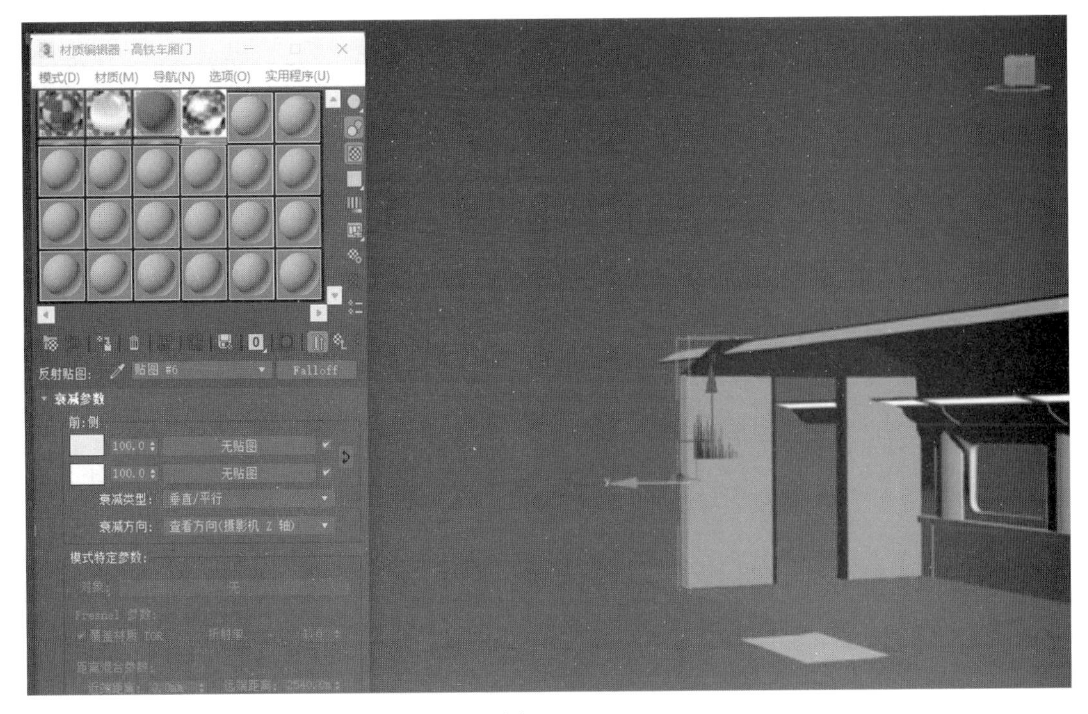

图 8-122

（46）在“修改”命令面板中，选择“多边形”层级，修改“多边形：材质 ID”卷展栏中的“设置 ID”为 3，效果如图 8-123 所示。

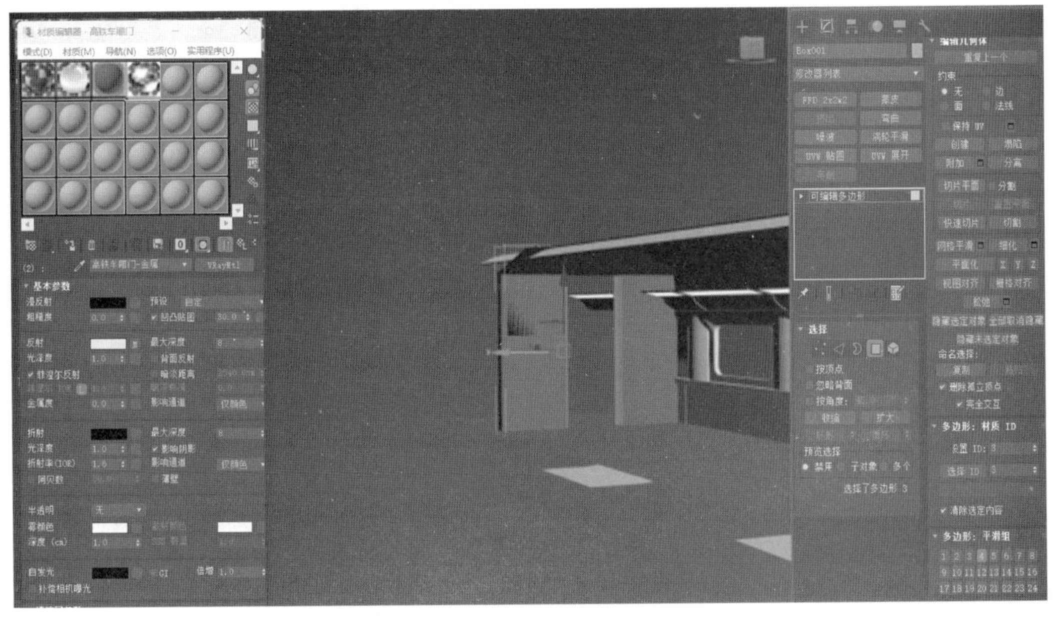

图 8-123

（47）选中第四个子材质，将名称设置为“高铁车厢门—广告”，单击 Standard 按钮，弹出“材质 / 贴图浏览器”对话框，选择“材质”|“通用”|“VR- 灯光材质”，效果如图 8-124 所示。

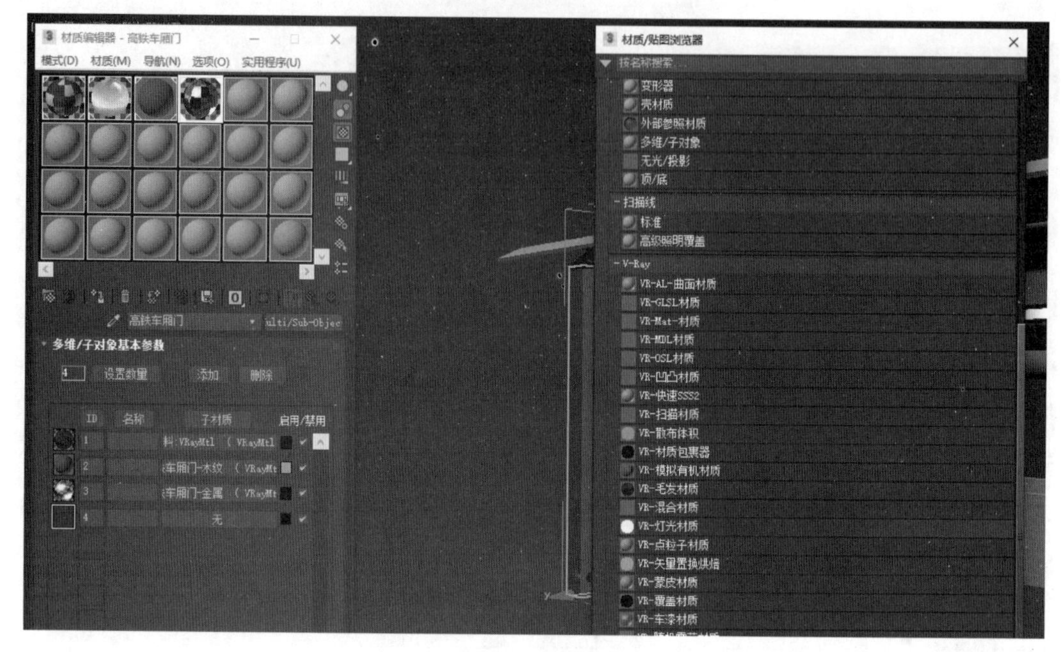

图 8-124

（48）单击“颜色”右侧按钮，为其指定一张位图，效果如图 8-125 所示。

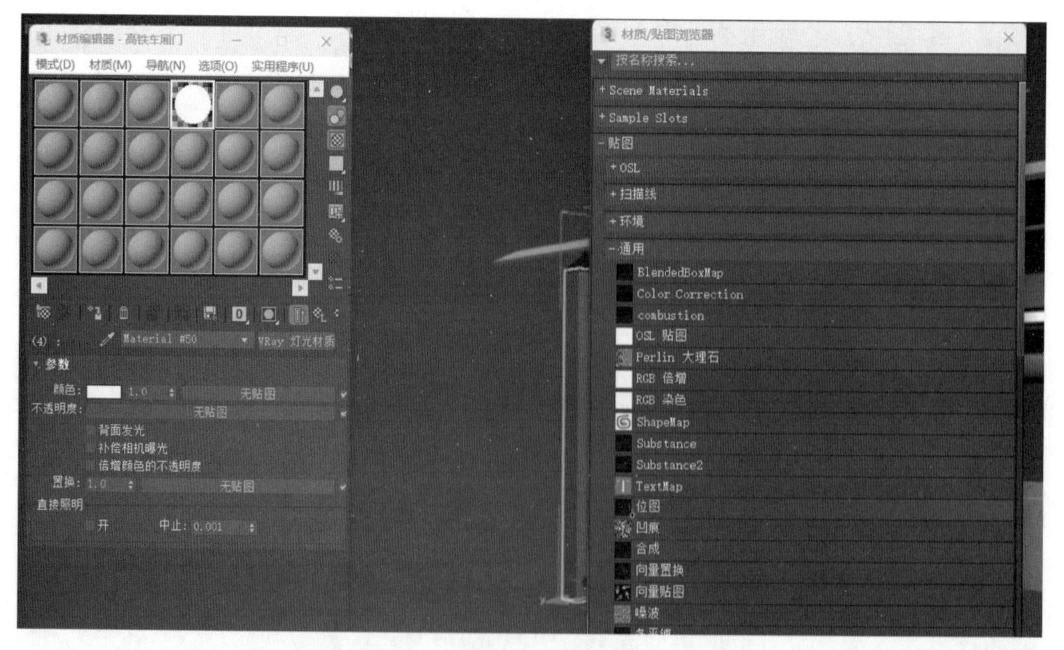

图 8-125

（49）在“修改”命令面板选择“多边形”层级，修改“多边形：材质 ID”卷展栏中的“设置 ID”为 4，效果如图 8-126 所示。

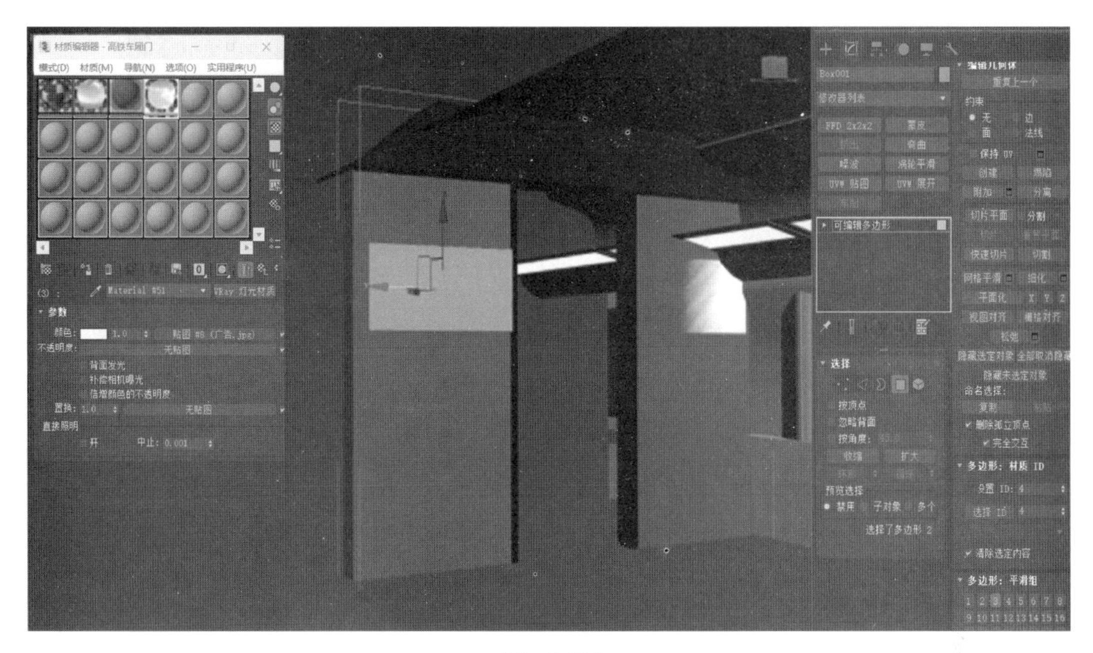

图 8-126

（50）选中模型，为其添加“UVW 贴图”修改器，“贴图”选择“长方体”，效果如图 8-127 所示。

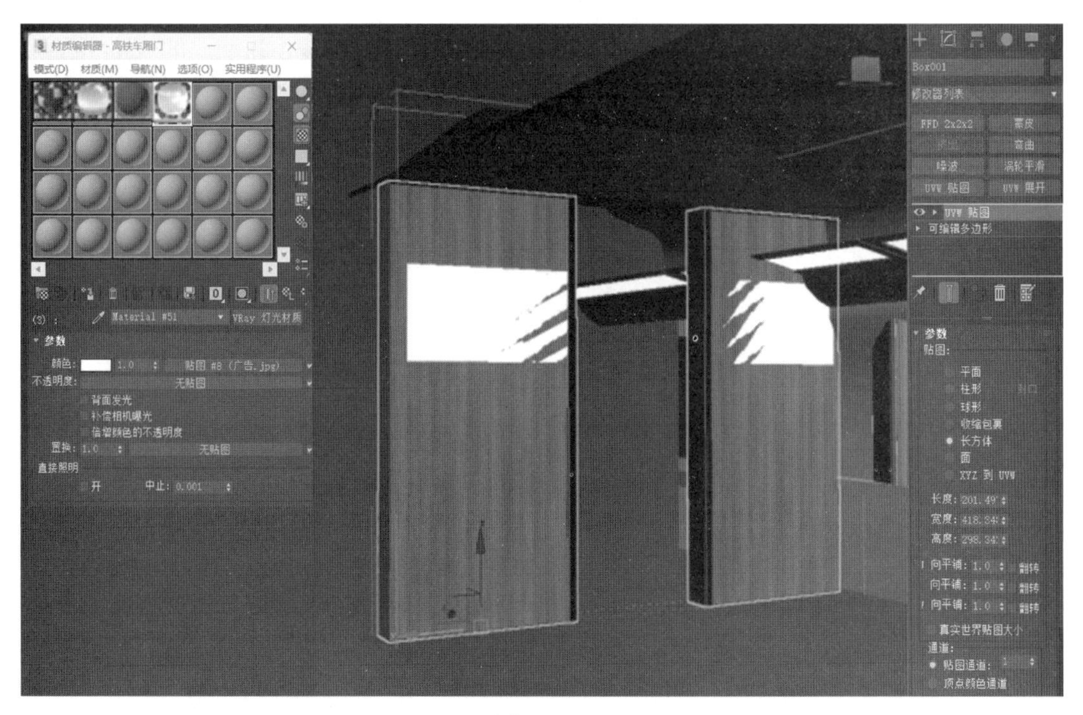

图 8-127

（51）选中高铁车厢门，使用“镜像”工具复制一个车厢门并移动到适当位置，效果如图 8-128 所示。

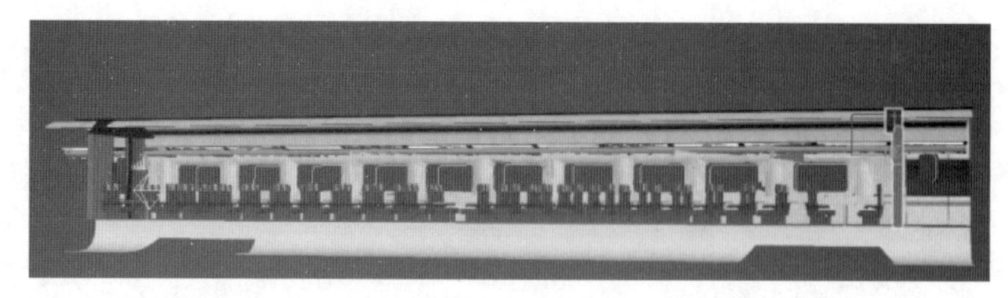

图 8-128

（52）选择车厢，使用“镜像”工具复制一个车厢。删除天花板并移动到适当位置，效果如图 8-129 所示。

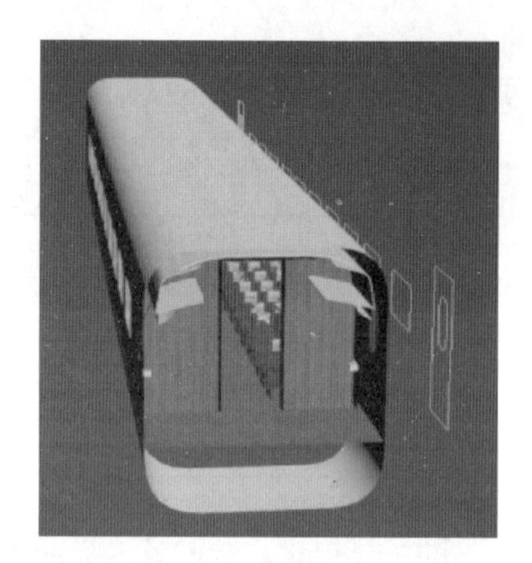

图 8-129

（53）选择桌子模型，将“高铁车厢门”材质赋予桌子。设置桌面材质 ID 为 2，设置桌腿材质 ID 为 3，效果如图 8-130 所示。

图 8-130

（54）为桌面模型添加“UVW 贴图”修改器,“贴图”选择“长方体”，效果如图 8-131 所示。

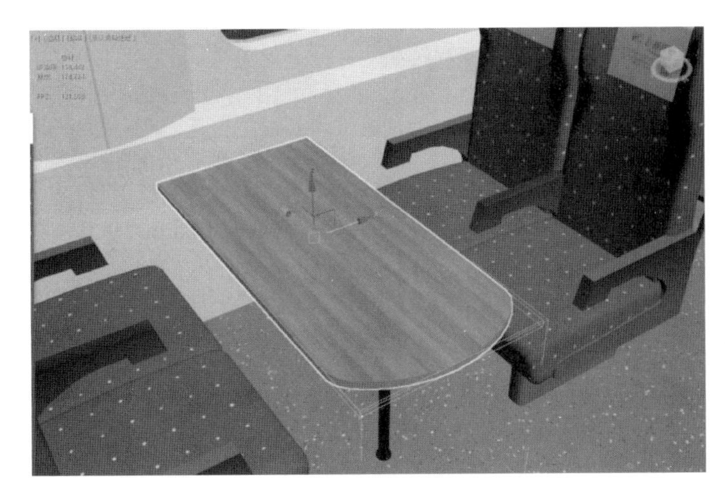

图 8-131

（55）为桌腿模型添加“UVW 贴图”修改器，“贴图”选择“圆柱”。至此，“高铁车身材质贴图的绘制”制作完成，效果如图 8-132 所示。

图 8-132

任务评价

任务评价如表 8-4 所示。

表 8-4 “高铁车厢材质贴图的绘制”任务评价表

序号	工作步骤	评 分 项	评 分 标 准	得 分		
				自评	互评	师评
1	课前学习评价（30 分）	完成课前任务作答（10 分）	规范性 30% 准确性 70%			
		完成课前任务信息收集（5 分）				
		完成任务背景调研 PPT（5 分）				
		完成线上教学资源的自主学习及课前测试（10 分）				

续表

序号	工作步骤	评 分 项	评 分 标 准	得 分		
				自评	互评	师评
2	课堂评价与技能评价（40分）	积极主动，答题清晰（10分）	表现积极主动、踊跃回答问题，5分 协助教师维护良好课堂秩序的，5分			
		熟练掌握课堂所讲知识点内容（10分）	根据知识点掌握程度酌情扣分，熟练10分，一般8分，需要协助6分			
		熟练操作完成课堂练习（14分）	根据软件操作熟练程度酌情扣分，熟练14分，一般11分，需要协助8分			
		实现案例模型的创建（6分）	独立实现案例模型创建，实现三个点满分，少一个点扣2分			
3	态度评价（30分）	良好的纪律性（10分）	课堂考勤3分 服从管理4分 敬业认真3分			
		主动探究，能够提出问题和解决问题（10分）	态度积极5分 独立思考3分 乐于创新2分			
		团队协作能力（10分）	参与讨论2分 承担责任2分 乐于分享3分 领导能力3分			
合 计				10	20	70

拓展与提高

当“反射”的值达到最大时，“漫反射”通道的属性将消失。当“反射”为纯白色或取值为100时，物体将不再显示本身颜色而完全反射周围环境纹理或形状。

思考与练习

1. ________可以看成是材料和质感的结合。

2. ________是3ds Max中制作材质的地方，在这里可以使用3ds Max中自带的材质来模拟出需要的材质，也可以在材质的各个通道中添加需要的贴图。

3. 现实中的物体都接受光线的影响，并可以分为三个区域，即高光、固有色和________。

4. 二维贴图是________，它们通常贴图到几何对象的表面或用作环境贴图为场景创建背景。

5. ________材质经常用来创建玻璃、水、金属等自然界一切带有反射性质的物质，这也是材质中最出效果的材质之一。

人物建模

项目引言

角色建模是将概念（本质上是一个想法）转化为三维模型的过程。角色艺术家使用多边形框建模、硬表面建模和数字雕刻技术等工具从头开始构建模型。在现代数字工作流程中，使用 Auto desk Maya 和 Pixologic 的 ZBrush 等软件可获得相同的效果。这种工具组合就像使用数字黏土——能够创建设计的基础模型，然后雕刻更复杂的细节和解剖笔记。角色模型完成后，就可以进行装配和动画管道的其余部分了。

能力目标

- 掌握良好的造型能力。
- 熟悉人体结构和肌肉解剖基础。
- 掌握一定的手绘能力。

相关知识与技能

- 3ds Max 角色建模是根据原画师给的原画稿件，制作出游戏或动画中的人物、动物、怪物等模型。
- 3ds Max 角色建模需要深入了解人体组织结构，分析人体的骨骼结构以及人体骨骼的基本形态，从躯干到四肢的骨骼来具体分析各自的特点，了解肌肉的分布与运动的关系。

任务9.1 高铁女性乘务员模型的制作

任务描述

高速铁路列车乘务员是中国高速铁路上行驶的动车组上从事为旅客服务的工作人员，也称“动车乘务员”。本任务目标是制作“高铁女性乘务员”模型。

任务提示

高铁女性乘务员模型的制作.mp4

角色建模基本是从人设图开始，从头至尾地进行角色的建模，这样条理也比较清晰。大体就是先生成一个八面体，依据人设图调出大致形状，然后一步步加边进行精细划分，最后做进一步调整。

9.1.1 人物比例结构

以人物的人头为单位衡量身体各个部分的比例值。

如图9-1所示，a代表一个头长，一般脖子为0.3个头长（$0.3a$），上臂为1.5个头长（$1.5a$），下臂为1.2个头长（$1.2a$），手为0.6个头长（$0.6a$），大腿为2个头长（$2a$），小腿为1.5个头长（$1.5a$），脚的高度为0.3个头长（$0.3a$）。

区别：女性肩宽1.5个头长（$1.5a$），男性肩宽两个头长（$2a$）；女性胯宽1.5个头长（$1.5a$），男性胯宽1.2个头长（$1.2a$）。

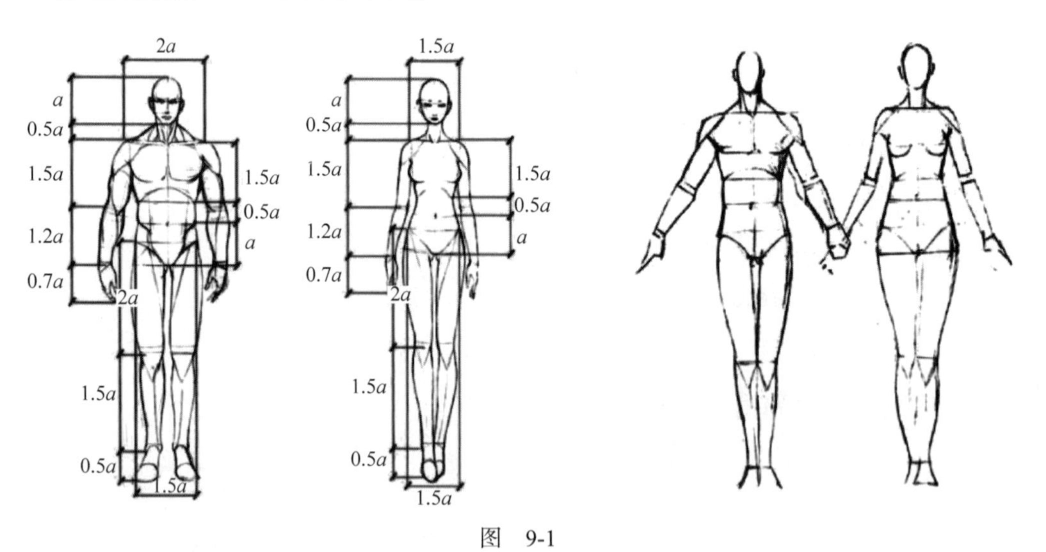

图 9-1

男女人物构造的区别有以下几点。

（1）男女人物的身高划分比例值大致相同，但因生理构造原因，各部位的骨骼结构有些不同之处。

（2）男性的上颌骨和下颌骨较宽大，女性的上颌骨和下颌骨相对较小，要记住男方女圆。

（3）男性与女性的身型，比较明显的区别就是肩和胯的比例。男性的肩宽、胯窄；女性的肩窄、胯宽。这种生理构造区别的原因简单来讲就是男人的力气大，要干较重的活；女人则力气相对较小，比较柔弱，干轻活。

（4）关于躯干部分，男性胸腔为倒梯形，胯部为长方形，整个躯干呈倒梯形；女性胸腔为倒梯形，胯部为梯形，整个躯干呈长方形。男性躯干支架呈“士”字形；女性躯干支架呈“土”字形。

9.1.2 人物建模的步骤方法

（1）拿到原画后仔细分析角色设定细节、对不清楚的结构、材质细节及角色身高等问题和原画作者沟通，确定对原画理解准确无误。

（2）根据设定，收集材质纹理等参考资料。

（3）开始进行低模制作。制作过程中注意根据要求严格控制面数。

（4）对关节处合理布线，充分考虑将来做动画时的问题。

（5）完成后，开始分 UV。分 UV 时应尽量充分利用空间，注意角色不同部位的主次，优先考虑主要部位的贴图。

9.1.3 任务实施：制作“高铁女性乘务员”模型

制作“高铁女性乘务员”模型的操作步骤如下。

（1）创建一个长方体，效果如图 9-2 所示。

（2）添加“编辑多边形”修改器，在“多边形”层级下选择一半多边形并删除。使用“镜像”工具，进行实例复制，效果如图 9-3 所示。

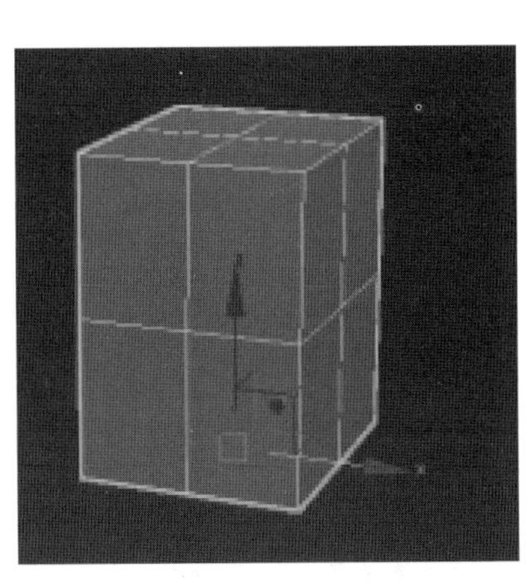

图 9-2

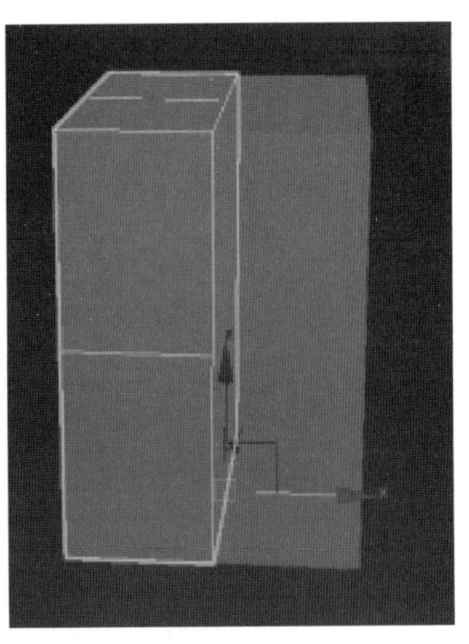

图 9-3

（3）使用“连接”工具添加边，并调整点的位置，效果如图 9-4 所示。

（4）选中边，按住 Shift 键向下拖动鼠标，把脖子做出来，效果如图 9-5 所示。

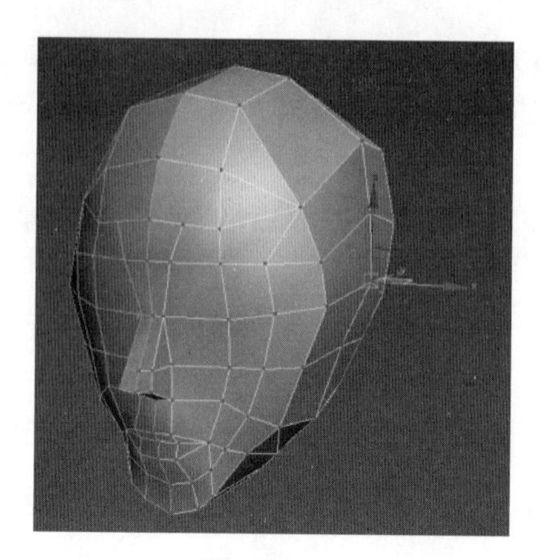

图 9-4

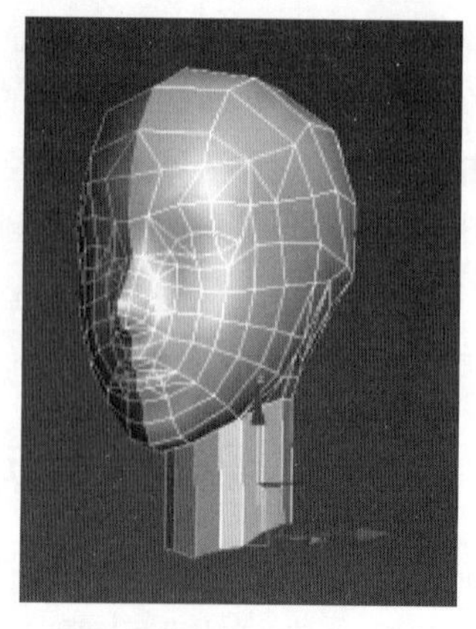

图 9-5

（5）使用“连接”工具添加边，并调整点的位置，效果如图 9-6 所示。

（6）创建一个长方体，添加“编辑多边形”修改器，在“多边形”层级下选中一半多边形并删除。使用“镜像”工具，进行实例复制，效果如图 9-7 所示。

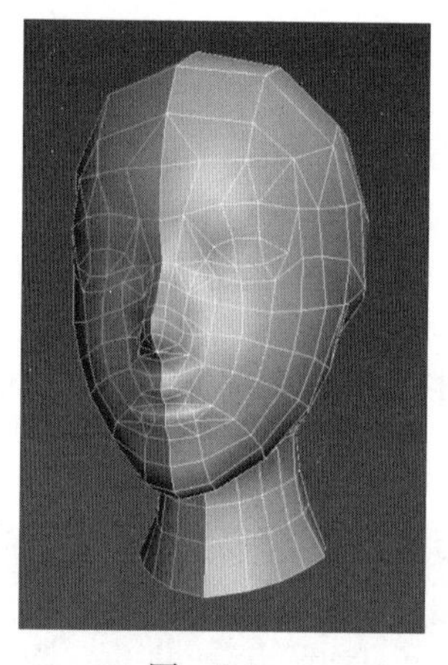

图 9-6

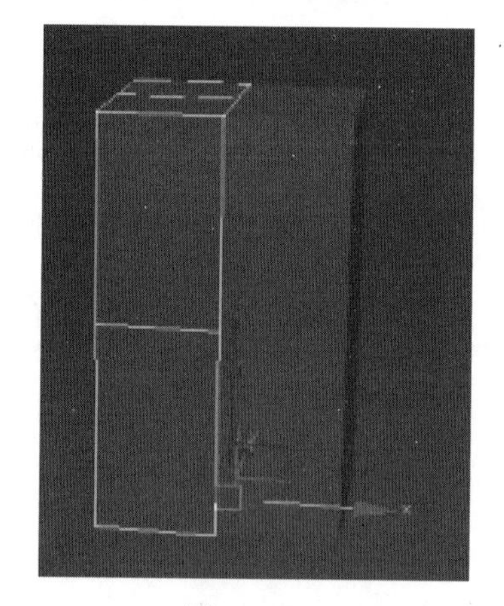

图 9-7

（7）使用“连接”工具添加边，并调整点的位置，效果如图 9-8 所示。

（8）继续使用“连接”工具添加边，并调整点的位置，效果如图 9-9 所示。

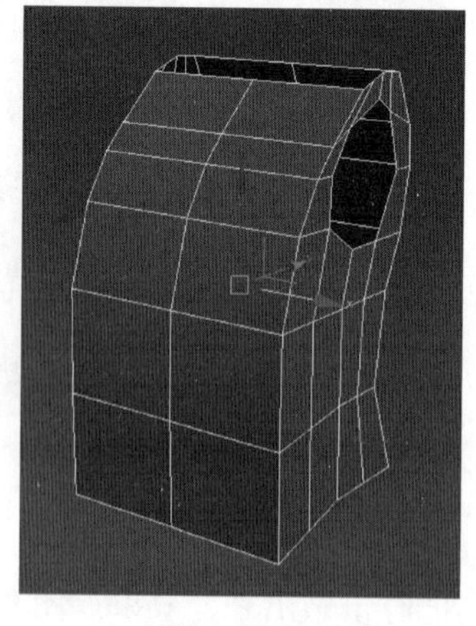

图 9-8

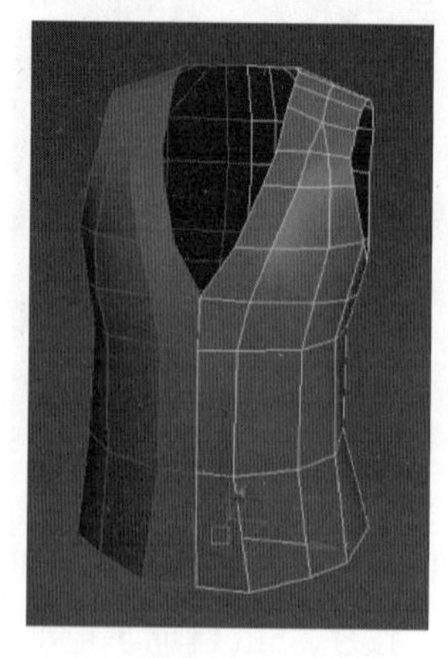

图 9-9

（9）再次使用“连接”工具添加边，并调整点的位置，效果如图 9-10 所示。

（10）创建一个长方体，效果如图 9-11 所示。

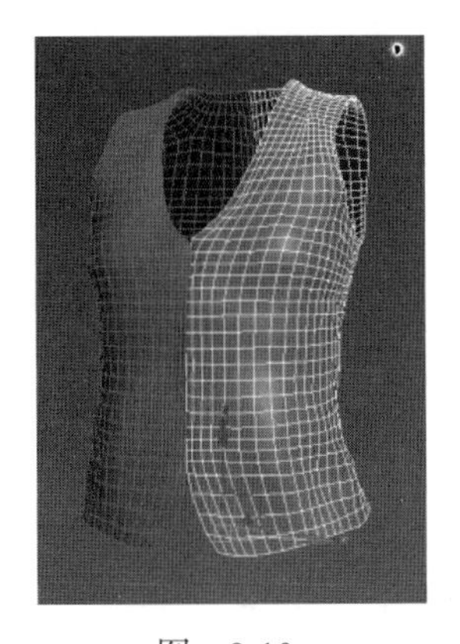

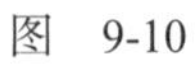

图 9-10

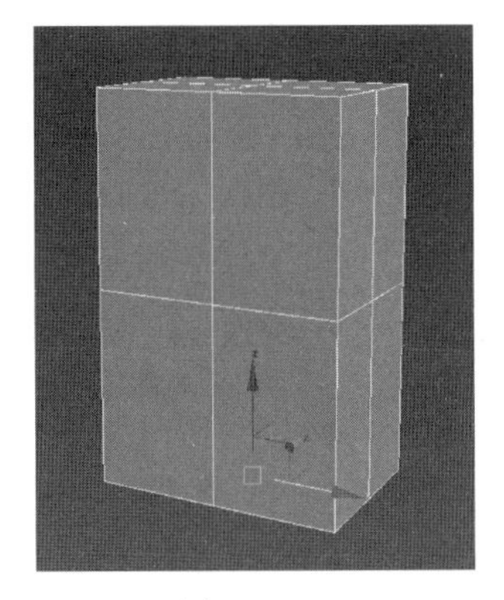

图 9-11

（11）添加“编辑多边形”修改器，在“多边形”层级下选中一半多边形并删除。使用“镜像”工具，进行实例复制，效果如图 9-12 所示。

（12）使用“连接”工具添加边，并调整点的位置，效果如图 9-13 所示。

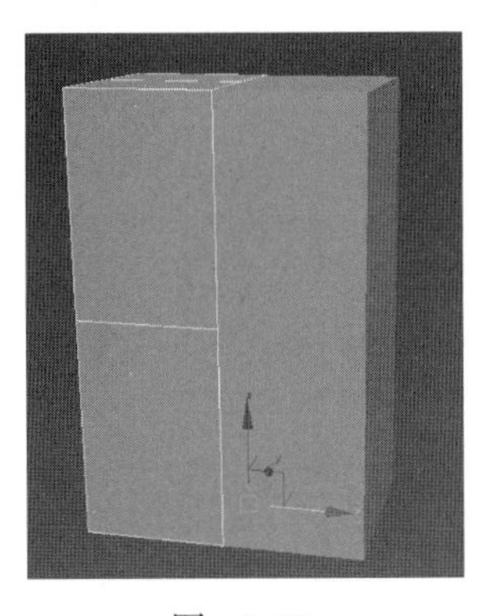

图 9-12

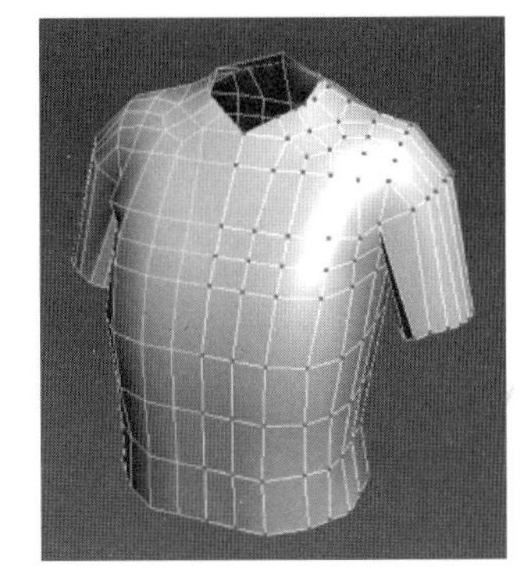

图 9-13

（13）继续使用“连接”工具添加边，并调整点的位置，效果如图 9-14 所示。

（14）创建一个长方体，效果如图 9-15 所示。

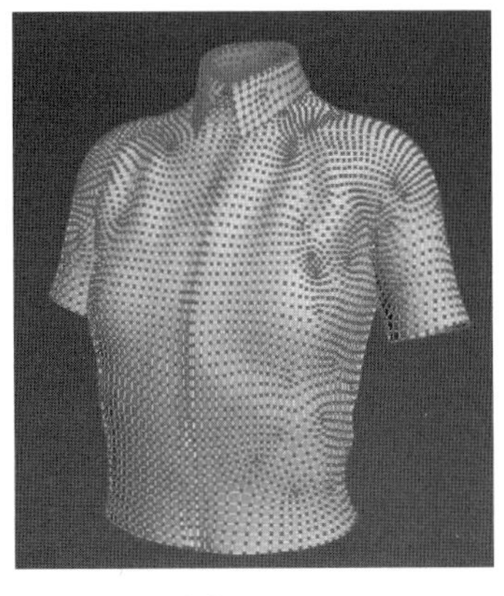

图 9-14

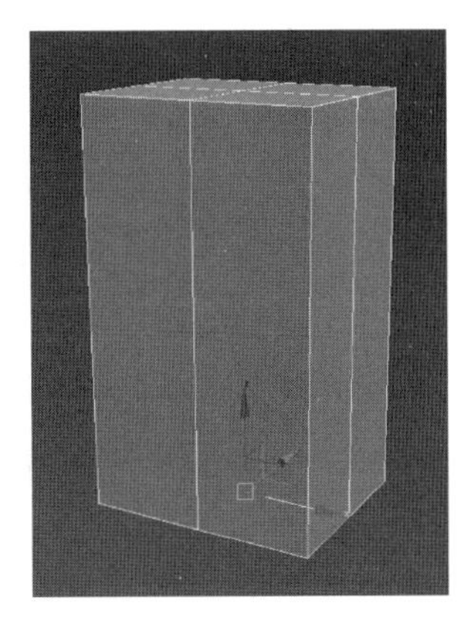

图 9-15

（15）添加“编辑多边形”修改器，在“多边形”层级下选中一半多边形并删除。使用“镜像”工具，进行实例复制，效果如图 9-16 所示。

（16）使用“连接”工具添加边，并调整点的位置，效果如图 9-17 所示。

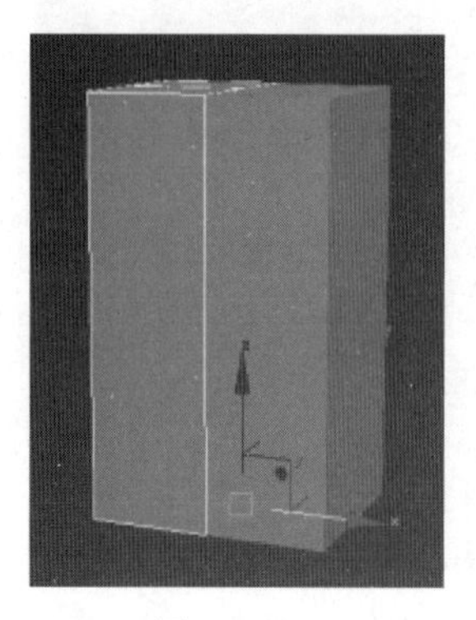

图 9-16

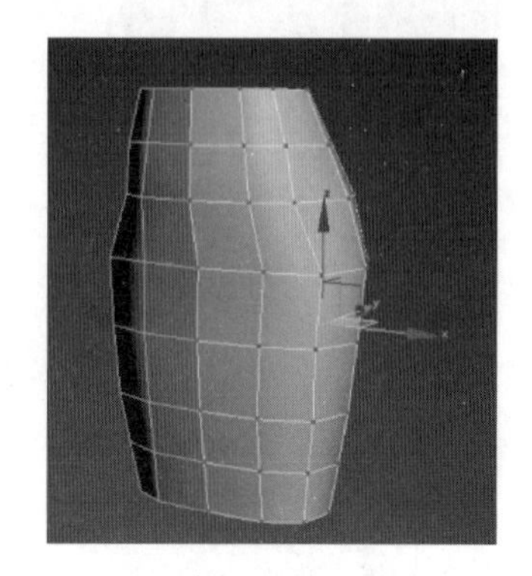

图 9-17

（17）使用“连接”工具添加边，并调整点的位置，效果如图 9-18 所示。

（18）使用“连接”工具添加边，并调整点的位置，效果如图 9-19 所示。

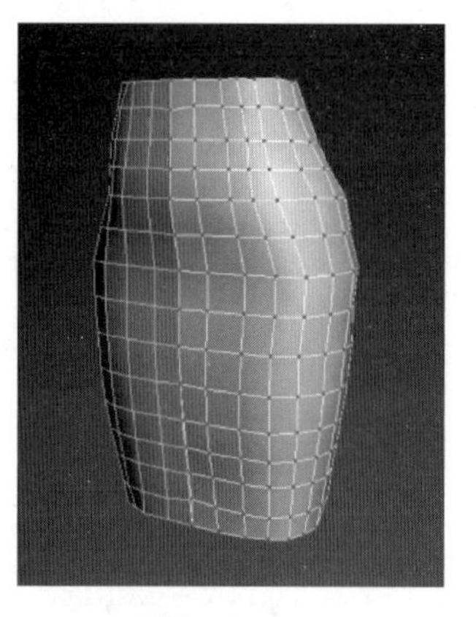

图 9-18

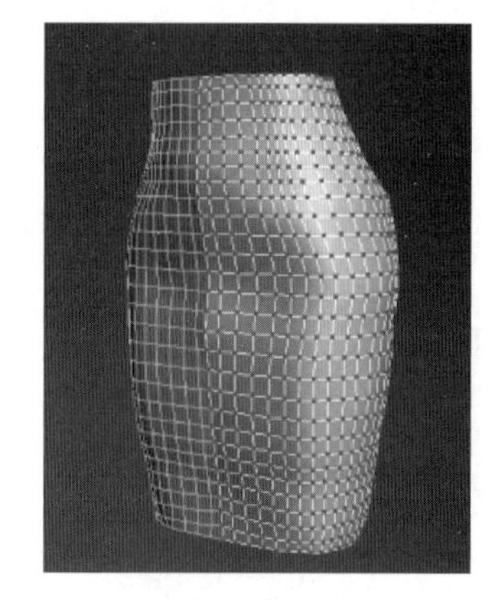

图 9-19

（19）创建一个长方体，效果如图 9-20 所示。

（20）使用“连接”工具添加边，并调整点的位置，效果如图 9-21 所示。

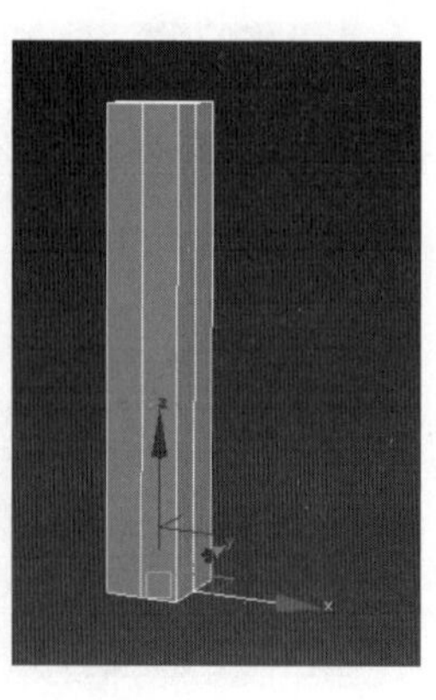

图 9-20

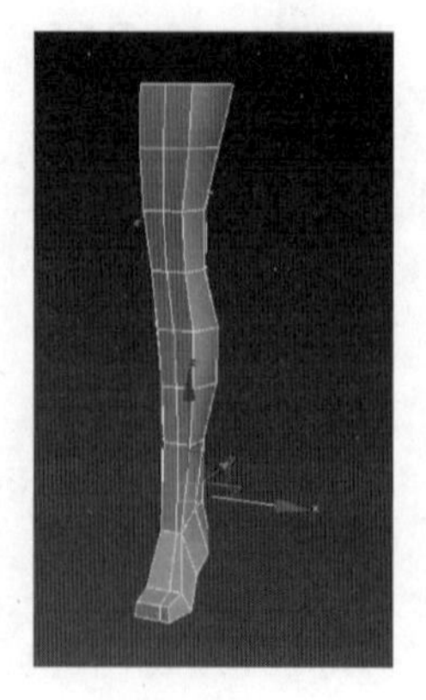

图 9-21

（21）再次使用“连接”工具添加边，并调整点的位置，效果如图 9-22 所示。

（22）创建一个长方体，效果如图 9-23 所示。

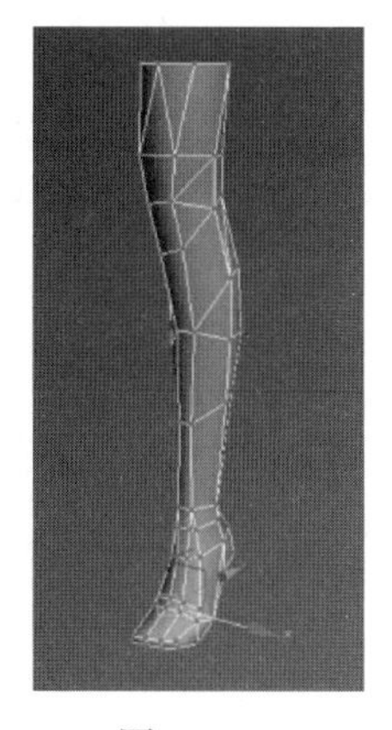

图 9-22

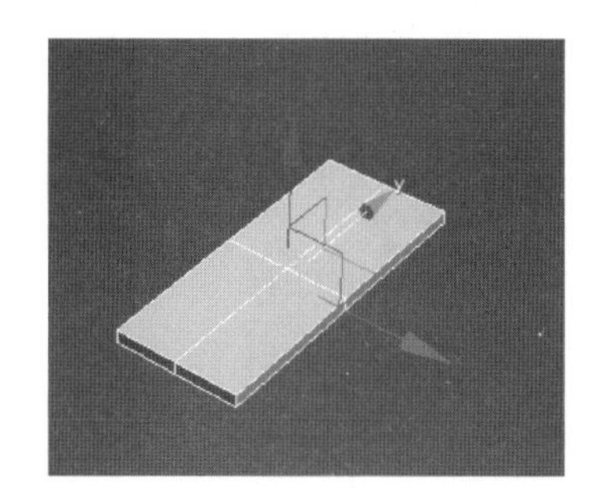

图 9-23

（23）使用“连接”工具添加边，并调整点的位置，效果如图 9-24 所示。

（24）创建一个长方体，效果如图 9-25 所示。

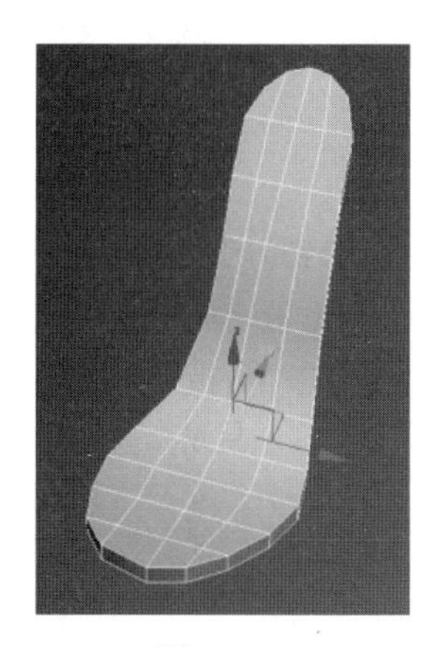

图 9-24

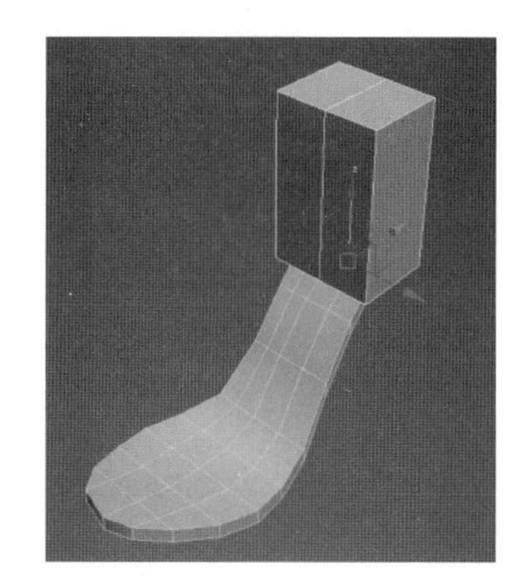

图 9-25

（25）使用“连接”工具添加边，并调整点的位置，效果如图 9-26 所示。

（26）创建一个长方体，效果如图 9-27 所示。

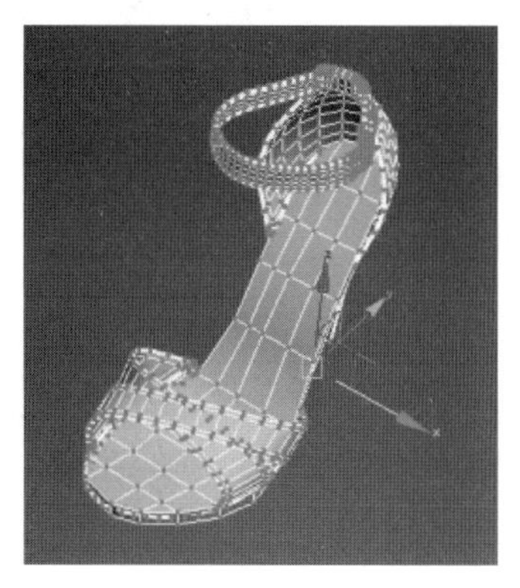

图 9-26

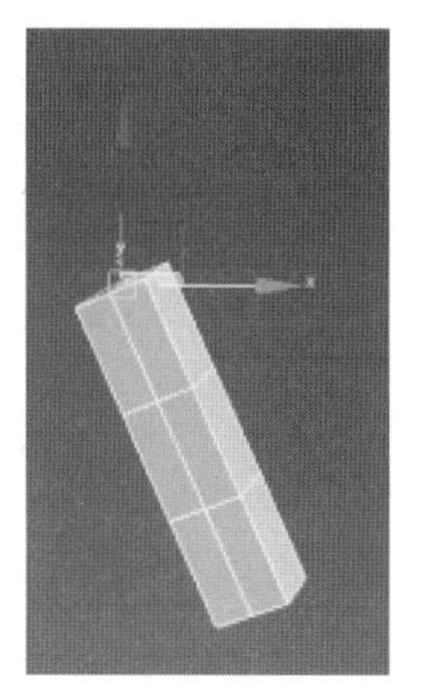

图 9-27

（27）使用“连接”工具添加边，并调整点的位置，效果如图 9-28 所示。

（28）创建一个长方体，使用“连接”工具添加边，并调整点的位置，效果如图 9-29 所示。

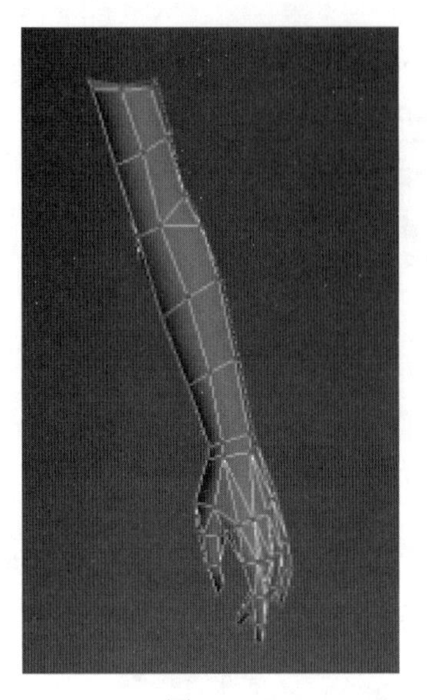

图 9-28

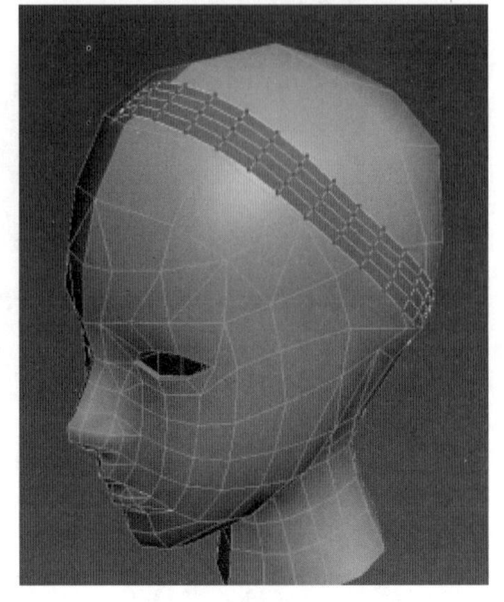

图 9-29

（29）复制头发并调整形状，使其包裹头部，效果如图 9-30 所示。

（30）选择头部模型，为其“添加 UVW 展开”修改器，使用“松弛”工具将 UV 展开。单击“工具”|“渲染 UVS 模板”按钮，在弹出的对话框中设置好参数。单击“渲染输出”下面的按钮，设置输出路径。单击“渲染 UV 模板”按钮，效果如图 9-31 所示。

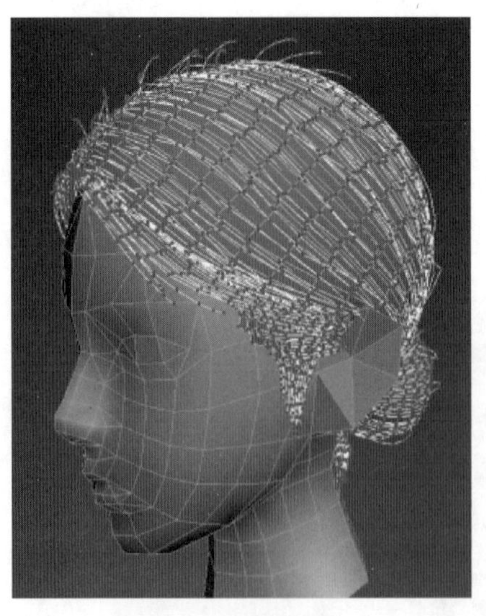

图 9-30

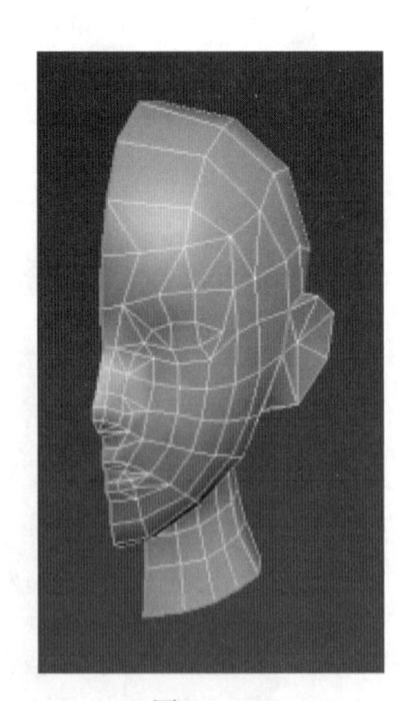

图 9-31

（31）其他模型的 UV 展开方法同头部模型相同，效果如图 9-32 所示。

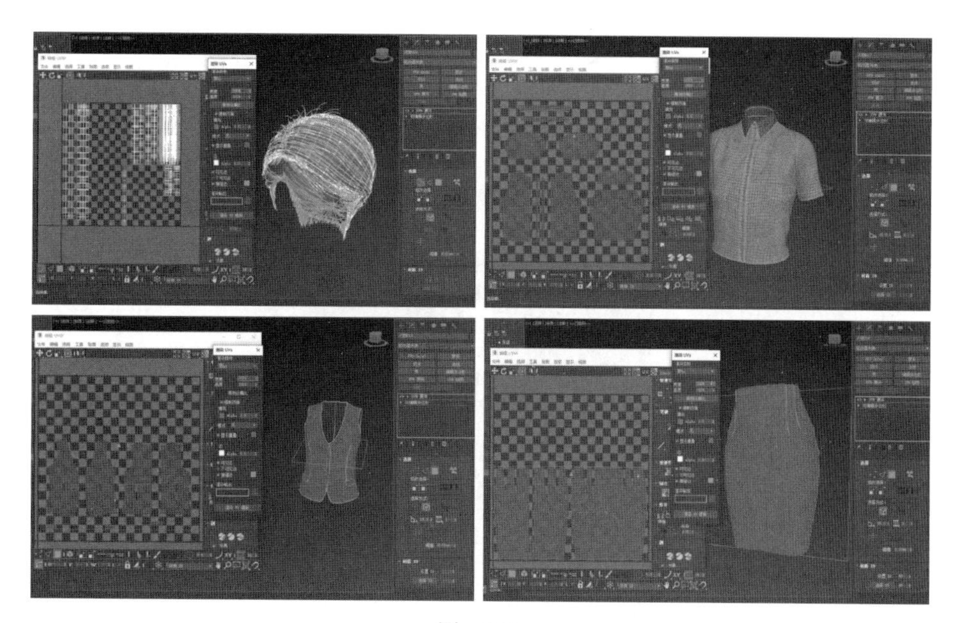

图 9-32

（32）打开 Photoshop 软件，将渲染的 UV 模板导入，效果如图 9-33 所示。

（33）新建图层，使用“画笔”工具绘制头部贴图，效果如图 9-34 所示。

图 9-33

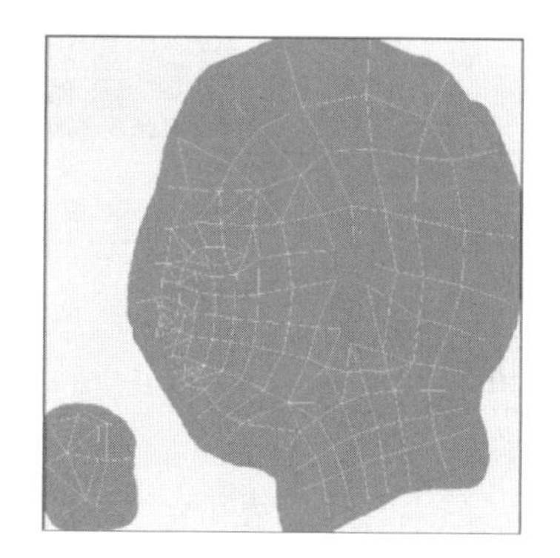

图 9-34

（34）新建图层，使用“画笔”工具绘制头部贴图。其他模型贴图的绘制方法同头部模型相同，效果如图 9-35 所示。

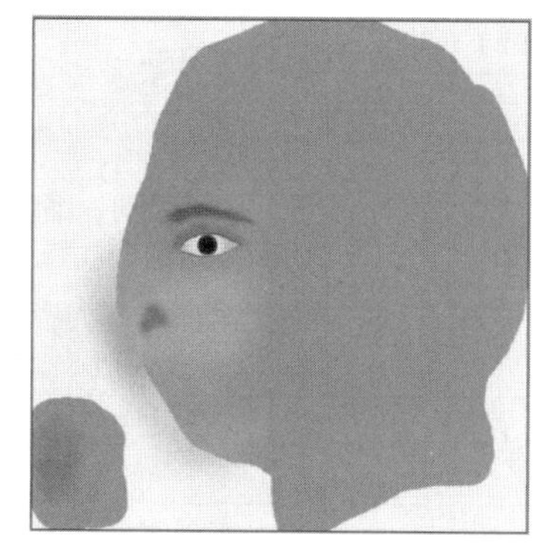

图 9-35

（35）使用“附加”工具将模型附加到一起，并指定 ID。在“材质编辑器”对话框中创建“多维 / 子对象”材质，并赋予模型。将绘制完成的贴图指定到相应的材质球上，效果如图 9-36 所示。至此“高铁女性乘务员”模型制作完成。

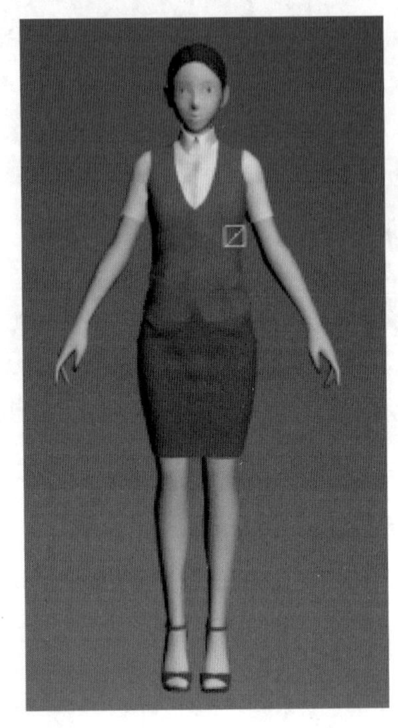

图　9-36

任务评价

任务评价如表 9-1 所示。

表 9-1　“高铁女性乘务员”任务评价表

序号	工作步骤	评　分　项	评 分 标 准	得　　分		
				自评	互评	师评
1	课前学习评价（30 分）	完成课前任务作答（10 分）	规范性 30% 准确性 70%			
		完成课前任务信息收集（5 分）				
		完成任务背景调研 PPT（5 分）				
		完成线上教学资源的自主学习及课前测试（10 分）				
2	课堂评价与技能评价（40 分）	积极主动，答题清晰（10 分）	表现积极主动、踊跃回答问题，5 分 协助教师维护良好课堂秩序的，5 分			
		熟练掌握课堂所讲知识点内容（10 分）	根据知识点掌握程度酌情扣分，熟练 10 分，一般 8 分，需要协助 6 分			
		熟练操作完成课堂练习（14 分）	根据软件操作熟练程度酌情扣分，熟练 14 分，一般 11 分，需要协助 8 分			
		实现案例模型的创建（6 分）	独立实现案例模型创建，实现三个点满分，少一个点扣 2 分			

续表

序号	工作步骤	评分项	评分标准	得分		
				自评	互评	师评
3	态度评价（30分）	良好的纪律性（10分）	课堂考勤3分 服从管理4分 敬业认真3分			
		主动探究，能够提出问题和解决问题（10分）	态度积极5分 独立思考3分 乐于创新2分			
		团队协作能力（10分）	参与讨论2分 承担责任2分 乐于分享3分 领导能力3分			
合计				10	20	70

拓展与提高

在角色的制作过程中，贴图跟模型同样重要，贴图好比GK模型的涂装、上色，贴图的好与坏，直接影响后续的材质和光影的表现。同时，贴图也是最能体现3D设计师美术表现能力和审美意识的部分。

思考与练习

1. 男性与女性的身型相比，比较明显的区别就是________的比例。
2. 男性躯干支架呈“________”字形；女性躯干支架呈“________”字形。
3. 在画男性时，要想最大限度地突出男性的特征，就要把肩膀画得________。

综合实践项目

项目引言

本项目的实训案例是综合使用前面项目中的各种命令来制作模型。通过本项目的学习，读者可灵活掌握 3ds Max 中各种命令和工具的使用方法，学会如何搭建一个产品级场景。

能力目标

掌握独立建模的能力。

相关知识与技能

本项目主要使用多边形建模方法进行制作，其中还涉及材质的制作、UV 坐标的指定等知识要点。

任务 10.1 高铁受电弓的建模

任务描述

高铁受电弓的建模.mp4

受电弓是电力牵引机车从接触网取得电能的电气设备，安装在机车或动车车顶上。受电弓可分单臂弓和双臂弓两种，均由滑板、上框架、下臂杆、底架、升弓弹簧、传动气缸、支持绝缘子等部件组成。近年来行业多采用单臂弓。负荷电流通过接触线和受电弓滑板接触面的流畅程度与滑板和接触线间的接触压力、过渡电阻、接触面积有关，取决于受电弓和接触网之间的相互作用。本任务将制作高铁受电弓的模型。

任务提示

受电弓部件较多，形状各异，在建模的时候，通常先创建基本体，然后调整它们的形状，最后组合成受电弓模型。

本任务的主要内容是制作“高铁受电弓的制作”模型，该任务实施的具体操作步骤如下。

（1）创建一个长方体，效果如图 10-1 所示。

（2）为其添加“编辑多边形”修改器，选择“多边形”层级使用“挤出”工具挤出 3.25 mm。使用“切角”工具修改模型，效果如图 10-2 所示。

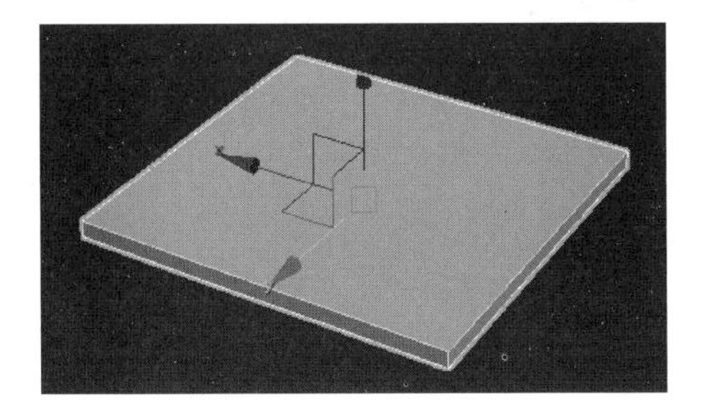

图 10-1

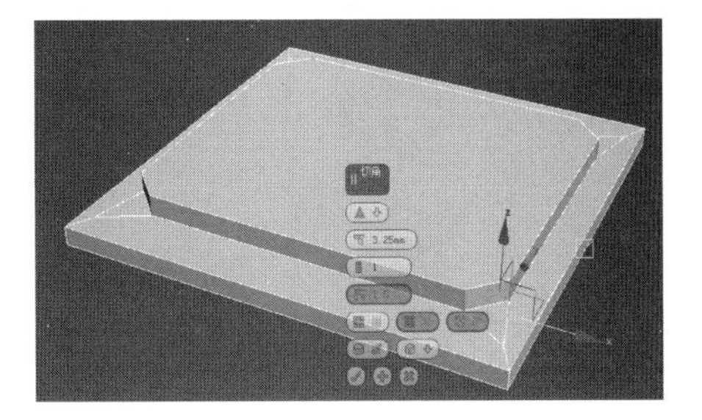

图 10-2

（3）创建一个圆柱体，效果如图 10-3 所示。

（4）创建一个圆柱体，效果如图 10-4 所示。

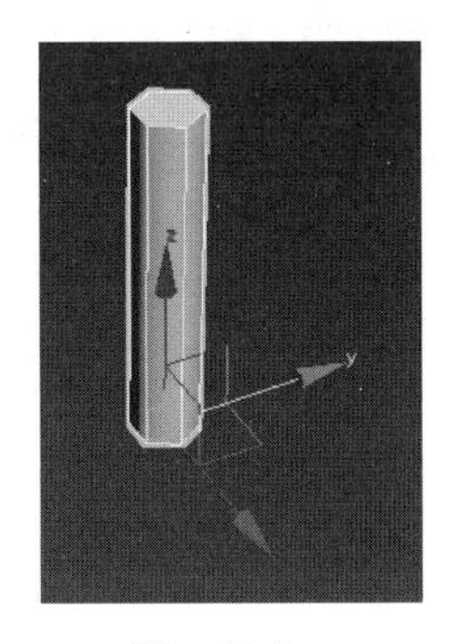

图 10-3

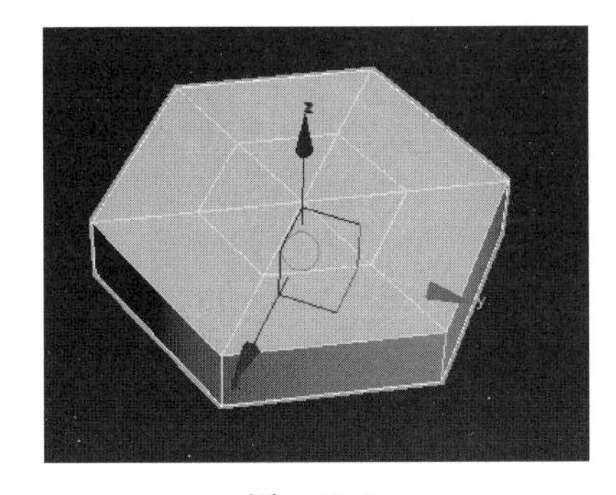

图 10-4

（5）为其添加“编辑多边形”修改器，编辑顶点，效果如图 10-5 所示。

（6）在“元素”层级选中模型，向上复制，效果如图 10-6 所示。

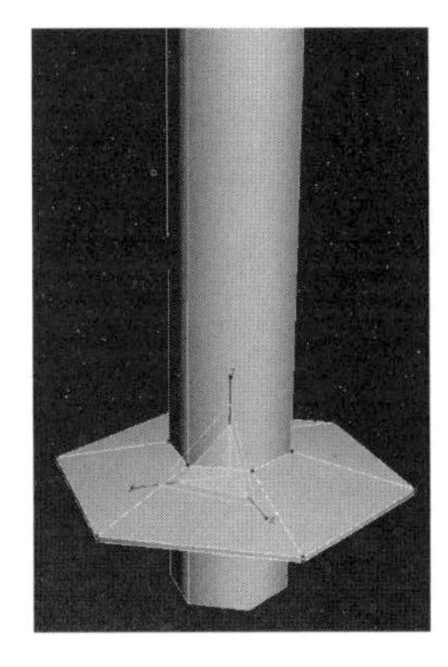

图 10-5

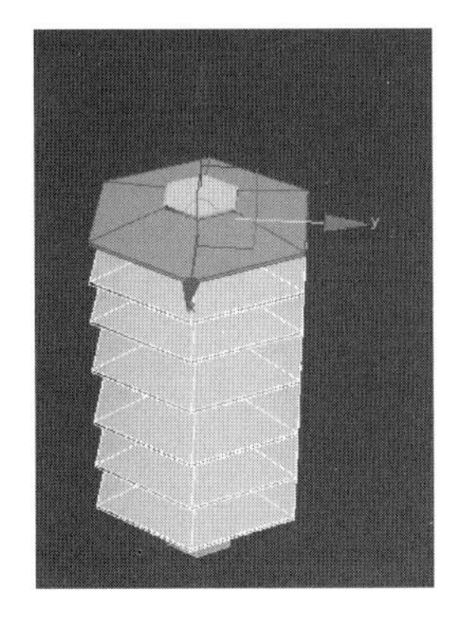

图 10-6

（7）添加“FFD”修改器，使用“缩放”工具修改模型，效果如图 10-7 所示。

（8）创建一个圆柱体。为其添加“编辑多边形”修改器调整模型，效果如图 10-8 所示。

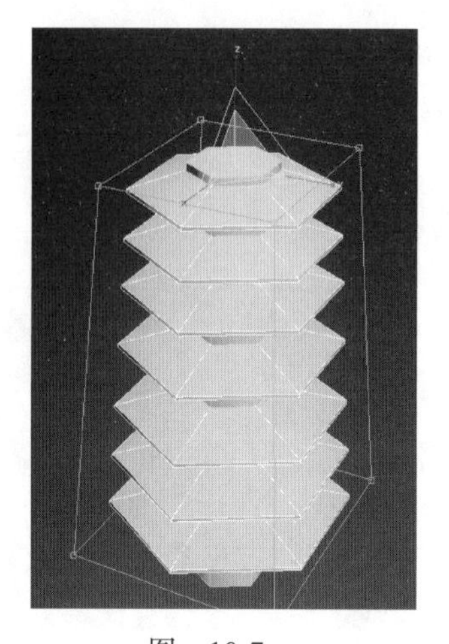

图 10-7

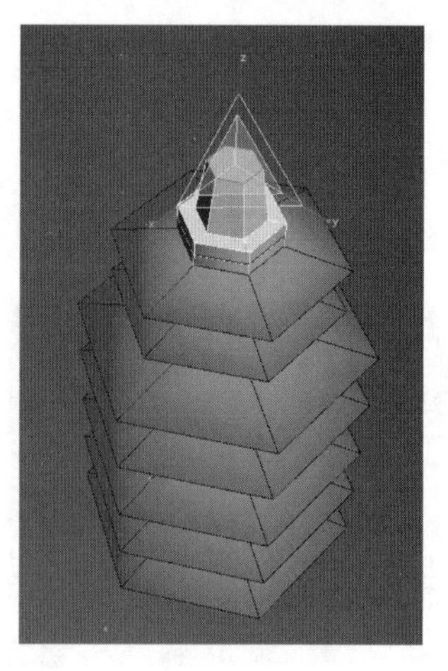

图 10-8

（9）创建一个长方体，效果如图 10-9 所示。

（10）为其添加“编辑多边形”修改器，调整模型，效果如图 10-10 所示。

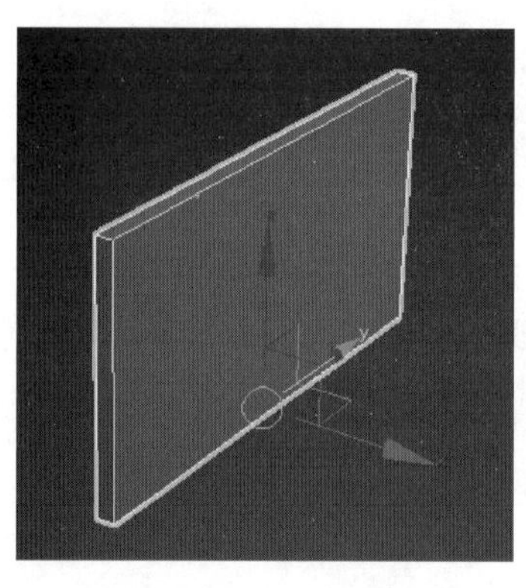

图 10-9

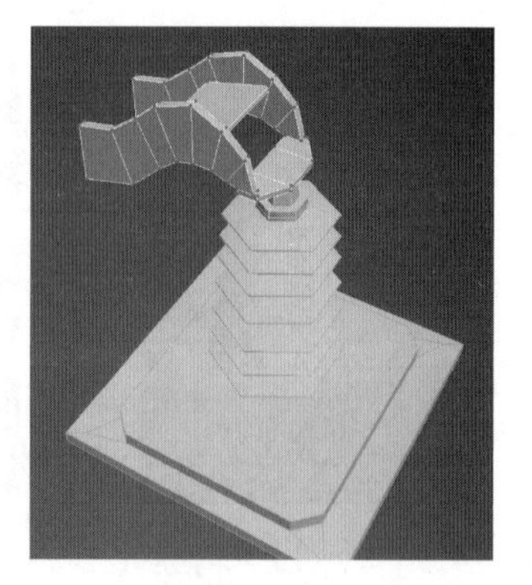

图 10-10

（11）创建一个样条线并编辑顶点，效果如图 10-11 所示。

（12）选择“样条线”层级，使用“轮廓”工具修改模型，效果如图 10-12 所示。

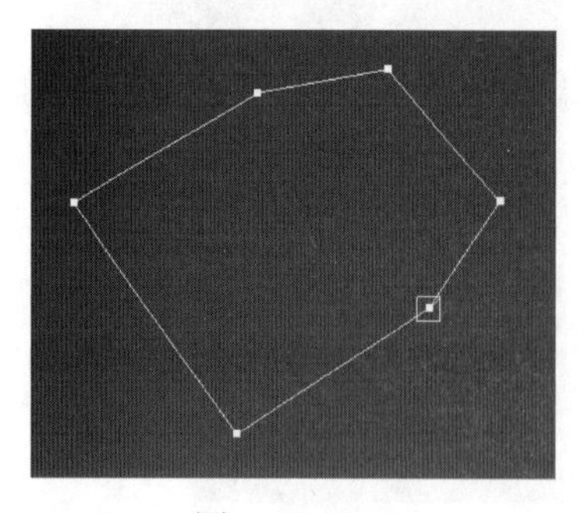

图 10-11

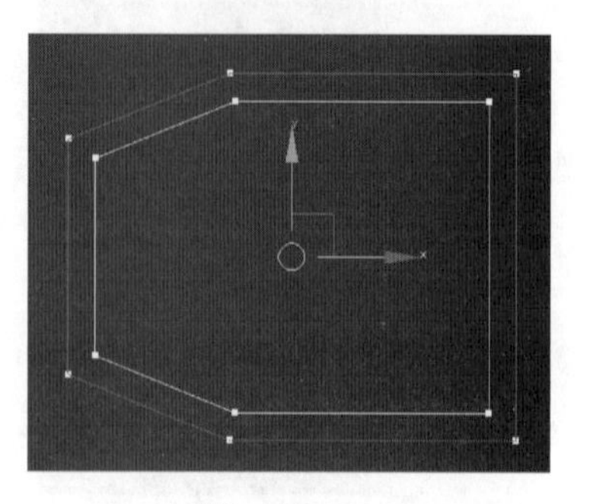

图 10-12

（13）为其添加“壳”修改器，设置“外部量”为 9.5 mm，效果如图 10-13 所示。

（14）右击模型将其转换为“可编辑多边形”，调整模型，效果如图 10-14 所示。

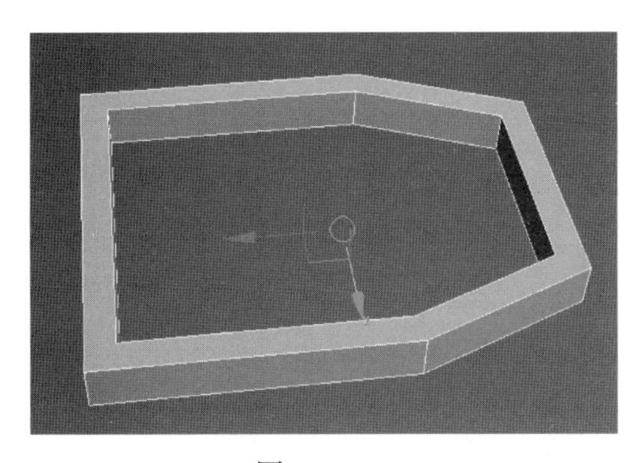

图 10-13

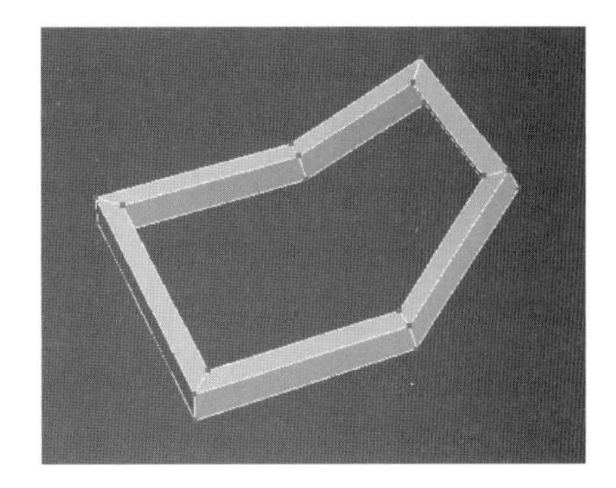

图 10-14

（15）创建一个长方体，效果如图 10-15 所示。

（16）右击模型转换为“可编辑多边形”，调整模型，效果如图 10-16 所示。

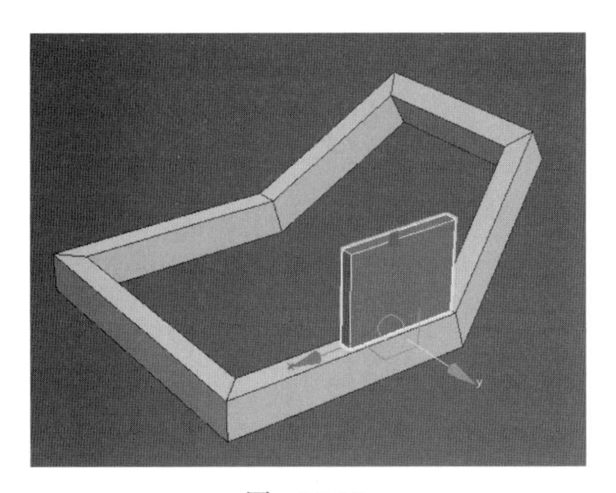

图 10-15

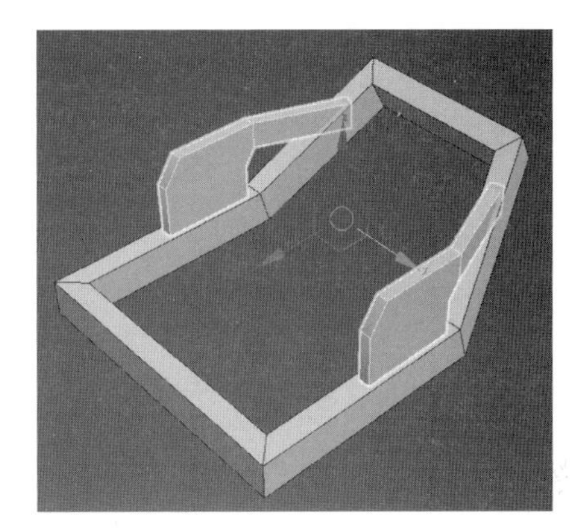

图 10-16

（17）创建一个样条线并编辑顶点，效果如图 10-17 所示。

（18）为其添加“壳”修改器，效果如图 10-18 所示。

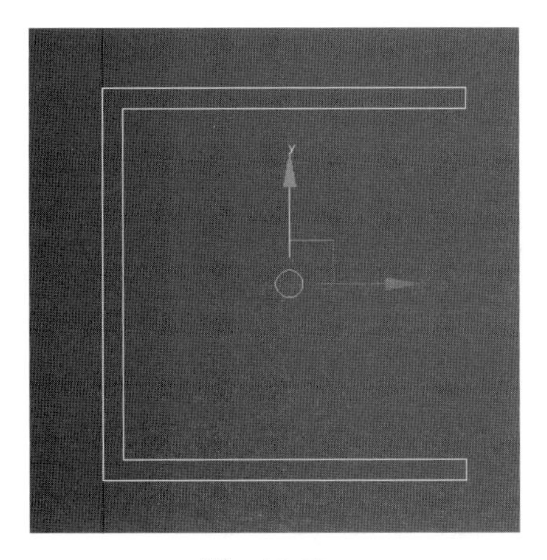

图 10-17

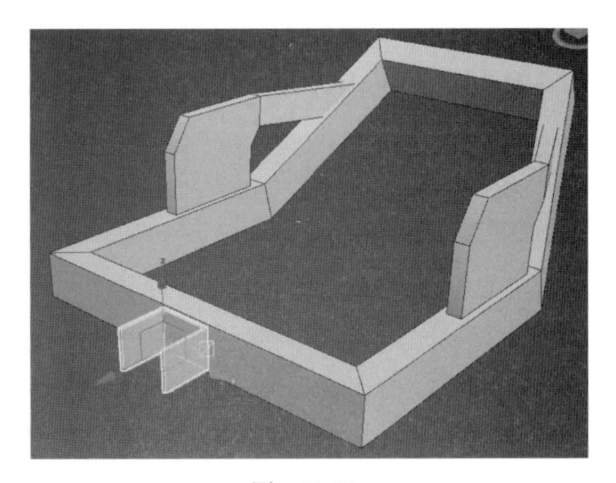

图 10-18

（19）创建圆柱体并调整位置，效果如图 10-19 所示。

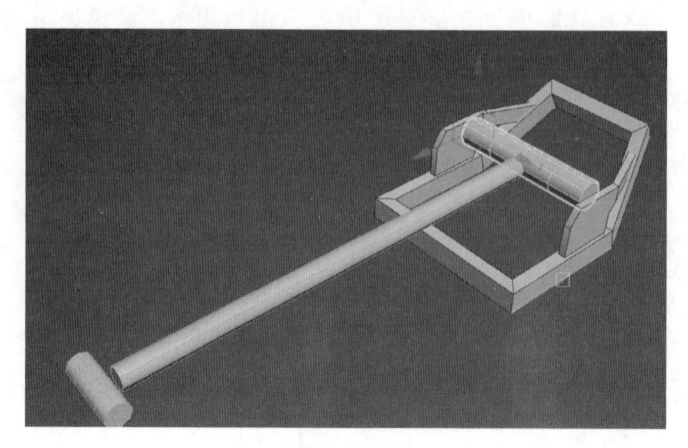

图 10-19

（20）为其添加“编辑多边形”修改器。选择“多边形”层级，使用“挤出”工具挤出 3 mm，效果如图 10-20 所示。

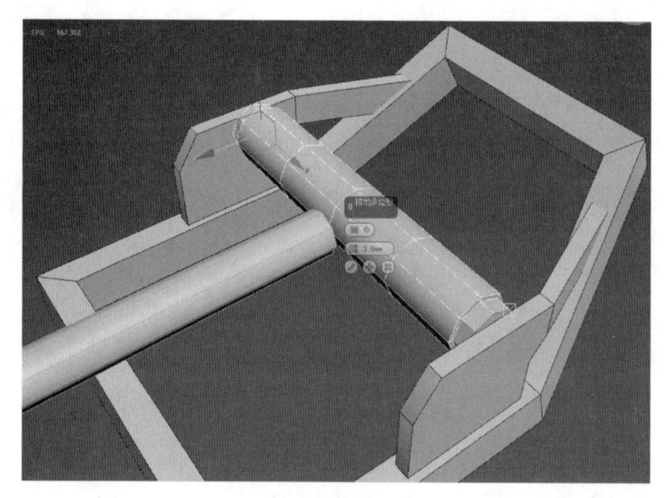

图 10-20

（21）附加其他两个圆柱体，选择“多边形”层级，选中需要删除的面积按 delete 键删除，效果如图 10-21 所示。

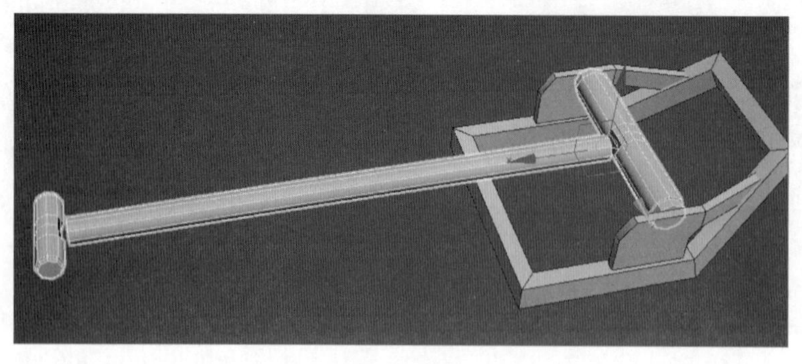

图 10-21

（22）使用“连接”工具连接删除的面，效果如图 10-22 所示。

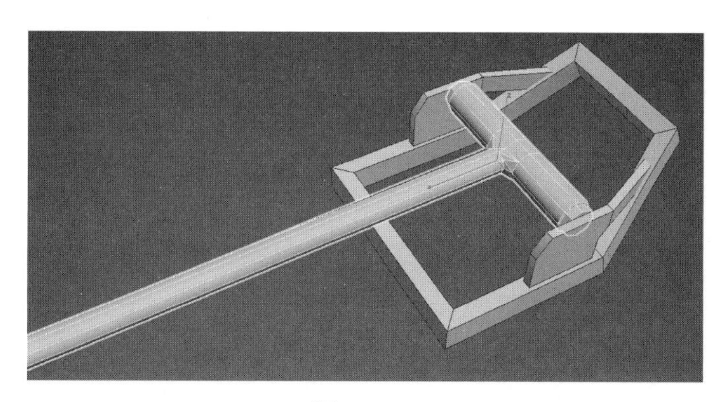

图　10-22

（23）将模型旋转一定的角度，效果如图 10-23 所示。

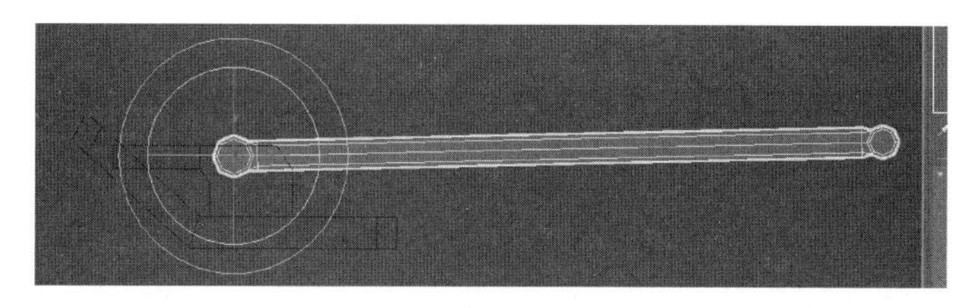

图　10-23

（24）将上一步骤的模型复制一个，使用变换工具调整模型，效果如图 10-24 所示。

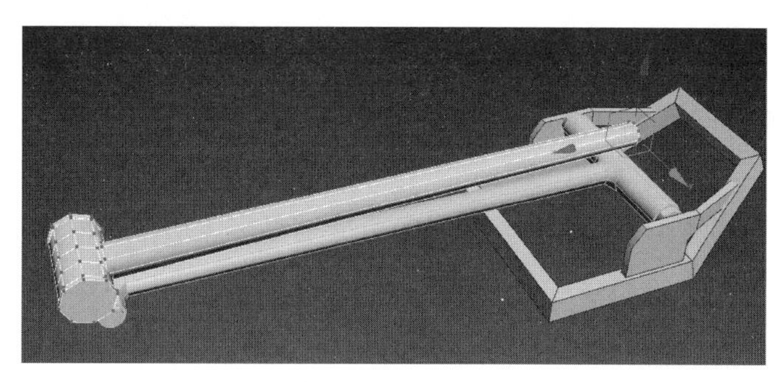

图　10-24

（25）选择“多边形”层级，使用“挤出”工具调整模型，效果如图 10-25 所示。

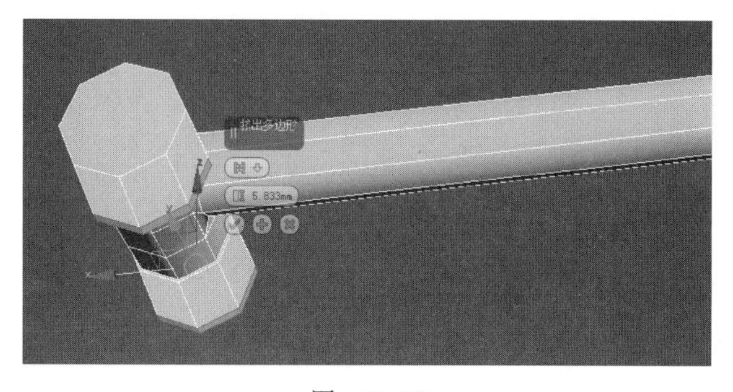

图　10-25

（26）选择“顶点”层级，使用变换工具调整模型，效果如图 10-26 所示。

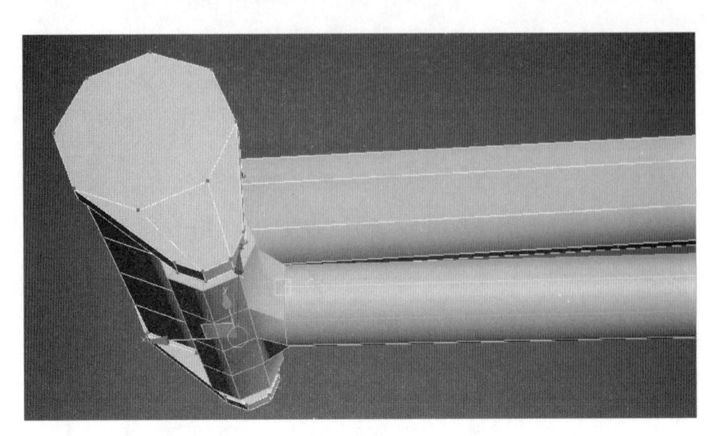

图 10-26

（27）创建一个样条线，调整顶点位置，效果如图 10-27 所示。

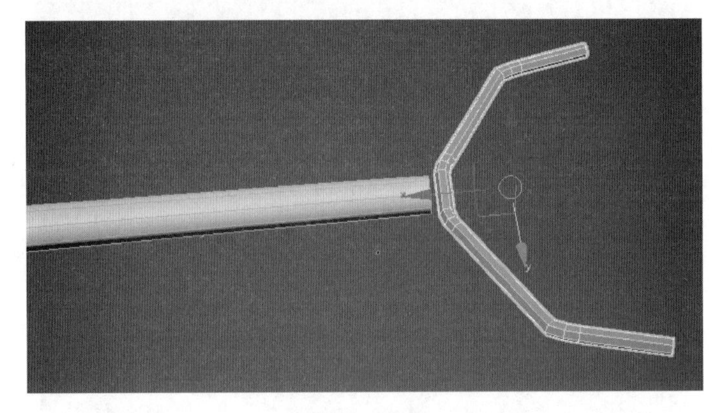

图 10-27

（28）选择两个多边形模型，使用附加命令。选择多边形，使用“桥”工具将模型连接到一起，效果如图 10-28 所示。

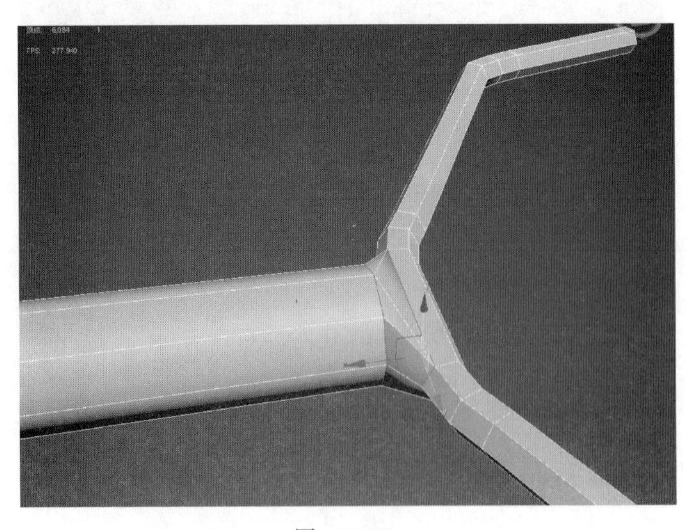

图 10-28

（29）创建一个管状体，效果如图 10-29 所示。

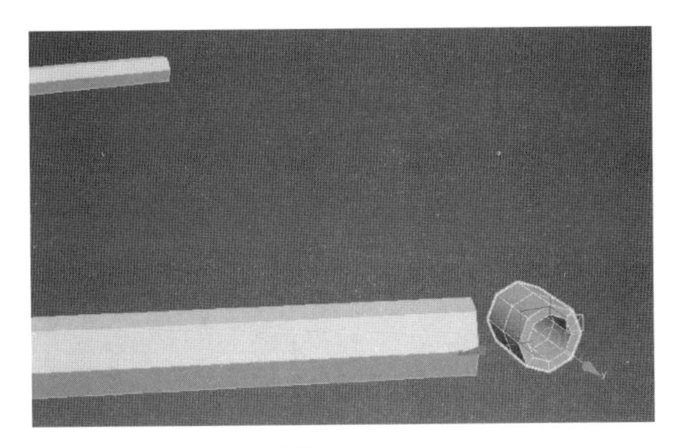

图 10-29

（30）右击将其转换为“可编辑多边形”，调整模型，并复制到另一边，效果如图 10-30 所示。

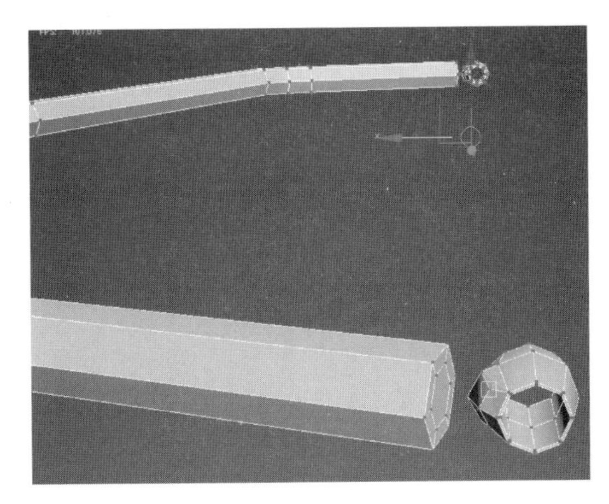

图 10-30

（31）将模型附加到一起，选中多边形，使用“桥”工具将模型连接到一起，效果如图 10-31 所示。

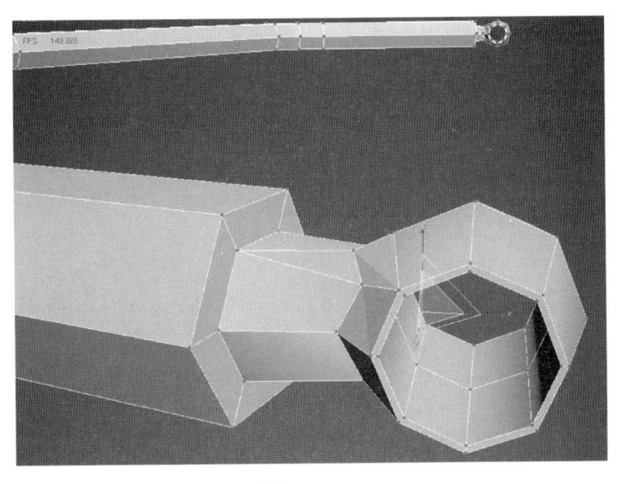

图 10-31

（32）创建一个长方体，效果如图 10-32 所示。

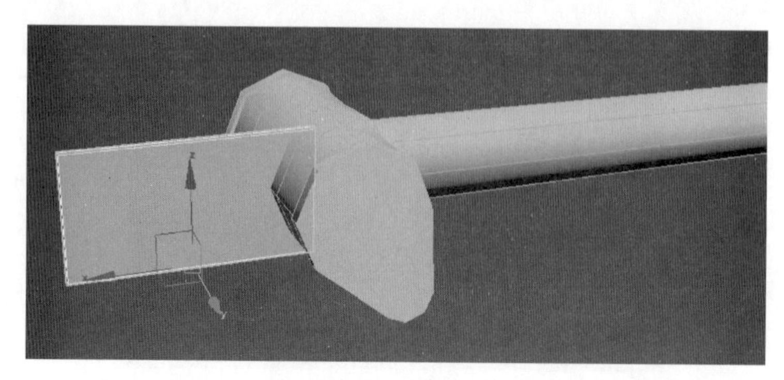

图 10-32

（33）右击将其转换为“可编辑多边形”，调整模型，效果如图 10-33 所示。

图 10-33

（34）创建一个圆柱体，效果如图 10-34 所示。

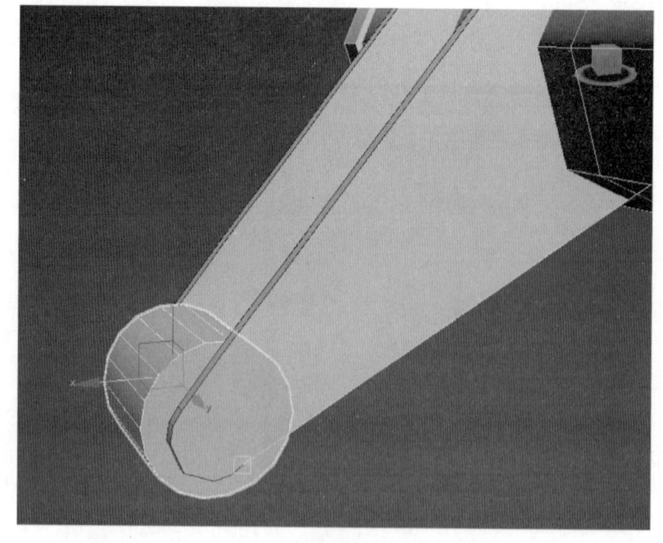

图 10-34

（35）右击将其转换为“可编辑多边形”，调整模型，效果如图 10-35 所示。

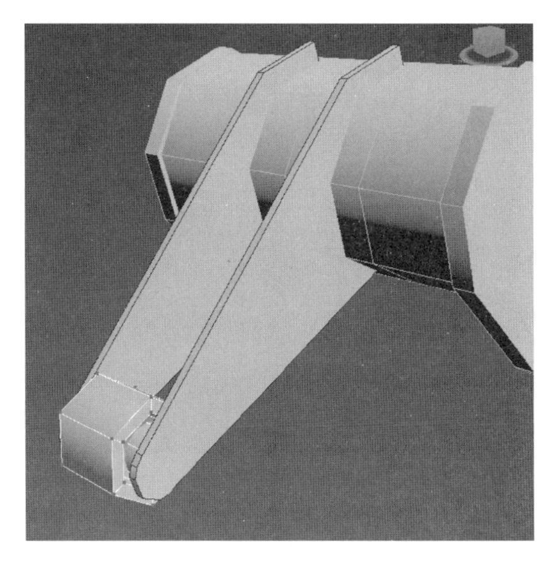

图 10-35

（36）创建圆柱体，效果如图 10-36 所示。

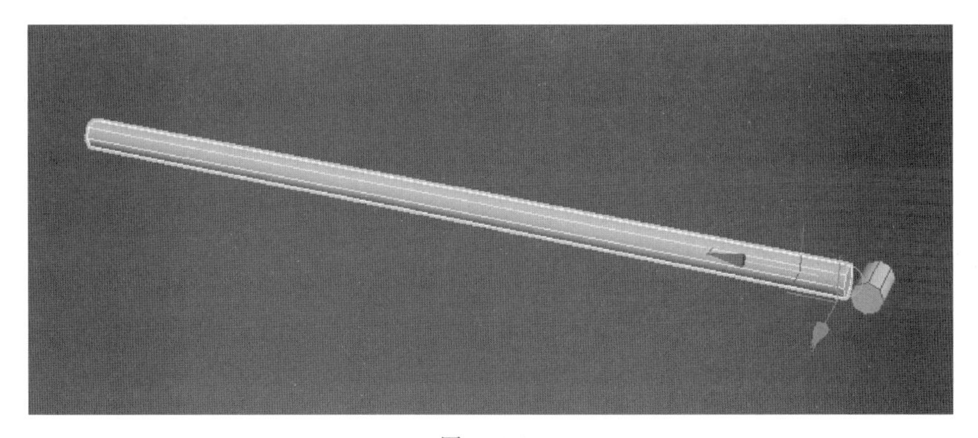

图 10-36

（37）右击将其转换为“可编辑多边形”，调整模型，并使用“桥”工具将模型连接到一起，效果如图 10-37 所示。

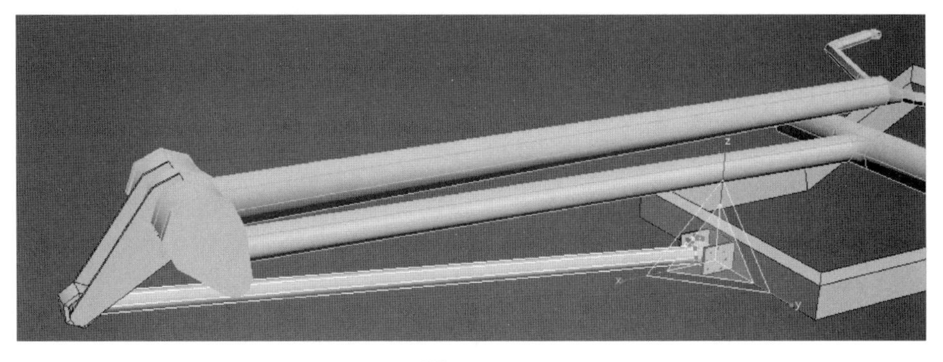

图 10-37

（38）创建一个圆柱体，效果如图 10-38 所示。

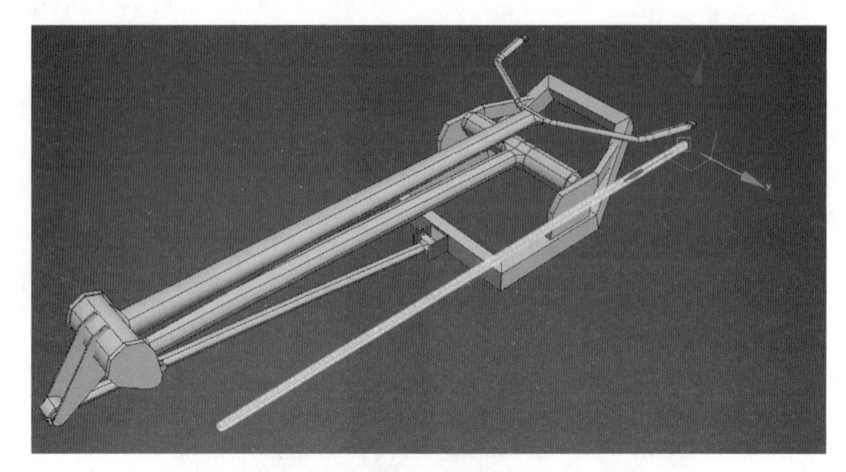

图　10-38

（39）右击将其转换为“可编辑多边形”，调整模型，效果如图 10-39 所示。

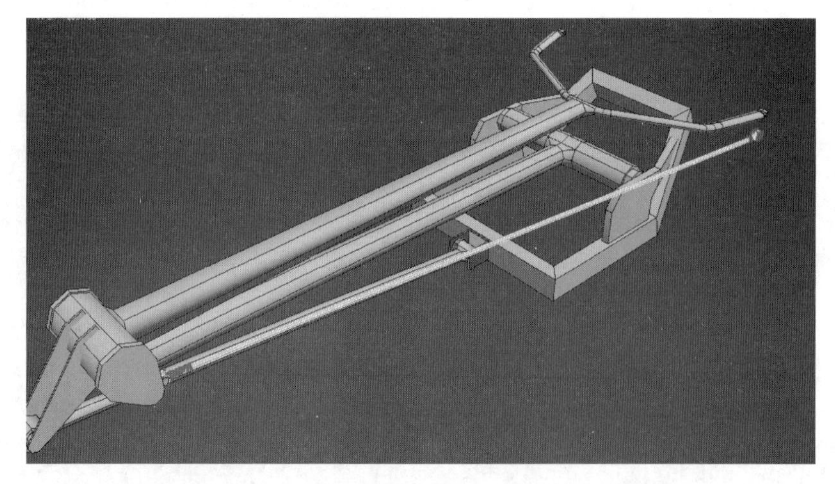

图　10-39

（40）创建一个长方体，效果如图 10-40 所示。

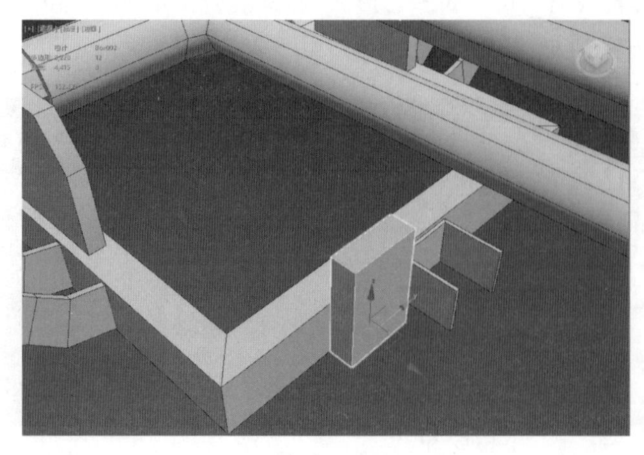

图　10-40

（41）右击将其转换为“可编辑多边形”，调整模型，效果如图 10-41 所示。

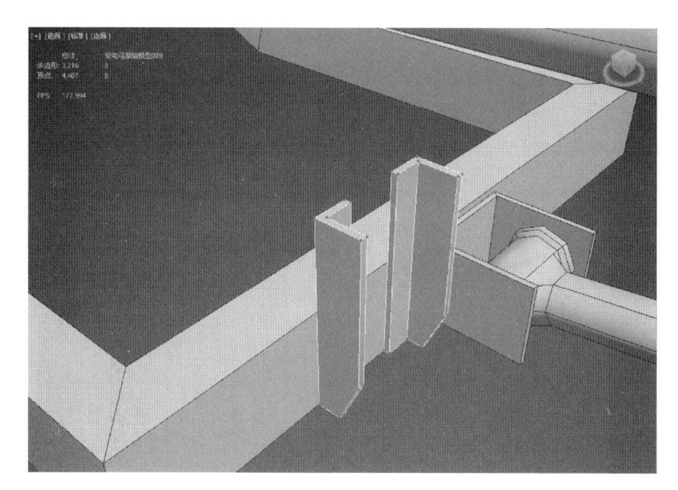

图 10-41

（42）创建一个圆柱体，效果如图 10-42 所示。

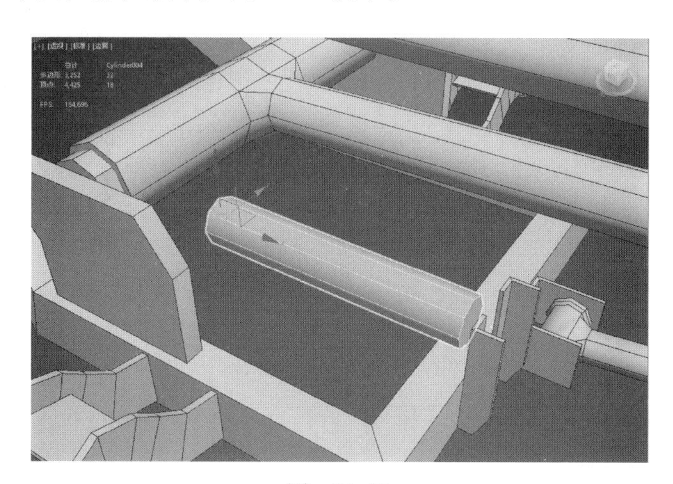

图 10-42

（43）右击将其转换为“可编辑多边形”，调整模型，效果如图 10-43 所示。

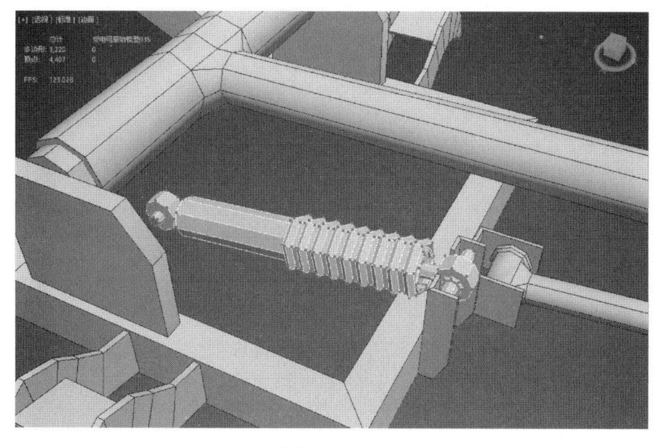

图 10-43

（44）创建一个长方体，效果如图 10-44 所示。

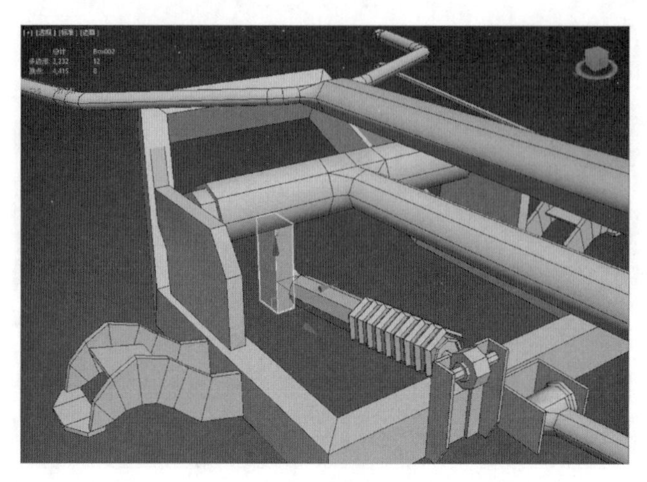

图　10-44

（45）右击将其转换为“可编辑多边形”，调整模型，效果如图 10-45 所示。

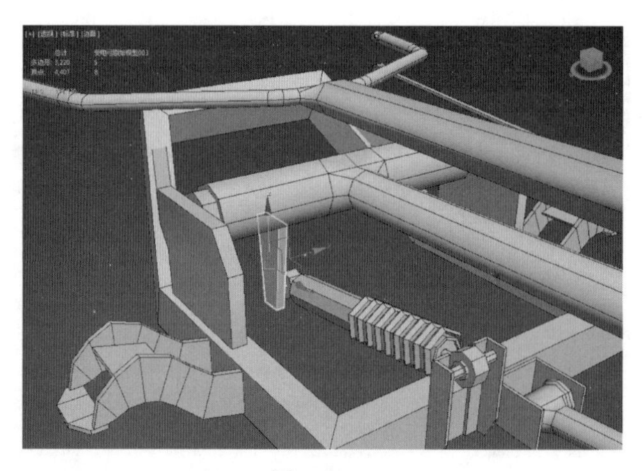

图　10-45

（46）创建一个长方体，效果如图 10-46 所示。

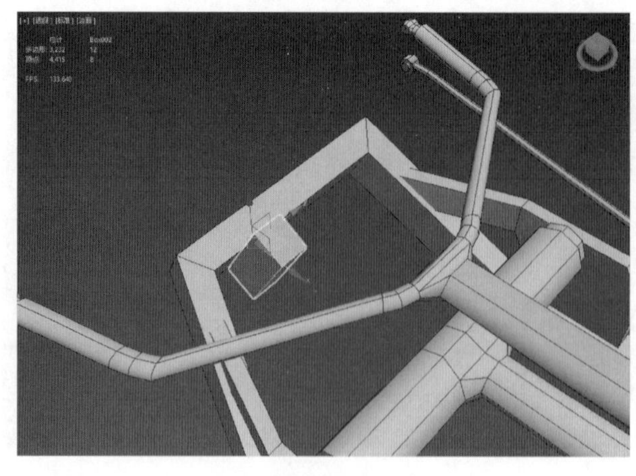

图　10-46

（47）右击将其转换为“可编辑多边形”，调整模型，效果如图 10-47 所示。

图 10-47

（48）创建一个圆柱体，效果如图 10-48 所示。

（49）右击将其转换为“可编辑多边形”，调整模型，效果如图 10-49 所示。

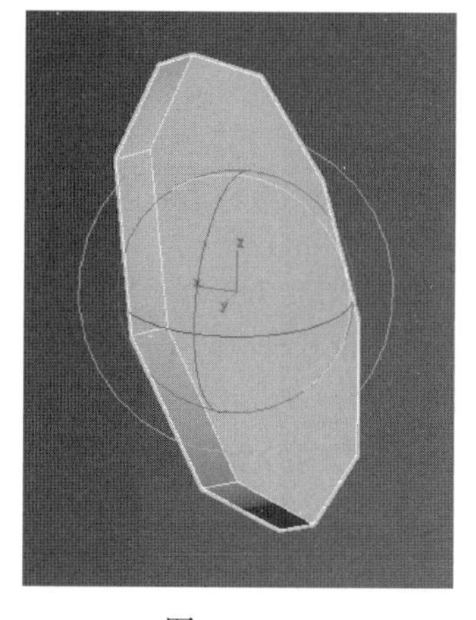

图 10-48

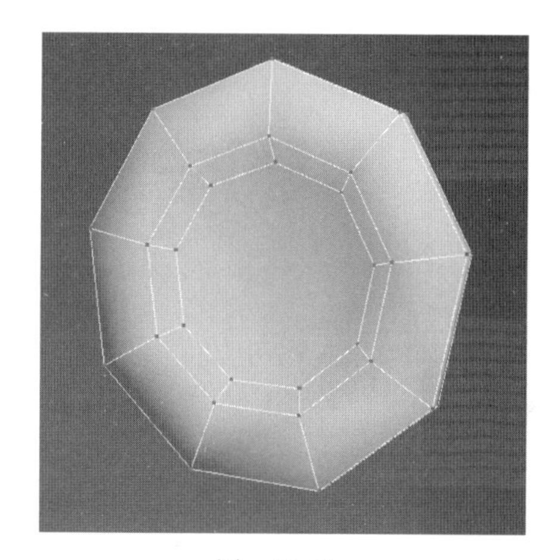

图 10-49

（50）创建一个圆柱体，效果如图 10-50 所示。

（51）右击将其转换为“可编辑多边形”，调整模型，效果如图 10-51 所示。

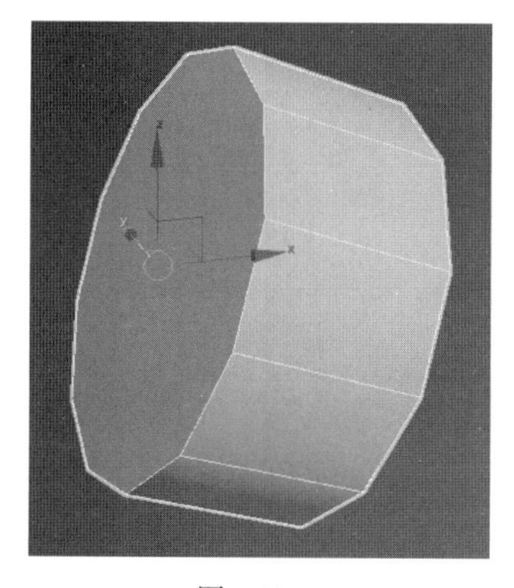

图 10-50

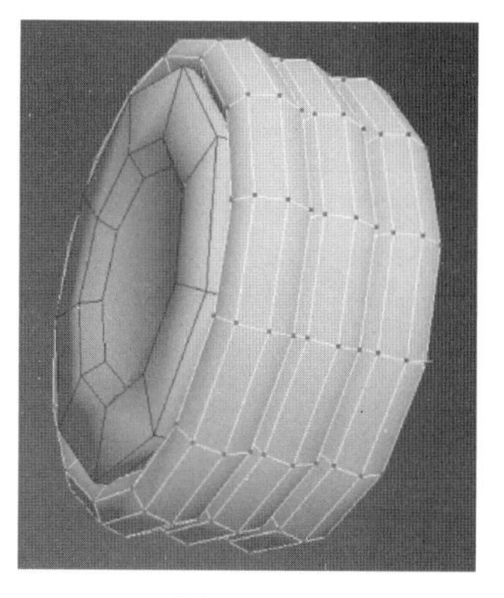

图 10-51

（52）选择步骤（51）创建好的模型，复制一个到另一端，并调整模型位置，效果如图 10-52 所示。

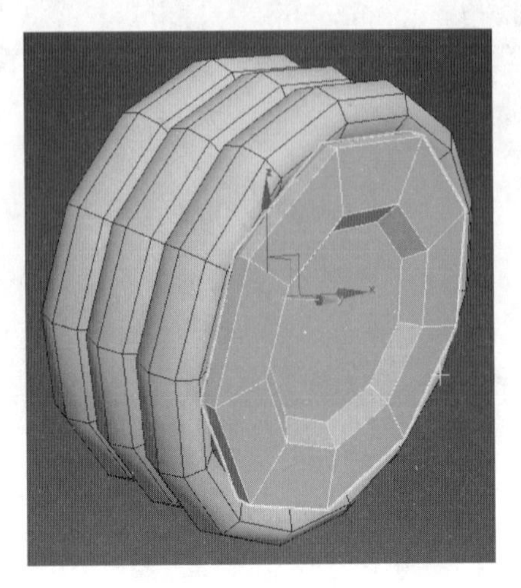

图　10-52

（53）创建一个长方体，效果如图 10-53 所示。

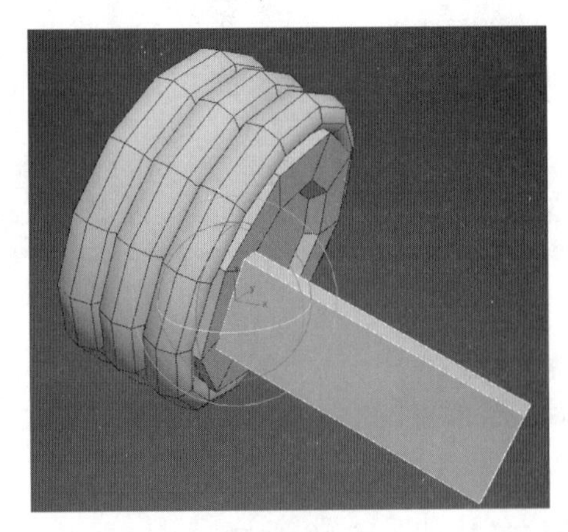

图　10-53

（54）右击将其转换为“可编辑多边形”，调整模型，效果如图 10-54 所示。

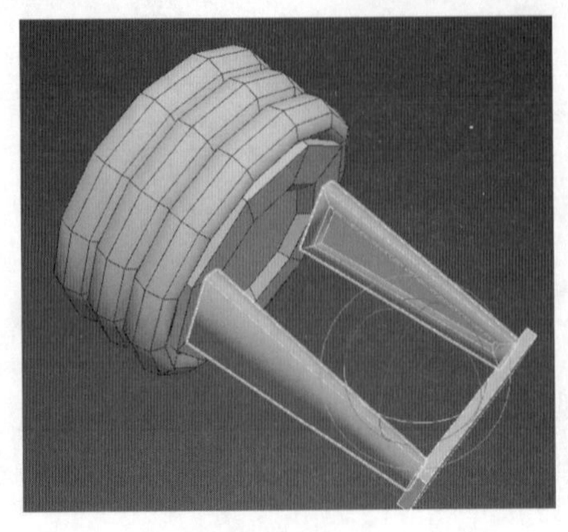

图　10-54

（55）创建一个长方体，效果如图 10-55 所示。

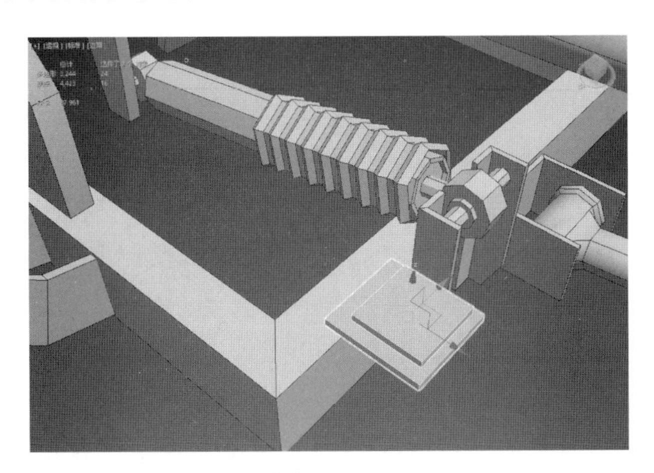

图 10-55

（56）右击将其转换为“可编辑多边形”，调整模型，效果如图 10-56 所示。

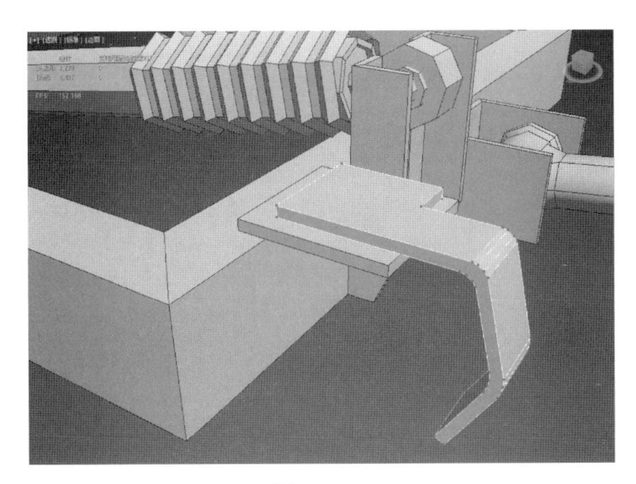

图 10-56

（57）创建一个圆柱体，效果如图 10-57 所示。

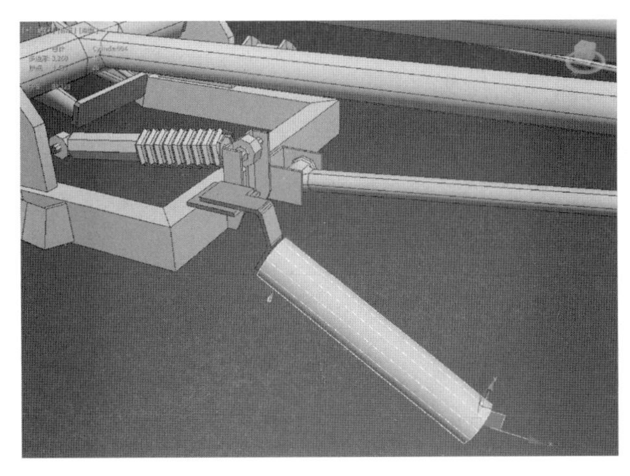

图 10-57

（58）右击将其转换为“可编辑多边形”，调整模型，效果如图 10-58 所示。

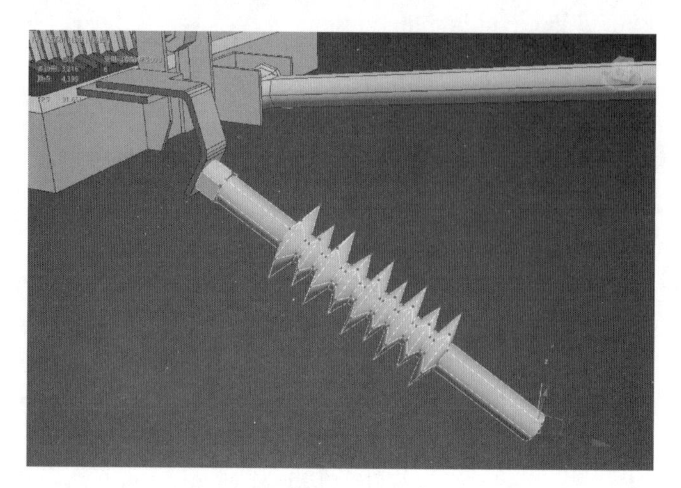

图 10-58

（59）创建一个长方体，效果如图 10-59 所示。

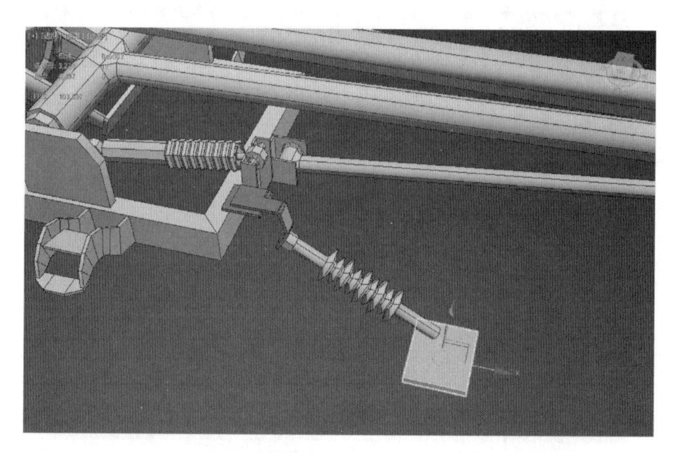

图 10-59

（60）右击将其转换为“可编辑多边形”，调整模型，效果如图 10-60 所示。

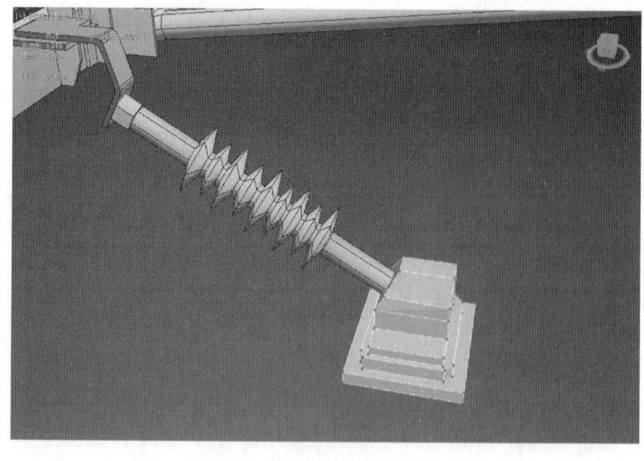

图 10-60

（61）将上一步骤的模型复制一个，并移动到适当位置，效果如图 10-61 所示。

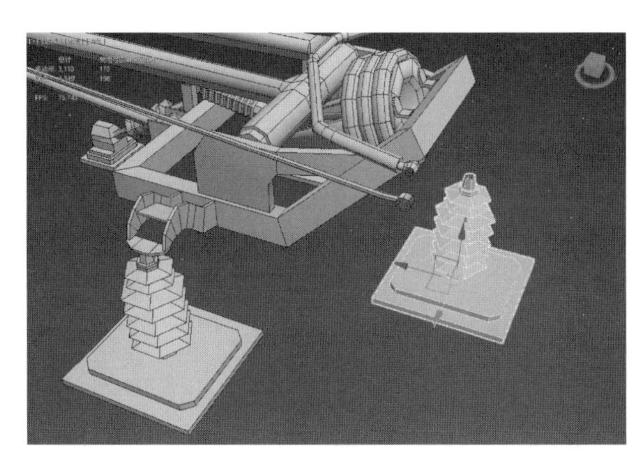

图 10-61

（62）调整顶点，修改模型，效果如图 10-62 所示。

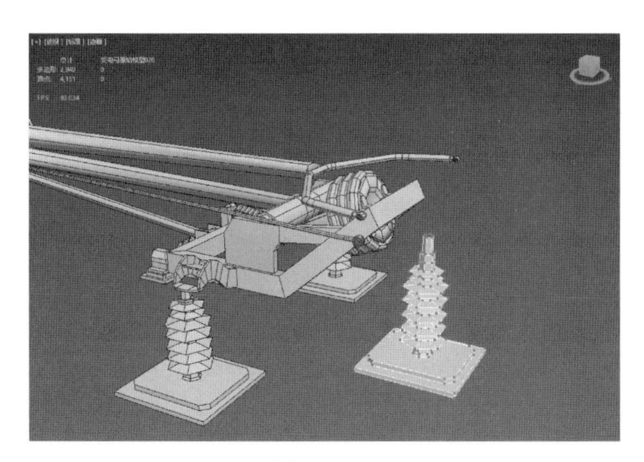

图 10-62

（63）创建一个长方体，效果如图 10-63 所示。

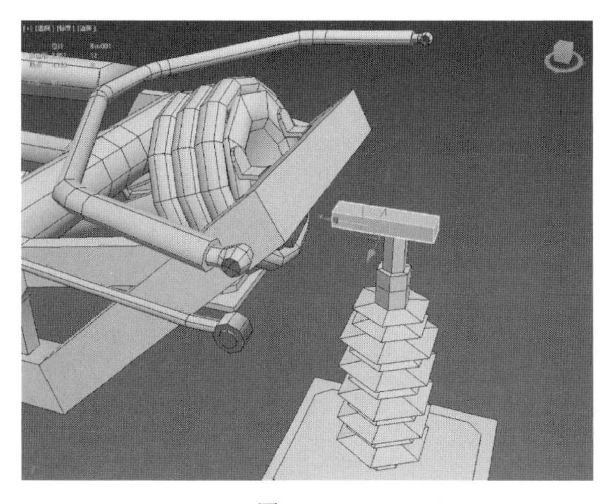

图 10-63

（64）右击将其转换为“可编辑多边形”，整模型，效果如图 10-64 所示。

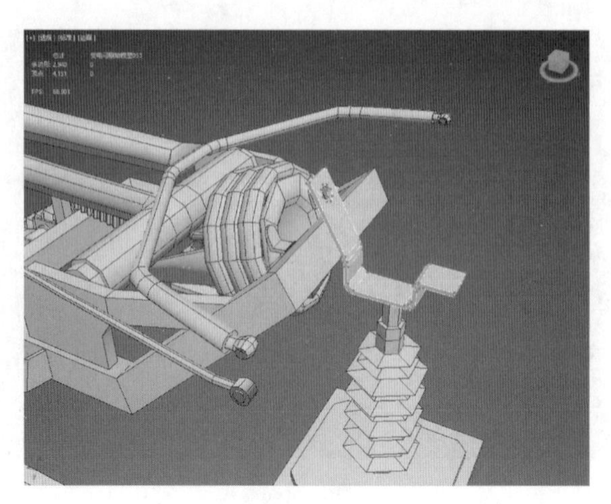

图 10-64

（65）创建一个长方体，效果如图 10-65 所示。

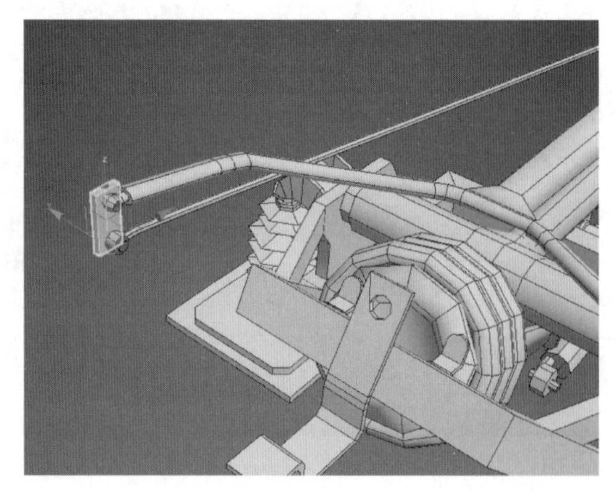

图 10-65

（66）右击将其转换为“可编辑多边形”，调整模型，效果如图 10-66 所示。

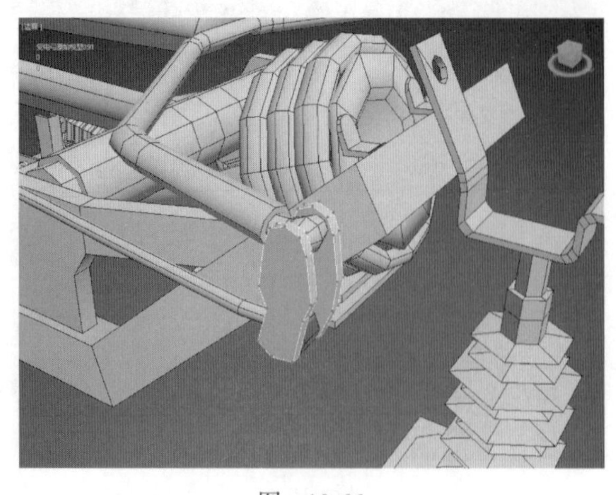

图 10-66

（67）复制上一步骤的模型到另一端，效果如图 10-67 所示。

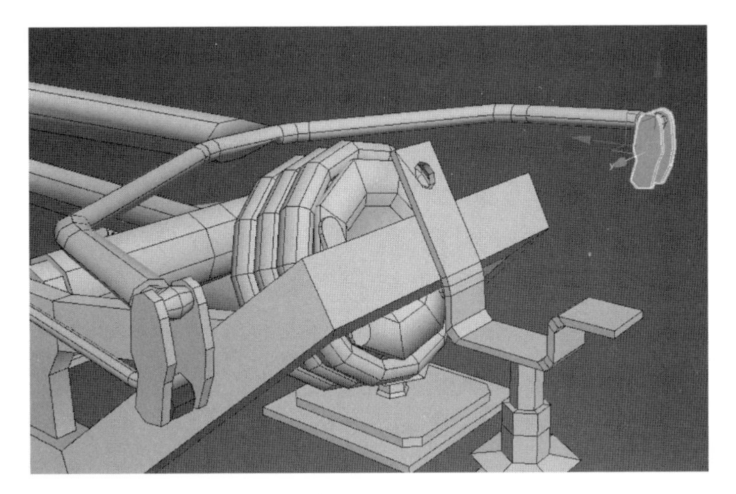

图 10-67

（68）调整模型，效果如图 10-68 所示。

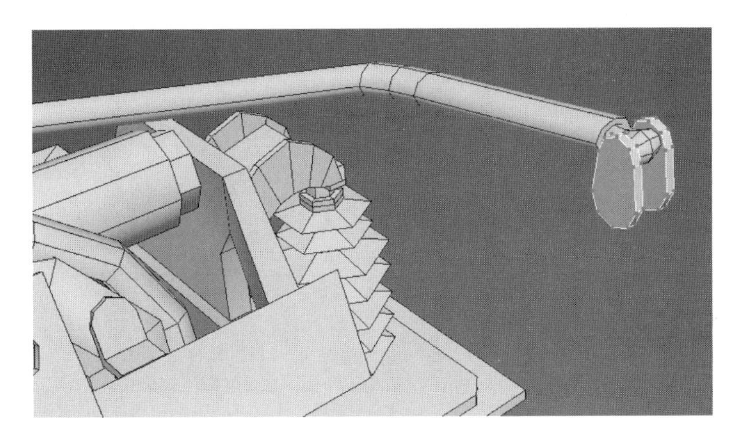

图 10-68

（69）创建一个圆柱体，效果如图 10-69 所示。

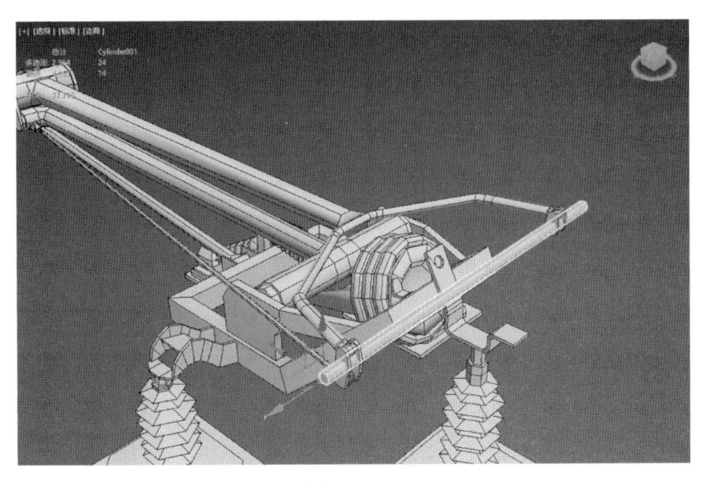

图 10-69

（70）右击将其转换为“可编辑多边形”，调整模型，效果如图 10-70 所示。

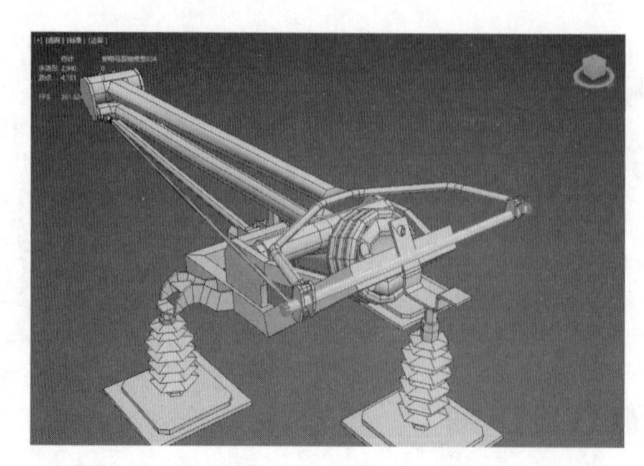

图 10-70

（71）创建一个长方体，效果如图 10-71 所示。

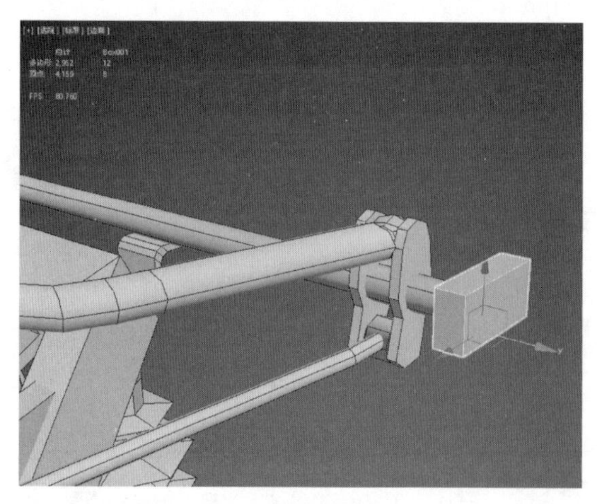

图 10-71

（72）右击将其转换为“可编辑多边形”，调整模型，效果如图 10-72 所示。

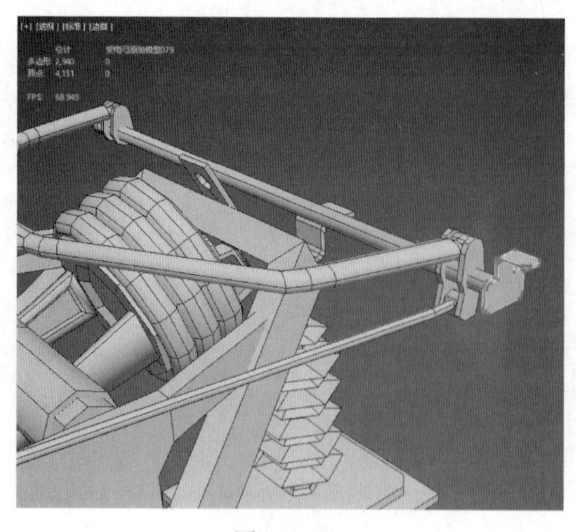

图 10-72

（73）创建一个长方体，效果如图 10-73 所示。

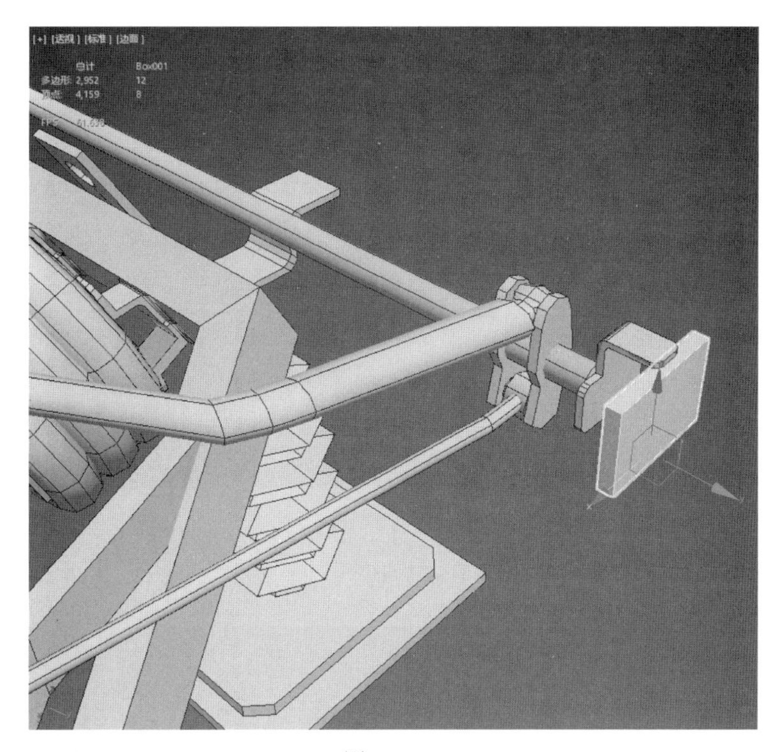

图 10-73

（74）右击将其转换为“可编辑多边形”，调整模型，效果如图 10-74 所示。

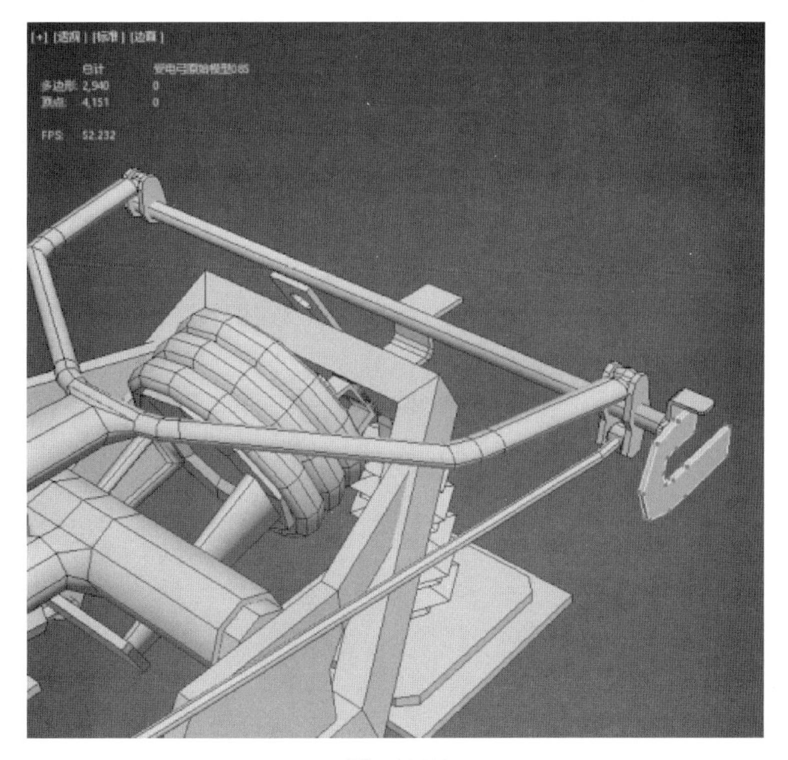

图 10-74

（75）复制上一步骤的模型到另一端，效果如图 10-75 所示。

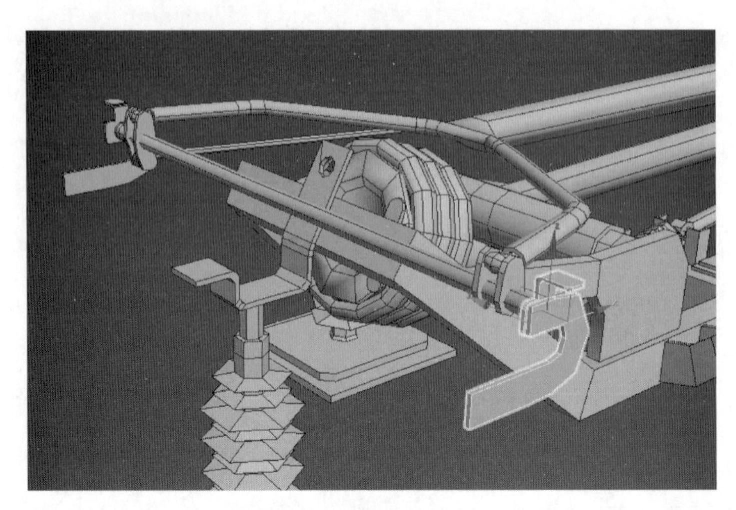

图 10-75

（76）创建一个长方体，效果如图 10-76 所示。

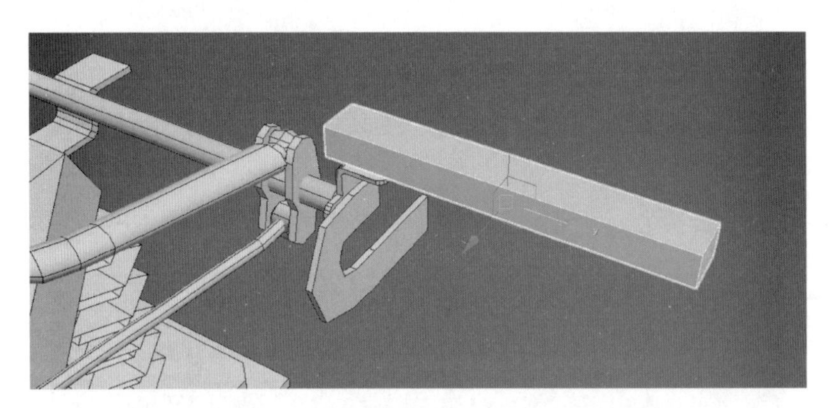

图 10-76

（77）右击将其转换为“可编辑多边形”，调整模型，效果如图 10-77 所示。

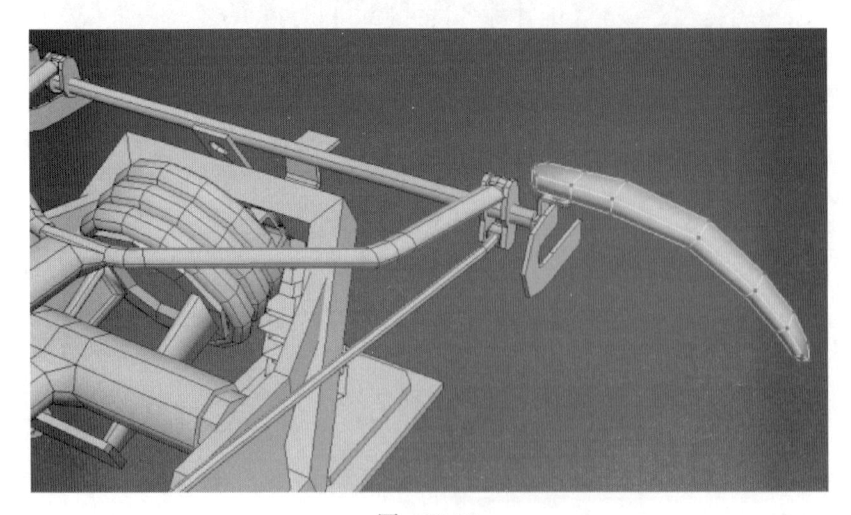

图 10-77

（78）复制上一步骤的模型到另一端，效果如图 10-78 所示。

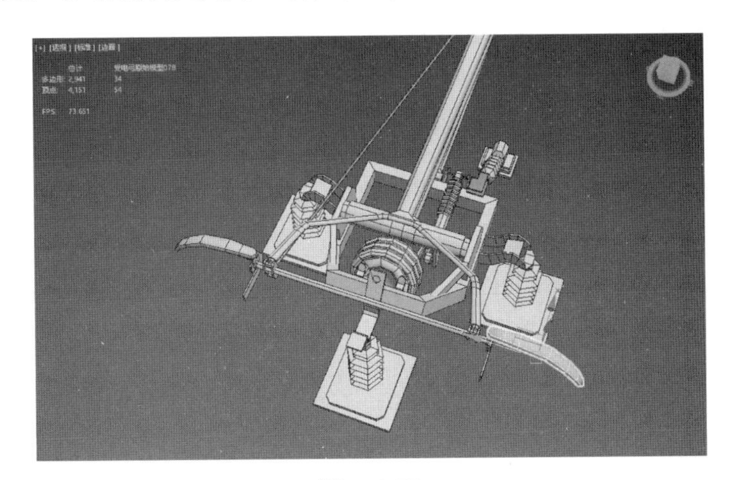

图 10-78

（79）创建一个圆柱体，效果如图 10-79 所示。

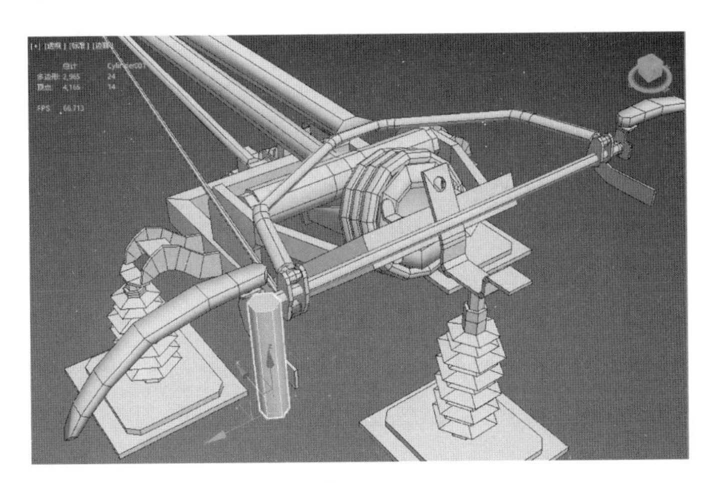

图 10-79

（80）右击将其转换为“可编辑多边形”，调整模型，效果如图 10-80 所示。

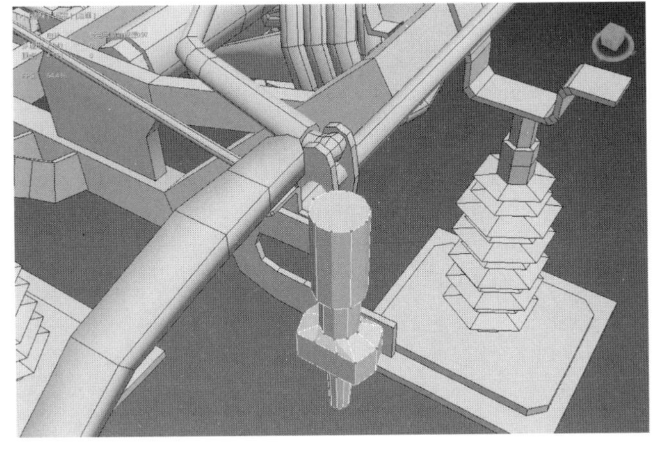

图 10-80

（81）复制上一步骤的模型到另一端，效果如图 10-81 所示。

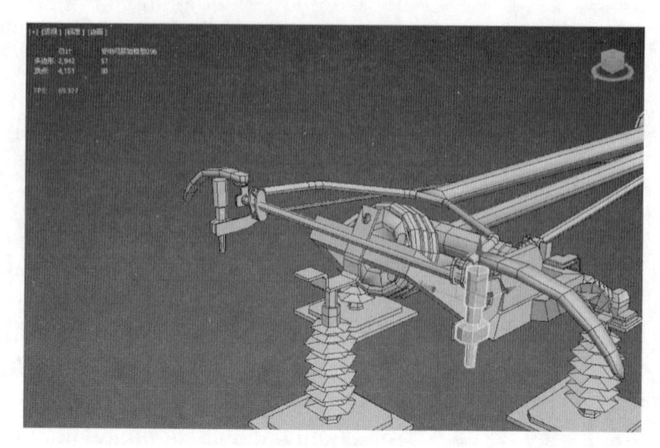

图 10-81

（82）创建一个长方体，效果如图 10-82 所示。

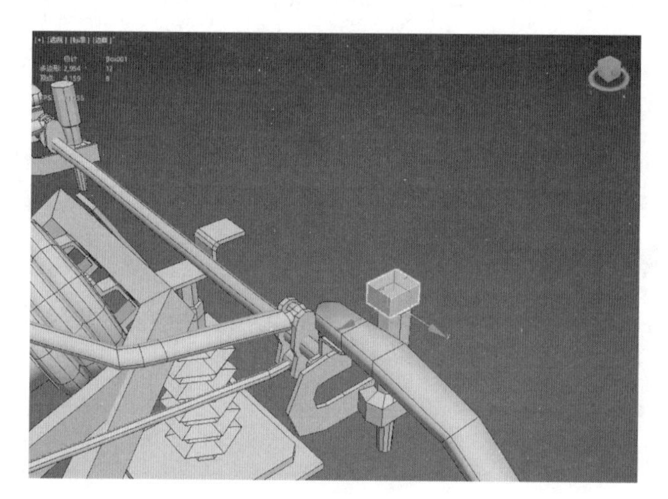

图 10-82

（83）右击将其转换为“可编辑多边形”，调整模型，效果如图 10-83 所示。

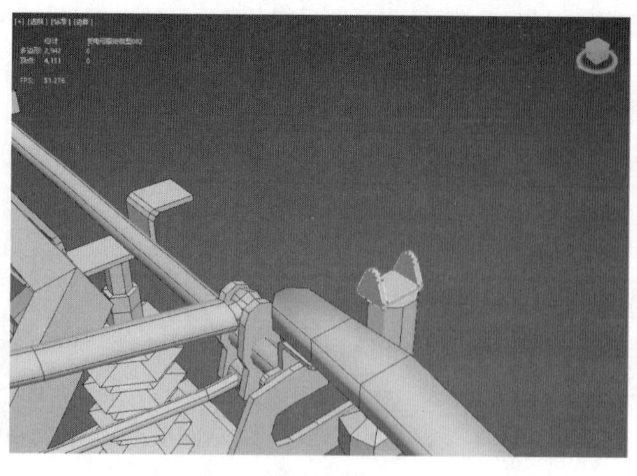

图 10-83

（84）复制上一步骤的模型到另一端，效果如图 10-84 所示。

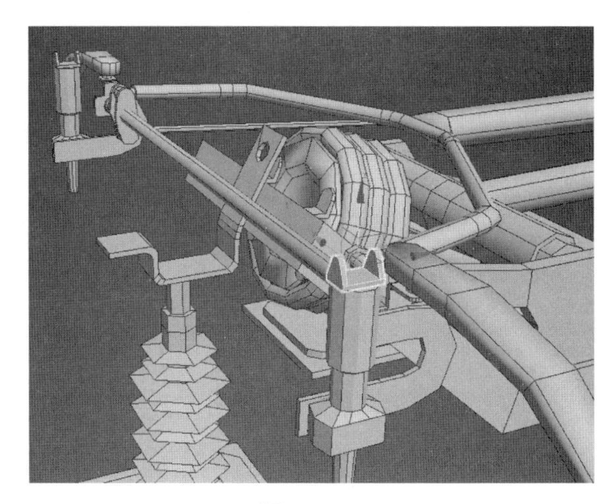

图 10-84

（85）创建一个长方体，效果如图 10-85 所示。

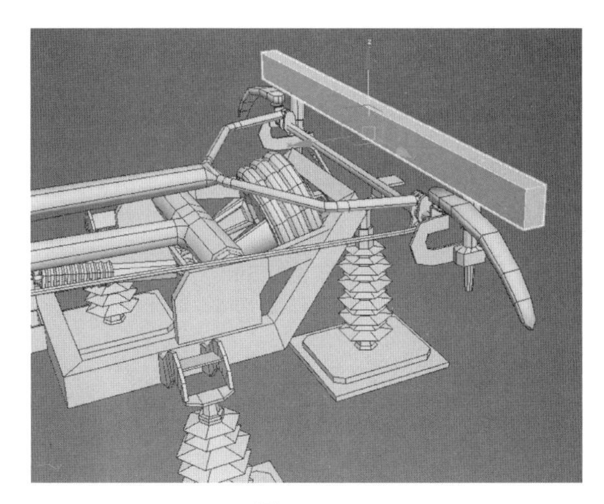

图 10-85

（86）右击将其转换为“可编辑多边形”，调整模型，效果如图 10-86 所示。

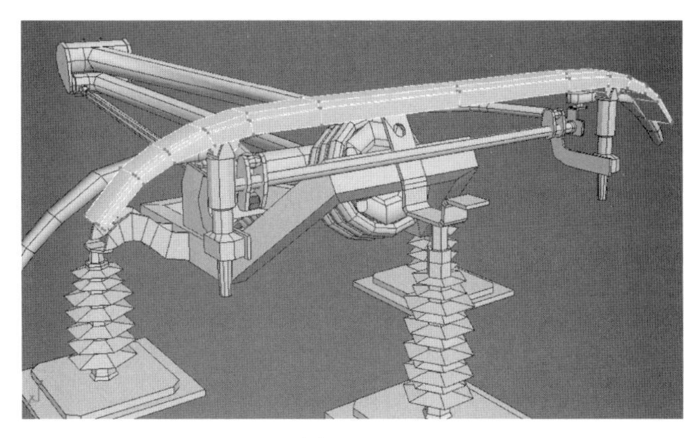

图 10-86

（87）至此，受电弓模型制作完成，效果如图 10-87 所示。

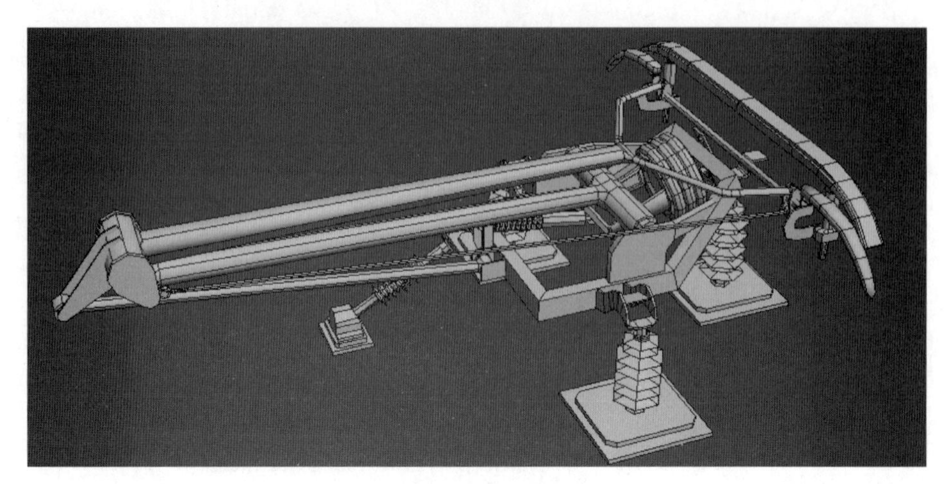

图 10-87

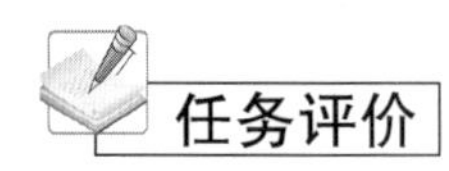

任务评价

任务评价如表 10-1 所示。

表 10-1 “高铁受电弓的制作”任务评价表

序号	工作步骤	评分项	评分标准	得分		
				自评	互评	师评
1	课前学习评价（30 分）	完成课前任务作答（10 分）	规范性 30% 准确性 70%			
		完成课前任务信息收集（5 分）				
		完成任务背景调研 PPT（5 分）				
		完成线上教学资源的自主学习及课前测试（10 分）				
2	课堂评价与技能评价（40 分）	积极主动，答题清晰（10 分）	表现积极主动、踊跃回答问题，5 分 协助教师维护良好课堂秩序的，5 分			
		熟练掌握课堂所讲知识点内容（10 分）	根据知识点掌握程度酌情扣分，熟练 10 分，一般 8 分，需要协助 6 分			
		熟练操作完成课堂练习（14 分）	根据软件操作熟练程度酌情扣分，熟练 14 分，一般 11 分，需要协助 8 分			
		实现案例模型的创建（6 分）	独立实现案例模型创建，实现三个点满分，少一个点扣 2 分			
3	态度评价（30 分）	良好的纪律性（10 分）	课堂考勤 3 分 服从管理 4 分 敬业认真 3 分			
		主动探究，能够提出问题和解决问题（10 分）	态度积极 5 分 独立思考 3 分 乐于创新 2 分			
		团队协作能力（10 分）	参与讨论 2 分 承担责任 2 分 乐于分享 3 分 领导能力 3 分			
合计				10	20	70

任务 10.2　高铁车站的建模

任务描述

设计高铁车站时要在设计中融入最新设计理念，并且能充分体现现代化站房的功能。车站设计要保证乘客使用得安全、方便，并具有良好的内部和外部环境条件，为乘客提供安全、舒适的乘车环境。要对站房的内部功能、流线进行组织设计，保证流线便捷、顺畅，避免交叉干扰，提供适用、高效、便利的旅客服务设施，充分体现“以人为本”的设计理念。本任务将制作高铁车站的模型。

任务提示

高铁车站模型属于建筑模型，在开始建模之前。需要观察并了解所要做的模型的大形、结构和细节。

高铁车站的建模 .mp4

本任务的主要内容是制作“高铁站”的模型，该任务实施的具体操作步骤如下。

（1）创建一个长方体，效果如图 10-88 所示。

（2）添加“编辑多边形”修改器，调整模型，效果如图 10-89 所示。

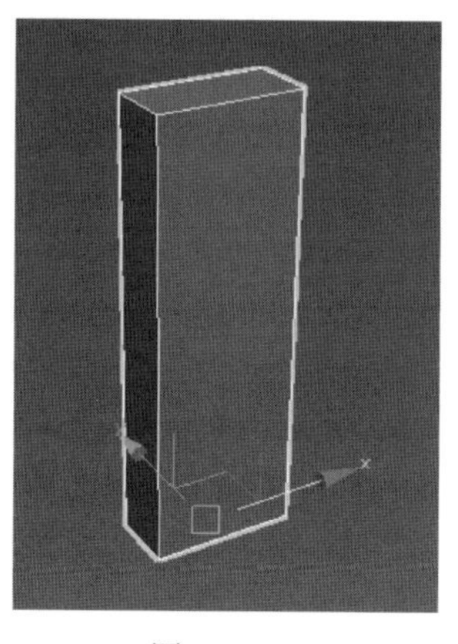

图　10-88

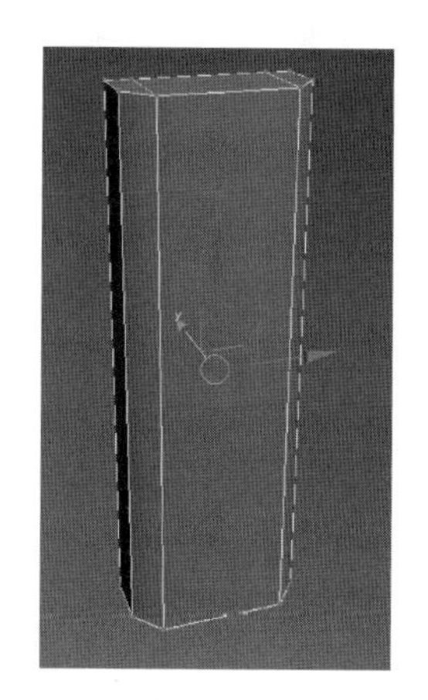

图　10-89

（3）将上一步骤创建的模型镜像复制到另一端，效果如图 10-90 所示。

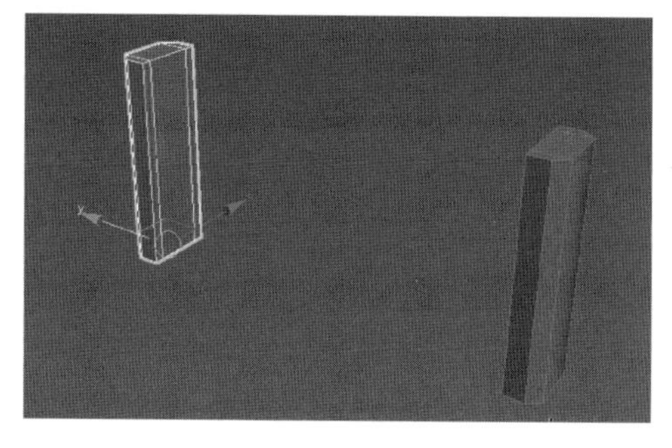

图　10-90

（4）创建一个长方体，效果如图 10-91 所示。

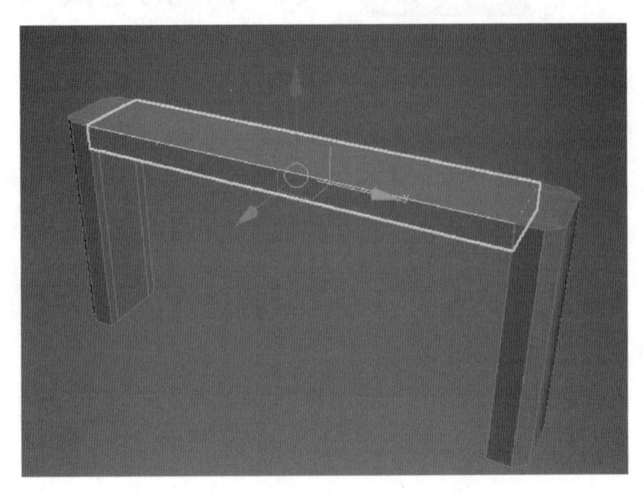

图　10-91

（5）复制整体的模型到另一端，效果如图 10-92 所示。

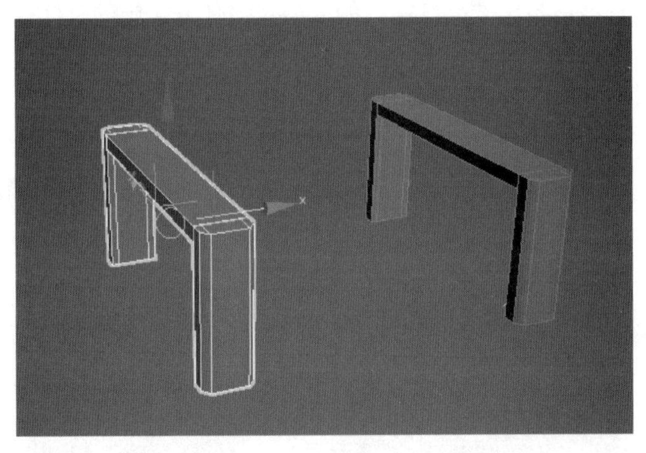

图　10-92

（6）复制步骤（3）创建的模型并移动到适当位置，在“顶点”层级下调整模型，效果如图 10-93 所示。

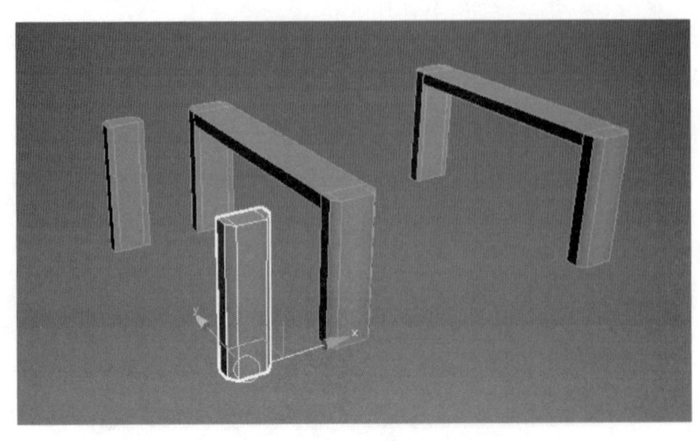

图　10-93

（7）复制步骤（3）创建的模型到另一端，效果如图 10-94 所示。

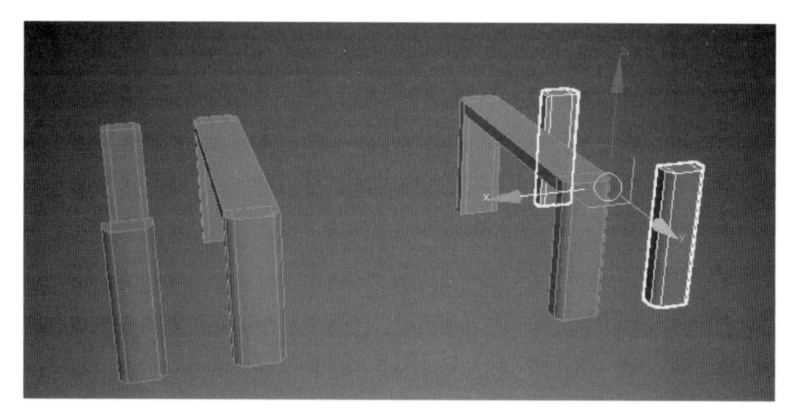

图 10-94

（8）创建样条线，调整顶点位置，效果如图 10-95 所示。

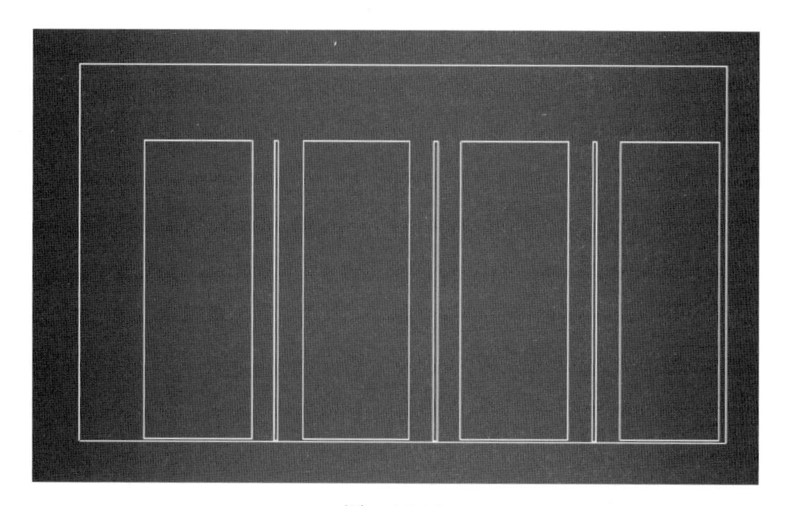

图 10-95

（9）为其添加“壳”修改器，效果如图 10-96 所示。

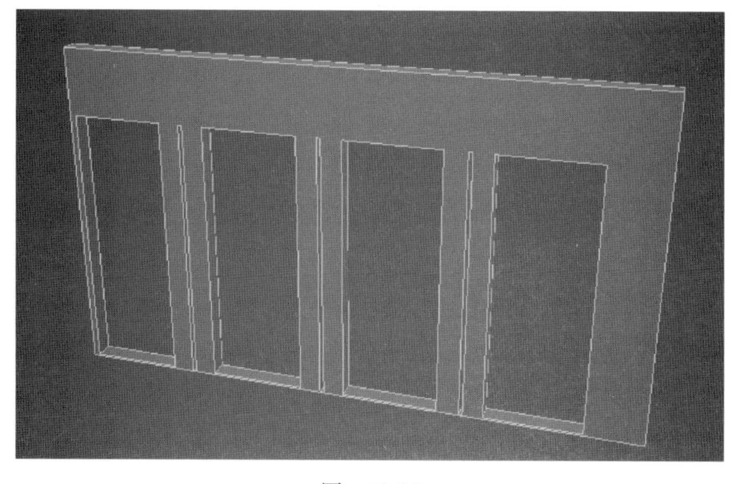

图 10-96

（10）创建一个长方体，移动到适当位置并调整模型，效果如图 10-97 所示。

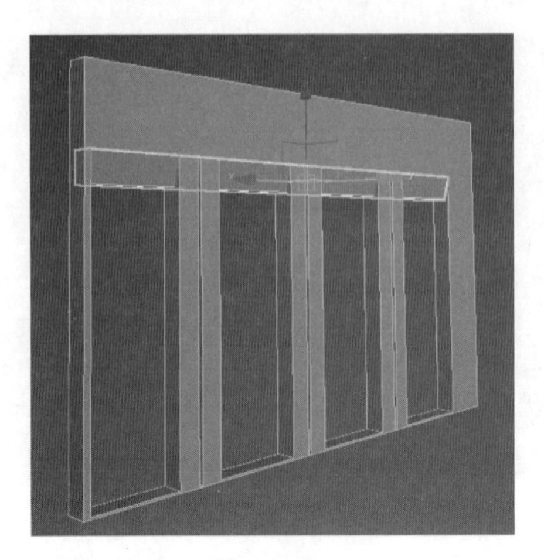

图 10-97

（11）创建一个长方体，效果如图 10-98 所示。

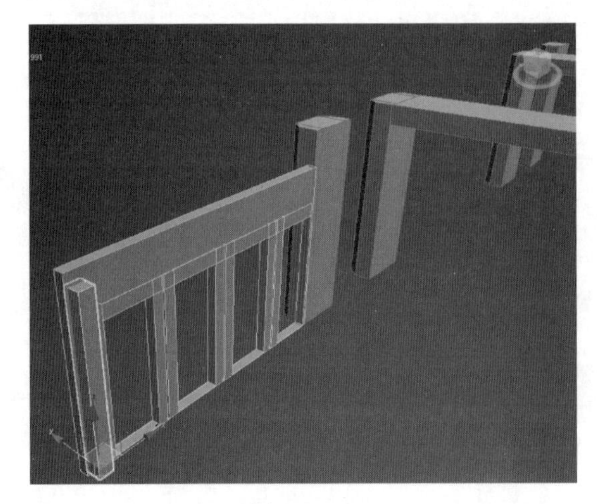

图 10-98

（12）复制上一步骤创建的模型并移动到适当位置，效果如图 10-99 所示。

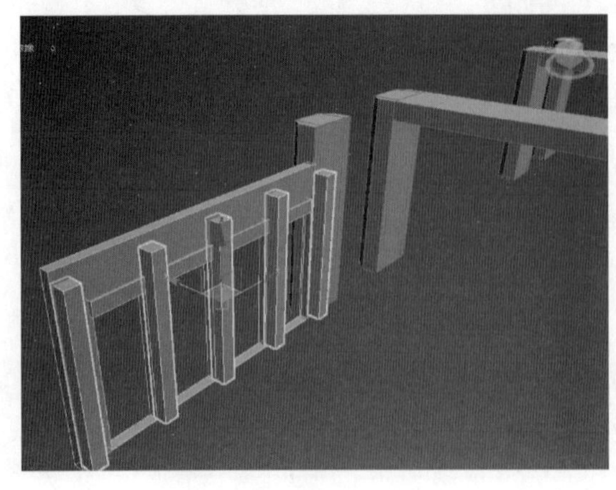

图 10-99

（13）创建样条线，调整顶点位置，效果如图 10-100 所示。

图 10-100

（14）为其添加“壳”修改器，效果如图 10-101 所示。

图 10-101

（15）创建一个长方体，移动到适当位置并调整模型，效果如图 10-102 所示。

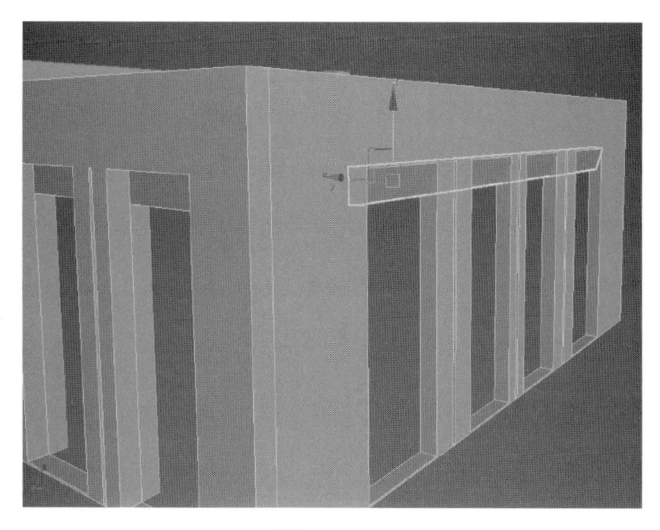

图 10-102

（16）创建一个长方体，移动到适当位置并调整模型，效果如图 10-103 所示。

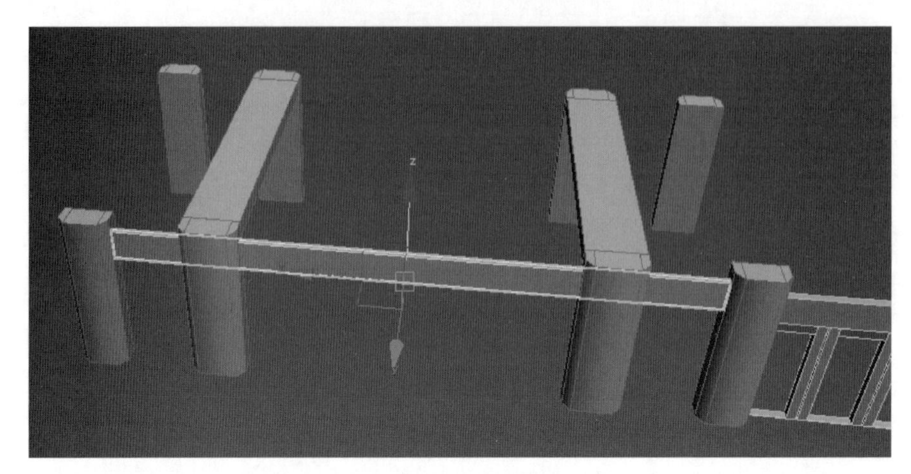

图 10-103

（17）创建一个长方体，移动到适当位置并调整模型，效果如图 10-104 所示。

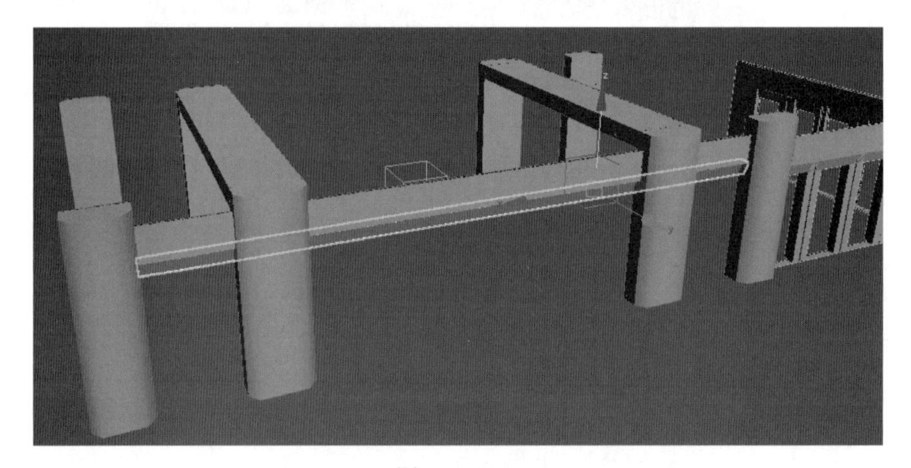

图 10-104

（18）创建一个长方体，移动到适当位置并调整模型，效果如图 10-105 所示。

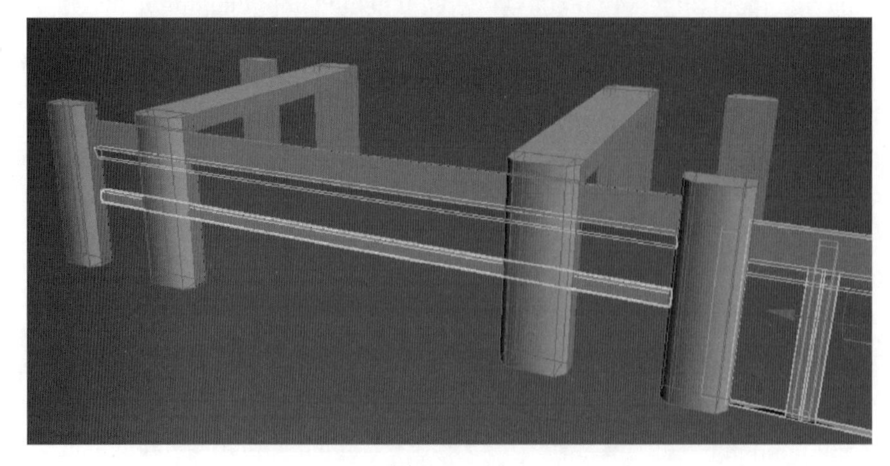

图 10-105

（19）创建一个长方体，移动到适当位置并调整模型，效果如图 10-106 所示。

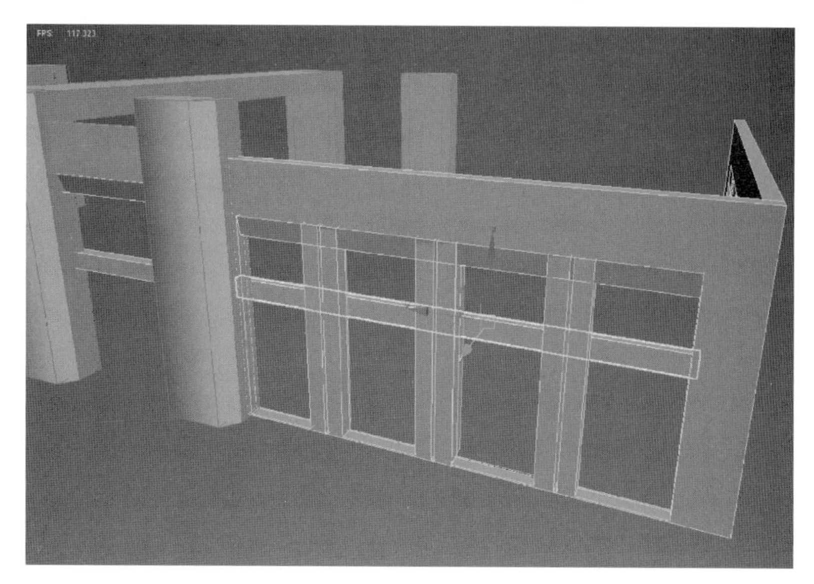

图 10-106

（20）创建一个长方体，移动到适当位置并调整模型，效果如图 10-107 所示。

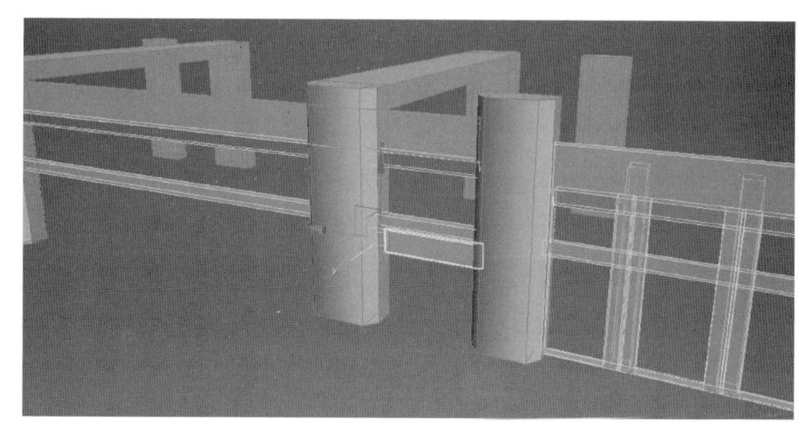

图 10-107

（21）复制上一步骤创建的模型到另一端，效果如图 10-108 所示。

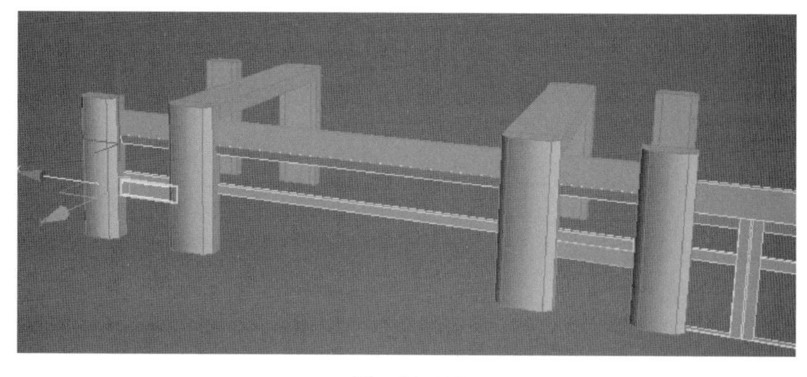

图 10-108

（22）创建一个长方体，效果如图 10-109 所示。

图 10-109

（23）复制上一步骤创建的模型并移动到适当位置，效果图 10-110 所示。

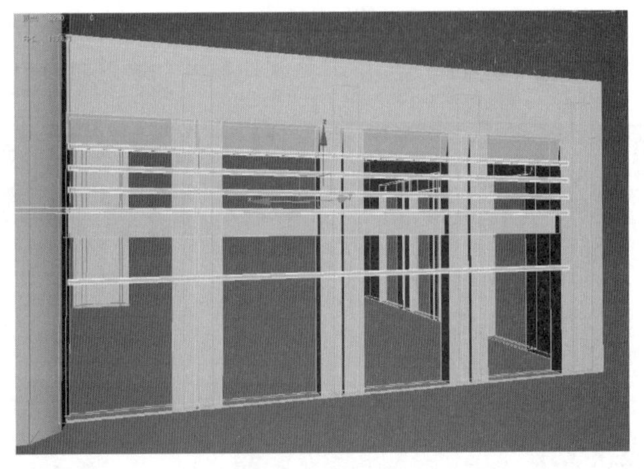

图 10-110

（24）创建长方体，复制步骤（22）创建的模型并移动到适当位置，效果如图 10-111 所示。

图 10-111

（25）创建长方体，复制步骤（22）创建的模型并移动到适当位置，效果如图 10-112 所示。

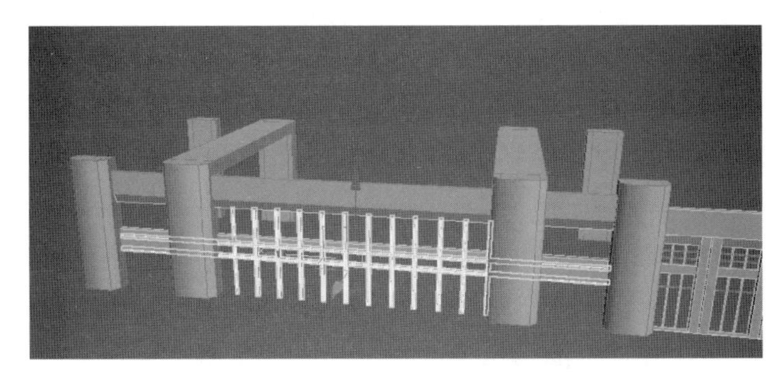

图 10-112

（26）创建长方体，移动到适当位置，效果如图 10-113 所示。

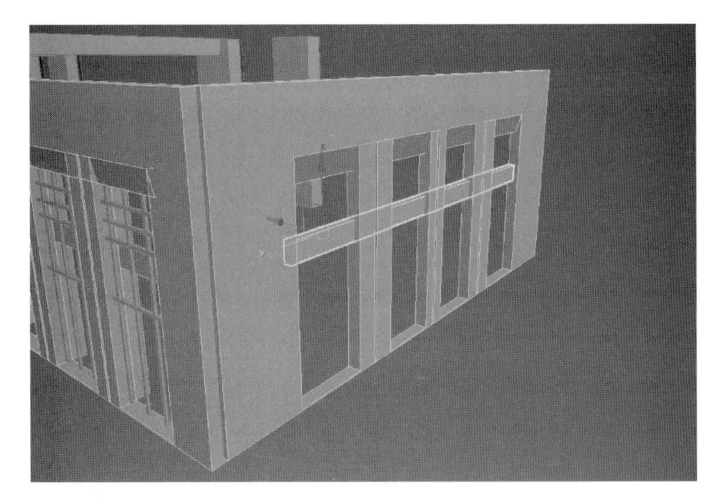

图 10-113

（27）创建长方体，复制模型并移动到适当位置，效果如图 10-114 所示。

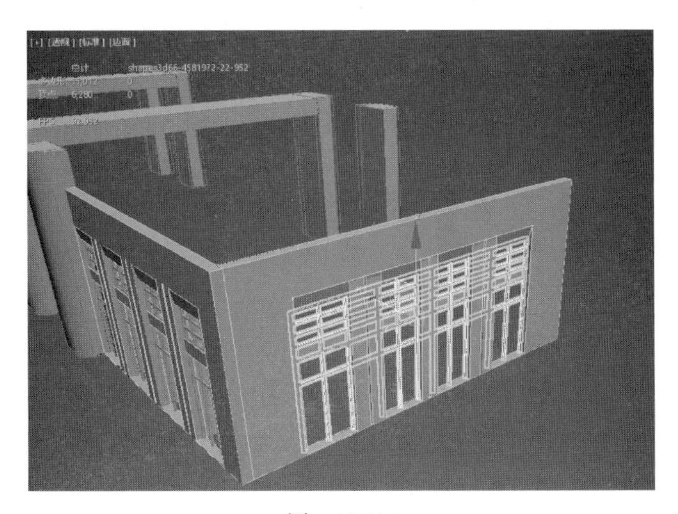

图 10-114

（28）创建一个长方体，效果如图 10-115 所示。

图　10-115

（29）创建长方体，复制模型并移动到适当位置，效果如图 10-116 所示。

图　10-116

（30）创建一个长方体，效果如图 10-117 所示。

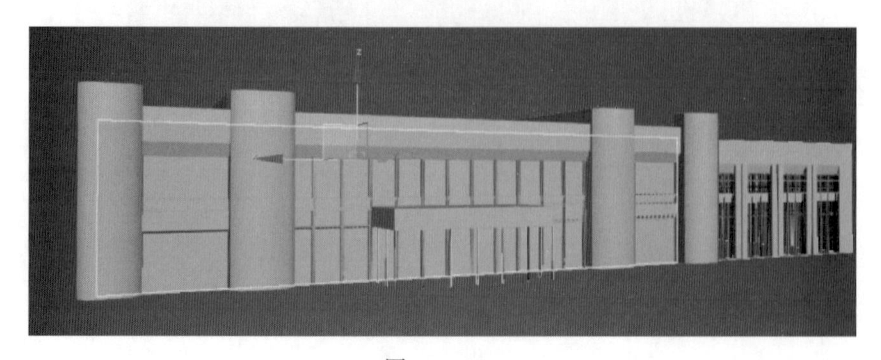

图　10-117

（31）创建一个长方体，并调整顶点位置，效果如图 10-118 所示。

图 10-118

（32）创建一个长方体，效果如图 10-119 所示。

图 10-119

（33）创建一个长方体，效果如图 10-120 所示。

图 10-120

（34）创建一个长方体，复制模型并移动到适当位置，效果如图 10-121 所示。

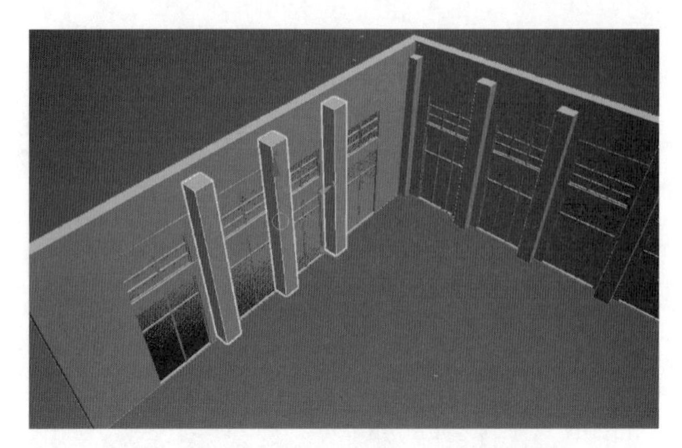

图　10-121

（35）选中步骤（34）的模型，使用“镜像”工具，将模型镜像进行复制，效果如图 10-122 所示。

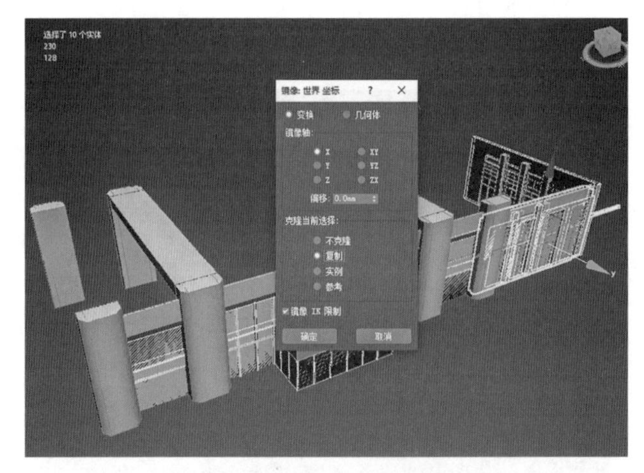

图　10-122

（36）移动模型到左侧位置，效果如图 10-123 所示。

图　10-123

（37）选中模型，使用“镜像”工具，将模型镜像进行复制并移动到左侧位置，效果如图 10-124 所示。

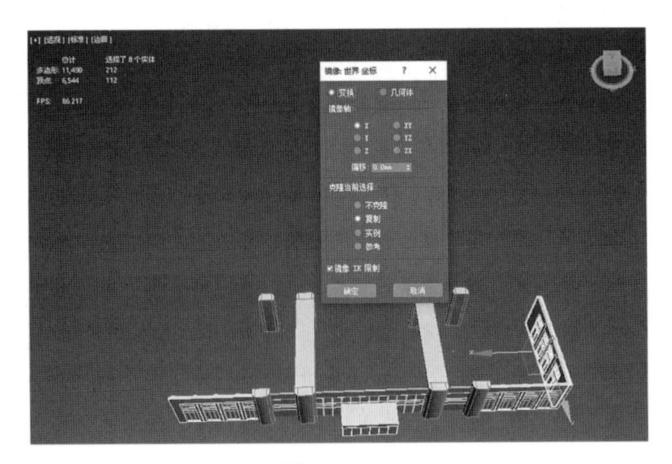

图　10-124

（38）选中模型，使用“镜像”工具镜像复制，效果如图 10-125 所示。

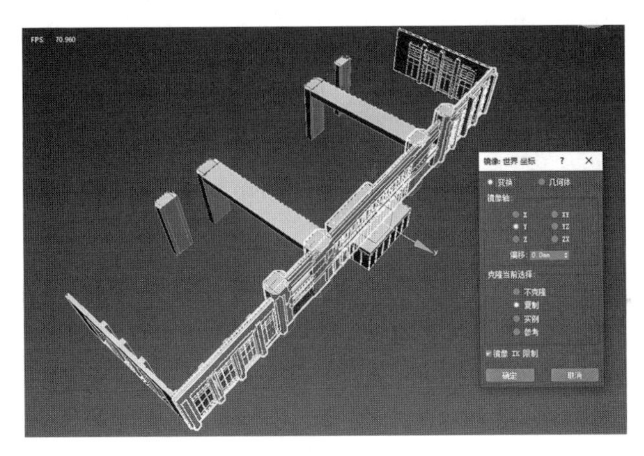

图　10-125

（39）移动模型到后侧位置，效果如图 10-126 所示。

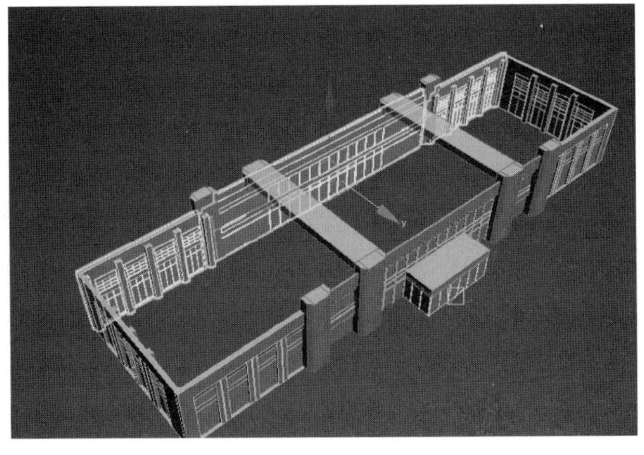

图　10-126

（40）创建一个长方体作为屋顶，效果如图 10-127 所示。

图 10-127

（41）创建一个长方体作为屋顶，效果如图 10-128 所示。

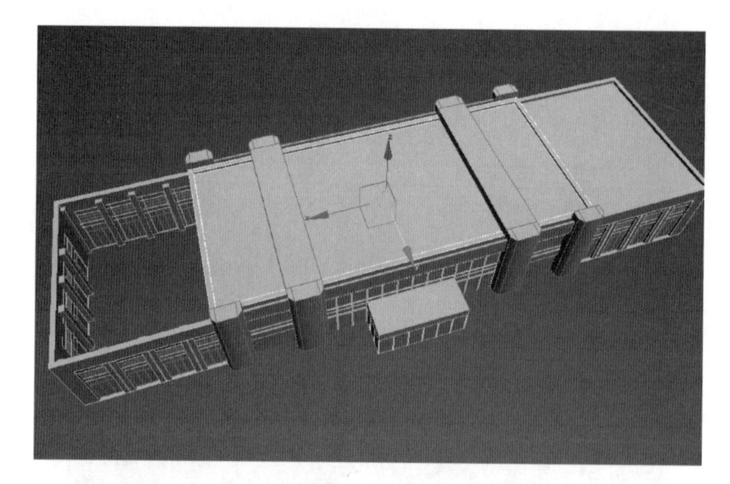

图 10-128

（42）创建一个长方体作为屋顶，效果如图 10-129 所示。

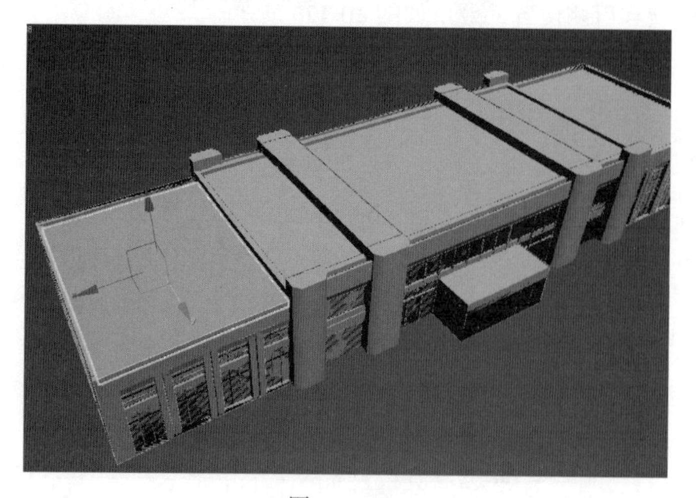

图 10-129

（43）选中所有墙体模型，赋予其一个新的材质球，单击“漫反射”按钮，为其添加一张贴图，效果如图 10-130 所示。

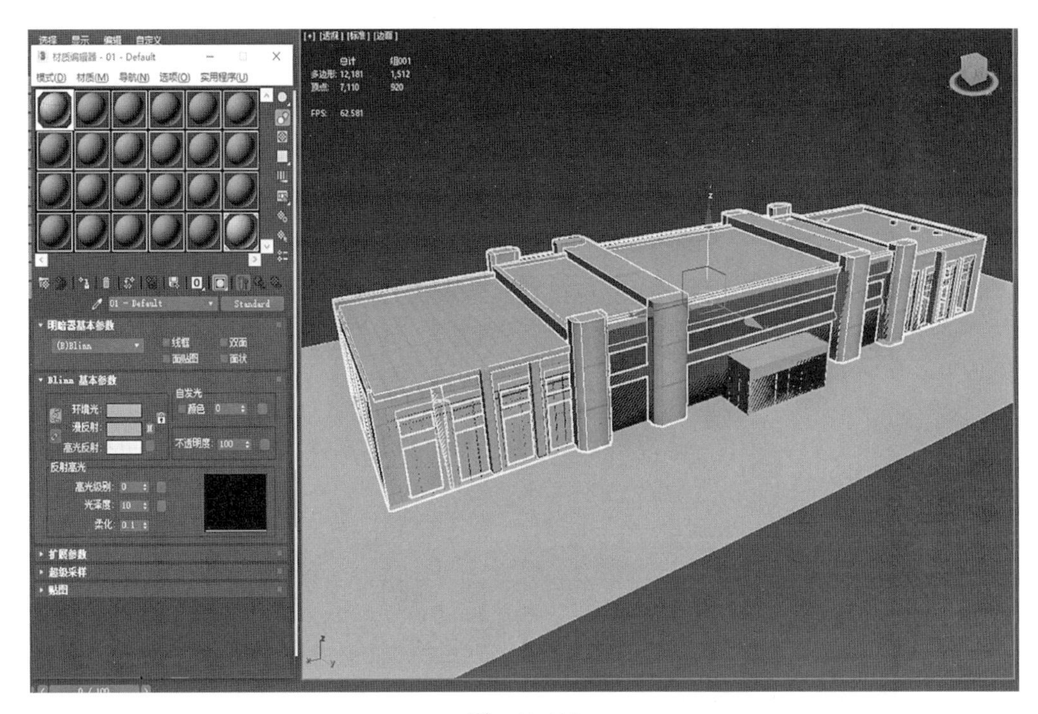

图 10-130

（44）添加“UVW 贴图”修改器，“贴图类型”为“长方体”，长、宽、高的数值均为 5 000 mm，效果如图 10-131 所示。

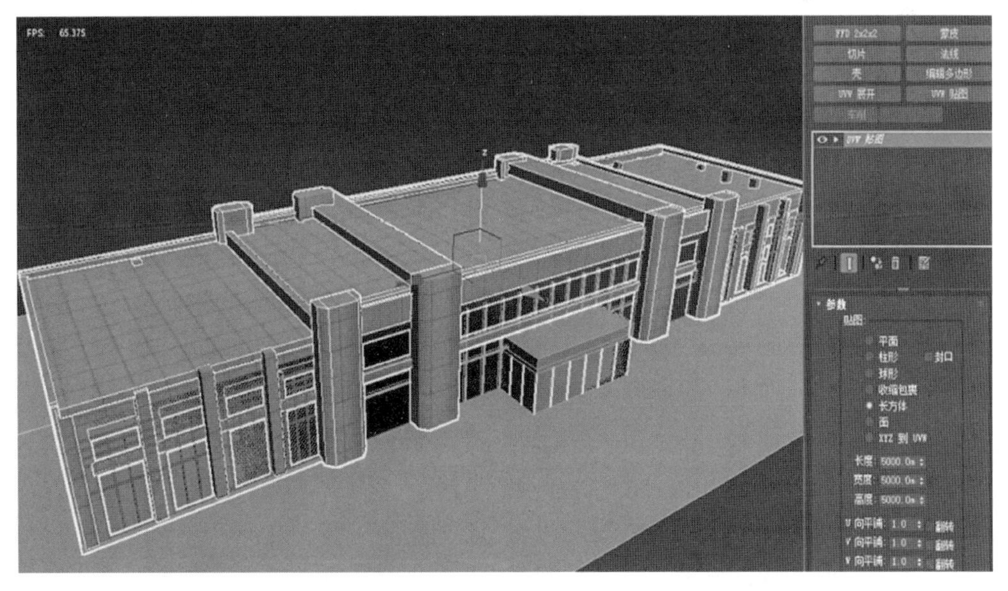

图 10-131

（45）选中地板模型，赋予一个新的材质球，单击“漫反射”按钮，为其添加一张贴图，效果如图 10-132 所示。

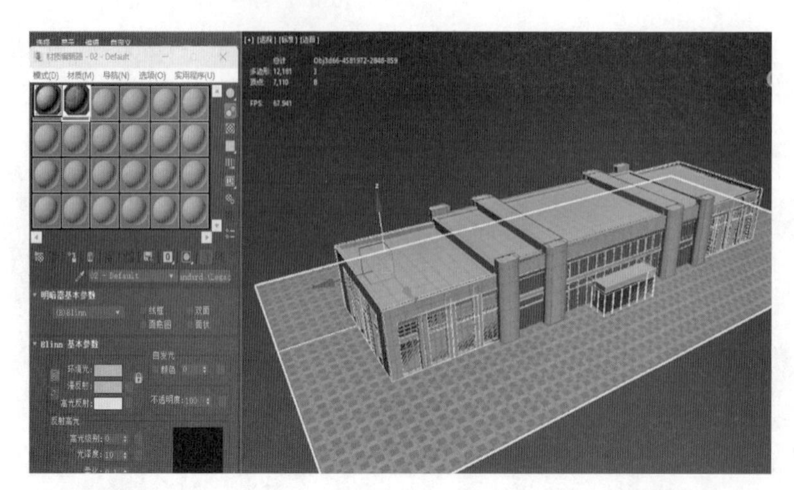

图 10-132

（46）添加“UVW 贴图”修改器，“贴图类型”为长方体，长、宽、高的数值均为 3 000 mm，效果如图 10-133 所示。

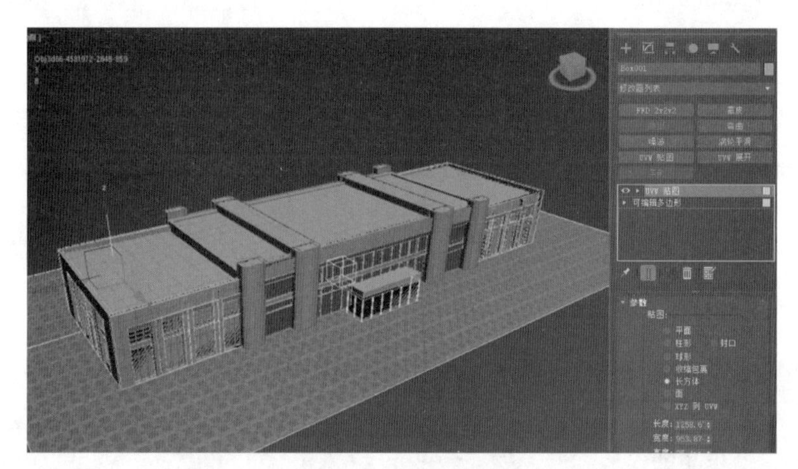

图 10-133

（47）选中窗户骨架模型，赋予一个新的材质球，单击“漫反射”，为其设置一个颜色，效果如图 10-134 所示。

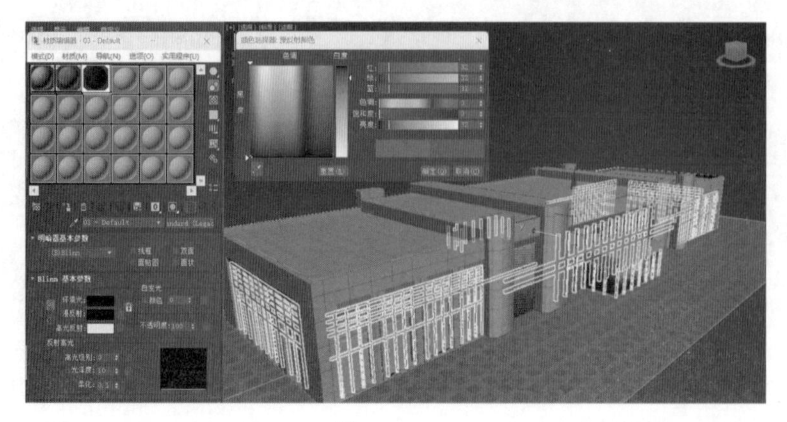

图 10-134

（48）选中模型，赋予一个新的材质球，单击“漫反射”，为其设置一个颜色，效果如图 10-135 所示。

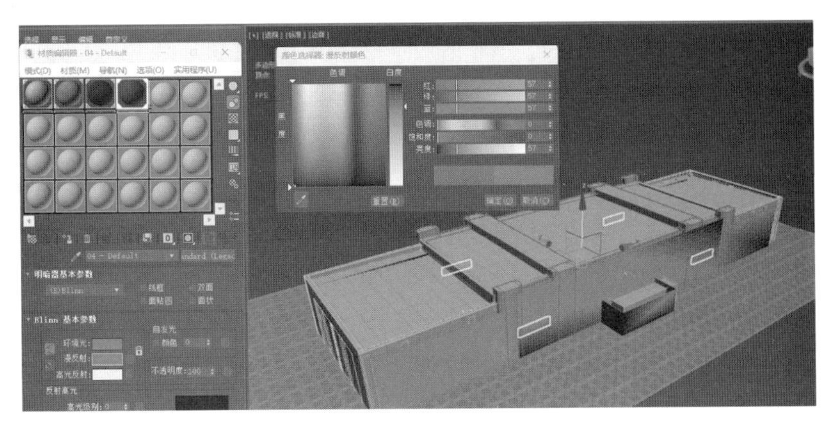

图 10-135

（49）选中玻璃模型，赋予一个新的材质球，单击“漫反射”，为其设置一个颜色。“不透明度”设置为 50，效果如图 10-136 所示。

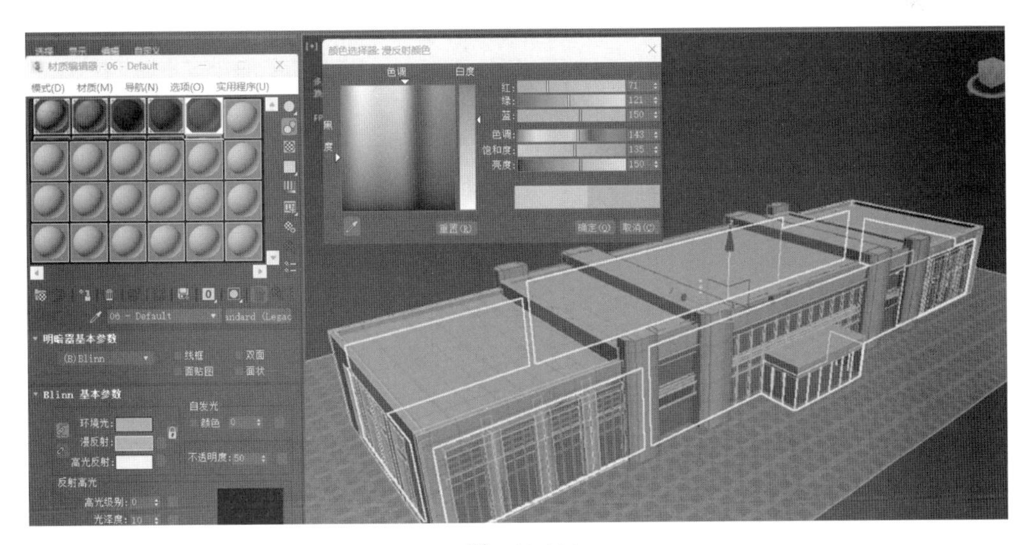

图 10-136

（50）至此，高铁站的模型制作完成，效果如图 10-137 所示。

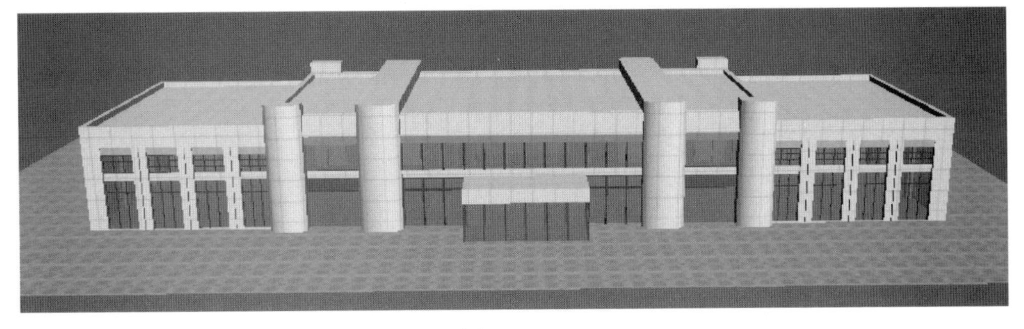

图 10-137

任务评价

任务评价如表 10-2 所示。

表 10-2 “高铁车站的制作”任务评价表

序号	工作步骤	评分项	评分标准	得分		
				自评	互评	师评
1	课前学习评价（30 分）	完成课前任务作答（10 分）	规范性 30% 准确性 70%			
		完成课前任务信息收集（5 分）				
		完成任务背景调研 PPT（5 分）				
		完成线上教学资源的自主学习及课前测试（10 分）				
2	课堂评价与技能评价（40 分）	积极主动，答题清晰（10 分）	表现积极主动、踊跃回答问题，5 分 协助教师维护良好课堂秩序的，5 分			
		熟练掌握课堂所讲知识点内容（10 分）	根据知识点掌握程度酌情扣分，熟练 10 分，一般 8 分，需要协助 6 分			
		熟练操作完成课堂练习（14 分）	根据软件操作熟练程度酌情扣分，熟练 14 分，一般 11 分，需要协助 8 分			
		实现案例模型的创建（6 分）	独立实现案例模型创建，实现三个点满分，少一个点扣 2 分			
3	态度评价（30 分）	良好的纪律性（10 分）	课堂考勤 3 分 服从管理 4 分 敬业认真 3 分			
		主动探究，能够提出问题和解决问题（10 分）	态度积极 5 分 独立思考 3 分 乐于创新 2 分			
		团队协作能力（10 分）	参与讨论 2 分 承担责任 2 分 乐于分享 3 分 领导能力 3 分			
合计				10	20	70

参考文献

[1] 陶丽，郑国栋 . 3ds Max 2016 中文版标准教程［M］. 北京：清华大学出版社，2017.

[2] 岳绚 . 3ds Max 2018 案例精讲教程［M］. 北京：电子工业出版社，2020.

[3] 崔丹丹 . 中文版 3ds Max 案例与实训教程［M］. 北京：机械工业出版社，2020.

[4] 龙马高新教育 . 3ds Max 2016 中文版完全自学手册［M］. 北京：人民邮电出版社，2017.